AF326337

HISTOIRE UNIVERSELLE DU TRAVAIL

Publiée sous la direction de

GEORGES RENARD, professeur au Collège de France.

L'Évolution

industrielle et agricole

depuis cent cinquante ans

PAR

GEORGES RENARD et **ALBERT DULAC**

AVEC 34 GRAVURES DANS LE TEXTE

LIBRAIRIE FÉLIX ALCAN

L'ÉVOLUTION

INDUSTRIELLE ET AGRICOLE

DEPUIS CENT CINQUANTE ANS

HISTOIRE UNIVERSELLE DU TRAVAIL

PUBLIÉE SOUS LA DIRECTION DE GEORGES RENARD

Professeur au Collège de France.

L'ÉVOLUTION INDUSTRIELLE ET AGRICOLE

DEPUIS CENT CINQUANTE ANS

PAR

GEORGES RENARD ET ALBERT DULAC

Avec 34 gravures dans le texte.

PARIS

LIBRAIRIE FÉLIX ALCAN

108, BOULEVARD SAINT-GERMAIN, 108

1912

L'ÉVOLUTION INDUSTRIELLE

ET AGRICOLE

DEPUIS CENT CINQUANTE ANS

PREMIÈRE PARTIE

L'ÉVOLUTION INDUSTRIELLE DEPUIS 150 ANS

Par GEORGES RENARD.

INTRODUCTION

Un fait dont est frappé le regard le moins attentif, quand on considère la période historique qui a commencé vers le dernier tiers du xviii° siècle et qui dure encore au moment où nous écrivons, c'est le caractère international qu'y prend la civilisation.

Les clôtures qui emprisonnaient les peuples chacun chez soi sont rompues, disloquées, et une solidarité mondiale tend à s'établir dans tous les domaines. Les uns s'en réjouissent, les autres s'en lamentent. Pour les premiers cet internationalisme est, sinon un commencement, du moins une promesse, une espérance de paix durable, d'harmonie universelle, de fraternité humaine. Pour les seconds, c'est le destructeur des anciennes traditions et des frontières actuelles, le niveleur des particularités qui différencient les races et les nations, le propagateur d'une laide et ennuyeuse uniformité. Nous n'avons pas à dresser ici le bilan des avantages et des inconvénients qui peuvent résulter de cette tendance cosmopolite. Il nous suffit de constater qu'elle est indéniable et qu'elle emporte dans son mouvement irrésistible ceux mêmes qui la combattent.

Tel, en effet, la repousse sous une forme, qui l'accepte sous une autre et contribue même à l'accélérer. Cet économiste peut être hostile à l'entente internationale des ouvriers et favorable aux lois qui essaient de l'entraver ; en revanche, il prêchera le libre-échange qui est la suppression des barrières entre les produits de tous pays. Ce patriote peut réclamer le repliement sur lui-même de l'État dans lequel il est né ; il peut se dire et se croire étroitement nationaliste ; mais il sera en même temps ou bien un catholique qui veut que sa religion soit celle de tous les hommes ou bien un touriste qui promène ses loisirs sur toutes les plages, dans toutes les villes d'eaux, dans tous les hôtels où se rencontrent et fraternisent des élégants et des oisifs venus de toutes les parties du globe. Qu'est-ce à dire, sinon qu'il existe, menant vers l'effacement des différences nationales, un courant plus fort que les volontés individuelles ?

C'est pourquoi l'histoire du travail, quand elle parvient à la période contemporaine, ne peut plus se confiner dans une contrée ou même dans un groupe de contrées ; elle est obligée de s'étendre à la terre entière, de suivre et de tracer en tout pays les grandes lignes entrecroisées de cette quadruple évolution : *commerciale, industrielle, agricole et sociale*.

Ce volume est consacré aux multiples changements qui se sont opérés dans l'industrie et dans l'agriculture durant ce laps de temps si fécond en métamorphoses et c'est par les transformations de l'industrie qu'il commence.

Elles ont été si nombreuses, si profondes, ces transformations, que l'on a le droit d'y voir une véritable révolution industrielle. Jamais pareille intensité dans le labeur humain ; jamais pareille abondance, pareil débordement de produits ; jamais progrès si rapide et si considérable dans la richesse générale, au point que l'étape franchie de la sorte en cent cinquante ans dépasse le chemin parcouru dans les quinze siècles précédents. Un autre volume (X^e) montre comment ce mouvement fut accéléré par la multiplication des voies et moyens de communication et d'échange. Un autre (XIIe) dira ce qui en est résulté de bon et de mauvais pour les producteurs, artisans et ouvriers des villes et des campagnes aussi bien que fabricants et propriétaires. Mais en celui-ci nous bornons notre étude à rechercher les conditions nouvelles de la production et les conséquences purement économiques qu'elles ont eues.

CHAPITRE PREMIER

CAUSES DES TRANSFORMATIONS TECHNIQUES DE L'INDUSTRIE

§ 1. Le développement commercial. — § 2. L'invention.

§ 1. — LE DÉVELOPPEMENT COMMERCIAL

Tous les phénomènes sociaux sont unis par les liens d'une étroite interdépendance. Il y a toujours action et réaction de l'un sur l'autre. Il est par suite impossible de dire d'une façon absolue que telle catégorie de faits est toujours cause et telle autre toujours effet. On peut citer des cas où des modifications économiques amènent des modifications politiques; on en peut citer d'autres où c'est l'inverse. Tantôt le développement de l'industrie ou de l'agriculture précède et entraîne celui du commerce; tantôt la réciproque est vraie, comme on dit en géométrie. Toutefois à certains moments il est visible que telle forme de l'activité humaine prédomine; qu'elle joue le rôle de force motrice; qu'elle met en branle l'ensemble de la machine.

Ainsi, au début de la période qui nous occupe, le doute n'est point permis : c'est l'évolution commerciale qui devance et « déclanche » la transformation industrielle. L'histoire offre maint exemple de cet ordre chronologique et logique. La production ne change, en général, de procédés que pour répondre à des besoins nouveaux. Son intensité dépend de l'étendue des débouchés ouverts à ses produits, du nombre des clients qu'elle vise à satisfaire, de la consommation probable qu'elle escompte, autrement dit d'un développement commercial qui fait désirer et nécessite une augmentation dans le rendement du travail de fabrication.

Le besoin, en pareille occurrence, crée l'organe — ce qui n'empêchera pas l'organe une fois créé de propager et d'accroître le besoin, ou, ce qui revient au même, la production activée de rendre à son tour le commerce plus actif. Un équilibre cherche de la sorte à s'établir entre la production et la consommation, équilibre instable qui se détruit sans cesse et tend sans cesse à se reformer.

Or, depuis la fin du xvᵉ siècle, depuis la découverte de l'Amérique et de la route des Indes, tandis que la technique restait à peu près stationnaire, il y avait eu un agrandissement perpétuel du monde connu, sur lequel l'Europe avait continué à déborder. Non seulement, grâce aux Cook et aux La Pérouse, un continent nouveau, l'Océanie, émergeait du sein des flots ; non seulement sur les côtes d'Asie, d'Afrique, d'Amérique, s'égrenaient des comptoirs, des îles et des villes conquises ; mais des missions religieuses s'aventuraient dans les solitudes inexplorées (Paraguay, Canada) et des colonies européennes s'enfonçaient comme des coins de fer au cœur des pays vieux ou neufs devenus de vastes champs d'exploitation ; quelques-unes étaient même assez florissantes et vigoureuses pour revendiquer leur indépendance (États-Unis). Un va-et-vient de marins, de soldats, de marchands et de marchandises sillonnait les chemins de la mer. Dans les ports de l'Espagne, du Portugal, de la France, de la Grande-Bretagne, de la Hollande, des fortunes s'accumulaient aux mains des armateurs, des grands négociants, des Compagnies de commerce, des banquiers. Si le marché n'était pas, à proprement parler, international, parce que chaque nation se barricadait derrière un rempart de douanes, un puissant courant d'échanges circulait du moins entre chaque métropole et son empire colonial ; les fabricants, dans toute contrée industrielle, travaillaient en vue de consommateurs éparpillés déjà sur toute la surface du globe ; ils s'efforçaient de prévoir, de satisfaire et d'exciter la demande d'une clientèle lointaine ; ils portaient leurs offres et leurs denrées jusqu'aux Antipodes.

En même temps que le marché extérieur se dilatait peu à peu jusqu'aux confins de la terre, le marché intérieur d'un élan moins vigoureux, mais très sensible quand même, allait aussi s'élargissant entre les diverses parties de chaque État. Si les douanes séparant les diverses provinces n'étaient pas encore tombées, routes et canaux multipliés formaient un réseau serré d'artères et de veines par où passaient les hommes, les idées, les nouvelles, les produits de toute sorte ; l'argent, grâce aux banques, acquérait une mobilité singulière ; l'aisance répandue dans la population bourgeoise des villes, dont les mœurs devenaient par là même plus raffinées, lui donnait une puissance d'achat, qui était un énergique stimulant pour la production.

Pour le marché ainsi triplé, quadruplé, décuplé même dans son étendue et dans ses facultés d'absorption, il fallait produire davantage et, pour produire davantage, il fallait produire autrement. Comme on ne pouvait à volonté accroître le nombre des ouvriers, on songea tout naturellement à la production mécanique. Un mémoire français de la fin du xviii° siècle montre bien comment la nécessité d'y recourir s'imposa aux esprits. « La main-d'œuvre étant très rare et chère, est-il dit dans ce document, il serait bien important de provoquer et de favoriser l'invention de toutes les machines qui tendraient à suppléer l'homme. »

Telle est bien la cause maîtresse de la transformation technique qui s'accomplit dans les cent cinquante années que nous embrassons.

On a souvent appelé cette période : l'ère du machinisme. Mais il faut préciser.

Au fond (on l'a remarqué avant moi), tout travail est un déplacement de matière. L'homme qui travaille vise toujours à changer de lieu un corps ou à en changer de place les parties constituantes. Il ne fait et ne peut faire que des mouvements ; la nature fait le reste. Ainsi l'effort humain se résout en une opération mécanique, en donnant à ce mot son sens le plus large.

Est-ce à dire que tout travail se fasse par des machines ? Faut-il, comme on l'a proposé quelquefois, entendre par ce mot tout ce qui, au delà des mains, des pieds, des bras, des dents, prolonge la force humaine ? A ce compte un bâton, une épée, une aiguille, une bêche seraient des machines. Mais le langage n'accepte pas cette extension excessive ; il désigne ces objets sous les noms d'outil, d'arme, d'instrument ; il réserve celui de machines à toute combinaison de pièces et de moyens propres à transmettre, à mesurer, à organiser un mouvement ou une série de mouvements. Le morceau de grès sur lequel on aiguise une lame de couteau n'est pour personne une machine ; la roue que le rémouleur fait tourner à l'aide d'une pédale et d'une courroie en est déjà une. Machine, la charrue, mais non le bâton durci au feu qui servit aux premiers éventreurs de la terre. Machine, le pressoir qui fonctionne sous l'action d'une vis et d'un levier ; machine encore, le moulin qui broie le blé entre deux pierres mues par une rivière et un engrenage. Mais qui s'aviserait d'appliquer la même dénomination à la cuve où les vendangeurs foulaient avec leurs pieds le raisin, au bloc creusé sur lequel les esclaves, à la fatigue de leurs bras, écrasaient le froment ?

Les machines, en somme, sont des engins plus ou moins complexes qui comportent toujours une épargne du travail humain remplacé par une force animale ou inanimée.

Ainsi définies, elles sont anciennes. L'homme a su de bonne heure faire travailler à son profit l'air et l'eau, sans compter le bœuf, l'âne, le cheval. Certains moments ont vu à tel point se multiplier les inventions auxiliaires de son labeur que l'époque alexandrine, dans l'antiquité, mériterait comme la nôtre, quoiqu'à un degré bien moindre, d'être appelée un âge d'or des machines et de la science. Mais c'est de nos jours que cette multiplication a pris des proportions inouïes, que des forces jusqu'alors inconnues ou indomptées ont été domestiquées, que des appareils sans nombre ont été construits pour transporter les corps ou pour dissocier et déplacer les éléments dont ils sont composés. Jamais en si peu d'années on ne vit pareille floraison de l'imagination humaine sur le terrain industriel. On se surprend à dire avec le poète :

Quel siècle fut jamais plus fertile en miracles ?

Figurez-vous un contemporain de Louis XIV renaissant parmi nous : fût-ce le songeur le plus aventureux d'alors, il serait stupéfait de trouver réalisés, dépassés, ses rêves les plus audacieux, de rencontrer courant les rues des vérités qui échappaient aux plus grands génies de son temps, d'entendre les enfants des écoles parler de sciences dont les hommes d'avant-garde n'avaient pas même l'idée. Puis il aviserait sur sa route tant de choses merveilleuses et pour lui incompréhensibles, locomotives, tramways et bateaux électriques, automobiles, téléphones, cinématographes, aéroplanes, etc., qu'il serait effrayé, bouleversé, affolé, au point de demander bien vite à rentrer dans le calme royaume des ombres. Assurément d'autres époques ont été aussi ou plus fécondes en belles formes artistiques ou littéraires, en grands systèmes philosophiques, en monuments grandioses ; mais dans celle où nous vivons, sans qu'il y ait eu abandon des autres champs de culture, il a mûri une moisson prodigieuse de procédés propres à satisfaire les besoins matériels de l'humanité.

§ 2. — L'INVENTION

Nous avons dit le *pourquoi* de cette éclosion magnifique : il faut nous demander aussi *comment* elle s'est produite. La réponse est facile. C'est par une série d'inventions, dont chacune essayait de résoudre un problème posé par la réalité. Seulement ici les questions se pressent : Quelle part faut-il faire dans l'invention à l'effort et à la spontanéité, à l'individu et au milieu social, à la dextérité des ouvriers et aux calculs des savants ? Il va de soi que la marche suivie n'est point la même en tous les cas : on peut toutefois indiquer les étapes le plus ordinairement parcourues.

L'invention est-elle pour celui qui la met au jour le fruit d'une longue patience, d'un enfantement pénible ? Naît-elle, au contraire, dans la joie et presque dans l'inconscience, par une inspiration subite, par une brusque illumination, soit d'un coup de génie soit d'un coup de hasard ? Fait-elle éruption, comme Minerve sortit un jour tout armée du cerveau de Jupiter ? Parfois sans doute elle apparaît dans un jet éblouissant de clarté ; c'est Archimède qui s'élance nu de son bain en criant avec ravissement : J'ai trouvé ; c'est Newton surprenant, comme à la lueur d'un éclair, le mystère de la gravitation universelle en voyant tomber une pomme ; c'est Edison qui, en sentant sous ses doigts le fond de son chapeau haut de forme vibrer au son de sa parole, a l'intuition de la plaque téléphonique. Il semble que le hasard se plaise alors à soulever un coin du voile qui dérobe les secrets de la nature. Mais qu'on ne se laisse point duper par l'apparence ! L'accident heureux ne peut être mis à profit que par une attention déjà éveillée.

Le hasard n'est que l'auxiliaire imprévu d'un labeur ancien et profond.

De même l'invention est-elle la fille d'un seul homme, d'un mortel privilégié, presque divin, dont le nom doit rester auréolé de gloire et enveloppé d'une éternelle reconnaissance ? Les Grecs révéraient ainsi en Prométhée l'inventeur du feu, en Triptolème celui de la charrue. Et il n'est pas impossible que parfois le parrain d'une découverte en soit le véritable et l'unique père. Mais il est rare, de plus en plus rare, que les choses se passent avec cette simplicité. Le plus souvent, surtout quand la civilisation revêt sur un large espace une certaine uniformité, quand la facilité croissante des communications augmente la solidarité des intelligences, le même désir, la même nécessité de perfectionner ce qui existe se fait sentir chez des peuples différents, la même idée flotte, pour ainsi dire, dans l'air en plusieurs pays à la fois. Une foule de chercheurs, lancés sur la même piste, sont en quête à l'insu les uns des autres ; ils trouvent qui ceci, qui cela ; chacun ajoute à ce qu'ont découvert ses prédécesseurs ou ses voisins, et le jour où l'invention est achevée, parfaite, c'est une œuvre collective où il est difficile de démêler ce qui appartient aux divers individus. A qui, par exemple, faire honneur d'avoir mis à la portée de tous l'éclairage au gaz, quand on sait que de 1870 à 1887 il n'a pas été pris moins de 4.000 brevets à ce sujet ? Rien de plus fréquent que deux inventeurs arrivant séparément au même résultat à quelques jours, voire à quelques heures d'intervalle ; c'est ce qui est advenu pour le puddlage et pour le téléphone. Cette involontaire collaboration a lieu maintes fois de nation à nation par-dessus les frontières ; en 1867, la découverte de la machine dynamo-électrique est simultanément annoncée à la Société royale d'Angleterre par un Berlinois, Siemens, et par un Anglais, Wheatstone. Elle est faite à la même époque aux États-Unis et l'on s'aperçoit bientôt qu'elle avait déjà été l'objet inaperçu d'un mémoire publié en 1854 par un Danois. Les vivants ne collaborent pas seulement entre eux ; ils collaborent aussi avec les morts. Un principe, gros de conséquences, peut rester inerte durant des générations et des siècles ; la poudre à canon ne servit longtemps qu'à d'innocents feux d'artifice ; la vapeur fut entre les mains des anciens un simple jouet et réduite d'abord chez les modernes au modeste emploi de tourne-broche. La propriété qu'a l'ambre, quand on le frotte, d'attirer des choses légères demeura plus de mille ans à l'état de curiosité de laboratoire.

En réalité une invention est, d'ordinaire, un arbre de croissance très lente. L'idée première ressemble au gland tombé sur le sol ; il s'y enfonce, invisible et, semble-t-il, perdu. Mais laissez passer les pluies et les neiges d'hiver ; un jour le germe oublié s'allonge en une petite pointe verte qui perce la mousse et les feuilles mortes, boit l'air et le soleil, prend force, monte et s'élargit peu à peu jusqu'à devenir avec les années le grand chêne abritant sous son dôme touffu tout un monde de plantes, d'insectes et d'oiseaux.

Pourquoi cet enfantement à si long terme ? C'est que toute invention se heurte à des difficultés d'ordres divers.

Difficultés d'ordre *technique* d'abord. Combien de temps parut-il chimérique, même aux penseurs, de faire coopérer l'eau et le feu ou d'exposer à la fureur de l'Océan des roues qu'il ne manquerait pas de briser ? Et ce ne sont pas seulement des préventions théoriques qu'il faut combattre. Il s'agit de combiner des éléments matériels qui répugnent à s'associer. Il s'agit de choisir entre de nombreux possibles celui qui sera viable. Puis un progrès souvent ne devient réalisable que si d'autres progrès se sont accomplis dans un domaine voisin. Donc la marche de l'invention n'est pas simple ; elle n'avance pas en ligne droite ; elle décrit une courbe irrégulière et d'allure fantasque. Pour réussir elle doit souvent attendre que des conditions nécessaires à sa réalisation se rencontrent et se réunissent. Elle est le confluent, le point de jonction de perfectionnements qui convergent sans qu'on s'en doute. Ainsi pour que le chemin de fer fût constitué, il fallut que tour à tour et séparément le véhicule, la voie, la machine fussent transformés par des améliorations successives : la voiture suspendue sur des ressorts et obtenant une vitesse croissante ; l'entreprise publique faisant ses frais en transportant voyageurs et messageries ; la route s'efforçant d'être plate au lieu d'épouser les pentes du terrain et diminuant le frottement des roues par des rails de bois, puis de métal ; la locomotive tirant du combustible un parti plus efficace par l'échappement de la vapeur dans le tuyau et par l'augmentation de la surface de chauffe ; voilà plusieurs groupes de faits dont la solidarité inaperçue aboutit à la création de cette nouveauté si importante : la terre couverte d'un réseau de lignes ferrées. Et combien d'autres conditions techniques indispensables au succès ! Le conçoit-on, sans un essor parallèle de l'industrie du fer, sans la création simultanée du télégraphe ? De même dans l'aéroplane, moteurs légers empruntés aux automobiles, hélices venant de la marine se rejoignent et se combinent de façon aussi utile qu'imprévue. A chaque instant, il y a entr'aide d'une découverte à l'autre. Qu'on sache perfectionner les appareils de chauffage, la métallurgie s'en ressent aussitôt ; qu'on apprenne à fabriquer des creusets réfractaires défiant une chaleur et une pression énormes, on acquiert du même coup la faculté de liquéfier des gaz ou de faire du diamant. Mais ces victoires sur l'inconnu ne sont pas seulement difficiles ; elles sont encore dangereuses. On dirait parfois que la nature violentée se venge ; des accidents mutilent ou foudroient ceux qui veulent la soumettre. L'invention a ses héros et ses martyrs.

Elle doit compter ensuite avec des difficultés *écono-miques*. Ce n'est pas tout d'avoir construit un appareil nouveau, isolé une matière nouvelle. Pour que l'un ou l'autre passe du laboratoire à l'usine, devienne communément utilisable, pénètre dans la vie journalière, cela coûte souvent des années de recherches et des sommes considérables. Il n'a pas fallu moins de vingt ans de travail et de vingt millions de francs pour mettre au point le procédé qui permet de reproduire chimiquement l'indigo. On compte par centaines les chercheurs acharnés qui ont sacrifié leur fortune en essais malheureux pour atteindre le but qu'ils poursuivaient ou qui ont échoué au port faute d'argent.

Puis viennent à la traverse les difficultés *sociales* qui ne sont pas les moindres. Toujours l'invention gêne des habitudes, dérange des traditions, lèse des intérêts. Au temps des corporations, elle violait les règlements où se conservaient cristallisées les coutumes d'une époque ; aujourd'hui elle oblige les patrons dont l'outillage est vieilli à secouer leur apathie et à se mettre en frais ; elle jette sur le pavé des ouvriers qu'elle rend provisoirement inutiles ou les force à faire un apprentissage de surcroît ; elle tue par ricochet quelque entreprise qui n'en peut mais, comme la teinture par l'aniline a fait dépérir la culture de la garance. Elle a beau se glisser dans un cadre préexistant, respecter en une certaine mesure les usages mêmes qu'elle va contribuer à changer ; en vain, par exemple, l'écartement des rails dans la plupart des chemins de fer rappelle-t-il celui qu'avaient antérieurement les roues des voitures, de même que le nom de cheval-vapeur est une réminiscence des temps où le cheval était « la plus noble conquête que l'homme eût jamais faite » ; en vain, lors de l'apparition de l'éclairage électrique, les bougies Iablochkoff commencèrent-elles par emprunter leur forme à un système qu'elles visaient à remplacer ; l'inventeur offense la routine et amène autour de lui des perturbations. De là contre lui mauvaise humeur de la foule moutonnière qu'il trouble en sa quiétude ; colères intéressées de gens auxquels il nuit sans le vouloir ; et si l'on ajoute les jalousies et les contrefaçons des concurrents qu'il devance ou supplante, on comprend cette parole amère de James Watt, qui fut pourtant un des plus chanceux dans son œuvre, puisqu'il y gagna fortune et renom : « De toutes les choses folles de cette vie, il n'en est pas de plus folle que de faire des inventions. »

Il sied, en conséquence, de ne pas s'étonner si celles que nous admirons le plus ont subi de longues haltes, des piétinements sur place, des fourvoiements dans des impasses où elles paraissaient arrêtées pour toujours par des obstacles insurmontables. Il sied aussi de ne pas oublier que, parmi leurs multiples auteurs, beaucoup ont fait naufrage en route, comme des marins anonymes engloutis par l'Océan ; que, pour ceux mêmes dont le nom surnage, la gloire fut souvent le soleil des morts ; que parfois un ouvrier de la onzième heure a bénéficié de leurs efforts et de leurs désastres ; et que, s'il serait cruel de lui envier sa récompense, il est juste d'honorer aussi en ses précurseurs le courage et le dévouement moins heureux. Ceux qui voudront voir à quel point s'entrecroisent et s'embrouillent les sentiers qui mènent à une grande invention peuvent suivre la série interminable des tentatives et des demi-succès d'où est sortie la télégraphie sans fil et, tout en saluant au passage le nom de Marconi qui a le premier touché le but, ils conviendront qu'une œuvre de ce genre devient de plus en plus impersonnelle.

Reste, à propos de l'invention, une dernière question que nous avons posée. Doit-elle davantage à l'empirisme ou à la science ?

Il me paraît qu'il faut ici distinguer les époques et les industries. Au début de la période inventive que nous étudions figurent, parmi ceux qui ont perfectionné les procédés de tissage et de filage, voire même la machine à vapeur commençante, des hommes qui n'étaient point des savants diplômés, mais souvent de simples ouvriers ou de grands imaginatifs possédés du démon de la mécanique. L'un est un mineur, l'autre un forgeron (Newcomen), cet autre un tisserand (Hargreave, Jacquart), celui-ci un barbier (Arkwright), celui-là un docteur en théologie (Cartright), un officier (Savery), un marquis (Jouffroy la Pompe) ou un orfèvre (Fulton) ; et l'on comprend que des travailleurs, exerçant leur métier dès l'enfance, vivant dans l'intimité d'une machine rudimentaire, habitués à la démonter, à la faire reluire, à la soigner comme une amie, aient imaginé des moyens de rendre moins pénible le labeur qui leur incombait ; on comprend aussi que des curieux, fascinés par le jeu des engrenages et des rouages, emportés, comme les vrais artistes, par la passion de créer, se soient arrachés à leurs occupations ordinaires pour se livrer à un goût despotique aussi riche de promesses que de périls. Plus tard encore, au cours du XIXe siècle, l'esprit qui souffle où il veut a inspiré des hommes que leur profession ne semblait pas prédestiner aux découvertes qui les ont illustrés. Nous rencontrons parmi eux un pianiste, Hughes, qui donne son nom à une variété du télégraphe, un maître d'école, Reis, qui concourt à la création du téléphone, un vendeur de journaux qui devient Edison. Cependant, à mesure que l'on avance dans le siècle et que les problèmes se compliquent, surtout là où intervient la chimie qui exige des connaissances précises et des manipulations délicates, ce sont des ingénieurs, des professeurs, des savants de laboratoire qui passent aux premiers rangs des chercheurs. Watt déjà était un mathématicien, un dévoreur de livres, possédant trois langues et au courant de tout ce qu'on savait de son vivant ; après lui, les Volta, les Chevreul, les Ampère, les Siemens et tant d'autres qu'il serait trop long d'énumérer ont à leur actif un grand enrichisse-

Fig. 1. — L'atelier de James Watt.

n.ent du patrimoine commun de l'humanité. Souvent ils ont conçu quelque principe second, semblable à un œuf qui contient en germe une longue lignée de vérités neuves; ils ont formulé quelque théorie générale qui permet de faire des découvertes voulues, prévues, préméditées. Ainsi la théorie de l'homologie, de même que les calculs de Le Verrier l'avaient autorisé à annoncer l'existence et la place d'une planète encore inconnue, a rendu possible aux chimistes de dire : — Ici existe une lacune ; ici doit venir se ranger un corps que l'on trouvera un jour ou l'autre. — De la sorte les déductions logiques, les expériences habilement dirigées dans un sens déterminé d'avance ont conduit à des résultats attendus. Cela ne veut pas dire sans doute que l'accidentel ait cessé de jouer un rôle ; pour n'en citer qu'un exemple, un ingénieur, Bessemer, remarque que certaines fontes miroitantes venant de Suède lui ont donné des aciers supérieurs ; il en cherche la raison et il invente le procédé d'affinage de l'acier par le manganèse, qui était par hasard mêlé à ces fontes. Mais on peut affirmer sans crainte que la part du tâtonnement va se réduisant et que l'invention devient de plus en plus scientifique en même temps qu'elle se répand de plus en plus vite à travers les diverses parties du globe.

OUVRAGES A CONSULTER

Colson (Albert). — *L'essor de la chimie appliquée* (Paris, 1910).

Gide (Charles). — *Principes d'économie politique* (Paris, 1898).

Coste (Adolphe). — *L'expérience des peuples et les prévisions qu'elle autorise* (Paris, 1900).

Tarde. — *Les lois de l'imitation* (2e édit., Paris, 1895).
— *Psychologie économique* (Paris, 1902).

De [illegible] (Guillaume). — *Introduction à la Sociologie* (2 vol., P[illegible], 1911).

Wells. — *Economic changes and their effect on the distribution of wealth and the well-being of the Society.*

Smiles. — *Vie des Stephenson* (Trad. française).

CHAPITRE II

PAYS ET INDUSTRIES OU A COMMENCÉ
LA GRANDE PRODUCTION MÉCANIQUE ET CHIMIQUE

§ 1. Rôle prépondérant de l'Angleterre et de la France.
§ 2. Industries qui ont été transformées les premières.

§ 1. — RÔLE PRÉPONDÉRANT DE L'ANGLETERRE ET DE LA FRANCE

Des nations diverses ont participé à l'étonnante floraison d'inventions dont nous venons d'indiquer les causes et les conditions originelles. Mais il ne s'ensuit pas qu'elles y aient eu des parts égales. Quelques-unes ont été en avance sur les autres, leur ont montré et frayé la route. Il s'est créé un courant d'imitation, dont il faut marquer les points de départ et les points d'arrivée.

Où donc a commencé cette production en grand dont les procédés sont en train de faire le tour du monde?

Comme on peut le pressentir d'après ce que nous avons dit, c'est dans les pays dont le commerce extérieur était le plus étendu, le plus développé, dont l'empire colonial était le plus vaste et le plus vivant, dans ceux où par conséquent les négociants en gros jouissaient de l'estime publique et d'un rang social relevé, dans ceux où le capital accumulé, associé, facilitait les grandes entreprises et les puissantes manufactures.

Dans la deuxième moitié du xviii° siècle, c'était l'Europe et, parmi les puissances européennes, c'étaient le Royaume-Uni de Grande-Bretagne en premier lieu et la France en second qui possédaient ces caractères au plus haut degré. L'Angleterre était la maîtresse des mers ; on pourrait presque dire que, politiquement, le siècle qui s'écoule de 1689 à 1789 fut un siècle anglais. Elle avait conquis les Indes ; elle régnait dans toute l'Amérique du Nord, où elle venait de mettre la main sur le Canada ; elle commençait à coloniser l'Australie. Ses ports, comme Liverpool et Bristol, avaient grandi avec une extrême rapidité ; et il n'était pas rare que tel opulent marchand ou banquier exerçât une influence notable à la Chambre des Communes. La France, quoique moins prospère, avait vu Nantes, Bordeaux, Marseille, s'enrichir par « le commerce des îles », comme on disait alors. Les manufactures royales lui offraient des modèles de vastes fabriques savamment organisées. L'éloge du commerce était presque devenu un lieu commun littéraire. « Le négociant qui enrichit son pays, écrivait Voltaire, donne de son cabinet des ordres à Surate et au Caire et contribue au bonheur du monde. » — « Ce n'est pas un peuple, ce n'est pas une seule nation qu'il sert, répondait en écho Sedaine (*Le philosophe sans le savoir*) ; il les sert toutes et en est servi ; c'est l'homme de l'univers. » En France, comme en Angleterre, il était admis qu'on pouvait être noble et grand commerçant.

Où la grande industrie pouvait se développer, c'était aussi dans les pays où le commerce intérieur était favorisé par les voies de communication ; or l'Angleterre a connu alors ce qu'on a nommé la fièvre des canaux et les belles routes de France avaient une légitime célébrité, et routes et canaux étaient des preuves et des stimulants de l'accroissement qui se faisait sentir des deux côtés de la Manche dans la consommation indigène.

Le berceau de la grande industrie devait être encore dans des pays qui n'avaient pas comme l'Espagne, le

Portugal, la Hollande, sacrifié et laissé dépérir la production chez elles, en gardant comme source principale et presque unique de richesse soit les galions chargés d'or et d'argent qui venaient d'Amérique, soit les bénéfices que peut rapporter l'office de rouliers de l'Océan. Or l'Angleterre et la France n'avaient dédaigné ni l'agriculture ni l'industrie et dans ce dernier domaine il y avait chez l'une comme chez l'autre, sous l'impulsion du grand commerce qui est partout et toujours ennemi des entraves mises à son expansion, un vigoureux mouvement contre les règlements corporatifs et légaux qui depuis des siècles enserraient et gênaient, en les protégeant trop, toutes les fabrications. Le Royaume-Uni devenait la patrie du *Laissez faire*, *Laissez passer*, que proclamait Adam Smith. La France, qui avait déjà placé ses manufactures royales sous un régime d'exception, était avec Turgot la première à supprimer jurandes et maîtrises. Il n'existait donc pas d'États où les transformations techniques pussent se donner plus librement carrière.

§ 2. — INDUSTRIES QUI ONT ÉTÉ TRANSFORMÉES LES PREMIÈRES

Certaines industries se prêtaient plus que d'autres à ces changements. C'étaient naturellement celles que le moyen âge n'avait pas pratiquées, qui par suite avaient échappé en grande partie à l'emprise des corporations et de leurs statuts. On peut citer l'imprimerie, la papeterie, surtout l'industrie cotonnière qui n'était prisonnière d'aucune tradition. Celle-ci fut en Angleterre et en France la première métamorphosée.

Mais il est nécessaire ici de dater. Non pas qu'on ait chance de rencontrer sur la route une de ces dates éclatantes et précises qui s'inscrivent en lettres de feu dans la mémoire des hommes, comme celle d'une bataille qui a eu le mérite de tuer beaucoup d'êtres humains. Au lieu d'une brusque secousse, on ne peut noter qu'une série de petites modifications, presque insensibles. C'est dans une succession de faits longtemps inaperçus ou dédaignés des historiens qu'il faut aller chercher ceux qui sont vraiment essentiels.

Ces faits sont de trois ordres ou, si l'on préfère, se rattachent à trois sciences, la mécanique, la physique, la chimie.

Pour la première, l'Angleterre, sans contredit, marche en tête. Dès le début du xviiie siècle, en 1701, au moment où l'importation des étoffes de coton et de soie fabriquées dans l'Inde à meilleur marché que dans la Grande-Bretagne y provoquait une opposition et des prohibitions patriotiques, un auteur anonyme indiquait comme effet probable de cette concurrence et comme moyen de lutte contre elle le renouvellement de l'outillage et une division du travail menant droit au machinisme. La prévision était juste. Les inventions répondirent à l'appel et se succédèrent avec une continuité remarquable. Ce fut comme un duel, tout au moins comme un *match*, entre le filage et le tissage, se dépassant et se rattrapant, adoptant chacun à son tour un perfectionnement qui en nécessitait et en entraînait un autre chez celui des deux demeuré momentanément en retard. En même temps que les machines se compliquent par ces deux mouvements parallèles et connexes, les moulins à eau se multiplient pour fournir la force nécessaire et de plus en plus les producteurs éparpillés dans les campagnes se concentrent à l'intérieur et à l'entour des villes. Il s'agit avant tout du coton. L'industrie de la laine, plus ancienne et partant plus ligottée, suit avec un intervalle très appréciable. Toujours est-il (pour laisser de côté les détails qui regardent les spécialistes) qu'en cinquante ans, de 1733 à 1785, la transformation mécanique de l'industrie cotonnière est à peu près accomplie et que, durant les dix dernières années de ce demi-siècle, elle connaît une véritable fièvre de production.

La France, sur ce point, est en arrière de l'Angleterre. Les ouvriers de Caen, en 1789, dénoncent avec amertume l'invasion « des méchaniques de filature anglaises. » Cependant pour la soie Vaucanson, en attendant Jacquart, fait, dès 1744, une invention qui vaut celle de Cartwright pour le métier à tisser le coton en 1785 ; et Robert d'Essonnes, en 1799, trouve l'art de fabriquer automatiquement le papier continu.

Cette transformation mécanique, qui s'opère non sans souffrances ni résistances, en entraîne deux autres. D'une part, les métiers, rouages, machines, qui étaient primitivement en bois (comme le sont encore ceux dont on se sert aux Gobelins) étaient par là même exposés à une prompte usure et incapables d'une besogne à la fois rapide et prolongée. Il fallait chercher une matière plus résistante. D'autre part, les verreries et les hauts fourneaux dépeuplaient, dévoraient les forêts, et partout se manifestait la crainte qu'elles ne vinssent à manquer. Il fallait chercher un autre combustible.

Pour remédier au premier de ces maux, on recourut au fer. L'extraction des minerais se fait plus intense et plus adroite. En 1740, Huntsman, un horloger, fabrique dans des creusets en plombagine un acier très homogène qui vaudra une longue et brillante réputation aux outils, couteaux et instruments de chirurgie portant la marque de Sheffield. La métallurgie, qui languissait, se ranime. Les petites industries spécialisées et isolées qu'elle alimentait se réunissent en grandes manufactures, où des tâches parcellaires sont réparties entre des centaines d'ouvriers. On sait que c'est une fabrique d'épingles, où l'un faisait la pointe, l'autre la tête, un autre la tige, qui a fourni à Adam Smith son exemple classique des résultats obtenus par la division du travail.

Pour parer au second péril, on recourut à la houille, à ce charbon de terre qui avait été longtemps appelé à Londres charbon de mer, à cause de la voie par laquelle il y arrivait. Il se trouva que le sous-sol de l'Angleterre (et ce fut pour elle un vrai trésor, un merveilleux élément de richesse et de puissance) contenait une énorme quantité de ce charbon fossile où la chaleur du soleil dort et couve emmagasinée. Aux entrailles de son pays noir, déjà criblé de puits et de galeries, fourmilla tout un peuple souterrain.

Toutefois une grosse difficulté subsistait. Le fer, fabriqué à la houille, demeurait cassant, médiocre. C'est alors qu'en 1735 une invention capitale d'Abraham Darby vint couronner une série d'efforts héroïques : la fonte désormais pouvait se faire au coke. En 1783-84, le puddlage, qui affine la fonte en faisant pénétrer l'air dans le four-réverbère où bouillonne la matière en fusion, réalisait un progrès longtemps désiré, et c'est de là qu'il faut dater le triomphe industriel du fer. Non seulement se fondent de vastes et bruyantes usines qui étonnent, étourdissent, épouvantent les visiteurs et leur paraissent un avant-goût des fournaises infernales, mais déjà apparaissent des rails de fer (1767), des ponts de fer (1779), des bateaux de fer (1787) et Wilkinson, qui a plus que personne contribué à cette victoire du fer, se fait enterrer dans un cercueil de fer.

En tout cela, la physique avait eu son mot à dire. Elle l'eut bien davantage, quand on s'avisa de subjuguer une force naturelle dont quelques esprits sagaces pressentaient le prodigieux avenir : la vapeur d'eau.

Elle avait été pour les anciens une amusette (éolipyle), une faiseuse de petits miracles : grâce à elle, des portes de temples tournaient toutes seules sur leurs gonds. Elle avait eu chez les modernes des emplois culinaires et modestes ; mais déjà elle s'essayait à des usages plus nobles ; avec Papin, elle avait fait mouvoir sur la Fulda

des bateaux sans rames ; puis elle avait élevé des fardeaux. Le czar Pierre le Grand rapporta de Hollande,
non seulement l'art de construire des bateaux, mais
une machine à vapeur qui lui servait pour arroser ses
jardins.

Son utilité était encore bien mince. Ce qui la fit
sortir de ce rôle insignifiant, ce fut le besoin qu'on avait
d'elle, aidé des progrès accomplis près d'elle. Il fallait
une force qui suppléât à celle de l'homme et des animaux devenue insuffisante pour certains travaux. Dans
les mines de houille on manquait de puissants moyens
pour épuiser l'eau, pour monter à la surface et transporter des produits encombrants. Juste à point les progrès de la métallurgie permettaient de construire des
rouages solides, à la fois souples et résistants. La vapeur
fut alors pliée à des services nouveaux. Le plus essentiel,
dû à son élasticité, fut de transmettre le mouvement à
un ensemble de pièces. Et son action s'exerça dès lors
dans deux voies distinctes : tantôt elle donna la vie à
des machines mobiles qui furent utilisées pour le transport des objets et des personnes ; tantôt elle mit en
branle des machines fixes, dont les roues et les engrenages travaillèrent à la fabrication des choses, et là
bientôt son activité se compliqua ; elle ne se contenta
point de donner l'impulsion à un bras de fer poussant
ou tirant en ligne droite ; ce bras devint bien vite articulé, fut en quelque sorte armé de mains agiles et inlassables qui apprirent à se mouvoir en tous sens et à faire
les besognes les plus délicates ; bref la machine motrice
se transmua peu à peu en machine-outil, contrefaçon
plus parfaite de la vie.

Mais où, quand, comment la vapeur fut-elle ainsi
asservie et dressée ?

Dans son histoire, en la restreignant même, comme
nous devons le faire, à ses rapports avec l'évolution
économique, s'entrelacent des noms d'ouvriers et de

savants comme des noms de nations diverses, France, Grande-Bretagne, États-Unis d'Amérique.

Pour ne parler que des machines fixes et demi-fixes (car les machines mobiles ont leur place naturelle dans le volume qui traite du transport et du commerce) la pompe à feu, comme on l'appelait alors, fut utilisée, en Angleterre, dès les premières années du xviiie siècle. On lui demandait de dessécher des marais, de vider des mines inondées, d'approvisionner d'eau des villes ou des canaux à écluses. Dès 1711, il existait une société pour exploiter l'engin que Newcomen avait rendu pratique. Mais le moment décisif où la vapeur s'élance à la conquête du monde est celui où Watt, de 1764 à 1769, la met en possession de sa pleine énergie. C'est de 1769 que date le premier brevet pris par lui, et lorsqu'en 1785 la machine à double effet est à son tour inventée, on peut dire que l'organisme est à peu près complet, qu'il a traversé l'âge ingrat, qu'il est entré dans l'âge adulte. Le va-et-vient du piston, limité à la ligne droite, se transforme en mouvement circulaire par un appareil, tantôt imité de la roue du rémouleur et inventé par un simple contre-maître, Murdock, tantôt conçu d'après notre système planétaire ; puis le parallélogramme articulé achève l'assouplissement du mécanisme qui, dès lors, devient apte à tout faire.

Il faudrait, à côté de Watt, citer ceux qui lui ont fourni de l'argent, comme Rœbuck, ou qui l'ont aidé dans ses essais de construction comme Boulton, le grand métallurgiste de Soho, réputé en ce temps-là pour le premier manufacturier d'Angleterre. C'est grâce à leur concours que finit par fonctionner, en 1769, à Kinneil House, près d'Edimbourg, une machine à vapeur vraiment digne de ce nom.

La priorité de l'Angleterre sur ce terrain est incontestable. En 1779, les frères Périer viennent réclamer de Watt une machine pour le service des eaux de Paris et

c'est celle qui, légèrement transformée, a subsisté plus
d'un siècle sous l'appellation de pompe à feu de Chaillot.
La première machine à vapeur construite en France ne
fait son apparition qu'à l'Exposition nationale de 1806.

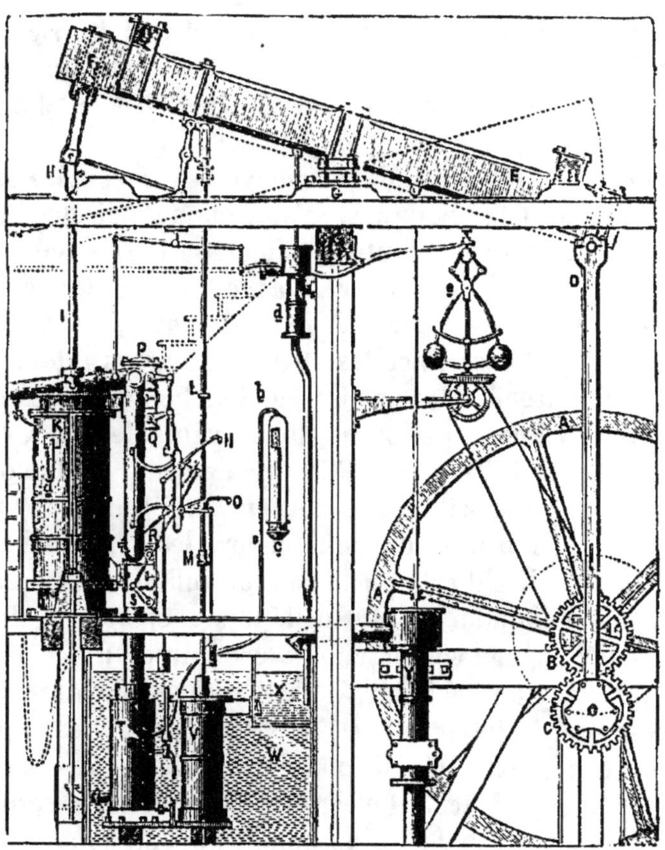

Fig. 2. — Machine de Watt.

La première qu'on voie en Allemagne y fut introduite
en 1785 après un voyage d'ingénieurs envoyés à Soho
par Frédéric II. La même année en Angleterre la vapeur
actionne une filature de coton ; puis elle sert au lami-
nage, au polissage des métaux ; elle est employée à la
frappe des monnaies, à telle enseigne que la France et

la Russie, avant la fin du siècle, y commandent des machines du même type. La vapeur commence ainsi à être d'un usage fréquent au début du XIXe siècle ; elle se substitue en maint endroit à la chute d'eau, en attendant que, par un curieux retour, elle soit remplacée, cent ans plus tard, par la chute d'eau, productrice d'électricité. Mais la conquérante, dont l'avènement est alors si récent, n'a pas encore à craindre d'être détrônée et elle a devant soi un règne long et brillant.

Pourtant la fée qui doit lui enlever sa royauté s'est déjà révélée aux hommes. J'ai nommé l'électricité. C'est une personne redoutable, qu'on se borne d'abord à empêcher de nuire ; Franklin avec son paratonnerre se flatte de la désarmer. Mais voici qu'après s'être manifestée par des étincelles et des décharges retentissantes, elle prend la forme discrète d'un courant continu et invisible. Les expériences de Galvani, de Volta en Italie sont de 1791 et de 1794. Seulement, quoiqu'on regarde avec curiosité ce je ne sais quoi inquiétant et divers, personne ne soupçonne encore les grandes destinées auxquelles il est appelé par son infinie souplesse.

La pile voltaïque résulte déjà d'une opération chimique. C'est qu'en effet la chimie est entrée en lice et il faut insister sur ce fait dont les historiens n'ont pas assez souligné l'importance. Elle s'est dégagée des rêveries où elle était restée si longtemps enlisée ; elle s'est constituée en science, et c'est en France, cette fois, que cet événement capital s'est accompli. Partant de ce principe que rien ne se crée, rien ne se perd, elle a retrouvé, à l'aide de la balance, les éléments, qui, sans se laisser voir, se séparent d'une matière décomposée. Lavoisier a reconnu l'oxygène avec l'Anglais Priestley ; puis, à partir de 1777, il a fait l'analyse et la synthèse de l'air, de l'eau, de l'acide carbonique ; et, chose non moins décisive, avec Berthollet, Guyton de Morveau, Fourcroy, il a doté la science nouvelle d'une langue précise, qui est à la fois une nomenclature et une classification des corps. Et aussitôt la grande industrie chimique a pris naissance. Leblanc tire la soude du sel marin et, au dire de J.-B. Dumas (qui fut chimiste, il est vrai), l'invention n'est pas moins importante pour le bien-être de l'humanité que celle de la machine à vapeur. Thénard produit en masse le blanc de céruse, Berthollet l'eau de Javel où sont encloses les propriétés décolorantes du chlore découvert de la veille, et ses travaux, qui datent de 1785, se répandent en Angleterre dès 1787 par l'entremise de Watt. Lebon, en 1785, distille le bois, puis la houille, et, avec Winzer, il en fait sortir le gaz d'éclairage, qui s'en ira de France en Angleterre pour revenir d'Angleterre en France. La Convention, pendant la Révolution, peut décréter la fabrication du salpêtre comme elle décrète la victoire. Les applications suivent la théorie avec une étonnante vélocité.

En somme, dans le dernier tiers du xviiie siècle, grâce aux recherches des professionnels et des savants, dans les industries des mines, du coton, du fer, de la papeterie, des transports, de l'éclairage, des produits chimiques, une profonde transformation de l'outillage et de la production s'est ébauchée. Elle est visible surtout en Angleterre, en France, aux États-Unis. La grande industrie, maîtresse de la vapeur et désormais liée à la science, s'y est organisée sur un modèle nouveau qui va se propager à travers le monde.

OUVRAGES A CONSULTER

Mantoux (Paul). — *La Révolution industrielle au XVIIIe siècle* (Paris, 1900).

JAURÈS (JEAN). — *Histoire socialiste.* — *La Constituante* (Paris, sans date).

WEULERSSE (GEORGES). — *Le mouvement physiocratique en France* (de 1756 à 1770, Paris, 1911).

THURSTON (R.). — *Histoire de la machine à vapeur* (2 vol., Paris, 1888).

The History of capital and labour in all lands and ages (Melbourne, 1888).

CHAPITRE III

LA PROPAGATION DE LA GRANDE INDUSTRIE

§ 1. Sens général et modes ordinaires de cette propagation. — § 2. Conditions démographiques et ethniques. — § 3. Conditions économiques. — § 4. Conditions politiques et sociales. — § 5. Conditions scientifiques.

§ 1. — SENS GÉNÉRAL ET MODES ORDINAIRES DE CETTE PROPAGATION

La première chose à se demander, c'est à quels signes se reconnaît la pénétration de la grande industrie chez un peuple. C'est évidemment une affaire de statistique ; mais les indices qu'on choisit peuvent être de différente nature. On peut prendre comme mesure de ce progrès le nombre des usines dans lesquelles le personnel ou les chevaux-vapeur utilisés ou les capitaux employés atteignent un certain chiffre. On peut relever pour l'ensemble du pays que l'on étudie la consommation de la houille, la production du fer, de la fonte, de l'acier, la quantité des produits chimiques fabriqués, les tableaux qui contiennent les importations de matières premières et les exportations d'objets manufacturés. On pourrait encore constater indirectement qu'elle a pris pied en un État d'après certains symptômes qui sont inséparables de son développement, par exemple l'éclosion d'aspirations socialistes et d'une législation protectrice du travail. Le plus sage est sans doute de combiner tous ces éléments d'information ; mais de même qu'un architecte, une fois la maison construite, ne laisse point subsister les échafaudages qui l'ont aidé à la bâtir, de même nous croyons devoir présenter au lecteur les résultats de nos recherches sans le faire repasser par les chemins arides et multiples qui nous y ont conduit.

Avant tout un sens général s'aperçoit dans les courants d'imitation qui sont partis des contrées où la grande industrie eut sa source.

En Europe, l'Angleterre et la France étant les deux points de départ, le mouvement s'est fait de l'Ouest à l'Est traversant le Luxembourg, la Suisse, l'Allemagne, l'Autriche-Hongrie, bifurquant de là sur la Russie d'une part, sur les pays balkaniques et la Turquie d'autre part. Il s'est propagé aussi du Centre au Nord par la Belgique, les Pays-Bas, les Pays Scandinaves, et du Centre au Sud, poussant à travers les Alpes jusqu'en Italie et en Grèce, à travers les Pyrénées jusqu'en Espagne et en Portugal.

En Amérique, où il a commencé par venir du vieux monde, il a eu pour foyers secondaires le territoire de l'Union et les Antilles ; à l'intérieur des États-Unis, il s'est avancé de l'Est à l'Ouest, de l'Atlantique au Pacifique en même temps que du Nord au Midi atteignant la Louisiane et la Floride bien après New-York ou le Massachusetts ; à l'extérieur, il a cheminé du Sud au Nord vers le Canada, et dans la direction contraire vers le Mexique, l'Amérique centrale, l'Amérique du Sud.

L'Asie a été entamée par terre et par mer ; deux ondulations, marquées par les chemins de fer transcontinentaux, vont d'Occident en Orient ; puis, venant de toutes les colonies européennes, des Indes en particulier et de l'Australasie, l'ébranlement a gagné le Japon et est en train de se faire sentir à la Chine.

En Afrique, c'est de toutes les côtes vers le centre que convergent les lignes de pénétration.

Mais ce n'est là qu'une vue sommaire, qui a besoin d'être complétée et corrigée. La grande industrie ne s'est pas étendue, comme une tache d'huile sur un papier, de façon régulière, paisible et ininterrompue. Procédant tantôt par infiltration lente, tantôt par invasion brusque, elle décrit dans sa marche, selon les moments et les pays, des courbes très variées. En beaucoup d'endroits, des étapes ont été brûlées; on a sauté des anciens procédés aux nouveaux ; combien de villages, par exemple, ont passé sans transition de la chandelle à la lumière électrique ! Il faut donc suivre dans le détail les modes et les conditions de cette propagation ondoyante.

En certains cas il y a eu, peut-on dire, un phénomène d'osmose. Le bras de mer, le fleuve, la montagne ou la frontière idéale qui sépare deux pays a été comme une membrane perméable qu'ont traversée les courants d'imitation. Il est à remarquer que les parties d'un État qui confinent à un autre État en présentent déjà l'apparence : la Normandie est une petite France anglaise, le département du Nord une Belgique française, la Provence un avant-poste de l'Italie. Quand deux régions se touchent et se ressemblent ainsi, le passage de l'une à l'autre est facile. Aussi les premières machines anglaises qui entrent en France s'installent-elles sur les rivages normands. C'est pour la même raison sans doute que l'invasion de la grande industrie en Russie a commencé par la Pologne russe, contiguë aux autres fragments envahis de la Pologne, que la Catalogne en Espagne ou la Lombardie en Italie ont été ses premières haltes, quand elle eut franchi la muraille des Alpes et des Pyrénées.

L'émigration, au contraire, a opéré souvent à longue distance. Qui pourrait calculer la dette des États-Unis, du Brésil, de l'Australie, de tous les pays neufs envers les travailleurs européens, qui ont fait profiter leur patrie d'adoption de tout ce qu'ils avaient appris dans leur mère patrie ?

Mais le commerce a été l'agent de transmission le

plus ordinaire. Prenant avec les chemins de fer et les bateaux à vapeur une intensité qu'il n'avait jamais connue, il a importé partout où cela lui était possible, des quantités d'objets fabriqués par les nations qui étaient industriellement les plus avancées, et du même coup il a importé chez les peuples restés en retard à ce point de vue des goûts et des besoins qui étaient nouveaux pour eux. Ce n'est point sans raison que le mot anglo-français de confort s'est glissé de nos jours dans la plupart des langues : il résume l'ensemble des commodités dont le progrès industriel a répandu l'usage.

Parfois cette importation fut imposée à ceux qui la recevaient. Ce fut la coutume primitive de ce qu'on appela le système colonial. La métropole, en possession d'un monopole rigoureux, expédiait aux habitants de ses colonies des marchandises de tout genre ; quelques-unes, comme des bas de soie ou des bonnets de coton, étaient d'inutiles invites à des gens qui n'en usaient point ; mais d'autres, cotonnades, eau-de-vie, coutellerie, miroirs, etc., éveillaient des désirs ou des vices et valaient aux vendeurs et fabricants de jolis profits. Les Européens ont fait de la sorte en mille endroits office de tentateurs.

Là où ils n'étaient pas les maîtres, où ils se heurtaient à des portes fermées, ils les enfonçaient volontiers à coups de canon. C'est ainsi qu'ils ont forcé l'entrée du Japon et de la Chine, tiré l'Extrême-Orient d'un isolement et d'une torpeur plus que séculaires. A la suite de ces expéditions, telle denrée qui rapportait gros, comme l'opium, pénétrait triomphalement dans l'Empire céleste et des territoires cédés aux vainqueurs devenaient des points de débarquement et des foyers de rayonnement pour les marchandises, les idées et les coutumes de l'Occident.

Quand ce n'étaient point des débouchés pour le trop-plein de leur production que cherchaient à l'étranger les nations industrielles d'Europe, c'étaient des matières premières pour alimenter leurs fabriques. Tel pays les attirait, parce qu'il avait des mines, tel autre des plantations de coton, de canne à sucre, tel autre encore des gisements de nitrates ou de phosphates qui pouvaient vivifier leur agriculture. De certaines contrées on pourrait dire qu'elles sont allées jusqu'à exporter leur sol même.

Quel que fût le but de leur intervention (importer ou exporter) le résultat était toujours, au bout d'un temps plus ou moins long, la fondation dans le pays conquis ou pacifiquement envahi, non plus seulement de comptoirs commerciaux, mais d'entreprises de production. Le capital mobilier, ce grand sans-patrie, se transporte partout où il espère des bénéfices. Et alors c'étaient d'abord les Européens qui créaient des usines là où ils avaient pu s'introduire, afin d'épargner des frais de transports à leurs produits, d'avoir la main-d'œuvre à bon marché, d'utiliser une matière première voisine. Ainsi des raffineries de sucre et des distilleries s'établirent aux Antilles, des filatures de coton aux Indes, en Égypte; ainsi toute une cité souterraine de puits et de citernes se creusa dans les alentours de Bakou pour l'exploitation du pétrole. Puis les indigènes, las de voir le gain principal aller à des gens venus de loin, se sont dit qu'ils pouvaient tenter la même aventure ; ils ont commencé par emprunter à ces nations qu'ils enviaient, admiraient et haïssaient, des fonds recrutés chez elles, des engins construits par elles, des ingénieurs instruits parmi elles. Ils ont imité leurs initiateurs, mais avec l'intention de se passer de leurs leçons le plus tôt possible. C'est pourquoi très souvent une période d'imitation, qui fut très lucrative pour les premiers maîtres du marché, est suivie d'une période de réaction nationale. Le même pays, qui accueillait avec avidité les produits exotiques, se retranche derrière des tarifs de prohibition ; il se pique de *fare da se*, et il fait éclore sur son territoire des industries émancipées, capables d'être les rivales de celles qui leur ont servi de modèles. La transplantation achève ainsi son cycle normal.

Les pays manufacturiers d'Europe et d'Amérique travaillent donc contre leur propre avenir et se préparent des concurrents par le jeu même de leur expansion ; un temps viendra où ils auront perdu leur avance technique et trouveront partout sur le terrain industriel des égaux, sinon des supérieurs ; mais ils auront eu le mérite de dresser leurs successeurs et héritiers, de travailler pour l'humanité entière et de faire pour elle plus de bien-être en perfectionnant son outillage et ses procédés.

Revenons de ce futur encore lointain au présent et au passé prochain. La distribution de la grande industrie sur la surface du monde a dépendu de conditions nombreuses que nous passerons en revue, ce qui nous fournira l'occasion d'indiquer, chemin faisant, à quelle date les différentes nations et régions l'ont vue s'enraciner chez elles.

Ce sont d'abord des *conditions naturelles*.

Le climat n'est point une considération négligeable. Est-il utile de démontrer que les zones tempérées sont plus propices à la grande industrie que la zone tropicale ? En des contrées où le soleil dispense presque d'habits et d'habitations, où la langueur se respire dans l'air, où les descendants des Européens sont atteints eux-mêmes de la morbidesse créole, l'activité fiévreuse que la machine réclame n'a pas beaucoup de raisons d'être. Les verreries, par exemple, qui chôment en été dans le Sud de la France, pour ne pas exposer les ouvriers à ce qu'on nomme des coups de chaleur, seraient vite meurtrières là où le thermomètre ne descend guère au-dessous de trente degrés centigrades. Le pays des bananiers, des cactus, des cocotiers ne semble pas très apte à devenir celui des hauts fourneaux et des usines à feu continu. Les environs des pôles sont encore mieux défendus contre cette intrusion par leur cuirasse de glace. Mais, pour prendre des cas moins extrêmes, il arrive aussi que certaines particularités atmosphériques exercent une influence : chacun sait que l'humidité est favorable au filage du coton et cela n'est pas sans avoir contribué à la fortune du Lancashire, ou, en France, de la région du Nord. En revanche on ne voit pas bien la culture du mûrier et l'élevage des vers à soie en dehors du Midi, et les tentatives qui furent faites pour les acclimater autour de Berlin au xviii° siècle ont échoué misérablement. La facilité croissante des communications permet sans doute aujourd'hui de faire venir à peu de frais loin de leur pays d'origine certaines matières qui ne sont pas trop lourdes ou trop fragiles ; c'est grâce au coût réduit du transport par mer que Liverpool a pu devenir le grand marché du coton, comme Manchester en est le grand centre de fabrication. Il n'en reste pas moins certain que le voisinage de la matière première ou du combustible est encore et a été surtout une grande cause de prospérité pour beaucoup de fabrications. La meunerie s'est développée dans les pays de blé ; ceux où abondaient le minerai de fer et la houille, ce pain noir de l'industrie moderne, eurent longtemps par là même un privilège inestimable ; l'Angleterre, la Belgique, l'Allemagne, l'Amérique du Nord trouvèrent enfouis dans leur sous-sol des trésors qui leur donnaient un avantage formidable dans la bataille économique ; la France, avec ses mines de charbon plus profondes et moins productives, fut en état d'infériorité, l'Italie plus encore. Sans doute, l'existence de ces richesses souterraines ne suffisait pas pour assurer la supériorité industrielle de qui les possédait ; la Chine a en ce genre des réserves énormes qu'elle n'a guère utilisées. Qui niera pourtant que la nécessité d'aller chercher à longue distance ou d'extraire à grand'peine ce qui s'offrait ailleurs presque à fleur de terre et comme à portée de la main n'ait pesé lourdement sur beaucoup de contrées ? Partout, au contraire, où la nature avait accumulé les ressources nécessaires, ont surgi les hautes cheminées crachant le feu et la fumée, se sont agglomérées les vastes fourmilières humaines vouées au labeur intense des fabriques. Qu'on jette un simple coup d'œil sur ce qu'on appelle en Angleterre le pays noir, en Allemagne sur le bassin de la Ruhr et sur la Silésie, en France sur la région de Lille ou de Saint-Étienne, on verra comment les usines aux fournaises rutilantes, les cités populeuses aux sombres faubourgs s'y sont serrées et accrues avec une vertigineuse rapidité.

C'est à des motifs de même ordre qu'il faut attribuer la localisation de beaucoup d'industries. Pourquoi les verreries qui s'établissaient au milieu des forêts ont-elles émigré dans le voisinage des houillères, sinon parce qu'elles y rencontraient de quoi suppléer au manque de bois ? Si la fabrication de la porcelaine a cessé, par exemple, à Paris et continue à Limoges, la présence du kaolin aux environs de cette dernière ville n'est apparemment point étrangère à ce fait. La savonnerie n'aurait pas eu à Marseille l'importance qu'elle y a prise et gardée, si l'huile d'olive n'eût été commune dans ses alentours.

Il est aussi aisé de comprendre que la possibilité d'avoir à sa disposition certaines forces précieuses ait agi sur cette répartition géographique. Avant l'invention de la vapeur, moulins à papier, à blé, à fouler le drap s'échelonnaient le long des rivières les plus paisibles ; ils purent s'en écarter pour se rapprocher des mines de charbon, dès qu'on demanda à l'eau surchauffée ce qu'on réclamait auparavant de l'eau courante ; ils reviennent aujourd'hui sur les bords des torrents, ils émigrent de la plaine à la montagne, parce que l'eau tombant en cascade, la houille blanche, est devenue la source peu coûteuse d'une force électrique qui peut se transporter à distance et se diviser à volonté; des régions, jusqu'alors peu appréciées des usiniers, comme les hautes vallées de la Suisse, de la Savoie, du Dauphiné, de l'Auvergne se sont aussitôt peuplées de grands établissements ; c'est presque une révolution qui change les valeurs relatives des différentes contrées au point de vue de la puissance industrielle, qui corrige l'inégalité dont ont pâti certaines d'entre elles ou même la renverse à leur profit. Supposez (et la supposition n'a rien d'invraisemblable) qu'on vienne à dompter, à rendre maniable la force immense et jusqu'ici presque inutile des marées, quantité d'industries se transporteront aussitôt au bord des océans. Supposez que l'on sût capter et astreindre à un travail régulier la chaleur du soleil ; ce serait un nouveau déplacement qui les emporterait au pays où l'astre d'or rayonne dans un ciel sans nuages.

§ 3. — CONDITIONS DÉMOGRAPHIQUES ET ETHNIQUES

Aux conditions qui relèvent de la nature il faut ajouter celles qui dépendent des hommes.

Parmi celles-ci, figurent en premier lieu les *conditions démographiques*. La densité de la population est en rapport direct avec les formes que prend le travail humain. Faible, elle est en harmonie avec la civilisation agricole, l'atelier du petit artisan, la fabrique dispersée qui éparpille le travail dans les campagnes. Forte, elle favorise la grande industrie agglomérée; elle lui procure à la fois abondance de main-d'œuvre et d'acheteurs. Il n'est pas douteux que l'accroissement continu de la population aux États-Unis, qui fut de 37 millions entre 1870 et 1900, fut pour les industriels une excitation permanente à produire; l'offre avait peine à égaler la demande. Du reste, par réciprocité, la production en grand favorise à son tour l'agglomération des travailleurs sur un petit espace ; elle ne fait pas pousser les hommes, comme on l'a dit avec quelque exagération ; elle les rassemble du moins sur les mêmes points ; elle dépeuple les villages au profit des villes ; elle provoque un exode rural constaté par toutes les statistiques. La proportion des ouvriers augmente, celle des paysans diminue, à mesure que se multiplient les usines, puissantes tentacules qui attirent et absorbent la vie environnante. En France comme en Allemagne, en Angleterre comme dans l'Amérique du Nord s'est manifesté ce phénomène aisément explicable.

Je ne dis rien des races. Telle ou telle, à un moment donné, peut paraître plus industrieuse qu'une autre. Mais où sont les races pures aujourd'hui ? Qui pourra parmi les *sang-mêlé*, dont sont composées toutes les nations, distinguer ce qui vient d'une prédisposition héréditaire, de l'habitude ou de l'éducation ? Tout ce qu'on peut dire c'est que les peuples ayant d'anciennes traditions industrielles et déjà accoutumés au régime de la manufacture, comme les Flamands ou les Anglais, avaient probablement plus de souplesse pour se plier aux transformations récentes de la technique que les populations vouées jusqu'alors aux occupations champêtres, comme c'était le cas pour les Hongrois ou les Chinois.

§ 4. — CONDITIONS ÉCONOMIQUES

Mais plus importantes et plus faciles à débrouiller sont les *conditions économiques* de la grande industrie. Les fabriques se posent spontanément sur le parcours des voies de communication sûres et faciles ; elles se pressent sur le passage des grandes lignes de chemins de fer ; et, si un motif quelconque les a forcées de s'en écarter quelque peu, elles ont soin de se relier au réseau par une petite ligne particulière. Les rivières navigables, les canaux se bordent également de colossales bâtisses devant lesquelles les bateaux accostent. Les ports, où aboutissent les paquebots, remplissent le double office de pompes foulantes et aspirantes : ils approvisionnent tout leur entourage de charbon, de matières premières ; ils le drainent des produits fabriqués. Ce n'est certes point par hasard que l'industrie du coton a pris son essor en Angleterre autour de Liverpool, en France autour du Havre et de Rouen. Conçoit-on sans le voisinage de Rotterdam et du puissant véhicule qu'est le Rhin le formidable faisceau des usines qui flamboient de Hamborn à Essen ?

La circulation aisée du capital n'est pas moins nécessaire que celle des marchandises. L'argent épargné, mais non enfermé dans les bas de laine et les coffresforts, l'argent qui, sans s'aventurer à l'étourdie, ne craint point de courir des risques pour croître et multiplier est un élément dont ne peut se passer la grande industrie. Regardez n'importe quel pays où elle est florissante : vous êtes sûrs d'y rencontrer de grandes banques, une organisation savante du crédit.

Chose tout aussi grave et aussi incontestée, un pays où la main-d'œuvre est rare et chère est par cela seul prédisposé au machinisme. En voici une preuve entre mille : Les États-Unis, nul ne l'ignore, furent et sont encore de nos jours le pays par excellence des hauts salaires, et rien de plus compréhensible. A cause des terres disponibles qui étaient distribuées par le gouvernement et qui permettaient indépendance et fortune aux travailleurs soit indigènes, soit immigrés, les ouvriers restés en petit nombre dans les villes pouvaient élever leurs prétentions ; les patrons avaient donc tout intérêt à économiser sur la main-d'œuvre en multipliant les machines, et c'est une cause, peut-être la cause essentielle du développement extraordinaire que le machinisme a pris sur le territoire de l'Union américaine. On peut faire, si l'on veut, la contre-épreuve. Tous les pays où les bras de l'homme sont à bon marché, soit qu'il y existe encore des esclaves ou des serfs, soit parce qu'il y a pléthore de sans-travail, s'attardent volontiers dans les vieux procédés. C'est pourquoi le Sud des États-Unis fut devancé par le Nord ; c'est pourquoi la Russie est restée, jusqu'au dernier tiers du XIX° siècle, réfractaire au renouvellement des méthodes dont l'Europe lui offrait vainement l'exemple.

Les guerres et les grèves, qui sont des guerres civiles économiques, ont eu parfois les mêmes effets que la cherté du travail. Au temps de la Révolution et de l'Empire, dans l'Europe bouleversée, dépeuplée par une lutte gigantesque de vingt-cinq années, la plupart des adultes étaient accaparés par le service militaire. — Prenez les femmes et les enfants — fut le mot, sinon de William Pitt, du moins de la situation. Mais en même temps, comme cela ne suffisait pas, on adoptait les machines. Et ces mêmes machines, lors des conflits qui mettent aux prises ouvriers et patrons, ont été souvent introduites pour parer au chômage partiel du personnel ; la grève a été alors l'occasion d'un perfectionnement de l'outillage.

§ 5. — CONDITIONS POLITIQUES ET SOCIALES

Cela nous amène aux *conditions politiques et sociales* qui peuvent contribuer au même changement. Elles sont nombreuses et très variées.

A-t-on remarqué suffisamment que l'extension de la grande industrie s'est faite dans le même sens et dans le même temps que l'expansion de ce gouvernement constitutionnel qui est proprement le régime bourgeois ? Ce n'est pas là une coïncidence fortuite.

Il est logique que la grande industrie trouve un terrain

favorable dans toute société où la monarchie absolue, avec ses soutiens habituels, la noblesse et le clergé, est plus ou moins déchue de sa puissance au profit des banquiers, commerçants et fabricants ; où la propriété mobilière achève de l'emporter sur la propriété foncière ; où la classe moyenne se sent assez forte pour imposer le respect de son activité laborieuse ; où, enhardie par son aisance, elle revendique des libertés et une part au pouvoir, conquiert peu à peu la prépondérance et imprime aux affaires publiques une direction conforme à ses intérêts. C'est de la Grande-Bretagne que sont partis de compagnie, pour rayonner sur le monde entier, la transformation technique que nous étudions et ce système parlementaire, qui, après avoir envahi l'Europe et l'Amérique, s'est implanté au Japon, et pénètre aujourd'hui en Russie, en Turquie, en Perse, jusqu'en Chine. En France, le règne de Louis-Philippe, au lendemain de la Révolution de 1830 qui consacrait la victoire du capital-argent sur le capital-agraire, vit à la fois le triomphe de la haute bourgeoisie et de la royauté limitée, du cheval-vapeur et de la formule : Enrichissez-vous ! En Belgique, l'essor de la production en grand suivit de près l'avènement de cette classe aisée qui a eu son âge d'or en Europe vers le milieu du xixe siècle. En Allemagne, s'il attendit l'unité faite seulement en 1870, il fut contemporain de l'établissement du suffrage universel. Au Japon, il succéda, vers la même date, à la réforme profonde qui réduisait l'autorité souveraine du Mikado. En Russie, à peine y a-t-il un intervalle de quelques années entre l'introduction du machinisme et les premières restrictions subies par l'autorité du czar. Et voici que de nouveau en Chine le droit reconnu à la nation de faire entendre sa voix apparaît presque simultanément avec les chemins de fer et les grands ateliers de constructions navales.

En vérité cette marche parallèle de la révolution industrielle et de la révolution politique est un des faits les plus saillants et les plus significatifs de l'histoire contemporaine. Cela revient à dire que le milieu social propice à l'éclosion de la grande industrie, telle que nous l'avons décrite en ses traits essentiels, est un milieu capitaliste, où le gouvernement peut avoir une forme monarchique ou républicaine, mais où le pouvoir réel exercé par des représentants est aux mains d'une classe bourgeoise qui, sur la route de la démocratie, fait halte à mi-côte dans la ploutocratie.

Si l'on descend dans le détail, d'autres facteurs politiques apparaissent, dont l'action concourt à ce mouvement et l'explique en partie.

Un État où l'ordre règne, où existe entre les citoyens une union, je ne dis point parfaite, mais exclusive de la violence, est plus qu'un autre propice à la floraison de la grande industrie. Là au contraire où l'agitation révolutionnaire se prolonge durant des années et des générations entières, cet épanouissement est troublé, arrêté. C'est une des raisons pour lesquelles il a tardé jusqu'au début du xxᵉ siècle dans les turbulentes républiques de l'Amérique du Centre et du Sud. C'est pourquoi il ne s'opéra aux États-Unis qu'après les convulsions de la terrible guerre qui faillit les couper à jamais en deux groupes hostiles.

La guerre, qu'elle soit intérieure ou extérieure, a des conséquences faciles à prévoir. Elle encourage toutes les industries qui touchent à l'armement ou à l'approvisionnement ; elle gêne ou paralyse les autres. L'art des constructions militaires, la métallurgie, la fabrication des aciers et des explosifs doivent des progrès incessants à la nécessité d'avoir des forts, des navires, des canons, des obus pouvant lutter avec ceux du voisin. A partir du jour où sur mer les vaisseaux cuirassés (Monitor et Merrimac) entrèrent en lice, il existe entre la plaque blindée qui veut résister à tous les chocs et le projectile qui veut briser tous les obstacles une rivalité semblable à la course légendaire du renard qui ne devait jamais être pris avec le lévrier qui devait prendre tout ce qu'il poursuivrait. En remontant plus haut, lors de la grande Révolution française, on eut besoin de chausser les héroïques va-nu-pieds des bataillons républicains et Séguin inventa pour les cuirs, en 1795, un tannage expéditif. On eut besoin de poudre et l'on ne se borna pas à chanter la chanson et à célébrer la fête du salpêtre ; mais le moyen de le préparer vite fut par toute la France l'objet d'un enseignement révolutionnaire et patriotique. Plus près de nous, les estomacs de ceux qui ont subi le siège de Paris en 1870 se souviennent sans plaisir des essais plus ingénieux que réussis qui furent tentés pour transformer en aliments des os broyés, de la paille et du foin hachés, du sabot de cheval jouant la gélatine.

La guerre, qui suscite ainsi des industries, en déplace d'autres. En 1793, des habitants du Locle et de la Chaux de Fonds chassés de chez eux pour leurs opinions antiroyalistes transplantent à Besançon l'horlogerie. Au lendemain de la Commune de 1871, des ouvriers fugitifs transportent en Angleterre les procédés qui avaient assuré une longue supériorité au meuble parisien. Ici la guerre apparaît avantageuse pour ceux qui ne la font pas : c'est souvent sa principale utilité. Aussi les pays neutralisés, comme la Suisse ou la Belgique, ont-ils joui à cet égard d'une situation privilégiée qui compte beaucoup dans leur prospérité. D'autres pays, comme la Grande-Bretagne ou le Japon, ont dû à leur position insulaire, aux vagues et aux flottes qui les protègent contre une invasion, une sécurité singulièrement précieuse. D'autres encore, comme les États-Unis, ont été garantis du même danger par leur étendue autant que par la jeune énergie de leurs citoyens. Heureux les peuples qui ont échappé de la sorte à l'obligation d'entretenir des armées permanentes, de fabriquer sans cesse des canons, des fusils, des soldats, qui ont pu employer leur argent à des dépenses plus productives !

Pour suivre le même ordre d'idées, les peuples qui ont eu la chance de réaliser de bonne heure leur équilibre et leur unité, de conquérir leur indépendance et leur liberté ont été en avance sur les autres dans le domaine économique. L'Angleterre et la France n'auraient pas été sur ce terrain des initiatrices, si elles n'avaient été déjà politiquement mieux organisées et outillées. Partout où les forces vives de la nation demeuraient absorbées par la tâche de réunir en un tout harmonieux et solidaire des parties séparées et ennemies entre elles, cette besogne primait et retardait les autres. L'Allemagne, morcelée depuis deux siècles et plus, ne réussit à s'unifier qu'en 1870 et c'est alors seulement dans l'enivrement de la victoire et de son unité retrouvée, après une courte période de vertige financier et de frénésie entreprenante, qu'elle put appliquer une impulsion méthodique et régulière à sa puissance industrielle et commerciale. En Italie aussi, le *risorgimento*, qui, au même moment, aboutissait à faire de Rome la capitale d'un royaume allant des Alpes à la Sicile, fut le prélude nécessaire, sinon suffisant, de la prospérité dont Milan et la Lombardie actuelle offrent l'éclatant témoignage.

Il va de soi que l'orientation donnée à la politique économique d'un État est en l'espèce un élément d'une importance singulière. Ce n'est pas sans motif qu'elle a suscité tant de débats dans les Parlements.

S'agit-il de législation douanière ? Nous rencontrons la grosse question du protectionnisme et du libre-échange, question qui depuis un siècle et demi a fait couler des torrents d'encre et de paroles. Mais nous n'avons point à la traiter dans son ensemble ; il nous suffit de l'envisager sous une seule de ses faces, de considérer les effets de l'un et de l'autre sur la production.

Supposons les frontières d'un pays fermées, hermétiquement fermées, sauf à la contrebande qui en ce cas est d'autant plus vivace qu'elle est plus lucrative. Que va-t-il se produire ? Le blocus continental, que Napoléon Ier dressa contre l'Angleterre comme une machine de guerre, peut passer pour une gigantesque expérience sociologique qui permet de répondre à cette interrogation. Par son fameux décret de 1806 l'Empereur prétend interdire tout le vieux monde aux produits des Iles Britanniques et de leurs colonies. Non seulement il défend d'en débarquer aucun dans un port quelconque de l'Empire français qui s'étend alors de la mer Baltique à la mer Ionienne, mais il ordonne que toutes les marchandises d'origine anglaise seront saisies et brûlées. La conséquence immédiate est que, pour les remplacer, il faut donner un élan vigoureux aux manufactures de tout le territoire mis en interdit, et aussitôt des primes sont instituées pour les filatures de lin, pour les fabriques de sucre indigène, pour les manufactures de toiles à impression et de mousseline. Des invitations pressantes à redoubler d'activité sont adressées aux usiniers, aux inventeurs, et il n'est pas douteux que l'industrie des pays soumis à la domination impériale, la métallurgie en particulier, n'ait fait alors un saut en avant. Seulement la médaille a son revers. Parmi les denrées arrêtées au passage figure le coton et l'on a beau s'efforcer de le faire pousser aux environs de Rome : il ne suffit pas aux machines qui, menacées de mâcher à vide, s'immobilisent ; les usines qui le travaillaient meurent, faute d'aliments.

Une prohibition aussi totale, aussi implacable est assez rare. Mais des tarifs semi-prohibitifs sont communs et les résultats sont de même nature ; ils rendent la vie plus facile aux industries qui trouvent leur matière première dans les limites du territoire clos par la douane, plus difficile à celles qui sont contraintes de l'aller chercher au dehors et qui se heurtent alors à des tarifs de représailles. Parfois ils décident les industriels étrangers à installer des usines sur les territoires à demi fermés, afin d'éviter le paiement des droits de douane ; ainsi des Français ont fondé des fabriques de soieries en Russie, au Japon, aux États-Unis ; ainsi des Américains ont créé des raffineries de pétrole à Nantes, une fabrique de machines agricoles près de Lille. Ces tarifs fonctionnent comme des agents de nivellement industriel entre les nations, et cela d'une seconde manière encore ; car, ils endorment parfois les industries qu'ils dérobent à l'aiguillon de la concurrence, comme il est arrivé aux États-Unis pour le tissage de la laine et du coton, et ils font éclore dans les pays qui sont au delà de la barrière des procédés nouveaux ou des usines destinées à supplanter celles qui se calfeutrent chez elles. Il y eut, au XIXᵉ siècle, un moment où l'Italie frappa de taxes énormes l'exportation du soufre ; le prix de la tonne en monta rapidement de 125 à 350 francs. Coup terrible pour les fabricants de soude qui n'étaient pas sur terre italienne et qui ne pouvaient se passer d'acide sulfurique ! Le péril rend ingénieux. On remplaça le soufre des volcans par les pyrites qui sont fort répandues et coûtent fort peu. On en fut quitte pour changer les appareils. Vers 1892, quand la France, au temps du ministère Méline, se barricada de droits protecteurs, la Suisse, qui jusque-là était sa tributaire pour le sucre, se mit à fabriquer ce qu'elle avait coutume d'emprunter.

Le libre-échange, on le devine, a de tout autres résultats. Favorable aux forts, meurtrier aux faibles, comme l'est toujours la liberté, il accroît les débouchés et les projets des usines les mieux outillées ; il tue celles qui sont impuissantes à se défendre ou bien il les contraint, sous peine de mort, à se sauver par un sursaut désespéré. Ainsi, en 1860, lorsque Napoléon III, par une sorte de Coup d'État économique, supprima brusquement entre la France et l'Angleterre les entraves qui gênaient la circulation des marchandises, les manufacturiers français qui hésitaient depuis dix ans à introduire dans la

filature du coton les métiers renvideurs se hâtèrent de
les adopter. Le-libre échange surexcite la concurrence
qui, à son tour, surexcite les énergies de combat et les
facultés d'invention.

La législation fiscale réagit, elle aussi, sur la grande
production. Il n'est pas indifférent pour elle que les
impôts frappent la propriété foncière ou la propriété
mobilière ; qu'ils visent la masse des pauvres ou le petit
nombre des riches. On a vu les capitaux, comme certains oiseaux à l'approche de l'orage, fuir devant l'annonce d'un impôt qui atteindrait le revenu global et
prêter à l'industrie étrangère un concours qu'ils refu-
saient à celle de leur pays. La question, comme tant
d'autres, ne peut être réglée que de façon internationale.
En attendant qu'elle le soit, des pays où l'argent est
rare et rapporte beaucoup, quand il ne s'engloutit pas
dans quelque catastrophe lointaine, ont bénéficié pour
s'outiller des peurs que les coffres-forts ressentent volontiers devant les taxes égalitaires dont les menace la
démocratie montante.

Comment oublier encore la législation qui se cristallise peu à peu en un code du travail ? Certes bien des
lamentations ont été déchaînées parmi les manufacturiers
par les lois imposant dans les ateliers des prescriptions
sanitaires ou des appareils destinés à prévenir les accidents, édictant une assurance obligatoire ou des indemnités pour ceux qui peuvent en être victimes, fixant
pour les enfants et les femmes d'abord, pour les adultes
ensuite, des limites à l'âge d'admission, à la durée de
la journée et même à la baisse des salaires. Que de fois
est tombée du haut de la tribune la prophétie sinistre
que l'industrie allait être ruinée, si telle mesure de protection légale était votée au profit des travailleurs ! Exa-
gérations intéressées dont il faut beaucoup rabattre. Il
se peut sans doute que dans telle ou telle industrie le

total de la production ait provisoirement diminué avec le nombre d'heures de travail autorisées. Mais il est certain que cette diminution même a forcé les patrons à compenser par un meilleur aménagement du matériel les sacrifices qu'ils subissaient du côté du personnel. Il est certain que dans beaucoup d'usines, où les enfants avaient longtemps paru indispensables, on a suppléé à leur absence en perfectionnant les instruments de travail, et dans celles où leur emploi est encore autorisé la nuit, par exemple dans la verrerie où ils reportent le verre à la fournaise pour le faire recuire, des transporteurs mécaniques, dont plusieurs ont été imaginés par les patrons mêmes, sont sur le point de rendre inutile cette survivance du recrutement barbare usité dans la grande industrie à ses débuts. La machine dont l'enfant fut alors la victime privilégiée devient sa libératrice, comme elle tend à devenir celle de la classe ouvrière dans son ensemble.

§ 6. — CONDITIONS SCIENTIFIQUES

Il est un dernier ordre de conditions sociales qui jouent un rôle de plus en plus grand dans cette expansion industrielle dont nous étudions la genèse. Ce sont celles que j'appellerai *scientifiques*. Elles concernent à la fois l'innovation et la tradition.

Une société où l'invention est encouragée et l'éducation technique bien organisée a des chances de rattraper vite ou de dépasser ses rivales.

Il est presque superflu de faire remarquer à quel point il importe de stimuler l'esprit d'invention et l'habileté créatrice. Une invention suffit parfois à enrichir, non seulement l'inventeur, mais des milliers d'individus et, de plus, à mettre une nation en avance de quelques années sur ses voisines. Honneur et profit sont dus à ceux qui lui fraient ainsi la route. Mais il importe égalementment que l'invention soit connue, vulgarisée le plus tôt possible, pour qu'il n'y ait point d'interruption dans la chaîne sans fin du progrès, point d'arrêt dans la marche perpétuelle vers le mieux. De là deux conditions à remplir : garantir à l'inventeur le légitime bénéfice de ses efforts et faciliter aux autres la connaissance des dernières nouveautés. C'est à ce double besoin que répond la législation qui, en tout pays civilisé, garantit et limite la propriété de l'idée industrielle.

Les détails peuvent différer ; mais partout les brevets d'invention constatent par un titre officiel qu'à telle date M. Un tel ou Mᵐᵉ Une telle a présenté un engin, un procédé, un produit ayant des caractères spéciaux qui sont décrits avec précision ; partout l'État accorde à l'auteur de l'invention le droit exclusif de l'exploiter pendant un laps de temps plus ou moins long, au bout duquel elle tombe dans le domaine public. Ce privilège temporaire, destiné à faire échec à la contrefaçon qui est une manière d'escroquer le talent d'autrui, a peut-être été souvent plus avantageux aux capitalistes qui avaient de quoi mettre en œuvre une découverte qu'aux hommes à la cervelle d'or qui l'avaient tirée du néant ; il a été du moins pour ces derniers une reconnaissance légale de leur mérite. Il est même arrivé quelquefois que, grâce au brevet, telle invention presque insignifiante est devenue pour son auteur une source de profits énormes. On peut citer le petit ballon rouge qui fait la joie des enfants ; le lacet de chaussures qui procura une fortune à Harvey Kennedy ; l'épingle de sûreté, copiée, dit-on, sur une fresque de Pompéï et qui valut plusieurs dizaines de millions à celui qui la vulgarisa ; la balle élastique qui a rapporté plus de 250.000 francs par an ; le bouchon de caoutchouc qui ferme les bouteilles de bière ; tel perfectionnement du corset imaginé par un clergyman de l'Afrique du Sud, etc. Heureuses compensations à la triste destinée des malheureux qui ont eu le sort des abeilles travaillant pour autrui ! Encouragements puissants aux chercheurs tentés de marcher sur les traces de leurs devanciers ! Mais il y a bien d'autres moyens par lesquels une société peut activer l'innovation. Parfois, c'est une prime offerte par l'État ou des particuliers à qui trouvera un remède efficace à quelque fléau ou perfectionnera telle industrie encore dans l'enfance. La lutte contre le phylloxera, contre le grisou, contre les maladies de la bière, du vin, des vers à soie, a provoqué des recherches acharnées dont beaucoup ont été fécondes. Aux États-Unis, dans certaines fabriques, une gratification est de droit pour l'ouvrier qui a imaginé quelque perfectionnement. Dans le même pays, les constructeurs de machines poussent au renouvellement de l'outillage avec une sauvage énergie ; quand ils vendent des métiers nouveaux à un industriel, ils lui rachètent les anciens et les détruisent, certains de compenser cette perte sèche, parce que les autres fabricants ne pourront se procurer à vil prix cet attirail démodé et seront forcés de recourir à eux pour se mettre au niveau de leurs concurrents. Napoléon Ier promit des sommes considérables, qu'ils ne touchèrent point d'ailleurs, à ceux qui créeraient dans l'Empire français le tissage mécacanique du lin ou la fabrication du sucre sans canne à sucre. Parfois l'inventeur heureux est payé en distinctions ou en places honorifiques qui peuvent être en même temps lucratives. La considération et la liberté sont aussi nécessaires aux chercheurs que leur indépendance économique.

L'alliance fructueuse de la science et de l'industrie, du laboratoire et de l'atelier entre de plus en plus dans les mœurs. C'est surtout l'Allemagne contemporaine qui l'a réalisée. Dans l'Empire allemand, d'une part, le fabricant ne s'est pas contenté de considérer le savant avec un respect lointain ; il a pris soin de l'attacher comme collaborateur à ses usines ; il l'a rémunéré comme un auxiliaire précieux ; il lui a confié de puissants moyens d'investigation, convaincu qu'il plaçait ainsi son argent à gros intérêts. Et, d'autre part, le savant, fût-il un professeur célèbre, ne s'est point enfermé dans son sanctuaire et enveloppé dans sa dignité ; il n'a pas cru déchoir en descendant de la théorie à l'application, et il a profité abondamment, pour accroître la somme de ses connaissances, des ressources mises à sa disposition.

Nous touchons ici à un grand problème qui devient vital pour tous les peuples. A mesure qu'ils s'engagent dans leur mue industrielle, ils doivent opérer une modification de l'éducation technique. Or déjà s'élabore un véritable système, qui est ici plus complet, là plus imparfait, mais qui passe, comme le machinisme, de pays en pays.

Nous ne pouvons entrer dans le détail[1] ; il nous suffit de constater que l'Allemagne, les États-Unis d'Amérique, la Confédération helvétique, la Finlande, les pays Scandinaves sont, pour le moment, à la tête des nations qui ont le mieux compris l'utilité de ce dressage méthodique qui prend l'enfant dès ses premières années pour le conduire jusqu'à l'âge adulte, de cette éducation technique que plusieurs pays ont déjà déclarée obligatoire. Mais l'Angleterre, depuis 1880 où elle se sentit menacée sur le marché du monde par la concurrence allemande, la France, qui s'était attardée dans de vieux errements datant de la Renaissance, et, avec elles, la Belgique, l'Italie, presque tous les autres pays du monde sont en voie de rattraper à grands pas le temps et l'espace perdus.

On comprend qu'avec ce mouvement général s'accélère la vitesse de transmission des inventions et découvertes. Autrefois le secret était de rigueur pour les pro-

---

1. Voir mes articles dans la *Revue économique internationale* de Bruxelles (janvier 1912) et dans *La Grande Revue* (25 février 1912).

cédés de métier; tel tour de main, telle fabrication spéciale assuraient la fortune d'un individu ou d'une ville. Aussi, à Florence, à Venise, punissait-on très durement quiconque livrait ou laissait dérober ce trésor; l'auteur du méfait était tenu pour traître à la patrie, comme l'est encore celui qui révèle à l'étranger, c'est-à-dire à l'ennemi éventuel, les mystères d'un explosif, d'un sous-marin, d'un canon nouveaux. En Angleterre, une loi défendait aux ouvriers anglais de s'embaucher hors du royaume; une autre interdit jusqu'en 1825 l'exportation des machines. Les fabricants de Lyon voyaient récemment encore, dans quelque coin reculé des montagnes, des tisseurs, au moment où on leur apportait une commande, recouvrir d'un voile discret le pauvre petit engin mécanique dont ils se servaient. Un rapport, adressé en 1805 à l'empereur Napoléon Ier, lui recommandait pour une pension un Lyonnais, le sieur Gouin, « teinturier d'un grand talent, auteur d'un très beau noir qui porte son nom, que l'étranger ne peut imiter, qui est très précieux pour nos étoffes et dont cet artiste conserve et veut ensevelir le secret. »

Mais peu à peu ce souci jaloux va décroissant; l'intérêt public prévaut sur l'intérêt particulier. On limite la durée du monopole qu'aura l'inventeur ou sa famille. Les brevets d'invention, quand ils ne sont pas rachetés par l'État, pour être aussitôt divulgués et jetés dans la circulation, s'éteignent d'eux-mêmes au bout d'un laps de temps déterminé. Rien de plus contraire à l'antique tradition que la facilité avec laquelle on communique aujourd'hui à tout venant ces nouveautés jadis si sévèrement cachées. Qu'on regarde ce qui se passe à l'office français de la propriété industrielle (au *Conservatoire des arts et métiers*). En 1900, la salle où l'on consulte les catalogues et les fiches a vu défiler 16 713 demandeurs et le nombre des brevets communiqués a été de 56 670.

Si j'ai touché à ce sujet, c'est qu'il montre bien à

quel point le libre échange tend à prédominer dans le monde intellectuel de nos jours. Il est entretenu par les journaux et surtout par la presse scientifique, par les livres de vulgarisation, par l'enseignement des écoles, par les musées où le passé fournit des inspirations au présent (preuve en soit la machine à tisser de Vaucanson qui guida les essais de Jacquart), par les communications faites au sein des sociétés savantes, par les Expositions nationales ou universelles qui étalent les derniers résultats acquis et suscitent de fécondes émulations, par les Congrès où se réunissent des spécialistes de tout genre et de toute nationalité, par les voyages instructifs que font et grands patrons et délégués ouvriers, par les enquêtes officielles ou non, qui sont comme des coups de sonde jetés dans un pays voisin. L'une de ces missions, tout récemment (mai 1908) partait de France pour étudier aux États-Unis les conditions du travail dans la tannerie ; elle y était accueillie à merveille, copieusement promenée parmi les usines, et pourtant voici un fragment significatif du questionnaire auquel il s'agissait pour elle de répondre : « Les machines en usage sont-elles les mêmes que dans les établissements similaires français ? — Si oui, ces machines fonctionnent-elles mieux ? Tournent-elles plus vite ? — Existe-t-il d'autres machines ? Lesquelles ? — Font-elles le travail aussi bien qu'à la main ?... » Par une réciprocité toute naturelle, il existe dans les établissements Westinghouse (à Pittsburg) un état-major d'ingénieurs dont l'unique occupation est d'étudier tous les brevets relatifs à l'électricité qui sont pris dans le monde entier.

Assurément, malgré les susceptibilités patriotiques, malgré la discrétion intéressée des hommes d'affaires qui tiennent à garder leurs chances de supériorité, nous sommes loin des cachotteries qui furent si longtemps de règle en pareille matière.

Aussi est-ce par centaines qu'on pourrait citer les inventions qui ont émigré de leur contrée natale et voyagé par monts et par vaux pour revenir ensuite, perfectionnées et enrichies, dans leur patrie. Leurs marches et contre-marches forment un réseau étrangement enchevêtré, mais leurs pérégrinations se marquent souvent par des mots restés dans une langue comme des témoins de leur arrivée ou de leur retour. Le mot de « blooming » et de « puddlage » usités en France dans la métallurgie, de « flint-glass » employé couramment dans la verrerie, de « mule jenny » familier dans les filatures rappellent que certains procédés, certains produits sont venus chez nous d'Outre-Manche. Qui ne sait, en revanche, que le va-et-vient du gaz d'éclairage à travers le détroit eut un point de départ inverse ? Comment oublier que, si l'industrie du sucre de betteraves a aujourd'hui son centre en Allemagne, elle est née de ce côté du Rhin ? Au cours du XIXe siècle, si le métier du Lyonnais Jacquart fait la conquête du globe, on rencontre à Saint-Étienne, dans les rubans, des métiers à la Zurichoise, à Lille ou à Rouen des métiers silésiens ou des métiers Northrop, qui nous reviennent d'Amérique après avoir été inventés par un Anglais de Keighley. L'aniline, trouvée à Lyon, s'exploite surtout chez les Allemands. Les linotypes américaines s'imposent à l'imprimerie européenne. Les meules métalliques de Hongrie supplantent, même en France, les meules en pierre de la Ferté-sous-Jouarre. En vérité il s'opère un mélange, une série de croisements où chaque peuple a grand'peine à reconnaître ce qui lui appartient en propre.

Et maintenant, que conclure de ce tableau où nous avons essayé de résumer le chemin parcouru par la révolution industrielle à travers le monde et les causes qui lui ont ouvert les voies ? Il en ressort que, depuis le dernier tiers du XIXe siècle, où l'acier a détrôné le

fer, où l'électricité fait reculer la vapeur et le gaz
d'éclairage, où les *trusts* et *cartells* concentrent des fais-
ceaux monstrueux de capitaux, un changement s'est
opéré dans les positions relatives que les différentes
nations occupent sur le terrain économique. L'Angleterre et la France, après avoir été les premières à frayer
la route, se sont laissé atteindre et, sur plus d'un point,
distancer; l'Union américaine, d'une part, avec plus de
hardiesse et d'élan, l'Empire d'Allemagne, d'autre part,
avec plus de science et de patience, ont pris momentanément les devants. Mais que sera demain ? Nul ne
saurait le prévoir. L'émulation ardente qui bouillonne
entre pays producteurs réserve sans doute plus d'une
surprise. Toutes les nations, en effet, d'un pas plus ou
moins relevé, s'avancent dans la même direction et
elles se coudoient sur la route. On peut prévoir un
temps où toutes seront à peu près de niveau, c'est-à-
dire dotées du même outillage. Mais en attendant que
s'achève cette unification technique de la planète que
nous habitons, le passé d'hier nous a déjà fait assister
en ce domaine à une diffusion du savoir et du pouvoir
humains, telle que la terre n'en a jamais vu d'aussi
rapide et d'aussi féconde; il nous a fait voir où sont
apparues, comment et pourquoi se sont propagées ces
transformations ; le moment est venu d'en détailler la
nature.

OUVRAGES A CONSULTER

BLONDEL (G.). — *L'essor commercial et industriel du peuple allemand*
 (Paris, 1900).
PAUL-LOUIS. — *La guerre économique* (Paris, 1900).
ELTZBACHER (O.). — *Modern Germany* (London, 1905).

Bouglé (C.). — *Les idées égalitaires* (Paris, 1899).

Meuriot. — *Les agglomérations urbaines dans l'Europe contemporaine* (Paris, 1897).

Hubert (Lucien). — *L'effort allemand* (Paris, 1911).

Histoire socialiste (Paris, sans date). — Deville (G.). — *Thermidor et Directoire.* — Brousse (P.) et Turot (H.). — *Consulat et Empire.*

Weulersse (G.). — *Le Japon d'aujourd'hui* (Paris, 1903).

Bérard (Victor). — *L'Angleterre et l'Impérialisme* (Paris, 1902).

Baudin (Pierre). — *La poussée* (Paris, sans date).

Leroy-Beaulieu (Pierre). — *Les États-Unis au XXe siècle* (Paris, 1904).

Combes de Lestrade. — *La Russie économique et sociale* (Paris).

CHAPITRE IV

PART DES DIFFÉRENTES SCIENCES
DANS LES TRANSFORMATIONS DE L'INDUSTRIE

§ 1. Les sciences naturelles. — § 2. La physique et la chimie.
§ 3. La mécanique.

Le difficile n'est pas de constater les transformations techniques de l'industrie ; c'est de les classer de façon que leur masse innombrable, au lieu de se présenter comme un fourré sans air et sans soleil, s'ordonne en groupes distincts entre lesquels le regard de l'intelligence puisse aisément circuler et se reconnaître.

Or on peut prendre trois principes de classement. On peut ranger ces transformations d'après les *sciences* auxquelles elles se rattachent ; d'après les forces qu'elles utilisent ; d'après les *besoins* auxquels répondent les diverses industries.

Chacune de ces classifications (comme toute classification d'ailleurs) a ses avantages et ses inconvénients. Le mieux est sans doute de les employer toutes les trois tour à tour en les complétant et en les corrigeant l'une par l'autre et en évitant autant que possible des redites qui seraient fastidieuses.

Si nous considérons d'abord les sciences dont dépendent les transformations accomplies, nous voyons que trois ordres de sciences[1] ont joué et jouent encore un

---

1. Les mathématiques, dont les méthodes et les formules sont pour les autres sciences des adjuvants très utiles, ont parfois, mais rarement,

rôle prépondérant : ce sont les sciences dites *naturelles*, les sciences *physico-chimiques* et la *mécanique*. Nous allons tâcher de démêler ce que chacune a fourni, sans oublier qu'il y a perpétuelle action et réaction de l'une sur l'autre, qu'elles se prêtent en somme une fraternelle et réciproque assistance.

§ 1. — LES SCIENCES NATURELLES

Les sciences naturelles, ou, pour parler avec plus de précision, celles qui étudient la vie des minéraux, des plantes, des animaux ou les lois de la vie en général, ont eu, dans les cent cinquante dernières années, un merveilleux épanouissement. Il suffit de citer les noms de Buffon, de Lamark, de Cuvier, de Geoffroy-Saint-Hilaire, de Darwin, de Claude Bernard, de Hæckel (j'en passe et des plus connus), pour rappeler que leurs observations et spéculations ont non seulement conduit à une interprétation plus profonde de l'univers, à l'idée d'un déterminisme universel reliant par des fils de plus en plus visibles tous les phénomènes qui se succèdent dans le temps ou se côtoient dans l'espace, mais qu'elles ont semé à profusion, comme des graines riches d'avenir, des vérités grosses d'applications immédiates ou futures. Sans doute elles ont agi sur l'agriculture, que d'aucuns nomment la viviculture, beaucoup plus que sur l'industrie. Elles n'en ont pas moins doté celle-ci d'une quantité de matières, nouvelles en ce sens que l'homme sait, depuis peu seulement, en tirer grand parti à son profit.

Faut-il énumérer des matières minérales qui n'ont été, sinon découvertes, du moins largement utilisées ou

mené directement à des découvertes. Ainsi c'est par la cristallographie et le calcul intégral qu'on a pu déterminer la nature des sels de Stass-furth.

exploitées que de nos jours? On connaissait la houille de longue date ; mais qui soupçonnait l'étonnante variété de produits qu'on a fait sortir de son goudron? Ici des étangs de naphte et de bitume ou des sources de pétrole ont fait couler des flots de richesses sur des pays déshérités. Là, près de Pittsburg, 130 puits fournissent par an aux établissements Carnegie 350 millions de mètres cubes de gaz naturel. Ailleurs des phosphates et nitrates, cachés dans les entrailles du sol, se sont transmués en or pour leurs propriétaires, en blé pour la masse des hommes. Ailleurs encore des terrains négligés ont acquis une valeur subite, parce qu'on en extrait des minerais, comme le wolfram ou le pechblend, riches en métaux, jadis presque ou tout à fait inconnus, tels que le manganèse, le nickel, l'aluminium, le radium, que sais-je? Des terres rares, surgies de gisements qu'on trouve dans l'Oural, au Brésil, en Tasmanie, dans l'Amérique du Nord, sont venues doter d'un éclat incomparable les manchons des becs Auer. Combien d'emplois nouveaux dévolus au soufre et aux sulfures devenus, pour n'en pas citer d'autres, des remèdes aux maladies de la vigne !

Le même travail, consistant à utiliser des propriétés demeurées jusqu'alors à l'état latent, s'est opéré sur les matières végétales. On fabrique du sucre de raisin, de sorgho, de betterave. On fabrique de l'alcool, non plus seulement avec du vin et du cidre, mais hélas ! avec des pommes de terre, avec des fruits de toute sorte (poires, prunes, cerises), avec des céréales (blé, riz, seigle, orge, avoine, etc.), avec des légumes où l'on n'eût point deviné un pareil contenu (haricots, pois, lentilles). Si la chimie intervient en pareil cas, on s'est passé de son concours pour tisser le jute, la ramie, l'alfa, l'ortie même, pour demander du lait et du beurre à la noix de coco, de l'huile aux arachides du Sénégal, une espèce de laque blanche aux palétuviers de Madagascar. La gutta-percha, qui est la gomme d'un arbre poussant dans la région des Moluques, recouvre les câbles électriques sous-marins et donne lieu à un négoce qui se chiffre par centaines de millions. Le caoutchouc, épuré, puis vulcanisé, sert à tant d'usages que sa récolte fait l'enrichissement des maîtres du Congo et le supplice des indigènes. Bon nombre d'essences forestières sont venues se joindre à celles qu'on avait coutume de travailler : palissandre, bois de teck, bois de fer, pitchpin, ambach plus léger que le liège. La paille, la moelle de sureau, la pâte de sapin ou de hêtre ont passé par la forme de cellulose pour devenir du papier ou des explosifs. Et que serait-ce, si nous pénétrions parmi les plantes auxquelles la médecine fait appel pour en concentrer les sucs vitaux, ricin, café, noix de kola, quinquina, eucalyptus et mille autres ?

La science a encore fait présent aux hommes de quelques matières animales dont ils n'avaient pas su jusqu'alors reconnaître ou apprécier les qualités. Elle leur a fait apercevoir la vigueur et la santé des enfants dans l'huile de foie de morue, des moissons en germe dans les monceaux de guano accumulés sur des îles désertes par des générations d'oiseaux, des possibilités d'étoffes moelleuses dans les poils de la vigogne et de l'alpaca, dans les fils de vers à soie sauvages ou de certaines araignées, des moyens de remplacer le beurre ou la cire dans la graisse baptisée margarine ou stéarine. Elle leur a surtout révélé dans les microbes des êtres d'une fécondité inouïe, capables, sous le nom de ferments, de coopérer à la fabrication de la bière, du vin, du pain, de collaborer même avec l'air et le soleil à l'éclosion des feuilles et des fleurs. Mais, redisons-le, l'industrie n'eût certes pas été transfigurée, si elle en eût été réduite à l'apport des sciences naturelles.

§ 2. — LA PHYSIQUE ET LA CHIMIE

Bien plus forte est sa dette à l'égard de la physique
et de la chimie, deux sœurs qu'il est permis de nommer
ensemble, d'autant qu'elles se rapprochent parfois au
point de se confondre.

La physique enseigne principalement à faire changer
de place ou d'état les différents corps, ou plutôt à produire, mesurer et discipliner les forces susceptibles
d'opérer ces changements. En dilatant ou en comprimant un corps, en le condensant ou en le raréfiant, en
le chauffant ou en le refroidissant, en usant, pour agir
sur lui, du pouvoir mystérieux de l'électricité, elle arrive
à en faire un véritable Protée, qui est tour à tour solide,
liquide, gazeux, radiant, sans que sa composition cesse
d'être la même. Pour évaluer l'étendue du domaine où
s'exerce son influence on n'a qu'à se rappeler que d'elle
relèvent la presse hydraulique, la plupart des machines
motrices, qu'elles soient mises en branle par une chute
d'eau, par la vapeur, par l'air comprimé ou par un
mélange détonant; les frigorifiques, les ascenseurs, le
nettoyage par le vide ; les appareils de chauffage et
d'éclairage; ceux qui permettent de transporter sur un
fil ou même sans fil la pensée, la voix, la lumière,
l'image, la force, de fixer sur la cire les sons, sur le
verre, sur le métal, sur le papier les lignes, les nuances,
les mouvements, c'est-à-dire presque la vie même, de
dissocier les couleurs qui composent la lumière blanche
et d'isoler des rayons dont plusieurs échappent à nos
sens, de voir ce qui est très éloigné ou très petit, d'entendre les pas d'une mouche, de percevoir un tremble-
ment de terre à 10 000 kilomètres de distance, de surprendre dans le spectre d'une étoile, qui brille et brûle à
des millions de lieues, la nature des gaz dont elle est
formée. On voit par ce simple coup d'œil à combien d'in-

dustries elle donne naissance ou prête son concours.

Le grand principe scientifique qui rend possibles des applications aussi variées, c'est la transformation l'un dans l'autre des agents physiques dont nous disposons. Avec du mouvement nous pouvons faire de la chaleur, de la lumière, de l'électricité, ou inversement faire du mouvement avec ces différentes espèces d'énergie. Nous savons qu'une quantité donnée de l'une est équivalente à une quantité donnée de l'autre et nous pouvons ainsi dresser le bilan de toute transformation, calculer ce qu'elle doit coûter et rapporter. Les machines nous apparaissent dès lors comme de grandes transformatrices; elles ne créent rien elles-mêmes; elles ne peuvent pas rendre plus de travail qu'on ne leur en fournit; théoriquement, elles devraient en restituer autant; si, dans la pratique, elles en rendent toujours moins, c'est à l'homme de corriger les agencements maladroits qui en laissent perdre une partie. Les progrès mécaniques sont ici intimement liés à la mise en œuvre des lois de la physique.

La chimie, sa cadette, à peine âgée d'un siècle et demi, ce qui est peu pour une science, a des états de service plus brillants encore. N'a-t-on pas dit que son rôle « en métallurgie dépasse l'imagination ». Sa fonction essentielle est de décomposer et de recomposer les corps, d'en faire l'analyse et la synthèse, puis, par des combinaisons entre leurs éléments, de réaliser des corps nouveaux. A l'aide des moyens que lui fournit la physique, elle modifie la production et l'affinage de telle ou telle matière, de l'or, de l'acier ou du sucre; elle dégage mille produits inattendus des scories ou des déchets que laisse derrière elle une fabrication; elle imite, contrefait ce que la nature a créé spontanément; elle fait apparaître ainsi des beurres végétaux, des marbres, des parfums, des rubis artificiels; elle lance dans la circulation des objets en celluloïd qui jouent l'ébène, le corail, l'écaille, l'ivoire. Elle touche vraiment à tout. Ce n'est pas seulement la métallurgie ou la parfumerie qu'elle a révolutionnées : c'est aussi la médecine, la pharmacie, la teinturerie, la savonnerie, les industries alimentaires, la papeterie, la constitution des explosifs, l'éclairage. Des industries récentes, telle la photographie avec tout ce qui s'y rattache, sont nées d'elle et vivent d'elle.

Deux exemples aideront à faire comprendre comment une matière qui se trouve à l'état brut sur notre globe peut, par un traitement chimique, donner naissance à une foule d'autres matières dont il était impossible de deviner l'existence en leur matrice primitive.

Quand on s'avisa de distiller la houille, d'où sortit le gaz d'éclairage dont la fabrication ruina Lebon et enrichit Winzer, on s'aperçut qu'il restait après l'opération, comme résidu, un goudron noirâtre, poisseux, nauséabond. On ne songea d'abord qu'à s'en défaire comme on pouvait, en l'enterrant, en le brûlant. Heureusement les chimistes vinrent à la rescousse. Ils distillèrent à son tour cette malencontreuse « essence de houille » et ils eurent l'étonnement d'en voir surgir des matières encore innommées et douées de propriétés inattendues. Ce fut la benzine qui, dès 1825, servit à détacher les étoffes. Ce fut un peu plus tard l'aniline, liquide incolore, mais qui, sous l'influence de réactifs chimiques, engendra, vers 1856, des substances colorantes aux nuances les plus diverses. Cela commença par le violet et le bleu, cela continua par le rouge, un rouge spécial, le rouge Magenta comme on l'appela d'un nom qui est une date, rouge venant de la fuchsine, comme on appela le produit nouveau du nom germanisé de ses inventeurs, les frères Renard. Comme une découverte est presque toujours une arme à deux tranchants, pouvant faire autant de mal que de bien, cela servit à falsifier les vins en même temps qu'à parer les étoffes.

Ensuite on trouva, toujours dans ce goudron, le vert, le jaune, l'orangé, tout l'arc-en-ciel et même le noir. L'anthracène donnait naissance à l'alizarine qui prenait la place de la garance ; l'acide picrique usurpait celle du safran. L'art de la teinture en fut bouleversé. Les couleurs nouvelles, moins coûteuses, d'emploi plus facile et ayant l'avantage de se fixer sur les tissus sans l'aide d'un mordant, menacèrent les couleurs d'origine animale et végétale et ce fut un coup terrible pour les pays d'où l'on faisait venir cochenille, kermès, noix de galle aussi bien que pour ceux qui produisaient pastel, indigo, bois de campêche. Par un complet renversement des rôles, l'Europe devenait une fournisseuse de matières colorantes pour l'Orient et l'Amérique qui avaient été jusqu'alors en passe de l'approvisionner. Un chiffre précisera l'importance industrielle du fait. Vers 1900, les matières colorantes extraites de la houille étaient au nombre de 681 et leur nombre a probablement augmenté depuis lors.

Ce goudron inépuisable réservait d'autres surprises. Il en sortait des désinfectants énergiques, aux saveurs et aux odeurs meurtrières pour les mites et microbes : acide phénique, acide salicylique, naphtaline. Il en sortait bien d'autres choses ; les unes qui ont fait fortune dans la médecine ou la parfumerie, comme l'antipyrine ou l'essence artificielle d'amandes amères ; d'autres comme la saccharine qui a essayé, sans y réussir, de se substituer au sucre ordinaire ; d'autres, comme les picrates intimement mêlés à l'histoire des explosifs. Telle était, grâce à la chimie, la fécondité de ce charbon fossile, en qui couvaient les rayons des soleils anciens, que, sans compter la chaleur et la lumière dont il n'était point avare, ses produits dérivés suffisaient pour restituer à l'industriel le prix qu'il avait pu lui coûter.

La soude offre une évolution semblable. Découverte en 1682, appelée souvent nitre, elle était encore fort rare au XVIII° siècle. On l'obtenait par la calcination de certains varechs qu'on ramassait sur les côtes de Normandie, en Russie et surtout près de Carthagène, d'Alicante, de Malaga ; la France, pour s'en procurer sa suffisance, payait à l'Espagne un tribut annuel de vingt à trente millions. La chimie a changé tout cela. Balard, en se promenant le long des marais salants de Bretagne, où l'on recueille par évaporation le sel, se dit que c'était sottise de laisser perdre l'eau-mère, incapable de former encore des cristaux, mais chargée de chlorure de sodium ou sel marin. Il eut l'idée d'en retirer la soude, et l'idée fut industriellement réalisée par Nicolas Leblanc, qui, en traitant l'eau salée par l'acide sulfurique, obtint à la fois et la soude et des dérivés du chlore. Le procédé était coûteux, parce que l'opération exigeait une température élevée et, partant, beaucoup de combustible. Aussi vers 1810 la tonne valait-elle 1 500 francs ; en 1855, elle se vendait encore près de 700 francs. Mais, en 1863, Solvay, profitant des essais de nombreux devanciers, trouva moyen d'arriver au même résultat en décomposant l'eau salée par l'emploi de pierre calcaire et d'ammoniaque à basse température. Dès lors la soude est devenue commune, et si l'on veut apprécier l'importance économique de sa vulgarisation, on n'a qu'à passer en revue les usages auxquels on la fait servir. Sous forme de carbonate, elle est employée dans la verrerie, dans la fabrication des bouteilles, des glaces, des émaux ; elle est un élément de l'outremer artificiel qui est utilisé par les raffineurs de sucre, par les blanchisseuses qui passent le linge au bleu ; ses cristaux entrent dans le lavage des toiles et des laines, dans le foulage des draps, dans la savonnerie. Combinée avec l'acide borique, elle devient un puissant antiseptique, aide à la fabrication des pierres précieuses, à la mégisserie ; avec le chlore, elle compose l'eau de Javel et des pastilles contre les maux de gorge ; avec le soufre, elle conserve les denrées alimentaires, blanchit le papier, la laine, la paille, etc. A l'état caustique, elle mercerise le coton, c'est-à-dire lui donne

l'apparence de la soie ; elle est mise à contribution pour la teinture, l'éclairage, la préparation de la morphine, pour les pâtes explosives d'allumettes de sûreté. Qui ne connaît les qualités digestives du bi-carbonate de soude, son emploi journalier pour fabriquer des eaux gazeuses

Fig. 3. — La soude dans l'industrie (d'après la Solvay et Cⁱᵉ. — Exposition universelle de 1900).

ou pour faire lever la pâte du pain et des pâtisseries? Dirai-je encore qu'on retrouve la soude, sous un aspect ou sous un autre, dans le coton-poudre, dans la bouillie bordelaise dont on arrose les vignes, dans le mortier qu'on veut empêcher de geler, dans mille opérations complexes, qu'il s'agisse du blanchiment du papier ou de l'exploitation des mines d'or, du travail du caoutchouc ou de la baudruche, de l'épuration des huiles ou du puddlage de l'acier, de la rectification de l'alcool ou du pétrole, de la fonte des caractères d'imprimerie ou de l'étamage des casseroles, etc. Je m'arrête. Sans aller jusqu'à dire, comme on l'a dit, que le bien-être et la civilisation d'un peuple peut se mesurer par la consommation qu'il en fait, on peut affirmer que ce n'est pas trop d'une brochure entière pour détailler et célébrer ses mérites industriels, et je ne saurais mieux conclure qu'en reproduisant le tableau où un grand fabricant en a résumé et ordonné la multiplicité sous la figure frappante d'un arbre généalogique à rameaux très touffus.

Comme je n'écris pas ici un manuel de chimie, j'estime en avoir assez dit pour indiquer la part qui revient aux chimistes dans le développement industriel du monde contemporain et pour expliquer comment, en Allemagne par exemple, dans l'année 1900, on comptait un total de 7.000 diplômés ayant reçu un dressage spécial pour cette seule branche des connaissances humaines.

§ 3. — La mécanique

La mécanique a-t-elle fait plus ou moins que la chimie? Il serait téméraire d'en décider. Mais il est bien évident qu'elle a été et qu'elle est sans cesse requise pour réaliser les conceptions et manipulations des autres sciences. N'est-ce pas elle qui étudie les lois auxquelles les forces obéissent soit au repos, soit en action; qui construit les appareils au moyen desquels on applique et utilise ces forces ; qui agence et engrène les pièces et les rouages propres à produire l'équilibre ou le mouvement ; qui calcule la résistance des matériaux employés ?

Fig. 4. — Grue hydraulique Cowan enlevant un wagon de charbon.

Elle a fait montre de sa puissance par des œuvres gigantesques ; marteaux-pilons qui aplatissent un bloc de métal comme si c'était une motte de beurre ; grues à vapeur ou électriques, sur terre ferme ou sur ponton, qui font valser en l'air un wagon chargé comme si c'était un fétu de paille ; ponts roulants qui transportent d'un bout à l'autre d'un atelier une plaque de blindage pesant des centaines de tonnes ; turbines silencieuses qui captent le courant d'un fleuve et distribuent de l'énergie à toute une région ; cisailles d'acier dont le va-et-vient automatique coupe un rail en deux d'un seul coup de dent ; tour en fer de trois cents mètres, édifices de cinquante étages, navires portant dans leurs flancs la population d'une ville : elle a bâti tout cela en se jouant, aussi aisément qu'un enfant élève un château de cartes. On l'a vue, en Amérique, déraciner, faire rouler et déposer sur un autre emplacement des maisons tout entières, pourvues de leur mobilier.

Sa puissance n'a d'égale que sa délicatesse. Le marteau-pilon, plus que cyclopéen, qui ébranle la terre chaque fois qu'il s'abaisse, peut casser une noisette sans l'écraser ; des mécanismes d'une ingéniosité extrême mesurent les longueurs avec une précision qui, en cent ans, s'est accrue dans la proportion de mille à un ; pour le temps ou le poids, les instruments perfectionnés s'approchent de l'exactitude absolue à un degré qui semblait impossible à atteindre ; la machine qui alèse les armes à feu ne varie pas dans le calibrage qu'elle opère d'un centième de millimètre. On arrive à établir, entre les pièces faites mécaniquement, une identité de dimensions si complète que, pour les montres comme pour les automobiles, elles sont interchangeables.

Donc, non seulement le machinisme met à la disposition de l'humanité des esclaves de fer et d'acier qui se chiffrent par millions et centaines de millions ; mais encore quels esclaves ! Infatigables et aussi d'une dextérité merveilleuse ! Les machines-outils, véritables automates, accomplissent les besognes les plus difficiles. Dans l'industrie textile, elles lavent, cardent, peignent la laine ou le coton ; elles filent, tissent, cousent, font de la broderie, du tulle, de la dentelle. Dans la métallurgie, elles laminent, rabotent, fraisent, taraudent et enfoncent des rivets dans une chaudière aussi aisément qu'un menuisier, des clous dans une planche. Ailleurs, elles chargent des bateaux ou bien, ménagères dociles, lavent la vaisselle, cirent les souliers, nettoient les appartements. Que ne font-elles pas? Regardez à la Monnaie fonctionner une de ces machines-fées : un trou reçoit, avale, comme une bouche affamée, des disques d'or découpés à l'emporte-pièce dans un lingot préalablement aplati à l'épaisseur voulue; puis un travail invisible s'opère dans la profondeur mystérieuse, et, au bout de quelques secondes, la machine, véritable poule aux œufs d'or, pond dans un petit panier des louis frappés des deux côtés, gravés, complets, prêts à prendre leur course à travers le monde. Mais, avant de les lâcher, elle les pèse, elle les trie ; elle renvoie à la fonte ceux qui sont trop légers, au rabot ceux qui sont trop lourds ; elle garde les autres dans la corbeille. La fantaisie s'est parfois égayée à prêter aux machines une activité plus complexe encore. Les plaisants ont dit : — Placez à l'extrémité de celle-ci un lapin vivant ; attendez cinq minutes, et vous recevrez à l'autre bout un chapeau de feutre à votre mesure. — C'est un peu exagéré, mais si peu! Un morceau de cuir, livré à telle machine qui fonctionne dans les fabriques de chaussures, reparaît à l'état d'une paire de bottines, entièrement finie : dix-sept minutes suffisent pour cette métamorphose. Déjà, lors de l'Exposition de Paris, en 1867, on s'émerveillait devant un engin qui exécutait tous les travaux du bois et qu'on appela « le menuisier universel ». A celle de 1900, on en admira qui faisaient pleuvoir par milliers, que dis-je? par centaines de milliers des épingles à cheveux, des agrafes, des tire-bouchons. On leur offrait à manger une botte de fil de fer ou de laiton ; ils l'engloutissaient avec un appétit insatiable, et à peine avait-on eu le temps d'en constater la disparition qu'elle était transmuée en une multitude d'objets achevés et bons à être mis en vente. Le métier Northrop raccommode lui-même les fils qui se cassent. A Chicago, il existe une blanchisserie mécanique où le linge, présenté sale à l'appareil, en sort lavé, rincé, empesé, repassé : bien plus ! les cols et manchettes sont soigneusement rangés dans des boîtes, le tout sans la moindre intervention de la main humaine. Une boutade célèbre de Sismondi annonçait ironiquement qu'un jour viendrait où le roi d'Angleterre, en tournant une simple manivelle, ferait toutes les besognes nécessaires au bien-être de ses sujets. C'est une chimère amusante, mais il n'est presque plus chimérique de rêver tout le travail d'une usine accompli par un seul homme, assis devant un clavier semblable à celui d'une machine à écrire.

A quoi bon en dire davantage ? La métallurgie comme les transports, la papeterie comme l'imprimerie, la meunerie comme la verrerie, l'industrie de l'habillement comme celle de l'ameublement, ont été modifiées de fond en comble par le machinisme. Ses merveilles et ses prouesses crèvent, comme on dit, les yeux, au point que certains observateurs n'ont vu qu'elles. Il serait inique d'en diminuer par réaction l'importance ; mais il était juste de rappeler que le machinisme a eu des collaborateurs pour la grande transformation industrielle qui nous intéresse.

OUVRAGES A CONSULTER

Poincaré (Lucien). — *La physique moderne* (Paris, 1909).

Houllevigue. — *Du laboratoire à l'usine* (Paris, 1904).

Solvay et Cⁱᵉ. — *Soude et produits chimiques* (Exposition universelle de Paris, 1900).

Rapport sur l'apprentissage dans les industries de l'ameublement (Paris, 1905).

Rapports des différentes Expositions universelles.

Brunner (H.). — *Le développement de la chimie dans le dernier quart de siècle* (Journal suisse de chimie et de pharmacie, nov. 1908).

CHAPITRE V

PART DES DIFFÉRENTES FORCES
DANS LA TRANSFORMATION DE L'INDUSTRIE

§ 1. — Forces animées. — § 2. — Les forces de la nature ; l'air, l'eau,
la chaleur et la vapeur, l'électricité.

Nous allons considérer maintenant les mêmes phénomènes sous un autre angle. Quelles sont les forces que nous y rencontrons à l'œuvre ? Lesquelles sont anciennes, lesquelles nouvelles ? lesquelles ont diminué, lesquelles augmenté en importance ?

§ 1. — FORCES ANIMÉES

Parmi les plus antiques apparaît d'abord la force humaine, la force primitive, que les autres peuvent suppléer en partie, non supplanter : la machine la plus perfectionnée ne peut se passer d'une chiquenaude qui la mette en branle. Il semble, à première vue, que l'emploi de cette force ait dû subir une diminution notable. D'une part, l'esclavage et le servage, consistant à transformer des êtres humains en bêtes de somme et en outils vivants, ont à peu près disparu. D'autre part, une foule de besognes pénibles, accomplies jadis par des bras de chair et d'os, sont aujourd'hui réservées aux bras de fer des machines ; et, par suite, en beaucoup de cas, le travail musculaire est remplacé, pour les hommes, par un travail cérébral.

Cependant le nombre des travailleurs occupés par l'industrie s'est considérablement accru en presque tous les pays, soit aux dépens de l'agriculture, soit par la seule augmentation de la population laborieuse ; les fabriques furent au début envahies par une cohue d'enfants ; elles le sont encore par une armée de femmes. Puis certains engins demandent toujours l'énergie motrice à l'effort des muscles ; c'est le cas pour les vélocipèdes et bicyclettes, qui mettent des ailes aux pieds lourds des hommes, mais dont les pédales se meuvent d'ordinaire sous l'action des jarrets. Il en faut dire autant de la machine à coudre, qui rend plus productif le va-et-vient des doigts agiles de l'ouvrière. Les inventions traversent souvent une phase intermédiaire où elles ne sont qu'à demi-mécaniques. En outre, il conviendrait de rechercher si la conduite d'une voiture automobile ou bien de plusieurs métiers automatiques, mais très compliqués, ne comporte pas une dépense nerveuse et une fatigue plus grandes que la direction d'un vieux métier à main ou d'une charrette à chevaux. L'économie très réelle de labeur que l'humanité doit aux machines est ainsi, en une certaine mesure, compensée.

La force animale est plus complètement en décroissance. Si les chemins de fer n'ont pas abaissé dès l'abord le chiffre des chevaux circulant sur les routes, parce que les premières lignes créées ont déterminé autour d'elles un afflux de voyageurs et de marchandises, les nouveaux moyens de transport, tramways et automobiles hier, ballons dirigeables et aéroplanes demain, font reculer devant eux, surtout dans les villes, la race chevaline. Dans les pays les plus civilisés on ne requiert plus d'elle que bien peu de services industriels proprement dits. On n'y rencontre que de loin en loin de malheureuses bêtes faisant tourner la roue d'un manège ou travaillant au fond d'une mine. Ce n'est guère que dans le Midi ou en Orient qu'on les trouve encore employées à élever l'eau d'une citerne. L'homme, pour mettre en branle ses

apparcils, peut se passer du secours de ces frères inférieurs, en qui Descartes ne voulait voir que des machines
animées.

§ 2. — LES FORCES DE LA NATURE : L'AIR, L'EAU, LA CHALEUR ET LA VAPEUR, L'ÉLECTRICITÉ

Il s'est, en effet, acharné à domestiquer de plus en plus
les forces de la nature.

Les unes, sont pour ainsi dire, des forces brutes qu'il
canalise ou utilise sans avoir à les produire lui-même.
C'est ce qui arrive pour celles qui sont des variétés de
la pesanteur. L'air, par exemple, qu'il a capté de longue
date dans les voiles des vaisseaux ou dans les toiles des
moulins à vent, lui fut encore, ces temps derniers, un
précieux auxiliaire ; il l'a aidé à moudre des grains, à
broyer des olives, à dessécher, en Hollande, des marais
et des lacs. Les vieux moulins aux grands bras, que
Don Quichotte prenait pour des géants, ont même été
perfectionnés ; sous le nom quelque peu rébarbatif de
« pantanémones », ils ont appris à s'orienter d'eux-
mêmes dans la direction d'où vient la brise ou bien,
quand elle souffle trop fort, à diminuer spontanément
l'envergure de leurs ailes. On peut voir, dans le Jura,
une maison surmontée d'un énorme tourniquet qui lui
fournit sa lumière électrique.

Mais c'est avant tout l'eau courante ou tombante qui
est restée pour l'homme une servante souple et docile.
Sans doute, pendant une bonne partie du xixᵉ siècle, elle
fut à demi dédaignée, abandonnée pour la vapeur, sa
fille. Mais elle ne se laissa pas vaincre sans résistance
ni sans espoir de revanche. Au moment même où sa
rivale triomphait et remplaçait par de grandes minoteries quantité de petits moulins agonisant au bord des
ruisseaux et rivières, elle continuait, quoique vaincue
provisoirement, à exercer des fonctions qui n'étaient

point neuves pour elle, soit que dans les mines d'or ou de sel elle désagrégeât, sous un jet dissolvant, les terres qui contenaient le produit à extraire, soit qu'elle fournît l'impulsion à des scieries mécaniques et à beaucoup d'autres industries du même genre. Mais, de plus, elle assumait des tâches qu'elle n'avait pas encore remplies. Dès 1792, Joseph Montgolfier imaginait le bélier hydraulique qui la faisait monter par une série de brusques secousses beaucoup plus haut qu'elle ne l'aurait fait normalement. Déjà vers 1825, en tombant sur une roue horizontale creusée en forme de cône, elle lui imprimait un mouvement de rotation rapide et les turbines entraient au nombre des appareils destinés à un bel avenir. En 1851, l'on se servait d'elle pour actionner de modestes monte-charges. En 1867, en la comprimant dans un tube par un piston chargé de matières pesantes, on l'astreignait à mouvoir de lourds ascenseurs. Sur certains chemins de fer funiculaires, on l'amenait au sommet de la pente et on l'emmagasinait dans un réservoir placé sous un wagon, et alors par son seul poids elle fit rouler sur les rails ce wagon qui, en descendant, en faisait monter un autre servant de contrepoids. On a même essayé de la saisir là où elle est le plus formidable et le plus indomptée. Victor Hugo, à la fin de son roman de *Quatre-vingt-treize*, prête des vues et des paroles quasi prophétiques à l'un de ses héros mourants qui s'écrie : « Utilisez la nature, cette immense auxiliaire dédaignée. Faites travailler pour vous tous les souffles du vent, toutes les chutes d'eau, tous les effluves magnétiques. Le globe a un réseau veineux souterrain ; il y a dans ce réseau une circulation prodigieuse d'eau, d'huile, de feu ; piquez la veine du globe et faites jaillir cette eau pour vos fontaines, cette huile pour vos lampes, ce feu pour vos foyers. *Réfléchissez au mouvement des vagues, au flux et reflux, au va-et-vient des marées. Qu'est-ce que l'Océan ? Une énorme force perdue. Comme la terre est bête ! Ne pas employer l'Océan !* « Eh bien ! il y a un commencement modeste d'acheminement vers le rêve du poète : ce sont les moulins de mer, dont la roue tourne tantôt dans un sens, tantôt dans l'autre, suivant que la marée monte ou descend. C'est peu de chose. N'importe ! C'est la main-mise de l'homme sur la masse énorme des flots amers, qui apparaît pour les temps futurs comme une réserve incalculable d'énergie.

En attendant, par des barrages et des cascades savamment ménagés, la violence des torrents a été disciplinée. J'ai dit (ch. III, § 2) l'importance de cette victoire récente remportée par la « houille blanche » sur la houille noire. L'eau, comme génératrice d'électricité, est en train de reprendre le terrain qu'elle avait perdu.

Mais ce n'est point à elle seule et directement qu'elle reconquiert l'avantage. L'homme aux forces qu'il emprunte telles quelles à la nature a joint de bonne heure des forces qui sont sans doute naturelles, puisqu'il ne peut les tirer d'autre part que du monde environnant, qui sont pourtant artificielles en ce sens qu'elles doivent être par lui dégagées des corps où elles sont contenues et cachées, donc produites en une certaine mesure par son intervention.

*
* *

Ainsi l'air, travaillé, modifié par lui, s'est révélé fertile en ressources nouvelles. Comprimé, il pousse, en se détendant comme un ressort, des pistons ou des outils, il enfonce des boulons, actionne des tramways, des presses, des essoreuses, des perforatrices, perce des puits et des tunnels ; insufflé dans des caissons qu'on immerge au fond d'un fleuve ou d'un port, il refoule les eaux qui font place aux travailleurs, aide à fouiller la mer, à construire les piles d'un pont ; il apporte encore la vie au plongeur prisonnier sous la cuirasse du scaphandre ;

raréfié, il fait avancer dans des tubes des paquets de lettres et de dépêches.

Mais, parmi ces forces que l'homme sait, par ses efforts, extraire de la matière et rendre maniables, il en est deux qui lui ont rendu d'inappréciables services : ce sont la chaleur et l'électricité.

La chaleur a été de temps immémorial un des instruments les plus efficaces du progrès humain. Elle n'a pas perdu ce mérite dans les temps modernes, bien qu'elle y ait rencontré des rivales redoutables. L'homme est parvenu, dans les cent cinquante dernières années, à produire des températures extrêmement distantes ; de la plus haute à la plus basse, on compte de 5 000 à 6 000 degrés. Dans ces limites, qui sont d'ailleurs provisoires, il peut faire à sa fantaisie le chaud et le froid, et l'on conçoit dès lors quelle action il peut, par ce moyen, exercer sur les différents corps, quelles puissances il peut développer à son profit.

L'utilisation de la vapeur d'eau a eu longtemps la place d'honneur dans cet emploi de l'énergie calorique. Que d'hymnes n'a-t-on pas chantées à sa gloire ! Edgeworth écrivait à Watt : « J'ai toujours cru qu'elle deviendrait la souveraine universelle. » Un peu plus tard, Daniel Webster s'écriait : « Peut-on prévoir quelles fonctions nouvelles assumera cette force étonnante ? Peut-on chercher à les deviner ? Tout ce qu'on peut affirmer, c'est qu'elle a profondément modifié la face du globe et qu'on n'aperçoit encore aucune limite à ses progrès dans l'avenir. » Et pourtant aujourd'hui, un siècle après ces enthousiasmes, on accuserait plutôt la vapeur d'être une ouvrière dispendieuse et malhabile. On lui reproche du gaspillage, des fuites presque impossibles à éviter. Gabriel Lippmann écrivait en 1900 : « Il est permis de croire que la machine à vapeur sera bientôt remplacée par des moteurs plus économiques. Tout le monde a admiré, à l'Exposition, ces puissantes machines si habilement construites qu'elles produisent des milliers de

Fig. 5. — Perforatrice Engersoil-Sergent fonctionnant dans une carrière.

chevaux sans presque faire de bruit. Eh bien ! Ces appareils perfectionnés sont très imparfaits, moteurs et chaudières compris ; ils transforment en travail le dixième environ de l'énergie fournie par la houille ; les neuf dixièmes restants se perdent dans les airs par la cheminée ou s'en vont avec la vapeur d'échappement. » D'autres spécialistes ont calculé que la perte est d'autant plus grande que l'on opère sur de plus petites quantités ; pour une machine de cent chevaux, un rendement de 18 p. 100 est possible à la rigueur ; pour une de cinq chevaux, on ne saurait guère dépasser 8 p. 100.

Ce n'est pas que les perfectionnements aient manqué. Ils ont consisté à créer ce qu'on appelle une double et triple détente (machines Compound) ; à augmenter jusqu'à douze atmosphères la pression que peuvent supporter les chaudières ; à surchauffer la vapeur ; à envelopper d'une chemise protectrice de vapeur le cylindre où elle arrive pour l'empêcher de se refroidir ; à remplacer les tiroirs par des soupapes plus mobiles ; à ajuster les pièces avec une précision plus grande ; à les construire avec des matériaux meilleurs. Mais tout cela ne remédie pas aux déperditions qui proviennent des causes ci-dessus mentionnées, des frottements inévitables et de l'écart trop faible qui existe entre la température de la chaudière et celle du condenseur ; tout cela ne compense pas l'inconvénient que présentent ces machines de n'être prêtes à la besogne qu'après un allumage qui est long et coûte cher, qu'avec une dépense de combustible qui continue même quand elles mâchent à vide.

Il n'est donc pas étonnant que, dans le dernier quart du XIXᵉ siècle (c'est en 1876 qu'eurent lieu les découvertes décisives d'Otto), on ait cherché des moteurs plus économiques ; on a résolu le problème en faisant brûler, dans un espace étroit, du pétrole, de l'essence, de l'alcool, du gaz pauvre ; c'est par de véritables explosions que le piston est lancé dans un tube, comme le projectile dans le canon. Avec ces nouveaux engins, plus de chaudière encombrante et dangereuse, plus d'attente pour qu'ils se mettent en marche ; une puissance faible d'abord, mais qui a été croissant ; un prix de revient inférieur pour le même rendement. N'a-t-on pas recueilli, pour les utiliser aussi, les gaz que produit l'incinération des ordures ménagères tout comme ceux qui sortaient des hauts fourneaux et leur donnaient, la nuit, l'apparence de volcans en miniature ? Ils servent aujourd'hui à chauffer l'air qui active la fournaise, à épargner du coke, à réduire les frais de fabrication de la fonte, parce qu'ils se vendent presque aussi cher qu'elle à quiconque a besoin de forces disponibles.

En diminuant la température au lieu de l'augmenter, on a réalisé des effets aussi étonnants. De même qu'en les chauffant et les comprimant on peut fondre, vaporiser les métaux les plus durs, de même en les refroidissant par des combinaisons chimiques, par des compressions et décompressions successives, on peut liquéfier et solidifier l'air que nous respirons et des gaz plus réfractaires encore, comme l'hydrogène. Les mélanges réfrigérants que fabriquaient empiriquement nos grands-pères nous semblent aujourd'hui bien peu de chose ; après les expériences de Pictet, de Onnes, de Cailletet, de Dewar, c'est un jeu pour nous de fabriquer de la glace, de rafraîchir l'atmosphère des hôpitaux, de construire des appareils frigorifiques pour conserver les viandes, les fruits, le vin, la bière, de congeler l'eau de mer pour en tirer de l'eau potable. Avec la machine de Linde, nous obtenons à l'état liquide du chlore, de l'ammoniac, de l'acide sulfureux, de l'acide carbonique qui rend nos boissons gazeuses, de l'oxygène, de l'azote, de l'air qu'on transporte dans des bidons de fer, d'acier, de cuivre ou même dans des vases de verre à double enveloppe, où le vide qui existe entre les deux parois sert d'isolateur. On a ainsi sous la main l'hiver en chambre, si l'on veut, comme avec le calorifère on a la tiédeur du soleil à la maison ; et dans ces gaz mis en bouteilles on a aussi des anesthésiques pour la médecine, des explosifs de sûreté pour les mines, voire des moteurs pour les automobiles, de même qu'avec des étuves désinfectantes on a le moyen de tuer les microbes qui propagent la contagion des maladies.

La chaleur est inséparable de la lumière, puisqu'à de hautes températures, qui varient suivant les corps, ceux-ci deviennent incandescents. Toutes deux sont réunies dans la lueur de la bougie, comme dans l'éclat éblouissant de l'acétylène. Chose plus inattendue ! Certains corps soumis à de très basses températures ou des tubes vides traversés par un courant électrique deviennent phosphorescents, si bien que la production d'une lumière froide, pareille à celle du ver-luisant, n'est plus une chimère. On voit que la chaleur, considérée par certains savants comme une forme dégradée de l'énergie, n'a pas dit son dernier mot. Toute une partie de la science, qui s'appelle la thermo-dynamique, est consacrée à déterminer les lois qui régissent les changements d'état de la matière et la somme d'énergie libre que peut dégager cette transformation ; une autre, nommée la thermo-chimie, mesure avec exactitude la valeur d'un explosif ou la qualité d'un combustible. C'est dire à combien de problèmes industriels l'étude et l'emploi de la chaleur apportent encore des solutions.

Toutefois elle a été singulièrement dépassée par une force bien plus souple, bien plus féconde en merveilles, bien plus riche d'avenir : c'est l'électricité. Alors que la chaleur, tant que l'homme ne sait pas l'emprunter directement au soleil ou au centre de la terre, ne peut guère être produite sans épuiser les forêts ou les mines de houille, l'électricité vient de sources déjà très facilement accessibles et à peu près inépuisables : l'éther qui nous enveloppe, les nuages qui flottent sur nos têtes, la terre que nous foulons aux pieds, le soleil qui nous éclaire sont des réservoirs où elle abonde et se reproduit incessamment. Répandue partout autour de nous, elle est encore multiforme, aisée à convertir en d'autres forces, en passe de devenir une sorte d'agent universel qui se rit des distances. Elle est déjà devenue le plus précieux auxiliaire de l'humanité.

De son histoire qui est courte, mais si pleine, je dirai seulement ce qui est nécessaire pour marquer les étapes de sa marche victorieuse.

Elle nous apparaît sous trois formes : tantôt dégagée de deux corps par un frottement rapide de l'un sur l'autre, elle éclate en décharges lumineuses et bruyantes qui sont de même nature que les éclairs ; ou bien, si les corps se terminent par de vastes surfaces, elle circule entre eux en effluves obscurs et silencieux ; tantôt, obtenue par la combustion d'un métal au moyen d'un acide et d'un autre métal, elle se meut en un courant invisible et continu qui a des vertus chimiques et qui peut suivre aussi avec une vitesse pareille à celle de la lumière un corps bon conducteur, à condition qu'il soit isolé par d'autres corps mauvais conducteurs, tel un fil métallique garé de tout autre contact par des godets de porcelaine. La pile voltaïque ainsi créée ne donnait qu'un courant de faible intensité ; mais après les expériences et les découvertes d'OErsted, un Suédois, de deux Français, Ampère et François Arago, d'un Anglais, Faraday, de 1820 à 1830 environ, se révéla une intime liaison entre les phénomènes magnétiques et les phénomènes électriques. On s'aperçut qu'un morceau de fer pouvait être aimanté à distance par l'influence d'un courant électrique et cesser de l'être, dès que cessait cette action ; et alors on construisit des machines fondées sur ce principe. Ce furent d'abord, vers 1850, des machines magnéto-électriques (Nollet, Clarke, l'Alliance), où le courant était produit par des bobines de fil métallique tournant autour d'un aimant permanent. Puis, vers 1865, par une disposition nouvelle, apparurent les machines dynamo électriques (Wilde, Siemens, Gramme) où les bobines tournent autour d'une masse de fer temporairement aimantée. Or le courant d'*induction* produit de la sorte était très fort, pouvait même devenir aussi fort qu'on voulait selon qu'on augmentait la vitesse de la rotation et la taille des bobines.

Une fois qu'on eut trouvé le moyen de produire ainsi l'électricité en abondance, on trouva encore quatre choses essentielles qui devaient lui assurer dans l'industrie une irrésistible pénétration. Ce fut d'abord le moyen de l'entasser et de la conserver dans des appareils nommés accumulateurs (système Planté), ce qui permettait de transporter ou d'utiliser où et quand on en avait besoin la force mise de cette façon en réserve. Ce fut ensuite l'art de diviser et distribuer cette force même par petites quantités. Ce fut, après cela, la curieuse réversibilité par laquelle les machines dynamo-électriques, si on leur fournit du mouvement, rendent de l'électricité, et, si on leur fournit de l'électricité, rendent du mouvement ; en conséquence, la possibilité, non seulement de reproduire, au bout d'un simple fil de métal, les interruptions ou les vibrations produites à l'autre bout, mais d'y faire arriver l'énergie emmagasinée à cet autre bout. Ce fut enfin la propriété, pour cette énergie, de voyager à travers l'espace, en ondulations d'une direction prévue, sans l'aide même d'un fil, et d'aller influencer au loin des appareils destinés à la recevoir et à la manifester.

Cet aperçu sommaire peut suffire pour qu'on puisse retracer les phases rapides de son développement et comprendre la multitude d'applications auxquelles elle s'est prêtée.

Nous laisserons de côté l'électricité transmetteuse de signaux et de sons, parce que cette partie, d'ailleurs si intéressante, de son œuvre, rentre dans l'histoire des moyens de communications que nous avons délibérément éliminée de ce volume. Le champ n'est encore que trop vaste, à embrasser seulement ses fonctions purement industrielles. Grâce à la faculté qu'elle possède d'attirer les objets légers, elle sert dans les moulins à bluter la farine, à la trier des autres particules du blé broyé. Comme le soleil, elle nous verse des torrents de lumière. Depuis l'année 1844, où Deleuil et Foucault, à Paris, tentaient d'éclairer la place de la Concorde à l'aide de l'arc voltaïque, jusqu'à nos jours où les lampes à incandescence brillent dans les salons comme dans les galeries souterraines des salines, dans l'eau comme dans les montres des boutiques, dans les villages comme dans les capitales, quelle lutte acharnée et heureuse de la clarté contre les ténèbres ! L'électricité est tout autant productive de chaleur ; elle sait faire éclater de loin une torpille ou une mine, comme échauffer doucement le foyer de la cuisine, le fer à repasser, le tapis métallique qu'on a sous les pieds. Dans le four électrique, enfermée en un petit bloc de chaux vive, elle atteint des températures de 3000 à 4000 degrés, elle fond le platine, cristallise le carbone en diamant, allie l'acier au chrome et au tongstène, le sépare des matières étrangères contenues dans son minerai. Comme agent chimique, elle a plus d'emplois encore : l'électrolyse sert à obtenir le chlore, le fluor, l'oxygène, le cuivre, le nickel, le zinc, etc. ; elle sert à fabriquer le chlorure de potassium, la soude, des explosifs comme la cheddite, l'aluminium, le carbure de calcium, père de l'acétylène, quantité de corps composés ; elle épure les jus sucrés et les vins, tanne les peaux, produit le chloroforme, le bromoforme, l'iodoforme, je ne sais combien de matières odorantes ou colorantes ; elle est en voie de détrôner les autres procédés, parce qu'elle est meilleur marché et laisse des déchets dont la valeur couvre souvent tous les frais de l'opération. Sous forme d'effluve, l'électricité modifie l'air et le transforme en ozone qui va purifier les eaux ; elle aide même à former des nitrates qui vont activer la fécondité de la terre, si bien qu'elle est en ce cas productrice de froment, créatrice d'hommes.

Et encore tout cela est-il peu chose à côté des services qu'elle rend, non seulement comme force motrice peu encombrante, imprimant aux canots, aux locomotives, demain peut-être aux aéroplanes, des vitesses qu'on n'osait imaginer, mais surtout comme véhicule des forces et des mouvements créés par n'importe quel moyen. En ce domaine elle a été une prodigieuse novatrice. Elle n'a pas sans doute supprimé les anciens modes de transmission : les arbres de couche, volumineux et rigides, les courroies et les câbles roulant sur des poulies, les tuyaux pleins d'eau, d'air comprimé, de gaz d'éclairage continuent à exister, mais marquent les étapes déjà franchies d'un rapide acheminement vers une transmission de plus en plus simple et parfaite. Avec ces différents mécanismes, la déperdition d'énergie qui se faisait en route était formidable ; les tuyaux sautaient, si l'eau se congelait, si le liquide ou le fluide étaient trop comprimés ; le rayon d'action était étroit : quelques dizaines de mètres pour les rouages en fer, quelques centaines pour les câbles, quelques milliers pour les canalisations qui coûtaient fort cher. Dans le nouveau système, les pertes diminuent de moitié, des deux tiers, des trois quarts ; avec de puissantes dynamos elles descendent à 5 p. 100 ; le matériel moins coûteux, se compose d'un fil de métal, d'isolateurs et de poteaux ; il n'en faut pas plus pour emmener fort loin une somme d'énergie considérable, comme une lettre de change fait passer sur un morceau de papier une valeur énorme d'un pays à un autre ; la distance, que le courant peut parcourir sans s'épuiser, va croissant d'année en année. Lors de l'expérience décisive qui fut faite, en 1882, par Marcel Deprez à l'Exposition de Munich, elle atteignait 57 kilomètres avec un rendement médiocre ; en 1891, entre Francfort et Lauffen, elle était de 175 kilomètres avec un rendement de 74 p. 100. La puissance empruntée à la chute du Niagara, à laquelle on n'a pris pourtant qu'un filet d'eau, va distribuer lumière et mouvement sur ses deux rives jusqu'à cent kilomètres et fait surgir sur son parcours les usines et les villes. On espère conduire jusqu'à Orléans celle qui provient des usines du Dauphiné. Que sera-ce, quand on saura concentrer et diriger à son gré ces ondes électriques que Hertz a signalées voyageant à la vitesse de 300 000 kilomètres par seconde, que Branly a arrêtées sur des tubes de limaille, que Marconi a déjà contraintes de transmettre des signaux et dont demain quelque autre fera des transporteuses presque immatérielles d'énergie ?

Il y a une quarantaine d'années, les savants pondérés disaient avec un sourire d'un physicien quelque peu aventureux : — C'est un électricien. — Mais l'électricité a pris sa revanche de cette ironie. On peut fixer la date de son triomphe à l'an 1881 où elle fut, à Paris, l'héroïne d'une Exposition spéciale. Depuis lors elle a révolutionné le monde industriel ; elle en a changé l'outillage, les emplacements et, comme nous le verrons plus tard, l'organisation. Voici déjà l'avantage dans la lutte économique transféré des pays de mines aux vallées encaissées des montagnes ; voici les Alpes, ce château d'eau de l'Europe, comme les appelait Michelet, assurant aux pays qui les possèdent, à la Suisse, à l'Autriche, à l'Italie, à la France, une situation privilégiée; voici s'étendant sur un vaste territoire la région où peuvent s'installer les fabriques ; voici leurs hautes cheminées, leurs fumées épaisses et nauséabondes, disparaissant des villes et remplacées par des usines qui se cachent au fond de quelque gorge écartée, à dix ou vingt lieues des agglomérations humaines, et où tout se passe sans poussière, sans souillures, presque sans bruit, au commandement d'un levier que peut manier un enfant. Voici l'espérance de voir devenir peu à peu inutiles ces

terribles métiers de chauffeurs et de mineurs qui dévo-
rèrent tant de victimes. Voici la production, la circulation, la consommation à bon marché d'une énergie qui
se reproduit à mesure qu'elle se dépense, qui peut subir
quelque trouble une année de sécheresse ou d'inondation, mais qui n'a point à redouter la grève ni l'épuisement. En France, dès 1901, on comptait 9 500 usines
électriques employant une force de 295 000 chevaux :
et ce dernier chiffre a aujourd'hui dépassé le million.
On a calculé que le courant du Rhône à Genève donne
une force égale à celle de 60 000 tonnes de houille ; que la
chute du Niagara, si elle était entièrement utilisée, suffirait à faire marcher toutes les machines des États-Unis ;
que, captée en minime partie seulement, elle fait déjà
autant de travail qu'un dixième des mines de charbon
exploitées à l'heure qu'il est ; que les Alpes peuvent fournir de treize à quatorze millions de chevaux-vapeur.
Des savants hardis escomptent déjà le moment où l'on
pourra tirer directement des nuages, de la terre ou des
marées [1], cette électricité qui nous enveloppe et qui se
plie si bien à nos caprices. C'est d'elle que l'on peut
dire aujourd'hui : — Où s'arrêtera-t-elle ? — Mais il est
temps de nous arrêter nous-mêmes sur les perspectives
éblouissantes qu'elle ouvre à l'humanité.

———

OUVRAGES A CONSULTER

———

Liesse (André). — *Le travail* (Paris, 1899).
Bourdeau (Louis). — *Les forces de l'industrie* (Paris, 1884).

1. L'ingénieur allemand, Pein, qui dirige depuis trois ans, à Husum,
la construction de l'usine électrique utilisant comme force motrice le
mouvement des marées, annonce qu'à partir de 1913 cette usine pourra
fournir du courant à 706 communes du Sleswig-Holstein (novembre 1911).

GITERMANN (MARCUS). — *La révolution électro-technique et la socialisation de la houille blanche* (Annales de la Régie directe, août 1910).

GRANDEAU (L.). — *La production électrique de l'acide nitrique avec les éléments de l'air* (Paris, 1906).

POINCARÉ (LUCIEN). — *L'électricité* (Paris, 1907).

BARRAT (CHARLES). — *Les forces hydrauliques de la France et la houille verte* (Nancy, 1907).

CHAPITRE VI

LES TRANSFORMATIONS TECHNIQUES
DANS LES DIFFÉRENTES INDUSTRIES

§ 1. — Industries-mères (Mines, métallurgie, produits chimiques). — § 2. — Les industries alimentaires et sanitaires. — § 3. — Industries du vêtement et de la toilette. — § 4. — Industries du bâtiment et de l'ameublement. — § 5. — Industries répondant à des besoins intellectuels et moraux.

Un troisième principe de classement va nous permettre de pénétrer plus avant dans le détail. Il s'agit de ranger et d'étudier par groupes d'industries les transformations techniques qui se sont accomplies.

Mais comment d'abord déterminer ces groupes ? Il semble possible de les rattacher aux divers besoins auxquels ils répondent, et, dans chaque groupe, d'établir, quand cela est nécessaire, des subdivisions d'après le plan qu'on suit d'ordinaire dans les Expositions universelles, c'est-à-dire d'après la nature des matières transformées.

Or, si nous laissons de côté l'industrie des transports, dont il sera parlé ailleurs, on peut condenser en quatre groupes les industries restantes.

Le premier comprend celles qui ont été suggérées à l'homme par le désir de se nourrir et de se tenir en santé. Ce sont les industries alimentaires et sanitaires (meunerie, conserves, produits pharmaceutiques, etc.).

Viennent, en second lieu, celles qui offrent à l'homme le moyen de s'habiller, de se parer, de se nettoyer. Ce sont les industries du vêtement et de la toilette, la parfumerie, la savonnerie, etc.

Nous placerons dans un troisième compartiment toutes les industries qui tiennent à la construction, à l'aménagement, à la décoration du logis (bâtiment, ameublement, chauffage, éclairage, verrerie, céramique).

Au quatrième reviendront celles où l'homme a été conduit par l'envie de se cultiver et de se divertir, celles qui ont pour but de satisfaire des besoins intellectuels ou moraux, telles les industries polygraphiques (imprimerie, photographie, jouets, etc.).

Cette classification, comme toute autre qu'on pourrait lui substituer, est loin de se mouler sur la complexité infinie de la réalité. Elle ne laisse pourtant de côté rien d'essentiel et elle pourrait être acceptée comme un cadre suffisant, n'était qu'elle néglige une distinction capitale. Parmi les industries humaines, il en est dont les produits, quoiqu'ils soient déjà une transformation de la matière première, doivent subir, pour la plupart, une ou plusieurs autres métamorphoses pour s'adapter aux usages variés auxquels on les destine. Ce sont, pour ainsi dire, des industries primaires qui préparent des matériaux pour des industries secondaires; des industries-mères qui ont chacune plusieurs filles qu'elles font vivre; des industries-maîtresses aussi, qui tiennent sous leur dépendance celles qu'elles alimentent. Je citerai l'industrie des mines de charbon qui commande tant d'usines; la métallurgie, dont relèvent la coutellerie, la serrurerie, la taillanderie, la tréfilerie, la confection des armes, des outils, des machines; ou encore l'industrie des produits chimiques, dont un seul, comme je l'ai fait voir par l'exemple de la soude, peut être nécessaire à cent fabrications diverses. Il sied de réserver une place à part à ces industries d'utilité générale et multiple et il me paraît logique de commencer par elles la revue que nous entreprenons, parce qu'elles sont par rapport aux autres à l'état de génératrices et d'auxiliaires indispensables, parce qu'elles ont été par cela même les premières à réaliser le type de la grande industrie.

§ 1. — INDUSTRIES-MÈRES (MINES, MÉTALLURGIE, PRODUITS CHIMIQUES)

Nous rencontrons d'abord sur notre route les industries extractives. En quoi leurs procédés ont-ils été modifiés ? Et quelles sont les matières naturelles qu'elles ont exploitées ?

Pour les mines, l'essentiel est, avant tout, de les découvrir dans les profondeurs où elles sont tapies. Les prospecteurs se sont mis de toutes parts en campagne. La géologie leur a suggéré d'heureuses conjectures sur le prolongement des masses rocheuses qui affleurent à la surface ; puis, s'ils n'ont pas encore en mains la baguette magique qui peut déceler l'existence d'un filon caché, ils ont pu quelquefois par le magnétomètre, par des avertisseurs électriques deviner, tout au moins soupçonner un gisement de minerais aimantés. Mais cela ne dispensait point de sondages directs, seule vérification efficace ; des sondes à tige creuse se sont alors enfoncées au cœur de la terre et ont ramené au jour des « témoins » des couches qu'elles traversaient ; armées parfois de diamant, elles ont acquis d'année en année une puissance plus grande. En 1848, dans la Saxe, des machines que poussait la pression de l'eau atteignaient une profondeur de 2.000 pieds anglais ; dès 1871, à Sperenberg, en Prusse, on arrivait en mille six cents trente-trois jours à la profondeur plus que double de 4.170 pieds. Aujourd'hui on a pu sonder 225 mètres en vingt-quatre heures et l'on est descendu à Paruschewitz, dans la Silésie orientale, jusqu'à 2.003 mètres. Les puits artésiens, les sources de pétrole, les tunnels de

Fig. 6. — Perforeuse électrique Siemens-Schuckert.

15 à 20 kilomètres percés à travers le Saint-Gothard ou le Simplon ont rendu commun l'emploi des perforatrices à pointe de platine qui sont mues par la vapeur, l'air

comprimé ou l'électricité. Le globe, dont l'épiderme n'avait jamais été soumis à pareilles entailles, a dû livrer une partie de ses secrets.

On a pu dès lors amener au jour des trésors qui se dérobaient jusqu'alors dans les entrailles du sol. Pour les couches de minerais qui étaient à fleur de terre, pour les minières, comme on les appelle, il a suffi de tranchées à ciel ouvert et de puissants jets d'eau qui en désagrègent les bords. Cette méthode a longtemps servi pour les mines d'or, au grand détriment des champs voisins. Quant aux autres, on les a parfois exploitées à distance ; le pétrole, l'acide borique ont jailli par les canaux étroits qui pénétraient jusqu'à leur gîte ; on a fait couler de l'eau parmi les cristaux de sel gemme et l'on n'a plus eu qu'à pomper et à faire évaporer l'eau salée ; bien plus ! au moyen de la vapeur surchauffée et vigoureusement injectée dans ces piqûres faites à la terre, on y a liquéfié du bitume, du soufre (en Louisiane), et on a fait monter à la surface ces liquides visqueux. Toutefois, le plus souvent, il a fallu creuser des puits ; on le faisait déjà auparavant ; seulement contre les difficultés qui vont croissant avec la longueur du trajet on a imaginé des procédés originaux ; pour éviter le plus grand danger qui est l'inondation, tantôt on a congelé la nappe souterraine que le fonçage devait traverser, tantôt on a enveloppé le trou principal d'un cercle de trous plus petits où l'on a coulé du ciment ; on l'a, pour ainsi dire, protégé par une cuirasse imperméable.

La mine ainsi devenue abordable, le creusage des galeries, l'abatage du minerai ont continué à peu près comme autrefois. Sur ce point, a-t-on dit, les façons d'agir ont gardé un caractère archaïque. C'est encore le bras de l'homme qui fait presque tout. A peine si, pour détacher les blocs, la haveuse mécanique leur vient en aide dans quelques mines faciles de la Pennsylvanie et le marteau-piqueur mû par l'air comprimé dans quelques autres, comme celles d'Anzin. Cependant, dans les roches dures où le grisou n'est pas à craindre, la poudre, devenue trop innocente, a été remplacée par la dynamite ; dans les houillères, où le gaz meurtrier n'attend qu'une étincelle pour éclater, on recourt à des explosifs de sûreté, à des explosifs à froid, comme l'air liquide ou l'acétate d'ammoniaque. Dans le travail du fond, qu'il s'agisse du roulage, où l'emploi des chevaux fut d'abord fort mal vu des ouvriers, du boisage, du remblayage, où parfois l'eau sert d'auxiliaire en déposant dans les tailles abandonnées une certaine épaisseur de vase, la mécanique joue un rôle très mince. C'est surtout à l'extérieur qu'elle se manifeste. La vapeur y dispute encore à l'électricité la mise en branle des câbles d'acier qui, sans relâche, avec une vitesse de train express, transportent du matin au soir, dans des cages ayant jusqu'à trois étages de haut, les hommes et les minerais ; des souffleurs, qui déchaînent dans les couloirs étouffés des tempêtes de vent ; des pompes d'épuisement, qui dessèchent les galeries ; des appareils qui servent au lavage, au criblage, à l'agglomération des matières extraites. Reste l'éclairage. Il n'a guère changé. Là où l'on redoute les pièges et les caprices du grisou, la lampe Davy qui protège le mineur par son enveloppe métallique défie encore la concurrence de l'ampoule électrique, qui peut aisément se briser et qui exige des fils où circulent des courants dangereux.

C'est donc par des perfectionnements de détail que l'industrie minière a été modifiée dans ses procédés d'extraction. J'en dirai autant des carrières dont l'exploitation, quoique toujours intense, a diminué en quelques endroits, parce que la pierre naturelle a eu à se défendre contre le carton-pâte, la pierre artificielle, le béton, et même contre le métal, comme c'est le cas dans nombre de bâtisses et pour les meules à moudre le blé.

Mais dans son ensemble la demande de matières miné-

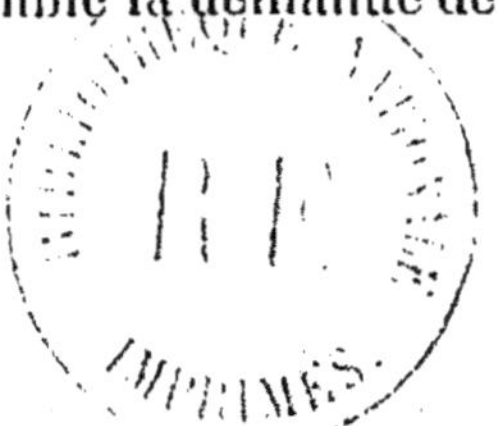

rales a été si considérable que la production n'a cessé de croître en des proportions prodigieuses. Ici l'évolution a été double. Pour les matières déjà connues, on a cherché, trouvé des gisements par milliers ; puis, à mesure que se vidaient ceux qui étaient les plus riches et les plus faciles d'accès, on s'est rabattu sur ceux qui étaient plus pauvres et plus malaisés à exploiter. Après la houille grasse, on s'est contenté de la houille maigre ; on a tiré parti de l'anthracite d'abord dédaignée. Après des minerais de fer à 60 ou 70 p. 100, on a utilisé des minerais phosphoreux ou sulfureux qu'il fallait épurer. N'a-t-on pas arraché des rendements inattendus aux scories des mines anciennement exploitées par les Romains ? Pour que ces exploitations fussent possibles, les vieux procédés ont dû se renouveler, et c'est la chimie surtout qui les a relégués au musée des antiques. En même temps elle enseignait la valeur de mille autres matières jusque-là inconnues et innommées, qui commençaient par être très rares, très chères, mais qui, réclamées et cherchées avec acharnement, devenaient souvent communes, presque surabondantes, si bien qu'on a pu dire qu'en pareille occurrence le besoin crée la marchandise.

Dans cet amoncellement de richesses minérales, il sied de distinguer deux variétés : celles qui sont d'origine organique, comme la houille, le pétrole, les phosphates, dont la quantité limitée ne peut guère être renouvelée ; celles qui sont répandues dans une foule de corps d'où il est possible de les faire sortir.

Veut-on mesurer l'accroissement dans la production de la houille ? Voici quelques chiffres éloquents : En 1807, elle était de 13 millions de tonnes pour le monde entier ; en 1875, de 280 ; en 1900, de 770 ; en 1906, de 972 ; en 1909, de 1.200. Ce n'est plus l'Angleterre qui est la grande fournisseuse ; les États-Unis entrent dans le total pour un tiers. La France en produisait, dans l'année 1810, 774.000 tonnes ; elle en produit, en 1909,

37.972.000. Or, en France, les mines de combustibles minéraux occupent environ 6 millièmes de la surface du territoire, surtout dans le Nord, aux environs de Saint-Étienne et en Lorraine ; la proportion est déjà sensiblement plus forte pour l'Allemagne, dont le bassin de la Ruhr se prolonge jusqu'en Hollande ; mais elle saute à 33 millièmes pour la Belgique, à 47 pour la Grande-Bretagne, à 57 pour les États-Unis, ce qui permet d'apprécier l'avantage dont ont joui ces derniers pays. D'autant que, chez eux aussi, c'est de façon continue qu'a augmenté la quantité extraite. Entre 1890 et 1909, elle a monté, dans les Iles britanniques, de 184.520 millions de tonnes à 272.116 et en Allemagne, où les progrès de l'outillage ont été plus notables, de 89.290 à 205.727. Encore convient-il d'ajouter que des déchets, autrefois négligés, se vendent aujourd'hui fort bien sous la forme de briquettes ou de boules agglomérées.

Mais une consommation pareille ne laisse pas d'inquiéter pour l'avenir. Déjà la Belgique importe, comme la France et l'Italie le font depuis longtemps, et l'Allemagne a diminué ses exportations. On s'est demandé combien de temps le précieux combustible pourrait durer ; on a tâché d'évaluer les réserves que contiennent les différents pays ; on a estimé qu'elles étaient pour l'Europe de 600 à 700 milliards de tonnes, de 1.000 à 4.000 milliards pour les États-Unis, de 1.000 milliards pour l'Asie, autant qu'on peut les calculer. Il s'écoulerait donc cinq ou six siècles avant que le charbon de terre vînt à manquer, délai rassurant pour l'humanité, d'autant que l'alcool, l'acétylène, l'électricité sont déjà des sources de calorique prêtes à le remplacer.

Le pétrole fut de celles-là ; mais lui aussi, quoique plus récemment exploité, est menacé d'un épuisement rapide. C'est que lampes et moteurs l'ont réclamé en abondance. Ici, on l'a obtenu au moyen de schistes broyés ; ailleurs on est allé le surprendre dans des nappes souterraines d'où on l'a tiré pour l'enfermer dans de vastes réservoirs, pour le conduire ensuite et le distribuer à de longues distances. L'Amérique du Nord, depuis 1860 environ, eut ainsi des canaux de nouvelle espèce où courait le liquide inflammable ; aux bords de la mer Noire, la Roumanie et surtout les environs de Bakou enfermèrent l'incendie en puissance dans de profondes citernes, placées parfois en pleine mer et d'où cependant à plusieurs reprises il s'échappa comme un torrent de lave. Mais la baisse se fait déjà sentir dans les puits de l'Amérique, du Caucase et de la Galicie.

C'est avec la même rapidité que sont dévorés les phosphates, nitrates, sels de potasse nécessaires à l'agriculture. Certains pays, comme le Chili, se sont, pour ainsi dire, exportés eux-mêmes, et la conquête des nitrates fut plusieurs fois dans leurs parages un *casus belli;* tel autre, comme le territoire de Stassfurth, se vide, depuis 1858, des sels de potasse qu'il renferme avec une telle prodigalité que, de 1886 à 1908, le nombre des usines exploitantes est monté de 6 à 60, et que, de 1861 à 1907, l'extraction a passé de 23.000 tonnes à 5.450.000. Les phosphates, qu'on recherche depuis le milieu du xixe siècle, sortent à profusion de la Caroline et de la Floride en Amérique, de la Drôme et du Bourbonnais en France, de l'Algérie en Afrique, et ils partent par longues files de vagons pour féconder les campagnes. Tous rendent des services éclatants, mais qui seraient courts, si la chimie ne venait à la rescousse, en créant par exemple des usines modèles où l'électricité, sans autre matière première que l'azote de l'air, fabrique sans bruit des nitrates qui suppléent à ceux que la nature avait préparés toute seule.

La métallurgie est aussi une de ces grandes industries qui en dominent plusieurs autres.

De tous les métaux qu'elle travaille, le fer a été au XIXᵉ siècle le plus demandé. A quoi n'a-t-il pas été employé ? Non content de fournir, comme il le faisait déjà depuis longtemps, des armes et des outils, des chaînes et des ancres, des clous et des crampons, des essieux et des roues, des grilles et des clefs, il s'est accommodé sous mille figures diverses aux usages les plus imprévus. Fer-blanc, fer battu, fer émaillé ont envahi les cuisines et les cabinets de toilette ; la plume de fer (étrange alliance de mots qui ne nous étonne plus !) a presque relégué au rang des souvenirs l'antique plume d'oie ou de corbeau ; les chemins de fer méritent bien le nom qu'ils ont pris ; car en fer sont les rails qui les forment, en fer les locomotives qui les parcourent, en fer souvent les poteaux qui supportent les signaux et les ponts qui relient un remblai à un autre remblai. En fer, les bicyclettes comme les automobiles, les grues à vapeur comme les rouages des machines. Dans les maisons, balcons de fer, charpentes de fer, fourneaux et lits de fer, ascenseurs glissant le long d'une colonne en fer, piliers de fer soutenant des plafonds en fer ; dans les théâtres, rideaux de fer, escaliers de fer, plancher de fer (encore une hardie combinaison de mots !) franchissant la scène ; dans les navires chaudières de fer et hélices de fer mettant en branle des coques bardées de fer. En vérité la tour Eiffel, où le fer entre seul dans une armature haute de 300 mètres, est le symbole exact de cet âge du fer.

Pour suffire à cette immense consommation on a dû fouiller le sol en quête de minerais contenant du fer et il en faut aujourd'hui déjà quatre fois plus qu'il y a vingt-cinq ans. Les États-Unis, qui sont à l'heure qu'il est la plus grande puissance minière, jettent à eux seuls sur le marché la moitié environ de ce que le monde en extrait. En Europe, la Grande-Bretagne, qui avait tenu longtemps le premier rang, a dû, ces années dernières, céder la seconde place à l'Allemagne. L'Espagne (Bilbao) occupe à peu près le même rang que la France ; la Suède et la Russie viennent ensuite. Mais les bassins primitifs ont été si fortement entamés que la question du fer préoccupe les grands industriels. On attaque les minerais moins purs et la France, avec ses mines de Lorraine où l'on estime qu'il y a 2 milliards et demi de tonnes à plus de 35 p. 100, avec ses gisements algériens de l'Ouenza, a chance d'avoir dans quelques années une situation des plus avantageuses.

Mais les pays miniers ne sont pas nécessairement les pays fabricants et la sidérurgie s'est développée de préférence là où le voisinage du combustible, d'un puissant cours d'eau, d'importants débouchés commerciaux offrait des conditions favorables. En Amérique c'est Pittsburg qui en est le chef-lieu, au confluent des deux rivières qui forment l'Ohio ; en Angleterre, Sheffield et Birmingham en sont les capitales ; en Allemagne, elle a deux centres, le bassin de la Ruhr et la Silésie ; en France, elle a pour principaux foyers le Nord, la Lorraine, les alentours du Creusot et ceux de Saint-Etienne.

En tous ces endroits, où se sont développées des usines gigantesques la fabrication a changé de caractère. On sait que les minerais de fer, traités par le charbon de bois ou le charbon de terre, ne donnent point de fer pur ; ils se combinent avec l'acide carbonique, ce qui, si les proportions sont de 2 à 6 p. 100, produit de la fonte plus ou moins dure, et, si les proportions sont seulement de 1 à 1 /2, de l'acier. Il faut donc décarburer la fonte pour avoir du fer, et il faut recarburer le fer pour avoir de l'acier. C'est autour des procédés par lesquels se font ces deux opérations que l'esprit d'invention s'est exercé.

La préparation au bois subsiste dans les pays qui ont encore de grandes forêts, par exemple dans l'Oural, en Suède, en Styrie, en Hongrie, en Bosnie, même aux États-Unis. Ailleurs elle a peu à peu disparu. La préparation au coke l'a emporté et, jusque vers 1850-1855, le puddlage, qui introduit de l'air dans la masse en fusion en la brassant à l'aide du « ringard », s'est lentement perfectionné ; on a remplacé le bras humain par une machine. on a rendu mobile le four où bouillonnait le liquide brûlant. Jusque-là le fer régnait ; l'acier coûtait cher et ne se fabriquait que par petites quantités. Mais, à partir de cette époque, c'est l'acier qui a pris le dessus. De 1856 à 1859, l'ingénieur anglais Bessemer trouve moyen de faire pénétrer dans la fournaise un violent courant d'air qui opère du même coup le brassage et l'oxydation dans de grandes cornues en tôle garnies de briques réfractaires et appelées « convertisseurs ». Aussitôt l'acier se produit en abondance, si bien qu'en trente ans son prix passera de 1500 francs la tonne à 250 francs. Un peu plus tard, dans un four régénérateur de la chaleur imaginé par l'Allemand Siemens, l'ingénieur français Pierre Martin s'avise d'ajouter à la fonte une quantité dosée de vieilles ferrailles pour absorber le carbone qui est en trop et c'est un nouveau progrès. Puis, en 1878, Thomas et Gilchrist parviennent à utiliser les minerais phosphoreux qui sont communs, en tapissant l'intérieur du convertisseur avec de la chaux et de la magnésie qui s'emparent du phosphore. L'acier fondu, ainsi obtenu, est encore comprimé, forgé, laminé, moulé, ce qui lui communique des qualités précieuses pour la coutellerie, pour les instruments de chirurgie. Mais ce n'est pas assez. On expérimente des alliages nouveaux. Le hasard a fait qu'en mêlant à la fonte un minerai miroitant appelé *Spiegeleisen* et contenant du manganèse on a produit un acier plus dur, plus résistant. On a répété l'essai avec du chrome, du tungstène, du wolfram, du nickel, de l'aluminium, et, depuis 1880 environ, ces aciers spéciaux, comme on les appelle, dominent le marché. On détermine leur valeur en éprouvant scientifiquement leur résistance, en examinant au microscope leur structure intime. D'autres perfectionnements ont porté sur les machines

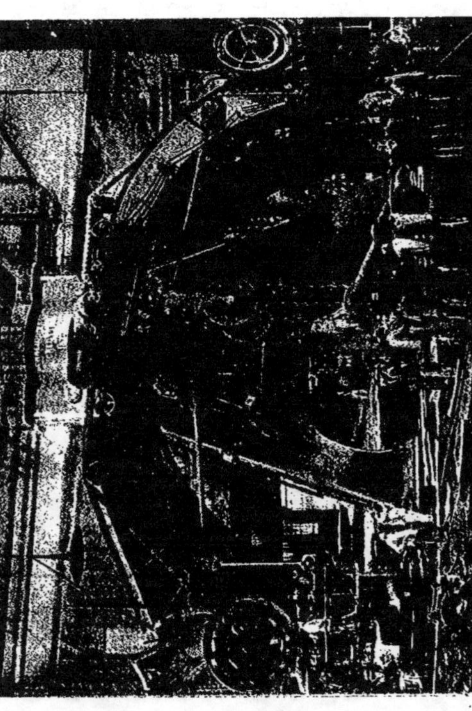

Fig. 7. — Marteau-pilon du Creusot.

qui viennent en aide aux travailleurs. La vapeur, l'air comprimé, l'électricité actionnent des cisailles, des marteaux, des laminoirs titaniques ; à Dusseldorf, on coule des lingots de 50.000 kilogrammes ; on y emploie une presse hydraulique à forger de 6.000 tonnes. Le premier marteau-pilon à vapeur fut construit par Bourdon en 1839 ; il pesait 125 tonnes ; il paraîtrait presque aujourd'hui un jouet d'enfant.

La trempe, qui se fait souvent à l'huile, s'est modifiée comme les hauts fourneaux. Ceux-ci ont aussi pris taille de géants ; dans les usines Carnegie, à Pittsburg, ils ont jusqu'à trente mètres de hauteur et jusqu'à 700 mètres cubes de contenance. Ces énormes tours creuses se chargent automatiquement. Les machines soufflantes y engouffrent 1.600 mètres cubes d'air par minute ; le soufflage à l'air chaud, qui fut introduit en 1830 par Neilson et Beaumont, a permis de faire monter la température de 400 et 450 degrés, et les gaz perdus qu'on recueille et qu'on filtre pour les faire rentrer dans le four procurent une énorme économie de combustible.

Aussi la production de la fonte atteint-elle des chiffres formidables. A la date de 1905, Pittsburg, la capitale de l'acier, en jette, à elle seule, sur le marché 2.850.000 tonnes. Le tableau suivant montre à la fois le progrès de la production et la part qu'y ont les différentes nations.

	1880	1890	1909	
		millions de tonnes.		
Production mondiale de la fonte .	18.439	27.777	60.140	
Angleterre . . .	42	29	16	
Etats-Unis . . .	21	34	43	Pourcentage de la pro-
Allemagne . . .	15	17	21	duction totale en 1909
France.	9	7	6	(chiffres ronds).
Les autres Etats.	13	13	14	

On voit que, les Etats-Unis d'abord, l'Allemagne ensuite ont eu un accroissement considérable, tandis que l'Angleterre surtout et la France en second lieu subissaient une décroissance. Décroissance toute relative d'ailleurs, puisque en France, de 1890 à 1909, la production de la fonte a monté, de 1.962 milliers de tonne, à 3.632.

Les emplois ont varié comme les procédés. La fonte fournit, moulée, de gros tuyaux, des colonnes, des poêles, des statues etc.; trempée, des roues de wagons et d'automobiles. Du fer relèvent la clouterie, la tréfilerie, la quincaillerie, les industries du forgeron et du serrurier, à qui bien des objets sont livrés tout faits ou à demi fabriqués. A l'acier [1] — bien que la ligne de démarcation ne soit pas toujours nette — reviennent de plus en plus les rouages des machines, les blindages, les rails, sans compter la coutellerie fine, les instruments de chirurgie et de précision 'es coffres-forts, voire des bijoux et des perles, et surt t les canons, les fusils, les sabres, les obus, tous eng...s de mort si perfectionnés que les amis de la paix espèrent voir la guerre rendue impossible par nos progrès éclatants dans l'art de tuer.

Pour tout ce qui tient à la petite sidérurgie, la mécanique a pris une place démesurée. Elle a envahi toute la ferblanterie qui date seulement de 1815 et toute la coutellerie de camelote, comme celle qui a fait la renommée de Solingen. Si la serrurerie à la main s'est maintenue par tradition en quelques coins écartés, il faudrait se donner beaucoup de peine pour trouver aujourd'hui des pointes, des aiguilles, des épingles, des agrafes, des grillages, des boulons faits autrement qu'à la machine. Dans la grande sidérurgie, même spectacle : dans les établissements Baldwin, à Philadelphie, une grue géante enlève et transporte d'un bout à l'autre de

		1890	1910
		En millions de tonnes.	
1.	Etats-Unis	11	27,7
	Allemagne	8,5	11,8
	Grande-Bretagne	9,1	10,2
	France	2,7	4
	Russie	3	3
	Autriche-Hongrie	0,8	2,1
	Belgique	1	1,8

l'atelier une locomotive, comme si c'était un paquet de linge, et telle y est l'intensité du travail qu'il en sort de 35 à 37 locomotives par semaine. Les industries de l'armement, où la chimie intervient victorieusement en les approvisionnant d'explosifs de plus en plus puissants (dynamite, mélinite, cheddite, poudre sans fumée, etc.), opèrent aussi, à l'aide du machinisme, le calibrage et le polissage des pièces et il n'y a plus guère que les armes de luxe qui demeurent soustraites à son empire.

Les autres métaux ne méritent pas de nous retenir aussi longtemps. Ce n'est pas que leur histoire manque d'intérêt ; on en a découvert des vingtaines et nul ne peut prédire le sort qui les attend. Beaucoup auraient droit à être classés parmi les métaux précieux ; mais la coutume a réservé ce nom à l'or et à l'argent.

A tout seigneur, tout honneur. L'or, parce qu'il tend à devenir l'étalon monétaire universel, a été, est toujours l'objet d'une demande effrénée. Mais le Pérou n'en est plus le grand producteur. On se rappelle les ruées qui précipitèrent des armées de chercheurs sur les territoires où l'on dénonçait sa présence, sur la Californie d'abord et sur l'Australie (1848-1854), plus tard, vers 1884, au Transvaal, et vers 1893, dans les glaces du Klondyke. Ce fut une éclosion de villes, dont quelques-unes ont subsisté et grandi, comme San-Francisco ; ce fut en des régions désertes une civilisation industrielle improvisée, qui, comme aux premiers temps de l'humanité, précéda la civilisation agricole. Les minerais y furent traités de façons différentes ; d'abord par le criblage, le vannage, puis par le dragage électrique des rivières et des canaux artificiels, où l'on déversait le gravier qui se déposait au fond et où l'on recueillait les gros morceaux, tandis qu'on amalgamait les petits avec du mercure ; parfois en désagrégeant à coups de pompes des falaises dont on fouillait ensuite la boue liquide ; tantôt en concassant mécaniquement les matières mêlées extraites des profondeurs de la terre, en les dissociant chimiquement. La quantité fut telle que le XIXe siècle a connu la crise de l'or par surproduction, crise qui va s'aggraver, puisque déjà des brevets sont pris pour le fabriquer; mais ces péripéties regardent l'histoire du commerce, non de l'industrie, qui, sur une production annuelle de 2 milliards et demi, n'en retient pour elle que tantôt un tiers et tantôt près de la moitié.

L'argent, venu du Mexique, du Colorado, d'ailleurs encore, a pâti de la même surabondance. Il valait, en 1807, 223 francs le kilogramme ; en 1907, il est descendu à 108 francs. Il a gardé une valeur conventionnelle comme monnaie auxiliaire, au même titre que le cuivre ou le nickel ; mais une pièce de 5 francs n'en contient pas même pour 2 fr. 50. Il tend à devenir ou à redevenir ainsi un métal industriel, qui trouve un emploi dans la vaisselle et les bijoux. La galvanoplastie l'a, dès 1837, ainsi que l'or, transporté à l'état de mince pellicule sur d'autres métaux qu'il habille richement ; les noms de Spencer, Jacobi, Ruolz, Christophe se lient à cette argenterie des demi-fortunes.

Le cuivre, au lieu de baisser, a une tendance à la hausse. Ce n'est pas que l'âge du bronze soit en voie de renaître : statues et bibelots n'en consomment guère plus qu'autrefois. Mais il faut du cuivre pour le blindage des navires ; il faut du cuivre pour les fils électriques. On en produisait, en 1898, 430.000 tonnes ; on en produit 701.700 en 1908, presque partout par la méthode du bain électrolytique. Les États-Unis avant tout, puis l'Allemagne, la Grande-Bretagne, la France ont l'avantage sur ce point d'avoir pour tributaire le reste du monde, qui, d'ailleurs, essaie de s'affranchir en poussant vigoureusement l'exploitation de ses mines.

Il serait curieux, si nous en avions le loisir, de suivre les hauts et bas qu'ont traversés les autres métaux. On assisterait à des déchéances, qui sont souvent momentanées ; ainsi l'étain, dont on ne fait plus guère de plats ni d'écuelles, le mercure, dont les amalgames sont bien moins employés, ont perdu. On verrait demeurer à peu près stationnaire le platine. On verrait monter, au contraire, le plomb, bien que la plombagine, depuis Conté, soit remplacée par un produit artificiel, bien que les chambres de plomb soient bannies de la fabrication de la soude et que les couleurs composées de plomb soient poursuivies au nom de l'hygiène ; le zinc, qui remplace le blanc de céruse, alimente les piles électriques et couvre des milliers de toitures ; le nickel qui, depuis 1874, est entré dans l'usage courant ; le manganèse et le chrome qui, depuis 1880, sont recherchés par l'industrie des aciers ou par celle des cuivres ; l'aluminium, qui, découvert en 1827, dut attendre soixante ans pour passer du laboratoire à l'usine, pour devenir un concurrent du fer, et à qui sa résistance, sa légèreté, son abondance autour de nous semblent promettre un succès durable.

Que dire des métaux nouveaux, souvent beaucoup plus chers que l'or, dont les noms étonnent encore nos oreilles : vanadium, yttrium, gallium, radium, hélium, etc. Déjà plusieurs d'entre eux sont entrés dans des alliages ou des appareils où ils prouvent leur utilité ; et, quant aux derniers venus, la science tourne autour d'eux avec des enthousiasmes non exempts d'inquiétude, mais gros aussi d'espérances dont l'avenir pourra seul dire le bien-fondé. N'a-t-on pas vu reparaître le rêve des anciens alchimistes, la croyance à la possibilité de transmuer les métaux les uns dans les autres ?

Ce qui encourage ces envolées dans les espaces imaginaires, c'est ce qui est arrivé aux pierres précieuses. Les mines des Indes ou du Brésil n'ont pas eu seulement des rivales dans celles du Sud de l'Afrique, dont le premier diamant fut trouvé en 1867 par un enfant sur le bord d'un ruisseau ; tandis que la taille des gemmes, à Amsterdam, ou le battage de l'or à Paris usaient à peu près des mêmes procédés que jadis, on a vu avec surprise des rubis, des coryndons, des émeraudes, voire des diamants minuscules naître dans les creusets des savants, et l'homme n'assigne plus de limites à sa domination sur la matière, à sa faculté de la transformer selon ses besoins et ses caprices.

Comme la métallurgie, la fabrication des produits chimiques doit être à son tour placée hors cadre : car elle touche à tout, va ensuite activer, vivifier d'autres industries.

Elle a débuté modestement dans les laboratoires ; elle continue à y puiser des idées neuves ; elle y demeure confinée en partie, quand elle travaille pour la médecine et la pharmacie ; mais pour multiplier les acides, la soude, la potasse, le chlore et leurs composés, pour élaborer les substances tinctoriales ou les parfums, elle s'est installée dans de larges établissements et c'est à peine si, malgré son jeune âge, elle le cède en importance à celles que nous venons de voir ; elle a, depuis vingt-cinq ans surtout, pris un énorme développement.

Dans la première moitié du xix° siècle, la France et l'Angleterre en ont été les sièges principaux ; mais, vers la fin, l'Allemagne y a conquis une primauté incontestée. On y rencontre des usines gigantesques, comme celle de Ludwigshafen, qui, pour la seule production de l'aniline et de la soude, occupe plus de 7.000 ouvriers ; on en trouve d'autres où l'on prépare les matières colorantes et qui emploient chacune plus de 4.000 travailleurs. En vingt ans, le personnel y a plus que doublé :

en 1882, il était de 71.777 personnes ; en 1902, de 165.889. La production y a suivi une marche ascendante plus rapide encore : celle de l'acide sulfurique devenait huit fois plus grande de 1878 à 1901 ; et, dans le même espace de temps, celle de la soude décuplait ; elle montait de 42.000 à 400.000 tonnes. L'indigo artificiel, fabriqué par les procédés von Bayer, s'est efforcé de supplanter l'indigo naturel et il y a réussi à demi : ceux qui cultivent celui-ci aux environs de Calcutta ont eu beau se défendre, ils n'ont pu empêcher leurs exportations de descendre, entre 1896 et 1910, de 8 millions de kilogrammes à 4 millions. On peut noter que la France a pondu certaines idées que l'Allemagne a couvées ; la découverte de l'aniline a été faite à Lyon, mais c'est Outre-Rhin qu'elle a été exploitée avec profit.

Est-ce à dire que les autres pays soient restés inactifs ? Il s'en faut. L'Amérique fabrique aujourd'hui plus de soude que la France. La Suisse lutte avec l'Allemagne pour les matières colorantes. La Russie les suit à grands pas. La France, elle aussi, consciente de son outillage inférieur, a eu un vigoureux élan ; la distillation des fleurs s'opère en grand sur la Côte d'Azur ; les usines électriques de la Savoie et du Dauphiné ont entamé la lutte avec leurs rivales allemandes ; elles se sont spécialisées surtout dans la préparation du carbure de calcium. En 1904, la valeur des produits fabriqués sur le sol français était de 75 millions de francs, un dixième environ du chiffre auquel s'élevait celle de la production mondiale.

A ces industries-mères, on pourrait, si l'on voulait, en ajouter plusieurs autres, qui, comme la meunerie, le tissage des étoffes, la papeterie représentent, relativement à la confection du pain, des habits ou des livres, une phase préalable dans la transformation de la matière première. Mais, comme leur rôle est limité à certaines catégories d'objets très précises, nous croyons qu'il vaut mieux les joindre aux groupes particuliers dont elles sont, dans la réalité, inséparables.

§ 2. — LES INDUSTRIES ALIMENTAIRES ET SANITAIRES

En pénétrant parmi les industries spécialisées, nous rencontrons d'abord sur notre chemin les industries alimentaires et sanitaires.

Il est à remarquer que les premières sont encore, en grande partie, sous le régime de la petite industrie, et cela tient à plusieurs causes. L'une de ces causes est sans doute que l'art de bien manger et de bien boire donne lieu à des manipulations délicates, qui réclament un soin particulier et varient beaucoup suivant les goûts des individus ; une autre est qu'on a fait, pendant des siècles, à la maison la préparation des mets et des boissons destinés à la famille et que les usages actuels gardent l'empreinte d'antiques habitudes.

Il ne faudrait pourtant point conclure qu'elles sont demeurées immuables, pétrifiées dans leurs procédés d'antan. Elles n'ont pu se soustraire à l'action de la mécanique ; et si les pilules substantielles, qui pourront un jour, suivant Berthelot, pourvoir à l'alimentation de l'humanité, sont encore un rêve de savant, la chimie s'est souvent, et quelquefois plus qu'on ne voudrait, insinuée dans le royaume de Messer Gaster.

La tendance moderne est de réduire le domaine de l'industrie domestique. Preuve en soit, dans les grandes villes, la profusion des restaurants avec cartes variées où le consommateur choisit ce qu'il veut manger. Ils sont d'origine relativement récente ; ils ont été créés à Paris, en 1765, par Boulanger, et cent ans après, en 1860, ils y faisaient pour 105 millions d'affaires. Depuis lors cette transformation de la cuisine en une industrie séparée n'a fait que s'accuser davantage. Dans le pays où le machinisme s'est le plus développé, aux États-Unis, il n'est pas rare de voir des familles qui vivent régulièrement à l'hôtel, qui se dispensent ainsi des tracas par lesquels ailleurs l'existence des ménagères est en grande partie absorbée. La difficulté de se procurer des serviteurs pousse vigoureusement dans la même voie ; à Paris même, dans combien de dîners plats et serveurs envoyés par quelque maison spéciale n'épargnent-ils pas à la maîtresse du logis la peine d'ordonner le menu et à la cuisinière celle de l'exécuter ! En maint endroit, dans cette grande auberge qu'est à certains moments la Suisse ou la Côte d'Azur, partout où affluent et séjournent ces brillants oiseaux de passage qu'attire le climat, le plaisir ou la mode, l'industrie des hôteliers est florissante ; c'est souvent la plus lucrative du pays. Or la table de famille est remplacée là par ces grands repas en commun devant lesquels les voyageurs n'ont qu'à s'asseoir, à moins qu'ils ne préfèrent, par dégoût de la promiscuité, s'éparpiller en petites tables séparées, mais approvisionnées de mets tout pareils. Comme pendant à ces salles luxueuses, où se régalent, au son de la musique, les riches et les oisifs, fonctionnent, à l'autre bout de l'échelle sociale, les boulangeries, boucheries, charcuteries, héritières des besognes qui se faisaient jadis à domicile, et les cuisines populaires, les fourneaux économiques, qui mettent à la portée des pauvres des aliments qu'ils n'auraient souvent pas le temps, ni la possibilité de faire cuire chez eux ; entre les deux, des restaurants modestes, des « bouillons », des *trattorie* offrent à la classe moyenne les mêmes facilités à profiter de cette préparation collective du manger, et ainsi s'élabore sous nos yeux, sans qu'on y pense, une des plus graves modifications que puisse subir la vie intime de l'humanité.

Combien d'autres changements analogues ! Voyez le blé, qui vient au premier rang des céréales consommées, surtout en Europe. Mille appareils ingénieux (tarares, épierreurs, cribleurs) travaillent à le nettoyer. Les grandes minoteries à vapeur, dotées parfois d'un laboratoire, sont en passe de supplanter les petits moulins pittoresques et intermittents ; et, de 1873 à 1903, les cylindres en fonte trempée venant de Hongrie et perfectionnant une invention qui date de 1818, y ont peu à peu remplacé les vieilles meules de pierre, gloire et fortune de la Ferté-Sous-Jouarre, qui en fournissait encore, vers 1884, 20.000 paires par an estimées à 7 ou 8 millions de francs. La farine coule du blutoir électrique de plus en plus pure, de plus en plus fine, de plus en plus blanche, ce qui n'empêche pas, vu les précautions prises pour empêcher de fuir la précieuse poussière, qu'on peut aujourd'hui sortir d'un moulin avec des habits aussi noirs qu'on y était entré. La mouture est aujourd'hui en beaucoup d'endroits entièrement automatique. La boulangerie, qui mue cette farine en pain, élimine peu à peu le fournil domestique où chaque ménage cuisait ses miches ; mais elle est restée morcelée entre une foule de petits patrons et par cela même réfractaire aux frais qu'exigerait une sérieuse amélioration ; la panification coûte presque partout à Paris environ six fois plus cher que la mouture ; elle se fait à bras comme autrefois et c'est à peine si elle commence à utiliser les pétrins mécaniques, dont l'idée paraît être venue du Midi de l'Europe, et les fours économiques que recommandent en vain l'hygiène, l'intérêt du consommateur et celui du producteur. Il n'y a guère que la fabrication des biscuits et des pâtes d'Italie qui ait bénéficié d'un outillage moins rudimentaire.

Regardez maintenant la nourriture animale. L'électricité, à qui en Amérique on a dévolu les fonctions de bourreau, l'exécution des criminels, abrège à l'abattoir les souffrances du bœuf ou du mouton foudroyé d'un seul coup. A Chicago, dans un seul établissement, on

dépêche de la sorte 240 bœufs à l'heure, 620 moutons,
600 pourceaux. Chacun sait avec quelle vélocité se prépare le porc salé à Cincinnati. Taine (*Vie et opinions
de M. Frédéric Thomas Graindorge*, p. 102) décrivait
ainsi l'opération vers le milieu du xix° siècle : « Tout se
fait à la vapeur. C'est un petit chef-d'œuvre d'élégance
et de précision. — Les porcs sont poussés à la file dans
un conduit noir, au bout duquel un va-et-vient de
grands couteaux les égorge un à un : deux minutes. —
Un petit traîneau roule l'animal dans la chambre à
laver : une minute. — Là des brosses mécaniques le
raclent et le polissent comme une paire de bottes :
sept minutes. — Un autre traîneau le mène à la chambre
à découper, où des tailloirs mécaniques le vident et le
mettent en quartiers : sept minutes. — Deux poulies
l'enlèvent et vont le déposer, membre à membre, sur
des couches de sel dans un baril : trois minutes. — Le
baril est fermé et part sur un petit chemin de fer :
deux minutes. — En tout, vingt et une minutes pour
préparer un porc jusque dans le dernier détail et l'expédier... » Fantaisie de romancier, penserez-vous peut-
être ! Point du tout. Aujourd'hui, en trente-deux minutes
exactement, les morceaux encore chauds de l'animal
sont prêts pour la consommation.

Mais ce n'est pas seulement l'art de tuer qui a fait
des progrès ; c'est aussi celui d'utiliser les déchets, si
bien qu'ils rapportent parfois plus que la viande ; c'est
encore celui de conserver les aliments. Tantôt on les
dessèche ; c'est le cas pour les vermicelles et macaronis,
pour les carottes, haricots, navets qui, coupés en petits
morceaux, composent les *juliennes*, pour le sagou
venant d'un palmier, pour les tapiocas tirés des racines
du manioc ; tantôt on les réduit en poudre, comme on
fait, depuis 1780, de la fécule de pomme de terre. Mais
surtout on a mis à profit cette vérité découverte par la
science : que l'air est le grand véhicule des agents qui

amènent la décomposition. On a donc fait cuire à la vapeur les légumes fins et les fruits ; puis on les a enfermés dans des boîtes de métal où l'air chaud, en se refroidissant, se condense et opère un vide relatif, où le couvercle, sous la pression de l'atmosphère environnante, ferme hermétiquement. Ce fut le procédé Appert, inventé dès 1804 et rendu public en 1836. Dès lors pois verts et abricots, aussi bien que thons ou sardines, que pâtés de lièvres ou d'alouettes, pouvaient se garder indéfiniment. Bien dépassés les procédés des vendeurs de harengs saurs, ou des vieux boucaniers ! Liebig, en 1860, concentrait en minces tablettes le suc extrait de la chair et du sang des troupeaux qui erraient dans les pampas de l'Amérique du Sud. Chicago, vers 1890, a inondé le monde de ses fameuses conserves contre lesquelles le romancier Sinclair n'avait pas encore jeté son cri d'alarme. Depuis une trentaine d'années des vaisseaux munis d'appareils frigorifiques, des vaisseaux-glacières apportent sur les marchés d'Europe de la viande fraîche d'Australie.

L'art de faire des confitures, qui était l'orgueil de nos grand'mères, et l'industrie des fruits confits, née naturellement aux pays du Midi, ont connu semblable transformation et semblable extension. Heureux les consommateurs si la glucose ou la saccharine n'avait parfois traîtreusement usurpé la place du sucre dans la gelée de pommes ou de groseilles ! Les fabricants n'en ont pas moins vu grandir leurs entreprises. En 1818, l'histoire pouvait noter l'ouverture à Berlin de la première confiserie à la mode d'Italie. Mais le goût des friandises, telles que dragées, pralines, pain d'épices, est, il faut le croire, universel et singulièrement fort. La France, en 1892, en vendait pour plus de 60 millions à l'étranger ; l'Angleterre, dans les années suivantes, profitant du bon marché des sucres, qui, grâce au système des primes, se vendait moins cher chez elle qu'aux pays où on le fabriquait, trouvait des gains sérieux à exporter ses confitures de Dundee, ses *cakes* et *plum-puddings*.

J'ai nommé le sucre. Il n'est guère de denrée qui se soit plus multipliée que celle-là au cours de la période que nous étudions. D'aliment de luxe il a passé à l'état de pain quotidien. En 1811, on le payait 5 francs le kilogramme ; il est vrai que le blocus continental était pour beaucoup dans ce prix exorbitant (le droit d'entrée était de 300 à 400 francs par tonne) ; le prix est descendu aujourd'hui, un siècle après, à 60 ou 75 centimes. Et pourtant la consommation en a grandi démesurément ! Elle était, en France, de 2 kilogrammes par tête en 1832, de $6^{ks},2$ en 1865, de $12^{ks},2$ en 1902. Encore faudrait-il doubler au moins ces chiffres pour les États-Unis, les tripler pour l'Angleterre, les quadrupler peut-être pour l'Australie, qui, ces temps derniers, arrivait en première ligne comme mangeuse de sucre.

On sait comment l'industrie sucrière européenne, fille de la nécessité, naquit en France sous le premier Empire pour suppléer au sucre de canne intercepté par les flottes anglaises. On chercha la matière sucrante susceptible de la remplacer dans le maïs, la pomme de terre, le mûrier, le varech, dans les fruits surtout, depuis les châtaignes et les pommes jusqu'aux figues et aux cerises. Le sucre de raisin eut quelque succès ; mais ce fut la betterave qui triompha. En 1810, poussant à bout les essais tentés par Delessert, s'installait dans le Doubs, la première fabrique où s'élaborait le nouveau sucre, destiné à rivaliser avec le produit colonial et même à le vaincre un jour, puisque, cent ans plus tard, l'Amérique a dû lui fermer ses ports pour éviter d'en être envahie. En 1850, il formait les 13 p. 100 de la production mondiale qui était de 1.400.000 tonnes ; en 1910, il forme la moitié environ de cette production totale qui oscille autour de 14 millions de tonnes.

Cette industrie fut, dès le début, chimique et méca-

nique : la vapeur, la presse hydraulique, les procédés
scientifiques de raffinage, d'évaporation, d'épuration par
l'électrolyse (1848), y jouent leur rôle. Elle alla se perfectionnant, s'étendant sans relâche. Elle donna lieu à
d'innombrables débats dans la presse, dans les Parlements, dans les conférences diplomatiques ; elle fut
régie par quantité de lois et de décrets, et cela seul
suffirait à démontrer son importance. Mais il est aisé
d'en donner d'autres preuves. En France, dans la campagne 1907-1908, la production exigeait du personnel
2.637.455 journées de travail, employait 5.505.660.490 kilogrammes de betteraves, fournissait 656.832.135 kilogrammes de sucre et de mélasse. Cependant la France,
qui fut longtemps en avant, a été, ces temps derniers,
distancée de beaucoup par l'Allemagne, l'Autriche-Hongrie et la Russie[1]. Pourquoi ? parce que la culture de la
betterave et l'outillage des fabriques ont été plus poussés
en ces pays. En Allemagne, le pourcentage du sucre
brut produit, autrement dit le rendement de la betterave,
passait de 8,60 qu'il était en 1875 à 18,86 en 1900.
Dans ce même laps de vingt-cinq ans, la production du
sucre y a sextuplé et elle rapporte bon an mal an
500 millions de francs.

Du sucre, il convient de rapprocher le chocolat.
Encore une denrée qui est entrée dans l'usage courant !
La fabrication en devint mécanique dès 1819 et depuis
lors elle n'a cessé de marcher dans la même voie, en
même temps qu'elle augmentait sans cesse le nombre et
la variété de ses produits.

Le boire comme le manger s'est prêté à des exploitations grandioses et nouvelles. Non seulement les puits

[1]

	1908
	Tonnes.
Allemagne	1.862.000
Autriche-Hongrie	1.233.000
Russie	1.147.000
France	723.00

artésiens font jaillir l'eau jusqu'en plein désert; non seulement des engins électriques la découvrent, je dirais presque la font ... ndre circulant au plus profond de la terre; mais le nom de Pasteur rappelle ce qu'on a fait pour filtrer, stériliser, purifier cette colporteuse ordinaire de microbes et de contagions. Des chimistes renommés ont analysé les eaux minérales, qui sur tant de tables ont pris la place occupée jadis par des crus fameux. Les eaux gazeuses artificielles, en particulier l'eau de Seltz, fabriquée en grand à Genève dès 1788 et aujourd'hui mise à la portée de tous dans des boules d'acier remplies d'acide carbonique liquide (sparklets), ont conquis une popularité dont deux chiffres peuvent donner l'idée : la France, en 1832, consommait 50.000 siphons, et; en 1900, 385.000.000. La glace s'obtient à volonté, parfois chose paradoxale ! en chauffant l'eau avec certaines matières. Le lait, dépouillé, lui aussi, de principes nocifs, mis en état de se conserver des mois, s'est de plus condensé en farine sucrée, en blocs cristallisés; il a pu voyager sous cette forme commode et la Suisse sait combien cette exportation lui rapporte chaque année. Le beurre s'est à son tour fabriqué en grand, non plus avec l'antique baratte, mais avec des machines centrifuges et, parti des laiteries coopératives du Danemark, il ose affronter aujourd'hui les chaleurs du Midi. L'huile comestible mériterait d'être signalée, non pas seulement parce qu'on l'obtient avec des pressoirs mécaniques et qu'on l'épure à l'acide sulfurique, mais aussi parce qu'on a appris à l'extraire de l'œillette, du sésame, des arachides, de la noix de coco, du coton, voire du foie de morue. Pourtant si considérables que soient ces fabrications, elles ne sauraient se comparer à celle des boissons fermentées.

Ce n'est pas en vain qu'il existe en Belgique, en Autriche, en Angleterre, en Allemagne, en France des écoles de brasserie. La science a modifié la composition des levures qu'on a su employer à l'état de pureté et les conditions où l'on fait fermenter, à haute ou à basse température, le malt ou orge germé, qui avec le houblon donnera naissance à la bière, blonde ou brune, forte ou légère ; elle a permis de la stériliser par addition d'acide salicylique (il est vrai, aux dépens de l'estomac) ou pour le rendre plus facile à transporter. Et cela n'a pas été sans effet sur le duel qui se poursuit en Europe depuis des siècles entre elle et le vin, épisode de la lutte éternelle entre le Nord et le Midi. La bière a gagné beaucoup de terrain, surtout à la fin du xix\e siècle ; ce fut une des faces de la prépondérance gagnée par l'Allemagne, où elle est la boisson nationale ; ce fut aussi une conséquence des maladies qui s'attaquaient à la vigne. Toujours est-il que, en France par exemple, l'importation, qui était en 1871 de 77.000 hectolitres, atteignait en 1883 son maximum de 276.000. La production mondiale en 1900 était de 254 millions d'hectolitres : mais la consommation, qui était de 258 litres par habitant en Bavière, n'arrivait en France qu'à 36 litres par tête.

Si le vin a reculé sur quelques points, il s'est dédommagé sur d'autres. La France, y compris l'Algérie, en est demeurée la plus grande productrice du monde entier ; mais elle est suivie, parfois d'assez près, par l'Italie, l'Espagne, le Portugal, l'Autriche, et elle a vu entrer dans la carrière des concurrentes plus éloignées, comme la Californie, la République Argentine ou l'Australie. Elle a dû travailler fort pour maintenir ses positions. Il lui a fallu combattre, et la chimie fut pour elle une précieuse alliée, l'oïdium, le phylloxera, le mildiou ; il lui a fallu renoncer à la cuve où les vendangeurs foulaient le raisin en dansant à la mode antique, au pressoir dont la vis était serrée par des bras humains, au bouchage des bouteilles à la main ; la vinification est devenue savante, d'aucuns diront trop savante ; des opérations nombreuses, sucrage, mouillage, vinage, chauffage ou congélation, sont venues la compliquer. A certains moments, et ici la chimie fut une dangereuse auxiliaire, la fuchsine, le plâtre, les infusions de raisin sec ont masqué la pénurie des récoltes ou l'acidité des piquettes médiocres[1]. Mais, si l'on ose reprendre une comparaison surannée, la science est comme la lance d'Achille qui guérissait les blessures qu'elle faisait. Dans les laboratoires municipaux elle a révélé les falsifications ; elle a fait couler dans les rues des ruisseaux rougeâtres, qui portaient à l'égout les inventions malsaines et les espérances malhonnêtes de la fraude et, secondant une campagne vigoureuse menée au nom de l'hygiène et de la probité, elle s'est imposé la tâche qu'elle mène à bien d'assurer la durée et la bonne qualité des crus qui doivent soit aux vertus du sol et du soleil, soit à une culture plus raffinée, soit, comme le champagne, à des traditions dans la façon de les travailler, leur supériorité séculaire.

Les industries de fermentation, dont relèvent les vinaigres et les cidres comme le poulqué du Mexique ou le saké du Japon, ont encore abouti à une prodigieuse production d'alcool.

L'alcool était connu bien avant notre époque, témoin son nom arabe qui trahit le moyen âge ; mais c'est au commencement du xix⁰ siècle que des savants et un simple brûleur de vins, nommé Isaac Bérard, parvinrent, après

---

1. On s'est plaint de bonne heure des falsifications de denrées. On lit, à la date de 1821, dans les *Adieux à Paris* d'un auteur anonyme :

> Convaincu que partout l'espr.. fraudeur se glisse,
> Je frémis à la cave, aux fourneaux, à l'office.
> Voilà ce qu'aux vendeurs je ne pardonne pas !
> Pourquoi m'inquiéter dans mes quatre repas ?
> Choisissant, payant bien, je suis trompé de même.
> Avec de la farine on épaissit ma crème ;
> C'est d'un tas de fagots que mon vinaigre sort,
> Et mon huile douteuse après dîner m'endort.
> L'industrie est féconde, avide, meurtrière.
> On fait la liqueur fine avec la l'armentière,
> Et, si nous en croyons nos chimistes profonds,
> Bientôt on y joindra le sucre de chiffons.

treize ans de recherches, à construire des appareils pratiques de distillation. Depuis lors l'alambic, perfectionné, est devenu si maniable, si peu coûteux que des paysans, ceux qu'on appelle en France des bouilleurs de cru, peuvent aisément en avoir un à domicile. J'ai déjà dit de quelles substances diverses on s'est ingénié à tirer cette drogue utile et malfaisante : aussi la quantité produite a-t-elle grandi sans interruption. En France seulement, la production contrôlée était en moyenne, dans la décade de 1840 à 1850, de 891.500 hectolitres ; dans la décade de 1898-1908, elle oscille autour de 2.200.000. Ce chiffre, qu'il faudrait augmenter de 300.000 hectolitres environ (production des bouilleurs de cru), serait effrayant, s'il ne fallait tenir compte des exportations et des emplois divers pour lesquels on dénature l'alcool ; chauffage, éclairage, moteurs, éthers, vernis, chloroforme, chapellerie, teinturerie en utilisent tous les ans davantage. Mais il n'en reste que trop pour la consommation sous forme de liqueurs variées, eaux-de-vie, cognacs, absinthe, chartreuse, bénédictine, que sais-je ? En 1908, elle s'élevait aux alentours de 1.300.000 hectolitres. En 1850, d'après les quantités imposées, on calculait que la consommation était de 1 l. 46 par habitant ; en 1902, elle était de 3 l. 26 ; en 1908, la statistique officielle l'évalue à près de 3 litres, en décroissance sur les chiffres de 1889 à 1900 qui ont dépassé 4 litres. Ces chiffres sont d'ailleurs contestés ; les ligues qui combattent l'alcoolisme en étalent d'autres, plus terrifiants ; c'est ainsi qu'en 1897, un Belge, Louis Franck, apôtre de l'abstinence en cette matière, indiquait les suivants :

Consommation par habitant. — Allemagne : 11,02 ; — Belgique : 9,68 ; — Pays-Bas : 9 ; — France : 8,07 ; — Royaume-Uni : 6,65 ; — Autriche-Hongrie : 6,39 ; — Russie : 6,30 ; — Suisse : 6,13 ; — Suède : 6,5, etc.

En 1909, les statistiques officielles donnent ceux-ci :

Allemagne : — 4,2 ; Belgique : 5,42 ; — Pays-Bas : 7 ; — France : 3,46 ; — Royaume-Uni : 1,16 ; — Suède : 6 ; — Suisse : 3,72.

Mais à peine ai-je besoin de faire observer que ces chiffres sont problématiques et peuvent varier d'une année à l'autre suivant les lois et la propagande faites en chaque pays.

Il sied sans doute de ne pas omettre tout à fait les condiments qui en tout temps ont assaisonné l'alimentation humaine. Le sel figure toujours au premier rang. En 1900, la production mondiale en était évaluée à 13.353.860 tonnes et elle croissait régulièrement. Mais qu'on le tire des mines de sel gemme ou des marais salants, le mode d'exploitation est resté à peu près stationnaire. C'est tout au plus si la chimie et l'électricité ont sur quelques points renouvelé des procédés depuis longtemps éprouvés. Quant aux autres denrées destinées à réveiller les palais blasés (épices, moutarde, etc.), elles peuvent être encore l'objet d'un négoce important et mériter l'attention des gourmets ; elles ne sauraient nous occuper ici.

*
* *

Peut-être s'étonnera-t-on qu'à ces industries alimentaires (mais déjà l'alcool est-il un aliment ? Question controversée comme chacun sait), nous joignions les industries sanitaires. Pourtant leur but est également d'entretenir la vie par l'ingestion de certaines substances et, si quelques-unes de ces substances peuvent être nuisibles autant que salutaires, il ne faut pas oublier que *poison* et *potion* sont, en français, deux aspects divers du même mot.

L'homme a pu quelquefois emprunter directement à la nature les forces réparatrices qu'elle mettait d'elle-même à sa disposition ; il n'a eu qu'à capter les eaux thermales jaillissant des entrailles du sol et l'on sait quel Pactole est pour mainte région une source gué-rissouse ou réputée telle ; millions et malades y affluent ; cures, non seulement d'eau, mais d'air, de soleil, de boue, n'ont jamais été plus en vogue que de nos jours. Toute-fois le plus souvent l'homme entend ajouter aux moyens de guérison que la terre lui offre maternellement, et ici c'est la chimie qui est reine. C'est elle qui, tantôt dans de vastes usines, tantôt dans l'officine des phar-maciens, prépare une multitude de produits que nous n'aurons garde d'énumérer; tout le Codex y passerait et, en outre, tous les remèdes qui remplissent la qua-trième page des journaux. Il est suffisant de constater que la plupart des produits destinés à éviter ou à cal-mer la douleur, la fièvre, l'oppression, à empêcher ou à retarder la corruption et la contagion, à rendre de la vigueur et du sang à des organismes épuisés sont des créations artificielles où se révèle l'esprit chercheur du xixe siècle. Les mourants qui ont dû l'adoucissement de leurs derniers moments à la morphine, les malades dont la respiration fut facilitée par des ballons d'oxy-gène, les paralytiques à qui un traitement électrique a restitué l'usage de leurs membres, les opérés dont la chair, grâce au chloroforme et à l'éther, n'a pas frémi et crié sous le bistouri du chirurgien, tous ceux-là, et bien d'autres, furent les obligés des savants qui ont découvert les propriétés de certaines matières et des industriels qui ont ensuite réussi à les vulgariser. Non pas que, d'ordinaire, de vastes locaux aient été néces-saires à cette production : mais la cherté des matériaux compense le petit volume sous lequel se condensent souvent les remèdes les plus énergiques, et il n'en faut pas davantage pour que des industries, combinant des formes d'autrefois avec des procédés tout nouveaux, aient une valeur économique hors de proportion avec leur apparence modeste.

Il n'est pas permis de les passer sous silence non plus
que d'oublier d'autres industries, difficiles à classer, qui
ont fait naître en beaucoup de pays d'importantes cultures, de grandes fabriques et de vastes mouvements
d'argent. Je fais allusion à celles qui produisent le bétel,
que les Orientaux aiment tant à mâcher, ou la cocaïne,
qui, paraît-il, est à Chicago un poison recherché comme
la morphine ailleurs. Il en est deux surtout qui sont à
considérer : celle du tabac, celle de l'opium. L'époque
que nous traversons a vu la décadence du tabac à priser ;
elle a vu, au contraire, monter sans relâche la consommation du tabac à fumer et à chiquer, ascension attestée
par celle de l'impôt volontaire que l'humanité consent à
payer aux particuliers ou aux États qui le lui vendent.
Cet impôt, en France, de 1811 à 1900, se chiffre par
une somme de 17.823 millions de francs, sur laquelle le
Trésor a encaissé plus de 13 milliards de bénéfice net.
Dans le même pays, la vente des deux dernières espèces,
entre 1871 et 1908, a passé de 20 millions à 35 millions
de kilogrammes. Il n'y aurait qu'à signaler cette augmentation, s'il ne fallait dire aussi que la fabrication a
été touchée par le machinisme : les cigares y ont échappé
en partie et ils n'ont guère senti l'influence de la science
que dans la préparation des liquides où l'on fait tremper
les feuilles dont ils sont composés ; mais les cigarettes,
en Amérique d'abord, puis dans les autres pays jusqu'au
Japon, tombent toutes faites par millions dans des
boîtes où elles se rangent d'elles-mêmes.

L'opium, lui, a eu l'étrange fortune d'être le prétexte
d'une guerre ; l'Angleterre a forcé les Chinois de lui acheter cher les rêves voluptueux et l'énervement qu'il apporte
à ses fumeurs ; mais la peur qu'il inspire a suscité des
prohibitions sévères et réduit d'année en année le bénéfice et le personnel des fabricants qui le tirent des pavots
des Indes.

§ 3. — INDUSTRIES DU VÊTEMENT
ET DE LA TOILETTE

L'homme (et l'on entend de reste que la femme est comprise sous cette dénomination) a de tout temps dépensé beaucoup d'efforts pour se vêtir et se parer. Le siècle qui vient de finir n'a point fait exception à la règle. Aussi les industries qui répondent à ce besoin et à ce goût ont-elles pris une ampleur dont quelques chiffres peuvent donner une idée ; en France elles occupent environ 2 millions 1/2 de personnes, forment le tiers du revenu des douanes, emploient, à elles seules, le quart des chevaux-vapeur utilisés dans le pays, produisent bon an mal an pour trois milliards de tissus, sur 12 milliards environ qui représentent la production totale de l'Europe. Encore l'Angleterre et l'Amérique du Nord passent-elles avant la France en ce domaine. Aux États-Unis, une seule usine, à Fall-River, se pique de fabriquer 37 kilomètres de cotonnade à l'heure et assez d'étoffes imprimées en un an pour entourer trois fois notre planète.

Ce qui explique ce débordement, c'est l'expansion de la civilisation européenne qui a importé ou développé chez tant de populations à demi sauvages l'usage de la parure et de l'habillement ; c'est, en Europe même et dans les pays civilisés, le progrès des mœurs égalitaires ; les habitudes de confort et de décorum se sont si bien répandues du haut en bas de la société que dans les grandes capitales d'Occident riches et pauvres qui se coudoient dans la rue paraissent au premier abord vêtus de même ; leurs habits, surtout les habits masculins, pour peu que ceux qui les portent soient endimanchés, se distinguent seulement par l'élégance de la coupe et la finesse du tissu ; la blouse de toile bleue ou blanche ne frôle plus à chaque instant, comme autrefois, le velours et la soie

aux nuances chatoyantes ; de part et d'autre, les étoffes,
les formes, les couleurs se ressemblent. On comprend
ce mot du czar visitant Paris et demandant en présence
de ces foules qui avaient partout la même apparence
d'aisance bourgeoise : — Où donc est le peuple ?

Ces industries de l'habillement peuvent par suite produire en grand pour une consommation large et constante. Mais, quand on les regarde de près, on s'aperçoit
qu'elles se divisent en deux catégories : les unes préparent les matières premières pour l'emploi qu'on en
voudra faire ; les autres transforment cette matière
seconde qui leur est fournie et l'adaptent aux divers
désirs qu'elles doivent satisfaire.

Il convient naturellement de commencer par les
industries préparatoires et, parmi elles, ce sont les
industries textiles qui tiennent la tête.

Elles ne travaillent pas toutes la même matière. Mais
les différentes opérations auxquelles chacune soumet celle
qui est de son ressort sont souvent communes à plusieurs : filage, peignage, tissage, puis apprêt et teinture
sont des étapes par où passent la plupart d'entre elles.

Si nous considérons d'abord celles dont la matière est
végétale, le coton réclame le premier rang. Le Roi
Coton a régné durant tout le xixe siècle. Il venait de
pays lointains, des Indes qui furent son berceau, comme
le rappellent les noms de calicot, de madapolam, de
mousseline ; il vint plus tard du Midi des États-Unis ;
il refusa de s'acclimater aux environs de Rome, malgré
la volonté de Napoléon Ier ; mais, ces temps derniers, il
s'est fort bien naturalisé en Égypte. Toutefois ce n'est pas
dans ses diverses patries qu'il a eu ses plus beaux triom-
phes. Si les manufactures des Indes, au xviiie siècle,
ont fait trembler celles de l'Angleterre, celles-ci le leur
ont bien rendu depuis lors et c'est seulement vers 1875
que les machines, en s'introduisant chez les Hindous, leur

ont permis de reprendre la lutte. Pour le coton, le pays d'élection fut le Lancashire ; Liverpool en a été, en est encore le grand marché ; Manchester, le grand centre de fabrication. En France, il s'installa dans la région pluvieuse du Nord et du Nord-Ouest, puis dans l'Alsace, où il s'était si bien implanté qu'après 1870 les fabriques du pays annexé faillirent tuer celles de l'Allemagne victorieuse. L'Allemagne sur ce point, au dire d'un de ses écrivains (Schulze-Gavernitz), en était encore, vers 1880, au point où l'Angleterre était arrivée vers 1830. La distance a singulièrement décru depuis lors : d'ailleurs il n'est pas une seule contrée où le coton n'ait pénétré en conquérant. Au Japon, la consommation qui s'en fait s'est, depuis dix ans, accrue de 500.000 quintaux, soit de 31 p. 100. Aux États-Unis, elle atteint 11 millions et 1/3 de quintaux et elle est aujourd'hui la plus considérable du monde, dépassant de trois millions celle du Royaume-Uni.

Comme l'industrie cotonnière a été la première à devenir mécanique, partout elle a provoqué des tentatives désespérées et vaines du travail à la main pour prolonger sa défense et son agonie. Impitoyablement, d'année en année, elle a poussé à l'abandon des vieux procédés ; sans relâche elle a introduit des machines : pour éplucher le coton et pour le battre, pour le peigner avec des cardes métalliques, pour le filer dans une atmosphère humide et surchauffée, pour le tisser à la vapeur. Les inventions qui comptent sont la peigneuse Heilmann qui naît en France vers 1845 et est supplantée, vers 1900, par la peigneuse Imbs ; le métier Jacquart qui détrôna la *mule-jenny*, en attendant d'être à son tour terrassé par le métier continu et automatique, qui, né en Angleterre, nous revient d'Amérique et est en train, sous le nom de métier Northrop, d'achever la défaite de ses prédécesseurs. Vitesse, précision, facilité pour un bon ouvrier d'en diriger quinze ou vingt, facilité même pour une femme d'en conduire plusieurs, voilà qui assure la victoire du dernier venu. Il y aurait beaucoup d'autres progrès à signaler dans la fabrication. Disons seulement que pour les tissus imprimés (perses, indiennes, cretonnes), alors qu'au début du xixe siècle on ne savait y fixer qu'une couleur, on apprenait à en fixer deux à la fois en 1813, puis quatre en 1834 au moyen de la machine nommée la Perrotine, puis huit en 1855 grâce à l'invention d'un Kœchlin, et qu'en 1900 on était arrivé au chiffre respectable de vingt-cinq nuances. Rappelons encore qu'on s'est avisé de donner le luisant de la soie au coton qu'on appelle mercerisé.

On voit que tous les procédés nouveaux n'ont pas eu leur origine en territoire anglais. Ils ont contribué à diminuer l'écart qui séparait l'Angleterre des autres pays. Mais, quoique distancée par l'Amérique au point de vue de la quantité, elle garde encore l'avantage pour la qualité grâce à l'habileté de ses ouvriers. En 1895, on constatait qu'à Mulhouse il fallait un homme et quatre aides pour gouverner 1.300 broches, tandis que dans le Lancashire un homme et deux aides suffisaient pour 2.000. En 1901, sur deux millions de métiers à tisser le coton qui existaient à la surface du globe, l'Angleterre en avait pour son compte 700.000.

Le coton, en Europe, a réduit à la portion congrue les autres industries textiles qui travaillent les fibres végétales. Celle du lin, antique, patriarcale, autochtone, y a dépéri. En vain Napoléon Ier essaya-t-il de la dresser contre sa rivale exotique; en vain Philippe de Girard réussit-il à la rendre aussi mécanique ; en vain a-t-elle tenté de se renouveler en employant le rouissage à l'eau chaude. Elle a subi des crises terribles en France, en Allemagne, et si elle survit en Hollande, en Russie, en Bretagne, si elle nourrit encore des travailleurs au nombre de plusieurs centaines de mille, elle se cantonne

surtout dans le linge fin et ne s'élève guère au-dessus
de la moyenne industrie ; on peut en dire autant de
toutes celles qui tissent le chanvre, la ramie, l'alfa,
pour en faire des cordes, des tentes, des bâches, des
sacs, des toiles à voile ; qui tressent la paille ou le jonc,
le bois de Panama, l'écorce de tilleul ou de saule pour
en faire des chapeaux ; qui font des cols en celluloïd et
des manchettes en papier, des casques coloniaux en
liège, des sabots et des galoches en bois. Seules ont
pris des dimensions plus notables celles qui travaillent
le jute et le caoutchouc : ce dernier, dont la première
utilisation pour l'habillement eut lieu à Vienne au début
du xixᵉ siècle, devenait populaire, dès 1823, grâce aux
manteaux imperméables Macintosh ; vulcanisé vers 1850,
il venait d'Amérique sous forme de chaussures élastiques. Son emploi pour les instruments de chirurgie et
pour les pneus de bicyclettes et d'automobiles devait
bientôt lui donner une importance inattendue. Aussi se
prépare-t-il dans de grands établissements où la chimie
déploie à l'aise ses ressources ; on songe même à ne
plus se contenter de la production naturelle dont l'Angleterre, l'Amérique, la Belgique sont aujourd'hui les principales bénéficiaires ; on commence à faire du caoutchouc
artificiel avec l'huile de la fève de soja qu'on tire de
Mandchourie et qu'on traite à l'acide nitrique ou bien
avec une gomme qui se rencontre dans l'archipel malais
et s'appelle jelutong.

Les matières animales alimentent aussi les textiles ;
les poils des bêtes se tissent comme les fibres des plantes.
Mais la laine, qui fut au moyen âge l'objet par excellence
de la grande industrie, a dû céder le pas. Non pas
qu'elle ait été aussi vigoureusement rejetée en arrière
que le lin ; elle conserve dans les contrées et les saisons
froides un avantage incontesté sur le coton. En France,
l'industrie lainière demeure en première ligne ; elle

occupe encore un personnel un peu plus nombreux que toutes les variétés réunies de l'industrie cotonnière (171.000 personnes contre 167.000 en 1906). En 1889, Roubaix était le plus grand marché de la laine peignée; Sedan, Elbeuf, défendent toujours leur vieille renommée. Pourtant elles rencontrent une concurrence redoutable, d'abord dans la Grande-Bretagne qui consomme un peu plus de laine que la France, puis dans les États-Unis, qui en consomment un peu moins, enfin sur le continent européen où les villes drapantes, comme on disait jadis, sont nombreuses.

C'est pourquoi les pays éleveurs de moutons ont vu se réaliser la fable de la toison d'or, quoique la culture recule là où le mouton avance. Le Nord de l'Allemagne, le Midi de la France et de l'Italie, l'Espagne, la Syrie, l'Amérique du Nord, mais davantage la Russie, l'Argentine et l'Australie, où les mérinos, importés de la Colonie du Cap, vers la fin du xviiie siècle, foisonnèrent à l'envi dans les prairies à peine habitées, ont eu là un revenu sûr et durable. Là même des procédés nouveaux ont fait leur apparition : les moutons sont aujourd'hui tondus électriquement. Puis, par contagion, avec quelques années de retard, la mécanique est venue de l'industrie cotonnière transformer la filature, le peignage, le tissage; la chimie a enseigné le moyen de mieux recueillir le suint dans le lavage. La laine, dont la production actuelle oscille autour de 11 millions de quintaux, a donc, autrement, mais autant qu'autrefois, le droit de figurer dans la grande industrie.

On tisse encore, surtout chez les Arabes et en Angleterre, le poil de chameau, de lapin, de kangourou, celui des chèvres d'Asie Mineure, de la Vallée de Cachemire et du Cap (mohair), celui de la vigogne, du lama, de l'alpaca que l'Europe emprunta au Pérou en 1834, voire même les duvets de l'autruche et du cygne, les cheveux des hommes, ou les crins des chevaux auxquels on substitue déjà le crin artificiel ou crinol ; mais tout cela ne fournit qu'un appoint très faible qu'il suffit de mentionner.

Il en est tout autrement de la soie. Elle a beau être une chose de luxe : la production et la consommation en ont été sans cesse s'élevant jusqu'à des chiffres énormes. On calcule que de 1900 à 1904 plus de 19 millions de kilogrammes ont été mis à la disposition des manufacturiers et transformés par eux : l'accroissement, en trente ans, a été de 115 p. 100. Encore faut-il y ajouter les soies sauvages ou *tussah*, qui sont sorties des Indes et de Madagascar vers le milieu du xix° siècle et qui proviennent d'une chenille autre que celle que tout le monde connaît.

La production a trois centres. Le climat les a déterminés ; les audacieux qui ont essayé de faire vivre le ver à soie et le mûrier dans le Nord de la France ou en Prusse ont appris à leurs dépens que la nature a parfois des résistances invincibles. C'est dans l'Extrême-Orient, leur patrie, que les cocons réussissent le mieux ; ils fournissent les 2/3 de la quantité totale. Le Levant, ces années dernières, a repris quelque importance, sans cependant balancer le Midi de l'Europe. La France, qui occupa là longtemps le premier rang, l'a perdu au profit de l'Italie, depuis qu'à partir de 1855 la maladie (la pébrine) a dépeuplé ses magnaneries, et les remèdes indiqués par Pasteur n'ont point ramené l'antique prospérité. L'Autriche-Hongrie et l'Espagne suivent d'assez loin. C'est pourquoi les grands marchés où l'on s'approvisionne de matière brute sont aujourd'hui Shanghaï, Yokohama, plus près de nous Milan qui a détrôné Lyon, et aussi ces entrepôts universels que sont Londres et New-York.

Quant à la consommation qu'en font les fabricants des différents pays, elle est considérable en Chine et au Japon, sans qu'on puisse la préciser, faute de statistiques sérieuses ; mais elle paraît être plus forte en Europe, où la France tient la tête, devançant l'Allemagne, la Suisse, la Russie, l'Italie ; seulement les États-Unis, où la fabrication a doublé en dix ans, dépassent aujourd'hui la France même et parmi les marchés où se vendent les soieries, il faut, après Lyon, nommer encore New-York, qui vient avant Saint-Étienne et Zurich.

Dans ce genre d'industrie, l'Occident, qui fut à l'école de l'Orient, a imité les étoffes japonaises, les crêpes de Chine, les châles du Thibet ; mais il peut se targuer pour les velours, les peluches, les brocards d'une supériorité incontestée. Il a, comme en mainte autre industrie, renouvelé son outillage, surtout dans les contrées où des primes trop libérales n'ont pas servi d'oreillers à la paresse ; le dévidage, le battage sont devenus mécaniques ; la science a enseigné à utiliser les déchets, ce qu'on appelle la bourre, à désinfecter les magnaneries, à surveiller le grainage et les croisements, à éprouver dans des laboratoires *ad hoc* les qualités ou conditions des soies ; elle a même créé, en 1887, avec la cellulose une soie artificielle qui est encore trop jeune pour qu'on puisse augurer de son avenir. Le métier Jacquart, qui date de 1801, s'est propagé, amélioré. Cependant à Lyon, à Saint-Étienne, capitale du ruban, les vieux procédés se sont maintenus en bonne partie ; la petite industrie y est encore vivace ; la grande même y a gardé une forme particulière. Nous expliquerons plus tard pourquoi.

Nous en aurons fini avec les textiles, quand nous aurons cité pour mémoire quelques fils d'origine minérale que l'homme a voulu aussi tresser ou tisser : fils d'or ou d'argent auxquels des habits de parade doivent leur éclat et leur raideur, fils de verre, fils d'amiante qui se trament en étoffes incombustibles.

Mais, tout en multipliant et diversifiant les tissus, l'homme n'a pas renoncé aux peaux de bêtes qui furent ses premiers vêtements. Fourrures et cuirs ont encore une belle part dans son habillement.

Les fourrures sont arrachées aux animaux à long poil qui habitent les pays froids. Bon an, mal an, au début du xxe siècle, douze millions de bêtes sont ainsi sacrifiées : martres, loutres, visons, skongs, rats musqués, renards bleus et argentés. Nijni-Novgorod, Leipzig, Londres, Copenhague sont les marchés où affluent leurs dépouilles. Malgré ces hécatombes, les prix, soutenus par la mode, restent formidables : un manteau de zibeline a été vendu 140.000 francs. Aussi les fabricants de pelleterie sont-ils des faiseurs de miracles ; ils taillent une peau d'ours dans une peau de chèvre ; ils opèrent la multiplication des hermines et des chinchillas. Leurs secrets, ils les cachent autant qu'ils le peuvent ; mais on sait assez que lièvres blancs, chats et lapins, lapins surtout, se transforment entre les mains des « lustreurs » en animaux aussi rares que polaires. Naturellement ces truquages habiles et si connus qu'ils ne sont presque plus malhonnêtes réclament des yeux et des doigts exercés ; la machine jusqu'à présent n'est requise que pour battre et ouvrir les pelleteries, les tondre, les lisser ou les débarrasser des crins trop raides qui diminueraient leur valeur.

Mais la mécanique intervient plus activement dans la préparation des cuirs. Ceux-ci viennent le plus souvent d'animaux à poil ras ou peu épais, et les bœufs de l'Argentine ont été pour les corroyeurs une précieuse ressource comme les lapins de l'Australie l'étaient pour les fourreurs. Ces cuirs doivent subir quantité d'opérations dans les ateliers des mégissiers et des tanneurs. Nous ne les détaillerons pas ; nous dirons seulement que le tannage, destiné à les rendre incorruptibles, a toujours été fort lent ; on comptait encore, voici quelques années, douze mois pour une peau de bœuf, trois ans pour celle d'un éléphant, six ans pour celle d'un veau marin. Accéléré déjà sous la Révolution française, parce que les bataillons républicains avaient un urgent besoin de souliers, modifié par la substitution du cachou, du sumac à l'écorce de chêne, il a été surtout récemment transformé par des procédés chimiques et même électriques. Le cuir verni est une création moderne. Or, depuis qu'il est apparu en 1802, la France fut en possession d'approvisionner les autres pays de peaux glacées et cirées, qui devaient servir à la ganterie comme à la chaussure. Son exportation était encore très forte pour cet article, de 18.. à 1890. Mais deux brevets américains, pris l'un en 18.. l'autre en 1903, ont, pour les petites peaux, comme on les appelle, ou peaux fines, introduit le tannage mécanique au chrome en opposition à celui qui était usité. Économie de temps (deux ...'s dans le bain suffisent); économie d'argent; possibilité de traiter de même des peaux plus grandes et plus fortes; ces avantages expliquent que l'Amérique du Nord ait mis en honneur cette fabrication dont le principal foyer est Philadelphie et qu'elle ait, de 1903 à 1907, doublé ses importations de peaux brutes et triplé ses exportations de peaux ouvrées.

Qu'il s'agisse des cuirs, des fourrures, de la soie, de la laine, du lin ou du coton, les industries que nous venons de regarder à vol d'oiseau ont un caractère commun très marqué : elles ne font que préparer des matériaux qui doivent subir une nouvelle préparation pour être adaptés aux besoins humains ; elles alimentent ainsi d'autres industries qui se greffent sur elles et qui se rattachent souvent à plusieurs d'entre elles en même temps.

La teinturerie en est un premier exemple. On peut teindre des peaux aussi bien que des étoffes. Dans l'un comme dans l'autre cas, c'est la chimie qui a modifié les antiques traditions; j'ai assez parlé des nouvelles matières colorantes pour n'y pas revenir; il suffit de rappeler que les révolutions du métier sont liées à leur histoire. La plupart pouvaient être fixées sans mordants, ce qui les fit vaincre un moment, presque sans combat ; mais d'autres, plus récentes, ont la propriété de changer de nuance, suivant les mordants qu'on emploie, de sorte qu'un dessin imprimé avec des mordants différents apparaît coloré diversement par une simple immersion dans un bain d'une seule teinte, et alors ce sont celles-ci qui ont eu à leur tour la préférence.

Des fils et des tissus, parés ou non par la teinture, il faut ensuite faire des objets de toilette. Ils se sont étrangement uniformisés durant toute cette période, malgré des résistances et réactions nationales ou provinciales. Londres a donné le ton pour le costume des hommes, Paris pour celui des femmes. Mais, dans cette uniformité croissante, quelle variété d'industries qui dépendent plus ou moins de la mode, ce papillon dont le vol paraît si capricieux, parce qu'il obéit à des lois subtiles et encore à peine soupçonnées ! Industries de toute dimension et de toute structure, grandes et petites, agglomérées et dispersées, continues et saisonnières, s'exerçant à la ville et à la campagne, mais toutes obligées de se plier aux variations du goût qui font prédominer pour un temps telle forme, telle matière, telle ornementation ! Ce n'est point notre affaire de les suivre dans leurs fluctuations incessantes, qui font jouir tour à tour d'une vogue éphémère velours ou mousselines, dentelles ou galons, chapeaux de soie ou chapeaux de feutre, gants glacés de Grenoble ou gants mats en peau de Suède, plumes ou fleurs artificielles, etc, etc. Rappelons-nous seulement qu'elles sont en proie à un mouvement intense, tourbillonnant, vertigineux, que le machinisme, en multipliant leurs produits, paraît avoir singulièrement accéléré.

Des tailleurs et couturières qui fabriquent encore sur
mesure nous n'avons guère à parler ici, parce que leur
besogne est restée sensiblement la même, sauf sur un
point, d'ailleurs capital. Un grand événement s'est
accompli pour eux au cours du xix° siècle : l'invention
de la machine à coudre. Créée en France par Thimonier
vers 1830, perfectionnée en Amérique, fabriquée surtout
aux États-Unis, en Angleterre, en Allemagne, en Belgique, elle a envahi jusqu'aux mansardes et aux chaumières ; c'est essentiellement la machine du pauvre.
Complétée par la machine à broder (1855), par la machine
à coudre les gants (1867), elle a eu des effets incalcu-
lables par le nombre de ceux et de celles qui s'en servent.
Qu'est-ce pourtant auprès des mécanismes autrement
compliqués que met en œuvre cette entreprise nouvelle :
le grand magasin de confections ? Ce fut aussi une création du xix° siècle, entre 1820 et 1840. L'idée vint à des
industriels hardis de composer un tel assortiment d'habits tout faits que les clients fussent à peu près certains
d'y trouver des vêtements à leur taille ; il fallait pour
cela opérer sur des quantités considérables ; la machine
s'imposait. Elle avait commencé, depuis deux cents ans,
par les tricots, les bas, la bonneterie ; mais alors elle
s'attaqua aux autres pièces de l'habillement. Il faut voir,
dans une fabrique de chemises, qui en livre par an 200.000
ou 300.000 douzaines, la scie mécanique découper sur
des kilomètres de toile ou de calicot, en suivant les
lignes tracées d'après des patrons uniformes, les dix-sept
morceaux dont se composera l'article : ouvriers et
ouvrières n'auront plus ensuite qu'un travail d'assem-
blage et de finissage. Le machinisme a de même touché
la broderie à fil continu, la passementerie, la dentelle,
la chapellerie, etc; mais là aussi les vieux procédés se
défendent, se maintiennent ; brodeuses et dentellières
travaillant à la main n'ont pas disparu et ne courent pas
risque de disparaître comme les fileuses au rouet.

Les cuirs et peaux nous font assister au même spectacle. Si vous rencontrez toujours des cordonniers pour vous faire des chaussures à votre pied, les bottines et souliers de consommation courante et de pointure ordinaire se fabriquent par millions, et la technique est alors transformée selon la même méthode : division extrême du travail qui donne à chaque ouvrier une besogne très restreinte et toujours la même, par suite très rapidement exécutée, jusqu'au jour où la machine fait tout, rogne, cloue, presse, ajuste. L'Amérique du Nord est devenue, depuis vingt ans, la reine de cette industrie, et elle lève un tribut sur les autres peuples, parce qu'elle exporte chez eux soit des chaussures toutes confectionnées, soit des machines pour les fabriquer, soit des brevets pour lesquels il faut payer une redevance à leurs détenteurs.

Le changement n'a pas été épargné à la fabrication des mille petits riens qui complètent la toilette masculine ou féminine. Tantôt c'est la chimie qui a mis en circulation des imitations de matières trop chères : le celluloïd joue ainsi la corne, l'écaille, l'ivoire, le corail ; la plume d'autruche se fabrique et se teint ; on commence à créer dans les creusets des pierres précieuses, rubis, turquoises et diamants ; tantôt épingles, boutons, agrafes, pétales des fleurs artificielles tombent en pluie de la gueule des machines. La joaillerie même n'a pas échappé à leur emprise : des bijoux en toc sont mis par l'estampage à la portée des petites bourses et une foule de montres, dont les rouages sont découpés à la mécanique, ne doivent plus rien à l'habileté de l'horloger.

.˙.

De ces industries, qui ont pour objet de garantir le corps humain contre les morsures du soleil ou de la bise ou bien d'embellir son aspect extérieur, il est naturel de rapprocher celles qui visent à le tenir à l'abri des souillures. Liebig disait que la civilisation d'un peuple peut se mesurer à la quantité de savon qu'il consomme. Louis Veuillot écrivait, en revanche : — L'avenir est aux peuples sales. — A égale distance de cette exagération dans un sens et de cette boutade en sens contraire, cette vérité se dégage pour qui observe l'évolution des mœurs ; c'est que le souci de la propreté est aujourd'hui infiniment plus répandu que dans les siècles précédents. Il s'ensuit que la savonnerie, quoique fidèle à de très anciens procédés, témoin la longévité de la grande chaudière marseillaise, a subi de graves modifications ; elles datent des travaux de Chevreul sur les corps gras ; elles ont été poussées plus loin par les études d'autres chimistes, Pelouze, Nicloux, et la glycérine, qui est le pivot de cette industrie, est devenue d'usage courant. C'est de la chimie encore que la parfumerie a récemment appris, non seulement à enfermer dans des flacons l'arome de certaines fleurs, dont l'âme, si l'on peut ainsi parler, était jusqu'ici insaisissable, mais à se passer de violettes pour faire de l'essence de violettes, à créer sous le nom de citral, de géraniol, de vanilline des liquides dont la formule est formidable et l'origine parfois nauséabonde, mais dont l'odeur rappelle de très près les odeurs que leur nom évoque. Le musc, le camphre et combien d'autres ! ont ainsi, comme on dit, leurs succédanés, qui réussissent à tromper un odorat médiocrement exercé.

Le blanchissage du linge nous emmène aussi bien loin du cuvier où la ménagère campagnarde coule encore la lessive avec la cendre du foyer. Appareils à vapeur, recours aux propriétés décolorantes du chlore, étuves désinfectantes, dégraissage chimique, essoreuses mécaniques, fer à repasser électrique, et même machines où la main des blanchisseuses devient inutile : toutes ces nouveautés se sont succédé rapidement et menacent de ruiner à jamais une des citadelles de la vieille industrie domestique. Les métiers voués aux soins corporels résistent mieux et pourtant la tondeuse passée à la flamme supplée de plus en plus le rasoir des barbiers, et si les modernes peuvent toujours envier aux Romains de l'Empire la grandeur et la magnificence de leurs thermes, les établissements de bains à la romaine et à la turque sont assez communs pour attester le progrès qui se fait vers une hygiène et une netteté corporelle plus raffinée.

§ 4. — Industries du batiment et de l'ameublement

L'homme est grand bâtisseur ; c'est une qualité, qui, sans lui être particulière, a de tout temps distingué son espèce. Il a de longue date expérimenté de nombreux procédés : peut-être est-ce une des raisons pour lesquelles il n'en a guère inventé dans ces derniers temps. Il convient pourtant de signaler les quelques changements qu'il a opérés soit dans ses matériaux de construction, soit dans ses façons de construire. Devenu plus jaloux de sécurité et de solidité, il a en bien des endroits abandonné le chaume pour la tuile et l'ardoise, le pisé pour les briques et les moellons, le bois pour le fer, le verre, la faïence. Il a même créé des matériaux nouveaux ; il a fait de la pierre, du marbre ; il a fabriqué mécaniquement des ciments qui imitent et égalent ceux de Portland, des bétons qui tantôt forment jusqu'au fond des eaux des fondations inébranlables, tantôt, soutenus par une armature métallique, dressent comme par enchantement de hautes murailles. La rapidité dans la construction est une des acquisitions du xixe siècle. Sans parler des maisons démontables, qui peuvent se transporter d'un endroit à un autre, ni des bâtisses faites au moule par des coulées de ciment, une maison à vingt étages, un « gratte-ciel », comme on dit là-bas, s'élève à New-York en six mois, et, comme l'ossature en est toute en fer, on a quelquefois ce spectacle bizarre : un étage qui s'achève, tandis que l'étage inférieur est encore à claire-voie, et

Fig. 8. — Construction d'une maison à New-York.

qui semble ainsi suspendu dans le vide. Le machinisme est, comme bien on pense, pour quelque chose dans cette vélocité. Les sifflets des grues à vapeur, pour lesquelles une pierre de taille ne pèse pas plus qu'une plume, retentissent dans les chantiers. Sous les cloches à plongeurs dans les caissons à air comprimé les ouvriers peuvent travailler au sein même de la masse liquide dont ils sont enveloppés. Malgré cela, à ne considérer que l'ensemble, le travail des maçons ou des poseurs de briques n'a pas été atteint dans ses moelles : il n'a été touché qu'à la surface.

Ce n'est pas que les occasions de se déployer lui aient manqué. Les chemins de fer lui en ont fourni d'innombrables : ponts et tunnels gigantesques, gares monumentales, viaducs aériens, entrepôts grands chacun comme un grand village. Puis il a fallu à la civilisation nouvelle des palais du commerce, comme les Bourses, les Expositions, les halles ; des palais du plaisir comme les théâtres, cirques, casinos voisinant avec les palais de la souffrance, hospices et hôpitaux ; des palais de la politique, comme les hôtels de ville, les ministères, les chambres de députés. Les ports de mer aménagés, agrandis, les cités croissant comme des champignons ou éventrées au nom de l'hygiène ont fait surgir des quais, des docks, des aqueducs, des égouts, des avenues superbement alignées, où le macadam, l'asphalte, le pavage en bois ou en verre forment à l'envi des surfaces unies, des quartiers neufs aérés, larges et réguliers, qui contrastent avec les rues étroites et sinueuses des vieilles villes, avec les noires et populeuses artères des faubourgs. Il a fallu loger, à mesure qu'ils s'aggloméraient dans les centres urbains, des millions et des millions d'hommes. Et encore n'ai-je rien dit des forteresses ni des usines qui ont de toutes parts hérissé le voisinage des frontières ou des houillères. Une foule d'industries ont concouru à ce vaste remuement. On connaît le dicton courant : — Quand le bâtiment va, tout va, — et le bâtiment ne cessa guère d'aller durant le xixᵉ siècle.

Ce ne fut certes pas un grand siècle architectural. En poursuivant l'utile, il a souvent oublié le beau. Il a

trop restauré, copié : à force d'imiter les styles d'autrefois, il a négligé d'avoir le sien. Et cependant il laisse

Fig. 9. — Grue *Titan* pour la construction des digues.

des œuvres (relevant plus, il est vrai, de l'ingénieur que
de l'architecte) qui ont une fière allure et qui lui font
honneur : routes de montagnes, viaducs et ponts verti-

gineux, etc. Il a même, vers la fin, pressenti et déjà inauguré pour les édifices un style nouveau où l'air et la lumière circulent à flots, où l'emploi du fer et de l'acier permet des effets inconnus jusqu'ici de hardiesse et de légèreté ; la Galerie des machines, à l'Exposition de Paris en 1900, fut en ce sens une quasi-révélation. Il a, sur le tard aussi, conçu des cités-jardins, où sont cachées les laideurs de la civilisation, où monuments et maisons tâchent de se blottir dans la verdure et les fleurs. Mais, sans contredit, c'est bien plus dans la disposition intérieure des édifices que dans leur physionomie extérieure que l'esprit inventif a montré sa vitalité. Et ce n'est pas seulement dans l'aménagement des fabriques « dernier cri », comme celles de Dayton en Amérique, qui dévorent leur fumée, suppriment le vacarme et les poussières, opèrent le nettoyage par le vide et s'essaient timidement à devenir ce qu'elles devraient être de véritables palais du travail ; c'est aussi dans les mille commodités inconnues à nos pères qui distribuent l'eau, la chaleur, la lumière à tous les locataires d'une maison bien faite et leur épargent par des ascenseurs, express et omnibus, la peine de monter et de descendre les escaliers.

L'ameublement a parcouru les mêmes phases que l'art de bâtir. Il a été longtemps, durant cette époque éprise d'histoire, le ressusciteur du passé et son esclave. On a fait, en France et ailleurs, beaucoup de vieux-neuf, des meubles moyen âge, Henri II, Louis XIV, Louis XV, Empire. On a pris la mémoire pour l'imagination. C'est très tard qu'on s'est efforcé d'être original, de ne plus contrefaire toujours le déjà vu, d'incorporer dans les objets familiers qui nous entourent cette chose impalpable, impondérable, réelle pourtant : l'esprit, le goût particulier du temps pour lequel ils sont faits.

Paris et son faubourg Saint-Antoine ont eu longtemps la primauté dans cette industrie : elle était solennellement reconnue à l'Exposition de Londres de 1851 ; elle subsistait, mais déjà menacée, à l'Exposition de Paris de 1878. L'année 1873 marque l'apogée des exportations françaises en ce genre d'articles. Mais, chemin faisant, des changements graves apparaissent ; changements dans les matières employées : le palissandre, le pitch-pin, le bambou, l'érable, le noyer ciré, les bois infiltrés ont tour à tour leur moment de vogue ; mais changements surtout dans les lieux et les modes de fabrication. L'Angleterre s'éveille ; des ouvriers parisiens, chassés par les journées de juin 1848, y portent leur habileté ; en 1871, second apport français qui lui arrive par les proscrits de la Commune ; puis elle crée des musées, des écoles de dessin qui fécondent ces germes venus d'Outre-Manche. L'Allemagne, après 1870, voit revenir quantité de ses enfants qui avaient travaillé dans les ateliers de Paris et qui, n'osant y retourner au lendemain de la guerre, s'installent dans les faubourgs de Berlin, de Stuttgart, de Munich, de Vienne. Si la France, qui fut en cela l'école de l'Europe, exporte encore beaucoup, elle importe de plus en plus. L'Autriche-Hongrie lui expédie des meubles en bois courbe, l'Italie des sièges et lits sculptés. D'Angleterre passe sur le continent une véritable renaissance de l'art industriel qui a eu pour principaux coryphées Ruskin et William Morris ; de Hollande avec Van de Velde, d'Amérique avec Tiffany, vient un mouvement analogue. C'est l'apparition du « modern style », qui a étonné d'abord par des recherches d'originalité, par des formes bizarres et contournées, mais qui, devenu petit à petit plus simple et plus harmonieux, renouvelle tout ce qui tient à la décoration, papiers peints et toiles peintes, tapisseries, tentures, cuirs repoussés, ferronnerie, orfèvrerie, etc.

Un de ses caractères fut la volonté très arrêtée de réconcilier l'art et le métier, et cela peut être considéré à la fois comme une preuve du divorce qui s'était produit en ce domaine depuis un demi-siècle et comme une réaction contre cette séparation fâcheuse. D'une part, l'artiste-artisan réservait de plus en plus ses efforts d'invention pour les mobiliers somptueux ; d'autre part, le fabricant visait à bâcler le plus vite possible des mobiliers courants. Malgré la concurrence que faisaient au bois les lits de fer ou de cuivre, les lavabos en fonte émaillée, etc., malgré la création de meubles à usages multiples, tels que canapés-lits, tables-billards, etc., il pouvait à peine suffire à la consommation croissante. Travaillant alors pour des acheteurs inconnus et nombreux, il avait appelé à son secours la machine. A n'examiner que la France, elle y commence, dès 1825, son office ; elle entame en même temps la menuiserie et l'ébénisterie. En 1839, un inventeur expose à Paris « des tenons des mortaises, des queues d'aronde, languettes, rainures, feuillures, chambranles, traverses, panneaux, sièges, dossiers, tabourets, pilastres, bois de brosses, bois de cadres, etc., confectionnés mécaniquement avec une rapidité extraordinaire et une économie qui varie selon les difficultés du travail de 20 à 50 p. 100. » La scie à ruban, le découpage à la mécanique vont se propageant et, en 1867, on constate que l'antique métier des tourneurs à la main tend à disparaître. Le nombre des chevaux-vapeur qu'utilise cette industrie de l'ameublement était, en 1899, de 3.290. Cela indique qu'elle est déjà en partie sous le régime de la grande industrie, et en conséquence elle se déplace ; elle a en province, où les terrains et la vie sont moins chers, de vastes usines qui se spécialisent en un genre d'objets ; elle prend une organisation capitaliste très marquée ; la boutique commande à l'atelier ; le grand magasin devient le maître et le régulateur de la production. Mais ce n'est pas seulement en France que s'opère cette évolution ; elle est plus sensible encore en Amérique et en Allemagne, deux pays qui par cela même entrent aujourd'hui pour 2/5 dans le total des importations qui traversent la frontière française.

Meubler la maison ne suffit pas : il faut la chauffer, l'éclairer, la garnir de ces mille objets qui sont ou nécessaires à la vie journalière ou susceptibles d'y mettre un rayon de joie et de beauté. Et de nouvelles industries accourent à l'appel.

Le feu, générateur de chaleur et de lumière, n'est plus pour nous un élément mystérieux ; on a pénétré sa nature intime. Il a aussi cessé d'être un fragile trésor qu'il fallait conserver précieusement, parce qu'il était difficile à reproduire. Ceux qui sont nés vers le milieu du XIXe siècle se rappellent qu'en ce temps-là encore dans les campagnes, à quelques lieues seulement de Paris, on avait soin chaque soir de garder dans l'âtre des braises qui couvaient sous la cendre et servaient le lendemain matin à ranimer le foyer ; on achetait à cet effet de grandes allumettes soufrées qui aidaient à faire renaître la flamme. Les charbons venaient-ils à s'éteindre, il fallait « battre le briquet », faire jaillir du silex frappé des étincelles qui tombaient sur un peu d'amadou gardé sec au fond d'un vieux sabot. Le briquet phosphorique, qui reparaît aujourd'hui amélioré sous les espèces du briquet au ferro-calcium, apporta déjà une grosse économie de temps et de peine ; puis, de 1832 à 1850, apparurent les allumettes chimiques allemandes, comme on les appelait, parce qu'elles venaient en effet d'Autriche. C'était désormais l'allumage instantané, grande merveille ! et des forêts entières furent ainsi débitées en petits morceaux. La mécanique et la chimie se liguèrent pour perfectionner cette fabrication, qui a enrichi des particuliers et comblé des vides dans des budgets d'État ; et l'on tâcha tantôt, comme en Suède, d'obtenir des produits faisant courir moins de risques à l'imprudence des enfants, tantôt de rendre le phosphore moins pernicieux aux ouvriers et ouvrières obligés de le manipuler.

En même temps que le feu flambait désormais au gré de l'homme, on trouvait de nouveaux moyens de l'entretenir : la houille, le coke prenaient en maint pays la succession du bois devenu rare et cher, voire de la tourbe et des mottes, chauffage du pauvre ; puis le pétrole, le gaz, l'alcool, l'électricité devenaient l'aliment des poêles et fourneaux, et très souvent une maison neuve est aujourd'hui un organisme compliqué, où la chaleur, sous forme de vapeur d'eau ou d'air chaud, part d'un appareil central caché dans les sous-sols pour se répandre dans toutes les pièces et couloirs par une multitude de tuyaux, de bouches, de radiateurs, de même que dans un grand arbre la sève monte des racines pour pénétrer par une foule de canaux invisibles dans les branches, les ramilles et jusqu'au bout des feuilles.

La lumière, sœur de la chaleur, est devenue aussi une chose qui nous enveloppe au point qu'il suffit de tourner un robinet ou de presser un bouton pour qu'elle sorte des murs le long desquels on la tient captive et prête à s'élancer. On n'a pas seulement le temps de dire : qu'elle soit ! — et elle est déjà. Elle est fournie par de puissantes usines et compagnies en quantités énormes qu'on peut accroître à volonté, non pas seulement à l'intérieur des édifices, mais aux rues et aux places des villes, même des villages. Quel ruissellement, depuis l'année 1805 ou les ateliers de Watt, en Angleterre, furent les premiers éclairés au gaz, depuis l'année 1815, où, à Paris, le nouvel éclairage pénétra dans l'hôpital Saint-Louis, depuis l'année 1827 où il descendit dans quelques-unes de ses avenues ! Et pourtant ces splendeurs allaient être éclipsées dès le dernier quart du xixᵉ siècle ! Après des essais, qui visent d'abord les illuminations des soirs de fête ou les ballets de l'Opéra, une machine électro-magnétique, en 1850, produit régulièrement une lumière éblouissante. Dès 1861, le village de la Roche-sur-Foron, en Savoie, devance à cet égard les grandes capitales. Et bientôt l'éclair, discipliné, asservi, menace et chasse devant lui le gaz. Ses rayons, aisément dirigeables, suivent dans tous ses mouvements et auréolent sur la scène la danseuse ou la cantatrice-étoile ; avec leur faculté de s'éteindre et de se rallumer à volonté, ils produisent des effets inconnus, tirent l'œil, créent la fantasmagorie des réclames lumineuses. Bougies et lampes électriques (Jablochkoff (1876), Edison (1880), Swan, Nernst, etc.), luttent avec la lune et le soleil et versent à flots des clartés blanches, jaunes, bleuâtres. On put croire que l'électricité en un tournemain allait supprimer son rival. Mais il regimba. Le bec Auer (1885), pourvu d'un manchon qui lui donnait un pouvoir éclairant dix fois plus grand, soutint et soutient encore une lutte héroïque que d'aucuns au début déclaraient folle et où il garde obstinément ses positions, mais sans conquérir de terrain ; car dans les pays où la circulation européenne pénètre par irruption, au Congo par exemple, l'électricité bien plus aisée à produire que le gaz prend d'emblée la place des torches et autres moyens rudimentaires dont usaient les indigènes.

Cependant quelques-uns de ces moyens primitifs ont la vie dure. Si la chandelle de suif paraît avoir fait son temps, le cierge se maintient dans les églises et la bougie de vraie cire a encore des fidèles; surtout la bougie stéarique, depuis que Chevreul, en 1867, a su la tirer de la graisse de mouton, conserve quelque faveur dans les soirées mondaines, parce que sa lueur douce est favorable au teint des belles dames. Les lampes à huile, malgré les ingénieux mécanismes qui ont prolongé son existence (Quinquet, Carcel ; on mesure souvent par heure-carcel le pouvoir éclairant d'un luminaire), sont tout à fait à l'agonie, et c'est avec surprise qu'on relève, au début du xxᵉ siècle, dans les budgets de la ville de Paris, l'affectation d'une certaine somme à l'entretien des réverbères où elles figurent. Quant à la lampe à pétrole, si elle a depuis 1861 environ dé it de cité dans les petits ménages et les mansardes, si elle atteint dans les phares une intensité équivalente à 40.000 et 50.000 carcels, elle recule ailleurs devant la lampe électrique, qui, une fois reliée par un fil à un branchement, devient maniable et portative tout comme une autre. La faculté de pouvoir non seulement se transporter là où l'on veut, mais se passer d'usine génératrice, a fait la fortune d'un autre genre d'éclairage : l'acétylène, né vers 1892 du carbure de calcium, illumine assez fréquemment tel étalage en plein vent ou tel logis éloigné d'un centre urbain.

On conçoit combien d'industries nouvelles ont foisonné autour de ces modes nouveaux de combattre l'obscurité et quelles formes nouvelles aussi ont dû prendre peu à peu les objets qu'on y adapte. Qu'on regarde seulement les fleurs et fruits lumineux qui, du sein d'un massif de feuillage, dispensent à un salon de nos jours l'éclat adouci et tamisé des ampoules électriques discrètement dissimulées !

*
* *

Deux autres industries, liées aussi à l'habitation, ne sont pas, comme celles-là, des tard-venues ; mais elles ont senti passer sur elles un souffle d'innovation ; ce sont la verrerie et la céramique.

La verrerie, jusqu'en 1865 environ, en était restée à des procédés vieux de plusieurs siècles, à des recettes mystérieuses transmises de génération en génération. Pourtant, de même qu'elle s'est déplacée, allant des forêts dépeuplées au voisinage des houillères ou des sources de naphte, de même que, sans cesse de prospérer dans ses anciens centres, Venise, la Bohême, l'Angleterre, elle s'est répandue dans beaucoup d'autres pays, de même aussi elle s'est modifiée dans ses différentes branches.

La fabrication du verre à vitre, quoiqu'elle se soit naturalisée près de Pittsburg et de Denver dans l'Amérique du Nord, a encore pour sièges principaux la France, qui exporte 40 p. 100 de sa production, et la Belgique, qui en exporte les 5/6. On a d'abord amélioré les fours de 1865 à 1880; puis, comme il est arrivé souvent, c'est la nécessité de suppléer à une main-d'œuvre réduite qui a forcé les fabricants à recourir au machinisme. En voici deux exemples : je les emprunte, à la fabrication des bouteilles. Une pitié très légitime pour les enfants martyrs, qui ont été longtemps, de jour et de nuit, les victimes de cette industrie, a provoqué, sous la pression de l'opinion et des pouvoirs publics, les essais des patrons pour remplacer cette jeune « viande à feu », comme disent les verriers en leur argot. C'est ainsi que des transporteurs mécaniques, inventés par M. M. Chappuis et Wagret, se chargent déjà d'épargner aux petits travailleurs la peine de reporter à la fournaise les pièces qu'il faut recuire. L'autre exemple n'est pas moins significatif. On sait que l'ouvrier devait, au grand détriment de ses poumons, gonfler à l'aide d'une canne creuse la matière molle et brûlante ; cet usage barbare est en train de disparaître. A la suite d'une grève survenue dans sa verrerie de Cognac en 1892, M. Boucher, menant jusqu'à la réussite finale d'innombrables essais faits par d'autres, a imaginé une souffleuse mécanique, qui fut solennellement primée à l'Exposition de 1900 et qui, sauf pour la bouteille champenoise, a aujourd'hui cause gagnée.

Les produits se sont modifiés avec la production. Qui ne serait frappé des dimensions que les glaces ont prises ? Biseautées ou bombées, épaisses de plusieurs centimètres, elles ont des mètres de long et de large. Le

moindre restaurant, le moindre magasin éclipserait par
la grandeur et la pureté des siennes la fameuse galerie
des glaces qui passa pour une des merveilles du palais
de Versailles. Or déjà en Belgique les glaces se font à la
mécanique. Le cristal, qui se grave à l'acide fluorhy-
drique, qui se colore chimiquement, fournit pour les
phares des réflecteurs, et pour les navires des projecteurs
dont la puissance perce le brouillard et les ténèbres à
plusieurs lieues. Au moyen d'alliages, par des procédés
qui rappellent la composition des aciers spéciaux, on
taille à Iéna des lentilles de lunettes astronomiques qui
ont un mètre de diamètre et dont la courbure est calculée
à un dix-millième de millimètre, et là, dans les ateliers
de Carl Zeiss appartenant aujourd'hui à ses ouvriers,
des tours-revolvers en miniature, des machines-outils
qui semblent venir en droite ligne de Lilliput façonnent
en trente secondes un oculaire de lorgnette qu'il n'y a
plus qu'à mettre en place.

Ce qu'il y a de plus neuf, ce sont les variétés de verre
qu'on a créées : verre moulé, qui fut inventé par Léon
Appert, et dont on a fait des tuyaux, des colonnes, des
escaliers, des dallages pour salles d'opération ; verre
creux dont on fabrique de vastes récipients ; verre
trempé qu'on a, non sans quelque exagération, qualifié
d'incassable ; verre armé qu'un réseau métallique inséré
dans son épaisseur empêche de se briser en morceaux ;
opaline laminée, pâte et pierre de verre qu'on emploie
en guise de revêtement dans les édifices ou de pavage
dans les rues de certaines grandes villes ; verres colorés,
émaillés où la patience et l'ingéniosité d'un Gallé ou
d'un Dammouse savent mettre l'éclat des fleurs et le
frisson de la vie. Mais, par une pente insensible, nous
sortons ici du domaine de l'industrie pour entrer dans
celui de l'art ; puisque nous y sommes, profitons-en
pour dire que ce n'est pas seulement dans une foule de
vases et de buires que la forme, la matière, le décor ont

été renouvelés de fond en comble ; le vitrail aussi, qui, au début du xıx° siècle, souffrit d'une profonde décadence, a eu vers la fin une glorieuse résurrection ; travaillé de façon nouvelle en Amérique, laïcisé, démocratisé, si l'on peut ainsi parler, il est descendu des églises aux châteaux, aux musées et jusqu'aux plus modestes maisons bourgeoises.

La céramique, comme la verrerie, est une industrie dont la frontière avec l'art est indécisive. Aussi peut-on y rêver une division du travail où les besognes seraient intelligemment réparties entre artiste, savant et industriel. A l'artiste, l'invention des formes, du décor, qui, au cours du xıx° siècle, ont subi fortement l'influence du Japon et du Levant. Au savant, le soin de doser le chauffage avec précision, de perfectionner les fours, de composer des gammes de pâte et des palettes d'émaux dont les éléments soient nettement déterminés, d'étudier et de mesurer les variations que subissent sous l'action du feu l'élasticité, la coloration, la dilatation de telle ou telle matière. De l'aveu des spécialistes, la connaissance scientifique de ces effets est encore peu avancée ; à chaque instant, l'opérateur est surpris par les résultats qu'il obtient ; il n'est jamais certain de ce que donnera tel ingrédient chimique qu'il emploie. Quant à l'industriel, au fabricant, son affaire est d'arriver à une production courante qui lui rapporte et de scruter la valeur économique des moyens qu'on lui suggère. Beaucoup de moyens nouveaux ont reçu ainsi la consécration nécessaire de l'expérience : moulins broyeurs, concasseurs centrifuges, épuration électrique et chimique, appareils à air comprimé pour la préparation des pâtes ; tours mécaniques pour pièces rondes depuis 1860 et pour pièces ovales depuis 1889 ; usage de l'impression chromolithographique à l'aide de feuilles de papier minces que l'on trouve toutes prêtes dans le commerce.

Mais tout cela varie suivant les variétés nombreuses

que présente l'industrie céramique. Les porce….s, blanches, translucides, vitrifiées, imperméables, composées de kaolin, de quartz, de feldspath, font toujours la gloire du Japon et de la Chine, où leur fabrication nous apparaît figée dans une immobilité plusieurs fois séculaire; mais elles ont été en Europe l'ol.'et de recherches inquiètes. A Sèvres comme à Limoges, en Suède comme en Saxe, à Berlin comme à Copenhagu· (depuis 1888 environ), on a tâché de renouveler le genre et les procédés. En 1882, Lauth a retrouvé le secret qu'on disait perdu de la pâte tendre française qui prend consistance à 1.100 degrés. La barbotine, vers 1888, a tenu le haut du pavé. Des essais curieux ont été tentés pour faire de la porcelaine de talc, de magnésie, d'amiante (Garros), et cette dernière s'est fait remarquer par ses propriétés filtrantes. Les grès proprement dits et les grès cérames, qui ne sont ni blancs ni transparents, mais qui peuvent se revêtir de couvertes colorées, ont fourni des poteries sanitaires, des carrelages, des mosaïques; les grès flammés surtout ont eu un épanouissement inattendu. L'émaillerie, d'ailleurs, a été fertile en nouveautés; les antiques émaux d'art ont reparu en même temps que l'industrie apprenait à émailler la tôle, la fonte, les briques, les tuiles, les carreaux de revêtement, et fournissait ainsi d'éclatantes surfaces aux fantaisies décoratives des architectes. Les faïences tendres, émaillées à l'étain, qui avaient fait la renommée de Rouen, de Nevers, de Delft, ont cédé le pas aux faïences fines et dures, venant d'Angleterre sous le nom de terres de fer ou sortant des fabriques de Creil et de Montereau. Les terres cuites ne se sont plus contentées d'être mates ou vernissées ; elles sont apparues déguisées sous une couche d'or, d'argent, de bronze ; elles ont aussi approvisionné les chimistes de creusets de plus en plus réfractaires. Mais, comme elles se présentent surtout sous la forme de poteries communes et de matériaux de construction, dont la demande est considérable, elles se sont accommodées du machinisme plus aisément que les autres espèces de produits céramiques. Dès 1838, on fabriquait à la mécanique les tuyaux pour le drainage ; plus récemment la fabrication des briques, qu'on a su faire creuses et légères, est devenue automatique et du premier coup a fait en une heure ce qu'on faisait à la main en douze heures (10.000 briques).

Si rapide que soit nécessairement cette revue des arts industriels qui contribuent à l'ornementation des logis humains, elle ne doit pas laisser de côté ces innombrables bibelots qui garnissent les cheminées, les consoles, les étagères, les vitrines. Leur beauté, leur valeur varient suivant la couche sociale à laquelle appartiennent leurs propriétaires. Mais l'industrie a été là comme partout propagatrice de luxe à bon marché. La réduction Colas a permis de multiplier mécaniquement statues et statuettes, et par un mouvement parallèle, le bronze a souvent cédé la place (depuis 1826 environ) à des imitations en fonte ou en zinc. Même évolution dans les tentures. Si la manufacture des Gobelins, si la Perse et le Turkestan continuent à tisser lentement leurs tapis princiers, si des artistes comme Burne Jones ont remis en honneur les belles tapisseries dont le moyen âge voilait la nudité des murs, les papiers peints fabriqués à la machine et jouant parfois le cuir ou le velours ont joui d'une vogue, qui n'a eu d'égale que celle des carpettes et des linoléums destinés à protéger ou à cacher des parquets ou encore que celle du ripolin venant au nom de l'hygiène combattre et chasser les étoffes d'ameublement sous prétexte qu'elles sont des nids à poussière et à microbes. Mais l'espace où nous sommes enfermés nous oblige à mentionner seulement les industries semi-artistiques qui rayonnent autour de l'habitation et tâchent d'y mettre un peu d'élégance ; un dernier groupe d'industries appelle notre attention.

§ 5.

Ce sont celles que l'homme a imaginées pour s'instruire et pour se distraire, pour satisfaire ses besoins intellectuels et moraux aussi bien que son appétit de plaisir.

Là nous rencontrons tout d'abord une industrie dont le point d'arrivée est un point de départ pour plusieurs autres, je veux dire celle du papier, destinée surtout à contenter ce désir passionné de savoir et d'écrire qui est un des traits saillants du monde moderne.

On sut, dès le début du XIX⁰ siècle, fabriquer le papier continu ; la papeterie était déjà une grande industrie. Elle le devint encore davantage, quand elle fit intervenir des broyeurs mécaniques pour triturer la pâte, du chlore pour la blanchir, l'électricité pour tout mettre en mouvement. La demande était telle que bientôt le chiffon ne suffit plus comme matière première ; il est encore employé pour le papier vergé, le papier filtre, le papier à cigarettes, de même que pour les papiers de luxe qui viennent de la Chine et du Japon ; mais, dès 1801, la paille approvisionna les marchands de papier d'emballage et plus tard la ramie servit à fabriquer les billets de banque. Recours insuffisants ! Le Saxon Gottfried, entre 1840 et 1845, eut l'idée de recourir au bois que Chinois et Japonais utilisaient déjà sous forme d'écorce, et quand son invention eut été perfectionnée, les bois blancs, sapins, trembles, bouleaux, peupliers, en Allemagne, en Norvège, en Suède, en Finlande furent mis en coupe réglée. Les grands arbres, où chantaient les oiseaux et la brise, se changèrent en pages blanches où l'homme coucha par écrit ses pensées, ses rêves, ses sottises. La production devint effrayante. Les États-Unis viennent en tête ; l'Allemagne suit d'assez près ; la Russie a doublé sa contribution de 1890 à 1900. Il se fabriquait dans le monde entier, en 1904, 4 milliards et demi de kilogrammes de papier et de carton ; en 1908, le chiffre est à peu près deux fois plus grand ; et cela représente la destruction d'une forêt de 600.000 hectares. La consommation qui s'en fait dans un pays peut servir de mesure en même temps à l'intensité de son commerce et à la diffusion des lumières parmi ses habitants ; elle était, au début du xx° siècle, de deux kilogrammes environ par tête en Allemagne, en France, en Angleterre, aux États-Unis ; de 700 grammes en Autriche-Hongrie. Et n'a-t-on pas fabriqué du carton-pâte, qui joue le plâtre, du linge, voire même des rails et des canons en papier ? Où prendra-t-on la cellulose, si l'on continue ainsi à la dévorer ? On utilise déjà le bambou, le mûrier, l'agave (Mexique), la canne à sucre, l'alfa (depuis 1894) ; on recueille les vieux bouts de corde et de ficelle ; on parle de pousser la culture du papyrus en Égypte, au Soudan, au Congo ; et voici qu'Édison prévoit un temps prochain où à la fragilité des papiers modernes dont gémissent les bibliophiles on pourra substituer la solidité de minces feuilles de nickel.

·C'est qu'en effet, sans compter les services qu'il rend au commerce (enveloppes des objets fragiles, prospectus, affiches, etc.), le papier fait vivre l'industrie du livre, et celle du journal, et toutes deux ont pris un accroissement démesuré. La première doit à l'instruction gratuite et obligatoire la multiplication des manuels et cahiers d'écoliers et la formation d'habitudes qui font de la lecture et de l'écriture une sorte de nécessité quotidienne. La seconde a été développée par la même cause et, de plus, par la vie politique ; comme les pays démocratiques sont naturellement ceux où cette vie est le plus intense, les États-Unis viennent au premier rang pour le nombre de leurs périodiques ; l'Allemagne arrive à la suite ; mais si l'on fait le calcul proportionnément au chiffre de la population, elle passe après la petite Suisse qui dispute la première place à la grande Confédération américaine. Et quelles dimensions ont prises ces journaux ! Ici ce sont les Anglo-Saxons qui sont nos maîtres ; le *Times* sert chaque jour à ses lecteurs l'équivalent d'un volume de 300 pages in-8°.

On comprend que l'imprimerie, qui fut dès sa naissance une industrie mécanique, ait dû s'outiller puissamment pour suffire à la besogne herculéenne qu'on réclamait d'elle. Le machinisme s'est emparé tour à tour de la fonderie des caractères, du clichage, du triage des lettres, du tirage et du pliage des numéros de journal. La composition, où il semble qu'une intelligence déliée doive être perpétuellement présente, a résisté plus longtemps ; mais la machine à composer, de 1889 à 1900, a fait brillamment ses preuves et les rotatives (Wick, Marinoni), les linotypes venues d'Amérique débitent par millions d'exemplaires les feuilles légères impatiemment attendues chaque matin et chaque soir par l'insatiable curiosité des foules.

Il existe des ateliers typographiques où la main humaine a presque pour unique fonction d'alimenter d'encre, d'huile et de papier ces vertigineuses ouvrières d'acier. Et, dans les opérations accessoires qui sont encore nécessaires pour que le livre se présente au public sous son costume définitif (reliure, réglage, pagination, dorure sur tranche), on peut dire que la part de la main-d'œuvre décroît d'année en année.

Cette loi du moindre effort, qui porte l'homme à diminuer autant qu'il le peut sa peine, a fait naître la plume à réservoir, la machine à écrire qui fut, à l'usage des clairvoyants, l'adaptation des ingénieux appareils inventés par Braille pour rendre la lecture possible aux aveugles, la machine à calculer qui coûta tant de veilles à Pascal et qui maintenant, fabriquée en grand dans l'Amérique du Nord, trône à la caisse de tant de magasins et y enregistre automatiquement les recettes. Et,

si l'on considère les industries polygraphiques, quels
acheminements successifs dans le même sens ! La gravure

Fig. 10. — Presse rotative Marinoni.

se fait principalement sur bois, sur pierre, sur métal.
On ne suppose pas, au premier abord, qu'il puisse y

avoir division du travail dans un métier qui est un art.
Cependant regardez ce qui se passe dans un grand journal illustré, le *Graphic*. Il faut aller vite pour saisir au
vol l'actualité. Un graveur fait les têtes, un autre le ciel,
un troisième les corps et les habits ; un dernier est
chargé de rapprocher tous ces fragments et d'opérer les
raccords. Le dessin même y est une œuvre collective ;
un artiste trace le plan général ; celui-ci fait surgir le
paysage, celui-là y met les personnages. Cela mène au
machinisme. Pour la lithographie, la presse devient
automatique dès 1840. Puis c'est au soleil qu'on demande
de fixer une image, sur une plaque de métal ou de verre
d'abord, sur le papier ensuite. Après les essais de
Niepce et de Daguerre (de 1823 à 1839), la photographie, qui est une industrie toute chimique, est grande
fille ; avec Gabriel Lippmann et Lumière, vers 1889,
elle arrive à saisir les couleurs ; dans les dernières
années du XIXᵉ siècle, aidée de l'électricité, elle surprend
et reproduit le mouvement ; elle rend visibles les os à
travers la chair, le contenu d'une boîte à travers ses
parois. Elle a des applications sans nombre, parmi lesquelles l'héliogravure et la phototypie.

Il faudrait rapprocher de ces industries semi-artistiques celles qui fournissent leur matériel aux différents
arts (tubes de couleurs, crayons, pastels, etc.). Nous ne
pouvons les signaler toutes. Au nombre des plus importantes figure la fabrication des instruments de musique.
L'orchestre s'enrichit d'instruments nouveaux, tels que le
saxophone ; l'harmonium est une réduction de l'orgue,
et l'orgue lui-même acquiert par l'électricité des facilités
et des sonorités imprévues. Le piano, vainqueur du
clavecin, se garnit, en Amérique d'abord, de cadres en
fer qui rendent le son plus fort, sinon plus moelleux.
L'orgue de Barbarie, la boîte à musique, le pianola,
comme le grammophone, représentent le triomphe
de la mécanique et suppriment toute intervention de

l'intelligence humaine dans l'exécution des morceaux.

Dans les grands et petits théâtres qui ont pullulé, dans les panoramas et dioramas, qui eurent leurs jours de vogue, les effets de lumière, dûs aux miroirs, aux toiles métalliques, aux rideaux de gaze, aux rayons électriques qui auréolent les personnages et font chatoyer les plis d'une étoffe agitée, flamboyer les eaux d'une cascade, étinceler subitement telle ou telle parcelle d'un décor, sont le principal apport de la science. Il est curieux de remarquer que, dans ce siècle du machinisme, la machinerie théâtrale, malgré quelques légers perfectionnements, a en somme peu changé. On peut citer les cirques où la piste s'enfonce pour faire place à un lac improvisé, quelques trucs amusants dans les féeries et dans les séances de prestidigitation, l'emploi de l'eau, de la vapeur, voire de l'electricité pour faire monter ou descendre des rideaux et des grilles de fer, pour faire mouvoir en rond des chevaux de bois, des vélocipèdes, des chemins de fer en miniature. On aurait pu s'attendre à un renouvellement plus profond.

Les industries qui se rattachent aux jeux de toute sorte ont subi davantage l'influence des changements ambiants. Tandis que l'Angleterre et les États-Unis variaient à l'infini les objets de sport (lawn-tennis, croquet, golf, foot-ball, etc.), tandis que l'Europe aux jours de fête s'illuminait de lanternes multicolores, originaires d'Orient, mais devenues un produit de l'Occident, Nuremberg et Sonnenberg en Allemagne continuaient à faire la joie des enfants par leurs arbres à verdure frisée, leurs arches de Noé sentant bon le sapin, leurs bergeries découpées à l'emporte-pièce, leurs soldats de plomb à l'allure raide et martiale. L'Allemagne fut sur ce point la plus redoutable concurrente de la France. Mais celle-ci fabrique encore bon an mal an pour 45 millions de jouets, total sur lequel elle en exporte 30. La poupée de Paris, par l'élégance de son trousseau plus encore que par la grâce de son visage, fait l'envie des fillettes de tous pays, et c'est une des formes sous lesquelles se révèle la royauté acquise à la mode parisienne. Depuis l'Exposition de 1889 surtout, les fabricants de cette pacotille enfantine se sont efforcés de défendre leur situation avantageuse ; bébés remuant les yeux, disant papa et maman, oiseaux chanteurs, clowns danseurs et gymnastes, bateaux et voitures automobiles, aéroplanes de toute espèce remplissent les petites boutiques en planches qui, à l'époque du Nouvel An, encombrent les boulevards de Paris. Il y a là souvent des merveilles d'adresse ; des maîtres du dessin n'ont pas dédaigné d'y collaborer ; un concours invite tous les ans les inventeurs à faire assaut d'ingéniosité, et si l'on hésitait à reconnaître et à saluer l'esprit inventif sous cette humble apparence, il suffirait de rappeler que la poudre à canon et la vapeur ont débuté dans la carrière de façon tout aussi modeste. Quant à l'importance économique de ces petites industries, qu'on veuille bien songer que, dans la seule après-midi de la mi-carême de 1911, les Parisiens se sont jeté à la face environ 40 milliards de *confetti*, ces frêles rondelles de papier coloré qui sont fabriquées, à raison de 16 millions à l'heure, par des machines colossales !

Nous terminons ici cette revue des transformations techniques qu'ont subies les différentes industries. Nous savons qu'elle est incomplète ; mais nous ne prétendons pas à dresser un catalogue. Il s'en dégage toutefois quelques faits généraux qu'il faut retenir. Un bon nombre des industries anciennes ont été profondément modifiées et même renouvelées au point d'être méconnaissables. Ce sont surtout celles qui préparent les matières premières, utilisées ensuite par des industries plus spéciales (métallurgie, textiles, papeterie, etc.). Là dominent la fabrication en grand, les procédés mécaniques et chimiques, l'emploi des forces motrices fournies par la vapeur, l'électricité, les gaz explosifs ; là s'est formé un outillage coûteux et compliqué. D'autres industries sont de véritables créations ; elles naissent de quelque découverte scientifique (photographie, produits chimiques) ; elle mettent en œuvre des matières jusqu'alors inconnues ou inexploitées ; tantôt elles s'exercent dans de grands établissements (jute, caoutchouc), tantôt elles demeurent enfermées dans les limites étroites de petits ateliers ou même de laboratoires. D'autres enfin ont été peu touchées par le changement universel qui s'opérait autour d'elle et gardent fidèlement d'antiques traditions (mines, bâtiment, vannerie, sparterie, etc.). Les aspects de la transformation industrielle qui, durant les cent cinquante dernières années fut surtout intense dans le centre de l'Europe et dans le Nord de l'Amérique, nous apparaissent donc extrêmement variés ; il nous faut maintenant en préciser et en expliquer les résultats économiques.

OUVRAGES A CONSULTER

Outre les ouvrages précédemment cités :

Pour l'ensemble du chapitre.

LEVASSEUR (ÉMILE). — *Histoire des classes ouvrières et de l'industrie en France* (2 vol., 1903-1904, Paris).
Questions ouvrières et industrielles en France sous la troisième République (Paris, 1907).
L'ouvrier américain (Paris, 1898).
PICARD (ALFRED). — *Le bilan d'un siècle* (6 vol., Paris, 1900).
   Les journaux et revues :
L'économiste européen.
L'économiste français.

La science au XX° siècle.

La Technique moderne.

La Revue scientifique.

Le Bulletin de l'Office du travail.

Le Temps (articles de M. de Nansouty).

Les Débats (articles de M. de Varigny).

L'année scientifique et industrielle.

Les comptes rendus de l'Académie des Sciences et de l'Académie des Sciences morales et politiques.

Les Annuaires statistiques des différents pays, et, en particulier, leurs tableaux rétrospectifs.

La Hongrie contemporaine et le suffrage universel (Paris, 1909).

THÉRY (EDMOND). — *L'Europe économique* (Paris, 1911).

CALMETTES (PIERRE). — *Excursions à travers les métiers* (Paris, 1905).

HALLAYS (ANDRÉ). — *A travers l'exposition de 1900* (Paris, 1901).

FIGUIER (LOUIS). — *Les merveilles de l'industrie* (4 vol., Paris, 1873-70).

Les nouvelles conquêtes de la science (4 vol. 1883-1885).

CAMBON (VICTOR). — *L'Allemagne au travail* (Paris, 1903).

La France au travail (Paris, 1911).

FOSTER-FRASER (J.). — *L'Amérique au travail* (Trad. française, Paris, 1903).

KOEBEL (W. H.). — *L'Argentine moderne* (Paris, 1903).

HURET (JULES). — *En Amérique.*

En Allemagne.

GERMAIN-MARTIN. — *Conférences sur l'évolution économique des grandes nations aux XIX° et XX° siècles* (Paris, 1910).

DEWAVRIN (MAURICE). — *Le Canada économique au XX° siècle* (Paris, 1909.

STÉPHAN (C.). — *Le Mexique économique* (Paris, 1908).

CARLES (G.). — *La Turquie économique* (Paris, 1908).

WEULERSSE (G.). — *Chine ancienne et nouvelle* (Paris, 1902).

Le Japon d'aujourd'hui (Paris, 1904).

BRISSON (P.). — *Histoire du travail et des travailleurs en France* (Paris, 1900).

Pour les industries-mères.

DE LAUNAY. — *La Conquête minérale* (Paris, 1908).

Idées modernes. Nancy et Lorraine (Paris, juillet 1909).

BRUNHES (JEAN). — *La géographie humaine* (Paris, 1912).

BOISSONNADE (P.). — *La houille et le fer au XIX° et au XX° siècle.*

Histoire économique du cuivre et de ses alliages (Mémoires couronnés par l'Académie des Sciences morales et politiques).

Pour les industries alimentaires et sanitaires.

BOURDEAU (LOUIS). — *Histoire de l'alimentation* (Paris, 1894).

ZOLLA (DANIEL). — *Le blé et les céréales* (Paris, 1909).

FLEURENT (E.). — *La Science dans ses rapports actuels avec les industries de la meunerie et de la panification* (Nancy, 1903).

FRANK (LOUIS). — *La Femme contre l'alcool* (Bruxelles, 1897).

HUDRY-MENOS. — *L'évolution du service domestique* (*Revue socialiste*, mai 1897).

Pour les industries du vêtement et de la toilette.

BOURDEAU (LOUIS). — *Histoire de l'habillement et de la parure* (Paris, 1904).

ZOLLA (DANIEL). — *Les fibres textiles d'origine animale* (Paris, 1910).

SCHULTZE-GAVERNITZ. — *La grande industrie* (Trad. française, Paris, 1890).

BARRAT (CHARLES). — *Les conditions du travail aux États-Unis* (étudiées spécialement dans la tannerie au chrome pour chaussures, Paris, 1910).

Enquête sur le travail à domicile dans l'industrie de la lingerie (Office du travail, Paris, 1909).

Pour les industries du bâtiment et de l'ameublement.

JANIN (CLÉMENT). — *Le déclin et la renaissance des industries d'art et de l'Art décoratif en France* (Paris).

PRUD'HOMME (SULLY). — *L'expression dans les beaux-arts* (Livre III, Paris, 1883).

RUSKIN. — *Time and Tide. Fors clavigera* (passim).

HENRIVAUX (JULES). — *La verrerie à l'exposition universelle de 1900* (Paris, 1901).

Le travail de nuit des enfants dans les usines à feu continu (trois brochures de MM. Fagnot, Lévêque, l'abbé Lemire. Paris, 1908-1909).

Pour les industries d'ordre intellectuel.

Rapport sur l'apprentissage dans l'imprimerie (Office du Travail, Paris, 1902).

MACDONALD (J. RAMSAY). — *Women in the printing trades* (London, 1904).

MAGNAN (MARCEL). — *Article sur la fabrication du papier* (*Revue de Paris*, mars 1911).

CHAPITRE VII

CONSÉQUENCES DES TRANSFORMATIONS TECHNIQUES DE L'INDUSTRIE SUR LES ANCIENS MODES DE PRODUCTION

§ 1. Les anciens modes de production. — § 2. L'industrie domestique. — § 3. L'industrie urbaine : les artisans. — § 4. La manufacture (fabrique dispersée et fabrique centralisée). — § 5. Avantages de la machinofacture; économie de temps, de main-d'œuvre, de frais généraux.

Nous avons à suivre les effets de cette métamorphose, non sur la condition des producteurs, patrons et ouvriers (il en sera question dans un autre volume, le XII°), mais sur la production et la consommation.

Or, avant tout, il convient de voir ce qu'il est advenu des anciens modes de production dans leurs rencontres avec la grande industrie.

§ 1. — LES ANCIENS MODES DE PRODUCTION

A regarder les choses de haut, la production industrielle dans les sociétés fixées au sol a depuis ses origines jusqu'à nos jours pris quatre formes principales, qui, sans qu'aucune d'elles ait jamais eu une domination exclusive, ont prédominé tour à tour, si bien qu'elles marquent quatre étapes de l'histoire du travail.

Au début règne l'*industrie domestique*. Le domaine familial est l'enclos jalousement fermé où se concentre l'activité économique. Tout se récolte, se fabrique, se consomme dans ses limites restreintes. On ne produit point pour l'échange, mais pour l'usage. Les gens de la famille, y compris les esclaves, les serfs et serviteurs de tout genre, sont à la fois les travailleurs qui mettent en œuvre les matières premières provenant du sol patrimonial et les consommateurs des produits ainsi fabriqués. On coupe le blé qu'on a semé; on le bat, on le transforme en farine à l'aide d'un moulin à bras; on le pétrit dans le fournil; on le fait cuire dans le four et toute la maisonnée mange ce pain de ménage. Ou bien on récolte le chanvre ou le lin sur le champ héréditaire; on le teille, on le rouit, on le file, on le tresse ou on le tisse, sans qu'il sorte de la maison; des étoffes ainsi obtenues sont faits les vêtements pour tous les habitants.

Cette façon de procéder suppose une grande variété de talents chez les membres de la petite communauté qui veut et doit se suffire. Il faut qu'ils soient tour à tour maçons, forgerons, menuisiers, cordonniers, agriculteurs, boulangers, tisserands, etc. Mais le travail, qui se fait sous les ordres du père et de la mère de famille et avec leur collaboration, a parfois l'allure d'une fête, d'un plaisir. Les produits ainsi créés sont solides, durables, ont même un caractère artistique, en ce sens qu'ils portent l'empreinte personnelle de celui ou de celle qui les a façonnés pour soi ou pour les siens.

Ce mode de production primitif, patriarcal, campagnard, est celui qui domine à l'origine de toutes les civilisations sédentaires, en Grèce, à Rome, à Carthage, chez les anciens Germains et encore aux premiers siècles du moyen âge. Quelques travailleurs, étrangers à la famille, qui se louent à la journée, qui vont de domaine en domaine ou bien à qui l'on confie certaines besognes à faire chez eux, représentent seuls alors un commencement de spécialisation.

Mais cette spécialisation devient l'ordinaire et l'artisan se sépare du producteur de matière première, dès que la population s'agglomère dans les villes. L'espace enfermé par l'enceinte devient le centre d'une économie nouvelle.

Alors apparaît l'*industrie urbaine*, le régime des métiers. Le maître, aidé par ses compagnons et apprentis, reçoit ou achète ce qu'il doit ouvrer du propriétaire foncier qui produit plus qu'il ne lui faut. Il ne travaille plus seulement pour lui-même et les siens ; il produit en vue d'un échange, pour une clientèle, soit sur commande, soit en mettant ses produits en vente dans une boutique ou au marché. Ces artisans libres, indépendants, propriétaires de leurs outils, entrant en rapports directs avec les consommateurs, touchent le produit intégral de leur travail. Nul n'ignore qu'au moyen âge ils ont été, avec les commerçants, les créateurs des Communes, le noyau de la société bourgeoise. Du xiie au xviiie siècle ils ont rempli l'Europe du bruit de leurs querelles avec les nobles et le clergé et de leurs conflits entre leurs diverses corporations. C'est leur grande époque.

Vient après cela la *manufacture*, la *fabrique*. Bien qu'elle se montre déjà organisée en grand dans quelques villes drapières du moyen âge, par exemple à Florence, elle correspond à un nouveau système économique, au régime du *marché national*. Elle ne se développe qu'avec les grands États à partir de la fin du xve siècle. Elle produit, non plus seulement pour des consommateurs que connaît le fabricant, mais aussi pour des clients inconnus, lointains, aléatoires. Entre les consommateurs et les producteurs s'introduit dès lors un intermédiaire, un entrepreneur-marchand, pour le compte duquel s'exécute le plus souvent le travail. La production, autrement dit, se fait capitaliste. Elle sépare les producteurs en deux groupes, solidaires, mais distincts : les patrons qui possèdent les instruments de travail, les ouvriers qui les rendent productifs moyennant un salaire. Elle a besoin d'un capital d'établissement considérable, parce qu'il lui faut des moyens plus puissants pour atteindre et satisfaire une clientèle plus étendue ; elle a besoin d'un capital de roulement tout aussi considérable, pour vivre et faire vivre les ouvriers en attendant les ventes qui couvriront ses frais.

La manufacture se constitue sous deux formes différentes :

Ou bien elle est *dispersée*[1], c'est-à-dire que le patron emploie une certaine quantité d'ouvriers qui travaillent pour lui, mais sans quitter leur chez-soi. Ils habitent dans les mansardes des villes et dans les chaumières des villages ; on leur remet la matière première ; on leur prête ou on leur loue quelquefois l'outil, la machine, et ils renvoient ou rapportent l'ouvrage terminé. Ils sont payés aux pièces. C'est ce qu'on appelle l'*industrie à domicile* qu'il faut se garder de confondre avec l'*industrie domestique ;* car les travailleurs ne travaillent plus pour leur propre compte, mais pour celui d'un entrepreneur qui leur fournit du travail, qui décide de la quantité et de la qualité des produits, qui se charge de la vente avec les risques et profits qu'elle comporte. Isolés les uns des autres, alternant sans cesse de périodes où la besogne est écrasante à des moments où elle chôme, ils sont tenus dans une étroite dépendance par celui qui met tout en branle, avance les fonds, fait les commandes, écoule les marchandises et est ainsi le seul maître et directeur de la production.

Ou bien la manufacture est *agglomérée, centralisée ;* elle peut appartenir à un particulier, à une société, à une ville, à un État; mais, quels que soient les propriétaires, les ouvriers sont réunis dans une usine, dans de

---

1. J'ai proposé, voici plusieurs années, cette expression en place de celles qui sont employées d'ordinaire et qui ont le tort d'être équivoques. Le Play, pour désigner la même chose, se servait des mots : *fabrique collective.* Mais toute fabrique est de sa nature collective et les mots conviendraient mieux au travail aggloméré dans une usine. On a nommé aussi (voir Ahsley) ce genre d'organisation le *système domestique.* Mais cela crée une confusion avec le système patriarcal décrit plus haut. La dénomination de *fabrique dispersée* est préférable ; elle indique que les travailleurs qui y sont employés dépendent d'une seule et même entreprise et en même temps qu'ils sont disséminés, isolés.

vastes ateliers. Ils sont enrégimentés, soumis à une discipline sévère, payés le plus souvent à la journée ou à l'heure. Le travail entre eux est décomposé, divisé à l'extrême. Chacun d'eux ne fait qu'une des opérations nécessaires à la fabrication totale du produit ; leur travail, à la fois parcellaire et collectif, est par là même plus fécond et plus rapide.

C'est de cette manufacture centralisée qu'est sortie la *machinofacture*, quatrième et dernier type jusqu'ici de la production industrielle. Nous venons d'étudier les variétés de cette industrie toute moderne, qui est surtout mécanique et chimique : nous savons qu'elle est savante, compliquée, qu'elle tend à l'automatisme, qu'elle exige des capitaux formidables pour ses installations très coûteuses ; qu'elle répond à un nouveau stade du développement économique ; qu'elle est faite pour le *marché international*. Elle ne produit plus pour une clientèle locale, non pas même pour le seul pays où elle existe. Elle produit en énorme quantité pour l'exportation, pour des acheteurs qu'elle ne connaît pas et qui sont éparpillés sur la surface de la terre.

Après cet aperçu sommaire, qui range dans leur ordre d'apparition, sinon toutes les formes de la production industrielle, du moins les plus essentielles, nous pouvons nous demander si les anciennes ont été tuées par la nouvelle. A première vue, l'on peut répondre que non. Seulement pour les types antérieurs, on peut répéter le vers du fabuliste :

Ils ne mouraient pas tous ; mais tous étaient frappés.

Pourquoi ont-ils survécu ? En quoi ont-ils été atteints ? C'est ce qu'il faut mettre en lumière.

§ 2. — L'INDUSTRIE DOMESTIQUE

L'industrie domestique, d'abord, a beaucoup perdu. A la fin du xviii⁰ siècle, J.-J. Rousseau pouvait tracer, en décrivant le teillage du chanvre dans une ferme vaudoise, un tableau idyllique (*La Nouvelle Héloïse*, 5° *partie, lettre VII*). Il ne serait plus de mise aujourd'hui. Et combien d'autres pertes ! Fabrication des conserves, du pain, des gâteaux, des habits, fourniture de la lumière, de la chaleur et de l'eau, autant de branches détachées de cette souche antique et vénérable. Le rouet tend à devenir un objet de musée. On a même inventé le cirage des souliers à la mécanique, le nettoyage des appartements par le vide. Mais pourtant on ne voit pas une machine dosant le sel et le poivre du pot-au-feu ; un bon nombre des occupations ménagères se refusent, même au pays béni du machinisme, dans l'Amérique du Nord, à devenir automatiques. Il y a apparence que cette industrie domestique, si fort éprouvée, subsistera toujours. Pour le moment sa vitalité se mesure à l'éloignement des centres de civilisation. Pas n'est besoin, pour la retrouver en pleine activité, de pénétrer chez les peuplades sauvages qui prolongent parmi nous comme une préhistoire vivante, ni même de s'aventurer dans quelqu'une de ces fermes du Far West campées comme une avant-garde à la lisière des grandes prairies solitaires ; pour peu qu'une campagne soit reculée, qu'un pays soit d'accès difficile, on y rencontre encore des familles qui cuisent leur pain, filent l'étoffe de leurs vêtements, tricotent leurs gilets et leurs bas. La bergère de la Creuse manie le fuseau en gardant ses moutons ; les paysans d'Auvergne, de Bretagne, des Alpes fabriquent leurs meubles et construisent souvent leurs cabanes. A plus forte raison ceux de Norvège, de Russie, de Roumanie ont-ils gardé l'habitude des besognes variées qu'exécutaient leurs aïeux. On a pu faire tout un livre sur ces survivances. Un voyageur décrit ainsi ce qu'il a vu dans la Bukowine : « En ce qui concerne la construction d'une maison, le paysan fait ordinairement le métier de charpentier, de couvreur, etc., tandis que sa femme se charge de crépir les cloisons tressées, d'en boucher les fissures avec de la mousse, de battre le sol qui sert de plancher et d'autres travaux du même genre. De l'ensemencement des plantes textiles ou de l'élevage des moutons jusqu'à la confection de la literie et des vêtements en toile, laine, fourrure, cuir, feutre ou paille tressée, le paysan fait tout, même la matière colorante qu'il extrait de ses plantes, même les instruments de travail d'ailleurs très primitifs qui lui sont nécessaires... »

Le travail loué, contemporain, lui aussi, de ces âges lointains, se maintient tout aussi vivace autour de nous. Qui n'a vu dans les villages et les petites villes la couturière aller en journée ? Qui n'a remarqué ces vanniers et ces rétameurs ambulants, qui, établis avec leur maison roulante sur le bord d'une route ou dans un carrefour, réparent les ustensiles qu'on leur apporte? On trouve encore des possesseurs de pressoirs à cidre qui les louent à ceux qui ont des pommes à broyer, des meuniers qui se font payer en nature l'usage de leur moulin. Il y a même des combinaisons curieuses entre les procédés d'autrefois et ceux de la dernière heure. La couturière transporte parfois sa machine à coudre chez ses clientes et tel grand propriétaire, ayant sur ses terres batteuses, pressoirs à huile ou à vin, renoue la tradition avec les ancêtres. Le difficile serait de mesurer la valeur écomique du travail accompli de la sorte à la maison: rappelons seulement que les programmes féministes réclament avec raison qu'on évalue à très haut prix l'activité déployée surtout par la femme dans toutes les variétés de l'industrie domestique.

§ 3. — L'INDUSTRIE URBAINE. LES ARTISANS

L'industrie urbaine, plus jeune, n'a pas non plus disparu. D'abord elle conserve son grand attrait : le plaisir du travail non-parcellaire et non discipliné. Puis elle a profité des pertes de son aînée : le boulanger, le boucher, le charcutier sont des exemples aussi communs que probants de ce transfert. Ensuite, dans certains pays, les corporations n'ont pas été supprimées ; elles ont même bénéficié, vers la fin du xix° siècle, sous le nom de *Innungen*, d'une renaissance semi-religieuse, semi-politique ; elles ont continué ainsi à envelopper les petits métiers d'une carapace de règlements protecteurs ; c'est le cas en Allemagne et en Autriche. Dans les pays mêmes où leur organisation a été brisée, comme en France, l'artisan n'est point une espèce fossile. La petite industrie a dominé en France, dans toute la première moitié du xix° siècle. En 1848, Paris, sur 64.000 patrons, en comptait 32.000 qui travaillaient seuls ou n'avaient qu'un ouvrier. En 1866, il avait deux salariés pour un patron. En 1901, la France entière avait encore 85 p. 100 d'établissements ayant de 1 à 4 salariés. En 1897, l'Angleterre employait 676.446 personnes dans des fabriques sans moteurs et n'ayant pas plus de 8 ouvriers en moyenne. En Allemagne, en 1907, les petits patrons travaillant seuls forment encore 12, 3 p. 100 de la population industrielle et, si l'on joint à leur troupe déjà considérable ceux qui emploient de 2 à 5 personnes, le total atteint 37,1 du pourcentage. En Belgique, en 1896, les exploitations occupant de 1 à 4 personnes représentent 93,53 p. 100 du nombre des établissements. En Autriche, en 1902, on arrive presque au même chiffre : 94,32 p. 100 pour les exploitations employant de 1 à 5 personnes. Au Caire la simplicité et, j'ose dire la vétusté, de la technique industrielle étonne les voyageurs qui passent en ce pays où les usages comme les monuments semblent faits pour l'éternité ; on y rencontre des enfants qui servent de moteurs, des tailleurs à qui leurs clients fournissent l'étoffe, des orfèvres avec un outillage si rudimentaire qu'il semble dater des Pharaons. Donc partout une nombreuse population de

travailleurs qui n'a pas été embrigadée, absorbée par les grandes usines.

Dans quels métiers s'opère cette défense victorieuse ? C'est d'abord dans les industries artistiques. La machine est impuissante à imprimer aux choses qu'elle fabrique un caractère personnel. C'est pourquoi, par exemple, la ferronnerie d'art, quoiqu'elle condescende à faire des chenets, des candélabres, des grilles, des rampes d'escalier, peut défier la concurrence du travail mécanique. C'est ensuite dans les industries de luxe, voisines des précédentes. Là aussi on tient au fini de l'ouvrage plus qu'au bon marché ; on n'y fabrique pas en série une foule d'objets semblables. Le tailleur pour dames, le cordonnier sur mesure sont sûrs d'avoir longtemps des pratiques, aussi bien que la grande modiste dont chaque chapeau est unique. Le joaillier et l'orfèvre ont encore de beaux jours à espérer. Il en est de même pour les industries dont les produits sont astreints à une perpétuelle accommodation aux variations du goût public : fleuristes, dentellières et brodeuses travaillant à la main, petits fabricants de jouets échappent au péril d'être dépossédés de leur gagne-pain par l'invasion de la machine.

On peut nommer aussi les industries qui se confinent dans une étroite spécialité, comme la confection d'allume-feux en rognures de bouchon, ou qui exigent des ouvriers des qualités exceptionnelles, telles les fabriques d'instruments de précision ; celles qui demandent avant tout le tour de main, l'habileté manuelle (barbiers, peintres en bâtiment) ; celles encore qui épargnent aux clients des pertes de temps inutiles : on n'aime pas à courir très loin pour se fournir de pain ou de viande, pour se baigner ou se faire raser, et c'est pourquoi sans doute les industries qui touchent aux soins personnels et les métiers de bouche, malgré de brillantes exceptions, demeurent volontiers sous le régime de la petite entre-

prise. Mais c'est là surtout où les débouchés sont res-
treints, où les chemins de fer ne pénètrent pas encore,
que les artisans se perpétuent avec succès. Charron,
bourrelier, forgeron, vannier, menuisier etc. ont leur
raison d'être et leur place dans la plupart des villages.
Une grande enquête allemande a constaté qu'à la fin du
xix° siècle, 52 p. 100 des artisans séjournaient à la campagne. La classe, qui a fait jadis la force et souvent la
gloire des villes, s'est réfugiée à l'heure qu'il est dans
la vie rurale. Elle y a deux cordes à son arc ; elle s'assure une existence modeste, mais suffisante, en combinant la culture d'un lopin de terre avec l'exercice d'une
spécialité professionnelle.

Il faudrait ajouter que toute invention nouvelle fait
surgir de nouveaux métiers. En Allemagne, de 1882 à
1895, il en naît 4.119, s'il en faut croire la statistique.
Mettons que beaucoup naissent seulement à l'enregis-
trement officiel ; il n'en est pas moins certain que l'emploi du caoutchouc, la photographie, l'automobile, l'aéroplane, les applications si diverses de l'électricité ont
fait et font incessament éclore des professions imprévues.

Est-ce à dire que la classe des artisans soit en progrès
sur son passé ? Il s'en faut de beaucoup. La toute petite
entreprise où le patron travaille seul est en décroissance
régulière. En France, de 1882 à 1895, le nombre des artisans isolés a diminué de 163.531 ; c'est une diminution
de 8,7 p. 100 sur leur masse totale. En Allemagne,
de 1892 à 1907, leur nombre passe de 1.995.708 à
1.790.030 : c'est une diminution qui atteint presque
200.000, environ 14 p. 100.

C'est qu'en effet les métiers portent la trace de leur
lutte avec la grande industrie. Plusieurs ont été tués.
Longue serait la liste des morts. Que sont devenues, du
moins dans les pays avancés, la confection des montres,
des bas, des chapeaux, des brosses, les petites indus-

tries du cloutier, du boutonnier, du taillandier, du tour-
neur, du tisseur etc. ? Il est permis de prononcer leur
oraison funèbre. Il est loisible de sonner aussi le glas
de la petite industrie dans la teinturerie, la confection des
chaussures, la fabrication du savon, des peignes, la cor-
derie, la coutellerie. On peut enfin la tenir pour malade
dans la brasserie ou la tonnellerie, pour menacée dans
la boulangerie, la blanchisserie, etc. Qu'est-il arrivé pour
tous ces cas ? C'est que la grande exploitation mécanique
et scientifique fait à meilleur compte ce qu'on faisait à
la main, et la conséquence naturelle est que les acheteurs vont où ils trouvent leur avantage. Parfois aussi
certains métiers ont des morts apparentes, des léthargies
momentanées ; ils disparaissent avec un besoin qui
cesse d'exister ou se satisfait autrement : les fabricants
de tabatières ont connu certainement de vilaines journées ; mais les disparus peuvent reparaître ; ainsi les
auberges des grandes routes, terrassées avec les dili-
gences, reprennent vie avec les bicyclettes et les automobiles ; que la mode remplace la vaisselle d'étain par
la porcelaine et la faïence ou qu'elle la remette en vogue,
les fonderies d'étain s'éteignent ou se rallument.

Quand les métiers n'ont pas péri complètement, ils
ont été amoindris. Et cela de plusieurs façons.

Tantôt une partie des opérations accomplies jadis par
l'artisan se fait aujourd'hui à la machine. Les objets lui
arrivent à demi fabriqués. Son office n'est plus que d'achever ou de mettre en place ce qui lui vient de la grande
usine. Faut-il des exemples ? Le forgeron ne façonne plus
lui-même le fer à cheval : il l'achète et se borne à l'adapter
au pied de l'animal. Le serrurier ne fabrique plus de
toutes pièces les serrures : il se les procure toutes faites
et se contente de les appliquer aux portes qu'il s'agit
de fermer. De même le menuisier trouve tout préparés
les parquets et les fenêtres qu'il doit poser ; le peaus-
sier, le fabricant de brosses, au lieu de traiter intégra-

Fig. 11. — Riveteuse hydraulique à l'usine Borsig
(fabrique de locomotives, Berlin).

lement les matières premières dont il a besoin, les reçoit déjà travaillées. De là une diminution du rôle de l'artisan, du nombre des aides qu'il emploie et une augmentation du capital qu'il lui faut pour les achats.

Tantôt les métiers sont atteints dans leur indépendance. Ils sont annexés, incorporés, subordonnés par quelque grande exploitation. Les artisans deviennent des ouvriers travaillant en commun à quelque pièce considérable ; ainsi des peintres, des tourneurs, des ébénistes, des menuisiers sont attachés à une grande fabrique de meubles ; ainsi des charrons, des selliers, des bourreliers, des vernisseurs sont employés par une grande entreprise de carrosserie. Ils rentrent alors dans la catégorie du travail loué ; ils ne sont plus vraiment leurs maîtres ; ils ne besognent plus à leur heure et à leur guise ; ils sont soumis à la réglementation qui est un des caractères distinctifs de la grande industrie ; ils sont descendus au rang de salariés.

En somme les métiers ont pâti chaque fois qu'ils produisaient des objets de grande consommation et pouvant se conserver longtemps en bon état. En bien des cas ceux qui les exercent sont condamnés au simple raccommodage de ce qu'ils fabriquaient autrefois. Le cordonnier est réduit aux fonctions de savetier ; l'horloger répare les mouvements de montres et pendules qui ne viennent plus de chez lui. Il y a donc maintien, mais décadence, d'une classe de travailleurs laborieux, honnêtes, intéressants, qui sont nécessaires à la production, mais ne peuvent plus y jouer les premiers rôles.

§ 4. — LA MANUFACTURE. (FABRIQUE DISPERSÉE ET FABRIQUE CENTRALISÉE)

Il nous reste à dire comment la manufacture, sous les deux formes qu'elle affecte, s'est comportée en présence de la machinofacture, son héritière et son ennemie.

La fabrique dispersée subsiste partout autour de nous. Dans les villes, où, pour la confection des habits par exemple, elle utilise une armée d'ouvriers et surtout d'ouvrières qui peuplent les mansardes de Paris, les « slums » de Londres, les « tenement houses » de l'Amérique ; où elle descend parfois jusque dans la pauvreté décente des ménages bourgeois et gênés ; dans les campagnes, où des commissionnaires portent avant l'hiver, morte-saison des travaux agricoles, de la besogne à faire, linge à ourler ou à plisser, passementerie ou broderie à fabriquer. Tout le monde a vu ce système à l'œuvre. Le touriste qui parcourt la Suisse ou le Tyrol est surpris de rencontrer sur un col de montagne ou au fond d'une vallée sauvage un tisserand en soierie, qui est aux gages de quelque firme zurichoise ou une brodeuse qui travaille pour un grand commerçant de Saint-Gall ou d'Inspruck. Les paysannes qui tressent la paille en Toscane sont enrôlées par des maisons qu'elles connaissent à peine de nom. A Lyon, la Croix-Rousse et les villages environnants sont pleins de canuts, dont le logis est encombré par la volumineuse charpente du métier à tisser qui se meut ou s'arrête selon les ordres d'un fabricant. Qui a visité les faubourgs de Bruges-la-Morte ou les environs du Puy-en-Velay y a remarqué, sur le pas des portes, des dentellières qui font mouvoir, avec un petit clic-clac très caractéristique, leurs fuseaux de bois et forment une échelle féminine allant de la gamine encore maladroite à la grand'mère aux yeux armés de lunettes.

Comment expliquer cette floraison persistante du travail à domicile ? Elle est due d'abord à des raisons techniques. Elle se lie à la lutte du travail mécanique et du travail à la main, lutte qui, depuis cent cinquante ans, a suscité beaucoup de débats, de colères et de conflits.

Le travail mécanique fabrique plus vite et à plus bas prix des produits uniformes, presque identiques. Mais le travail à la main, plus lent et moins sûr dans ses résultats, peut être, en revanche, et est souvent plus soigné, plus artistique aussi, d'une part parce qu'il est plus approprié à la personne qui l'a fait exécuter, d'autre part parce qu'il reflète la personnalité et parfois la fantaisie de l'ouvrier. Le produit créé de la sorte est considéré comme un produit d'élite. C'est ce qui explique la différence de prix entre le vêtement acheté au magasin de confection et celui qui a été commandé chez le tailleur. Toute dame, un peu connaisseuse, se gardera d'attribuer la même valeur à la pièce de dentelle, reproduite à des milliers d'exemplaires par la machine impeccable, et à la pièce unique, qui, fût-elle semée de quelques fautes, a été longtemps caressée par les doigts de l'ouvrière. Entre l'une et l'autre il y a la distance de l'original à la copie. Donc partout où existe l'industrie de luxe, le travail à domicile a chance de durer. C'est pourquoi il s'obstine à vivre à Lyon, la ville des soieries somptueuses. C'est pourquoi, à Liège, parmi les armuriers, les fusils de précision, les armes niellées ou damasquinées sont payés aux pièces à des ouvriers qui travaillent souvent hors de l'atelier commun.

S'agit-il de produits d'une consommation courante ? D'autres causes techniques interviennent. C'est alors l'introduction même de la machine dans le logis du travailleur. Parfois c'est une machine portative, pas plus grosse qu'un meuble. Tel est le cas de la machine à coudre qui, depuis 1855 en France, a révolutionné le métier de la couture ; permettant à une femme de faire autant d'ouvrage qu'en faisaient auparavant six ou sept, elle rendait possible une rapidité presque égale à celle qu'on pouvait obtenir dans une usine mue par la vapeur. Dans ces derniers temps, un cas analogue s'est représenté, lorsqu'on a inventé les petits moteurs à gaz ou à pétrole. Il y eut dissémination de la force mécanique, que jusqu'alors il fallait aller chercher dans un grand établissement. Ce fut bien autre chose encore, dès qu'on sut la débiter par tranches et la transporter à distance au moyen de l'électricité. A Genève, au milieu du Rhône, qui sort du lac lancé comme une flèche, des turbines captent une somme considérable d'énergie ; des fils la distribuent ensuite dans tous les alentours ; un ouvrier peut avoir, selon ses besoins, l'équivalent de deux ou trois chevaux-vapeur ; et dès lors, sans quitter son établi, l'horloger peut repercer des plaques de métal, l'atelier de famille peut se multiplier dans la ville et la banlieue. Cela facilite aussi la division du travail, de façon que chaque travailleur peut en faire aisément telle ou telle parcelle ; cela se prête en un mot aux nécessités de la production en grand. Seulement, en réalité, la manufacture passe déjà de la sorte au régime de la machinofacture ; elle ne dure qu'en se transformant.

Des raisons non plus techniques, mais économiques et sociales, concourent à ce maintien de la fabrique dispersée. Elles sont naturellement différentes, selon qu'on se transporte dans le camp patronal ou dans le camp ouvrier. Nous nous placerons tour à tour dans l'un et dans l'autre.

Voici d'abord les raisons qui déterminent les patrons à la soutenir :

Elle leur procure une notable économie de frais généraux. Pas besoin de construire une usine capable de contenir des milliers d'êtres humains. Pas besoin d'éclairer et de chauffer des ateliers où ils travaillent. Allégement des impôts qui sont calculés le plus souvent sur les signes visibles de la richesse. Puis, une crise survient-elle, pas de machines obligées de fonctionner sans relâche au risque d'une surproduction ou de se rouiller, paresseuses, à l'état de capital inerte qui se détruit dans l'inaction. Donc les pertes et les souffrances de toute morte-saison réduites au minimum, reportées sur le personnel ouvrier qu'on ne paie point durant le chômage.

Regardons, par exemple, les industries exposées aux caprices de la mode. Il est évident que si, par un changement dans le goût de la clientèle, la demande vient à faiblir, il est nécessaire de fabriquer moins. Il est également évident que si, pour une raison analogue et inverse, la demande devient abondante et pressante, il faut hâter et activer la production. Le cas s'est présenté plusieurs fois pour la rubanerie de Saint-Étienne. La fabrication des rubans de soie noire, qui se chiffrait par 9 millions en 1886, montait à 25 millions en 1889, tombait à 10 en 1897. Et l'on trouverait des oscillations semblables pour les rubans façonnés et les velours. Pour s'y plier docilement, si la fabrique était centralisée, il faudrait des ateliers qui occuperaient tantôt des centaines, tantôt des milliers d'ouvriers, qui utiliseraient tantôt trois ou quatre, tantôt vingt machines. Ce sont des écarts inquiétants pour un fabricant. Comment se tire-t-il d'embarras ? En augmentant ou en diminuant, selon les commandes, le nombre des travailleurs à domicile et celui des chevaux-vapeur qu'on leur loue. Grâce à la souplesse de cette organisation, l'employeur triomphe de la crise ; mais les risques inhérents à cette industrie de luxe sont transférés en majeure partie et répartis parmi le personnel employé.

Prenons un autre exemple. La chose se passe dans le nord de la France en 1907. Une fabrique d'étoffes pour ameublement occupe, dans un atelier muni de machines, 70 ouvriers et 40 ouvrières. Or il advient que le Touring-Club, grand ami de l'hygiène, entame une campagne contre les tentures qui lui paraissent être de dangereux agents de contagion. En conséquence la demande des étoffes d'ameublement fléchit. Les ouvriers demandent qu'on établisse un roulement, de façon que, sans renvoi, le peu de travail restant soit partagé entre tous les travailleurs. Les patrons se refusent à cette combinaison et ils préfèrent, comme plus avantageux pour eux, l'abandon du travail mécanique en commun ; ils se rabattent, par une véritable régression, sur les procédés anciens du travail à la main fait à domicile. Malgré une grève, ils s'obstinent dans cette résolution, ferment leur usine, installent des métiers à l'ancienne mode dans les maisons voisines. Le fait est exceptionnel peut-être ; mais il montre nettement l'intérêt que le patron peut avoir à conserver et à étendre le vieux système de la fabrique dispersée.

Une seconde raison milite dans le même sens auprès des patrons. Par cela seul que le travail à domicile s'opère dans l'intérieur de la famille, il échappe aux lois protectrices de l'ouvrier, qui s'arrêtent au seuil de ce sanctuaire. Point d'inspecteur gênant qui menace de dresser procès-verbal, si l'on y besogne quinze ou dix-huit heures par jour. Point de contravention à craindre, si le local est malsain, s'il ne contient pas le cube d'air jugé nécessaire par la réglementation officielle. Le fabricant qui donne l'ouvrage à exécuter n'a point à se soucier de ces détails. Il est quitte de toute obligation, dès qu'il a payé le prix convenu. En quelques pays l'inspecteur a le droit de pénétrer dans l'atelier familial, si l'on y use d'un moteur, si l'industrie est reconnue pour insalubre ou dangereuse. Mais alors même, à supposer qu'un accident se produise, qu'une courroie happe un maladroit, qu'un éclat de verre ou de métal cause une blessure, cela ne regarde point le patron ; il n'est pas responsable ; le malheur n'est point arrivé dans des locaux qui lui appartiennent.

Une troisième raison porte les patrons à voir de bon œil le travail à domicile. Les travailleurs qui le pratiquent sont, par définition même, des isolés ; ils ont beau dépendre de la même entreprise ; ils ne se coudoient pas, ne se fréquentent pas, ne se connaissent pas même. Comment s'entendraient-ils, formeraient-ils un bloc résistant ? Ils demeurent sans cohésion, sans volonté collective, à l'état de poussière humaine. Ils sont incapables de ces coalitions qui sont la terreur du monde patronal. Cela même permet d'infliger des salaires de famine à ces faibles, à ces désarmés, parmi lesquels dominent les femmes et qui sont les parias du monde ouvrier.

Mais si nous nous transportons parmi eux, de l'autre côté de la barricade, comme on dit aujourd'hui, quelles raisons peuvent bien les décider à subir des conditions souvent cruelles ? Évidemment ce ne sont pas les mêmes. Elles se ramènent toutes à l'envie ou à la nécessité de gagner quelque argent ; elles relèvent ainsi de notre organisation sociale qui met aux mains d'une minorité la terre, le capital, les instruments de production, qui oblige les autres à louer leur force de travail pour vivre. Mais elles agissent de façon variée sur les différentes catégories de travailleurs. La fabrique dispersée se recrute parmi les ouvriers chassés de leurs ateliers par le chômage, parmi les artisans dépossédés de leur petite industrie par la concurrence de la grande usine, parmi les journaliers en quête d'un gagne-pain régulier, parmi les habitués de l'industrie domestique qui passent facilement du travail pour eux-mêmes au travail pour autrui, parmi les campagnards déracinés que le mirage de la ville arrache à leur dure, mais paisible existence rurale, parmi les émigrants que la misère ou la persécution pousse en foule aux pays neufs.

Aux femmes, qui en sont les victimes privilégiées, elle offre l'avantage de rester à la maison et d'avoir une ombre d'indépendance, l'illusion d'obéir à une discipline volontaire, de pouvoir travailler à leurs heures et sans surveillance. La mère de famille, qui emporte de l'ouvrage à domicile, se flatte de pouvoir encore s'occuper de son ménage et de ses enfants ; elle est contente de garder sa fille à ses côtés, de lui épargner les longues courses hors du logis, la promiscuité pénible ou dangereuse de l'atelier ; en un mot l'amour du nid familial, si mesquin que ce nid puisse être, opère comme une amorce puissante. Parfois il s'y mêle aussi un sentiment d'amour-propre, une étrange pudeur qui est une survivance du temps où le travail manuel était « œuvre servile », suivant l'expression de l'Église catholique ; dans beaucoup de familles, qui n'appartiennent tout à fait ni au peuple ni à la bourgeoisie, quand elles sont pressées par la détresse, dames et demoiselles se muent en ouvrières de circonstance et saisissent l'occasion de travailler sans qu'on le sache, de s'assurer en secret un petit appoint à leur revenu insuffisant.

On comprend que la fabrique dispersée ait ainsi la vie dure. Les recensements, qui confondent trop souvent les petits patrons et les travailleurs à domicile, ne fournissent pas les moyens d'en évaluer avec précision l'étendue. On peut affirmer seulement qu'elle a encore un très large domaine, où peinent des millions de travailleurs et de travailleuses ; que, sous l'action des grands magasins, elle conquiert à chaque instant de vastes territoires, dans la lingerie et la confection en particulier ; que très souvent elle s'installe sans bruit sur des terrains nouveaux, comme elle a fait à Paris dans l'industrie du jouet où les petites baraques du Jour de l'An ne sont plus guère que des succursales foraines de grandes maisons. Malgré l'énergique réprobation soulevée en maint endroit par ce qu'on appelle le *sweating system* (le système qui fait suer du travail jusqu'à épuisement), il est très probable qu'elle a fait des progrès sensibles depuis un demi-siècle, sauf en Australie où des lois intelligentes ont réussi à l'enrayer.

La manufacture *centralisée*, *agglomérée*, a été moins heureuse dans sa résistance. Ce n'est pas qu'elle ait manqué de vigueur dans la bataille. Qu'on se rappelle le temps où les ouvriers, soutenus sous main par des patrons trop pauvres ou trop timorés pour se payer un nouvel outillage, brisaient les machines, incendiaient l'usine perfectionnée, endommageaient parfois l'usinier ! En Angleterre, en France, en Amérique, partout les premiers pas de la machinofacture ont laissé derrière elle une traînée sanglante. Mais c'était la lutte du pot de fer contre le pot de terre. Beaucoup d'ouvriers (tisserands, tricoteurs) périrent en s'obstinant à lutter contre la fabrique pourvue d'organes de fer et d'acier ; beaucoup de patrons firent faillite. Les plus avisés introduisirent chez eux ces machines redoutées. Cela s'est fait plus ou moins lentement ; cela continue à se faire tous les jours. Mais une mue de ce genre est pénible ; elle est coûteuse, et c'est pourquoi sans doute des procédés arriérés prolongent leur existence au delà des limites qui semblaient leur être assignées par leur nature ; par exemple, des imprimeries « vieux jeu » subsistent en province, alors que celles des grandes villes se sont renouvelées de fond en comble. C'est pourquoi encore des industries exploitant des matières autrefois inutilisées, comme le jute et le caoutchouc, sont entrés de plain-pied dans le régime de la grande industrie : elles n'ont pas connu les tâtonnements et difficultés par où ont dû passer les autres. Toutefois, par un phénomène inverse, un bon nombre de fabrications, dans les premières années de leur existence, surtout si elles ne sont pas sûres d'un débit constant, s'en tiennent au travail à la main ; mais elles ne représentent alors qu'une évolution incomplète ; elles ne font que traverser une phase de début ; et, pour peu qu'elles prennent de confiance en l'avenir, elles deviennent vite mécaniques. Les confetti, ces derniers favoris du carnaval parisien, furent d'abord découpés à l'emporte-pièce dans de petits ateliers ; ce sont aujourd'hui des machines gigantesques qui vomissent par milliards ces minuscules ronds de papiers multicolores. Au reste l'accroissement des forces motrices employées dans l'industrie par tous les pays du monde permet de mesurer les victoires incessantes et décisives remportées par la machinofacture. En France, le tableau suivant, qui est fort incomplet, puisqu'il ne comprend que les appareils à vapeur, résume par décades sa marche triomphale et en rend sensible la vitesse croissante :

	Machines.	Chev.-vap.			Machines.	Chev.-vap.
1839 . .	2.450	33.000		1879 . .	39.556	516.000
1849 . .	4.949	62.000		1889 . .	56.865	818.000
1859 . .	13.691	169.000		1899 . .	73.091	1.647.000
1869 . .	26.211	320.000		1908 . .	80.926	2.063.697

Et, pour prouver que cet accroissement ne s'est pas produit seulement dans un petit nombre de grandes usines, il suffit d'ajouter que la quantité des établissements employant des moteurs à vapeur s'est élevée de 6.543 en 1852 à 62.114 en 1908.

§ 5. — Avantages de la machinofacture. Économie de temps, de main d'œuvre, de frais généraux

A quoi est due cette victoire de la grande industrie sur les anciens modes de production ? Évidemment à sa supériorité économique. Mais il convient de la préciser.

Il est certain que les machines ont une puissance que l'homme ne possède pas, réduit à ses seules forces ; que leurs muscles d'acier peuvent exécuter des besognes interdites à des bras de chair et d'os ; qu'elles peuvent travailler avec une continuité inlassable, nuit et jour, pendant des semaines et des semaines, sans avoir besoin de ces haltes et de ces repos qui sont une nécessité pour des ouvriers. De là pour la grande industrie trois avantages que nous allons mettre en relief : *Économie de temps ; économie de main-d'œuvre ; économie de frais généraux.*

L'économie de temps et celle de main-d'œuvre vont ensemble. Tout usinier, avant d'adopter une machine, se demande si la même quantité de produits peut être obtenue en moins d'heures et avec moins d'ouvriers par la production mécanique que par les procédés antérieurs.

On a fait de grandes enquêtes pour élucider cette question. La plus connue, la plus complète fut menée avec grand soin par l'Office du travail de Washington, sous la direction de Carroll Wright, de 1894 à 1898 (*Hand and machine labour*). Elle a été utilisée par Emile Levasseur dans une étude qui a reçu le même titre : *Comparaison du travail à la main et du travail à la machine* (1900). Elle porte sur 672 branches d'industries ou de travaux. Pour chaque cas qu'elle envisage, elle met en regard les deux modes de production en posant plusieurs points d'interrogation : Quel est le nombre des opérations nécessaires pour obtenir une certaine quantité du produit dont il s'agit ? Quel est le nombre des ouvriers et quel est le total des heures employées à la fabrication ? Quel est le coût total de la main-d'œuvre et quel est le prix payé par heure à cette main-d'œuvre ?

Nous extrayons de cette enquête quelques échantillons pris dans des groupes d'industrie très différents (habillement, alimentation, horlogerie, ameublement, fabrication d'outils et de voitures).

De ce tableau (p. 189) il ressort que la production en grand, à la machine, exige *toujours* plus d'opérations que la production en petit. Pourquoi ? Parce que le travail est plus divisé, parce que la machine, au début, ne fait que des opérations simples, facilement décomposables ; plus tard la machine perfectionnée recompose ce qu'elle a d'abord décomposé, accomplit quatre ou cinq opérations d'un coup, parfois fait toute la besogne à elle seule. Du

N° D'ORDRE	ANNÉE de la prodction	MARCHANDISES TRAVAILLÉES		NOMBRE d'opérations	NOMBRE des ouvriers	TEMPS employé. (heures)	COÛT TOTAL de la main-d'œuvre. (en dollars).	PRIX de la main-d'œuvre par heure. (en dollars).
1	?	Vêtements d'hommes (100)	A la main	22	6	3.301	803,91	0,24
	1893		A la machine	28	71	1.375	261,83	0,19
2	1859	Bottes à bon marché (100 paires)	A la main	83	2	1.436	408,50	0,28
	1893		A la machine	122	113	154	35,40	0,23
3	1813	Clous (20.900)	A la main	3	3	236,25	20,24	0,086
	1897		A la machine	20	83	1,49	0,29	0,43
4	1897	Pain (1.000 livres)	A la main	11	1	28	5,60	0,20
	1897		A la machine	16	12	8,56	1,55	0,48
5	1860	Chaises cannées en chêne (la douzaine)	A la main	12	4	114	17,10	0,15
	1895		A la machine	44	25	40,57	4,75	0,11
6	1895	Gants (la douzaine)	A la main	10	6	25,34	1,80	0,07
	1895		A la machine	16	16	10,23	1,98	0,15
7	1866	Lits en bois dur (la douzaine. 4 pieds 6 pouces de large)	A la main	10	5	571	141	0,24
	?		A la machine	35	52	41	6,07	0,14
8		Cigarettes (100.000)	A la main	11	27	990	97,45	0,098
			A la machine	13	48	148,58	11,48	0,077
9	?	Mouvements de montres (1.000)	A la main	455	14	244.866	80.822	0,33
	1896		A la machine	1.088	2	8.243	1.799	0,21
10	?	Charrues (10)	A la main	11	2	1.180	54,46	0,046
	1896		A la machine	97	52	37,28	7,90	0,21
11	1848	Voiture de ferme (1)	A la main	37	5	242	35,35	0,14
	1896		A la machine	63	75	48,17	7,18	0,15
12	1866	Beurre (500 livres)	A la main	7	3	125	10,06	0,085
	1897		A la machine	8	7	12,30	1,78	0,014
13	1871	Conserves de pommes (100 douzaines de boites de 1 gallon. Le gallon vaut 3 litres 785)	A la main	16	95	653	35,53	0,054
	1874		A la machine	14	73	234	21,58	0,092

tableau il ressort encore que la production mécanique emploie *presque toujours* plus d'ouvriers. Pourquoi ? Parce que les opérations sont non seulement plus nombreuses, mais plus rapides, et qu'il faut beaucoup d'ouvriers, pour que l'un ne soit pas réduit à se croiser les bras, tandis que l'autre exécute sa besogne. Il faut ajouter que la machine, en se perfectionnant, réduit le nombre des ouvriers. Du tableau il ressort enfin que *toujours* la production mécanique demande moins de temps ; et cette épargne de temps est si considérable (voir la confection des bottes à bon marché, des lits en bois dur, des mouvements de montre, des charrues ou du beurre) que *toujours*, quoique les ouvriers soient payés plus cher, le coût de la main-d'œuvre est réduit dans des proportions qui varient, mais qui sont parfois extrêmement considérables (Voir la fabrication des cigarettes et des clous).

On comprend que pour cette raison la grande production ait plu aux patrons et qu'elle ait inquiété les ouvriers, dont une génération est régulièrement sacrifiée par l'introduction des machines dans un métier. Dans l'Amérique du Nord, vers 1888, s'il faut en croire un ouvrage australien inspiré de l'esprit trade-unioniste, 70.000 ouvriers par an étaient mis à pied par le développement effréné du machinisme ; un homme faisait dans les papiers peints la besogne faite autrefois par cent ; dans la cordonnerie, en l'espace de trente ans, un travailleur pouvait en remplacer six. En 1885, il y eut une grande grève au Massachusetts dans cette branche d'industrie ; les patrons adoptèrent des machines perfectionnées ; l'année suivante, ils obtenaient une production égale avec 15.000 ouvriers de moins. Le même ouvrage affirme que dans la carrosserie, dans les fabriques de carton le nombre des travailleurs put être diminué de moitié, et dans la métallurgie d'un tiers.

On dira peut-être que ce sont là des phénomènes

propres à l'Amérique et exagérés par l'esprit de parti. Regardons ailleurs. En Allemagne, le recensement de 1895 montre que, durant les treize années précédentes, le nombre des ouvriers employés à l'extraction des minerais a diminué, tandis que les quantités extraites ont augmenté ; et dans les salines, les mines de houille, les fabriques de sucre, s'il y a eu augmentation du personnel employé, l'accroissement a été proportionnellement beaucoup plus fort dans la quantité des produits. Regardons en France ; selon Émile Levasseur, un tisserand à la main passait en moyenne 60 duites à la minute et perdait la moitié de son temps à changer de navette, à rattacher les fils cassés ; un tisserand conduisant un métier mécanique ordinaire passe 200 duites à la minute et ne perd qu'un dixième de son temps. Encore l'écart va-t-il augmentant à chaque perfectionnement ; le métier Northrop fabrique autant de mètres d'étoffes que six métiers anglais du type qui l'a précédé.

On pourrait multiplier les exemples. En voici plusieurs pris en Amérique : l'impression d'un journal de seize pages demanderait 760 heures, si elle se faisait avec une presse à bras ; elle se fait en 4 h. 40 avec une machine rotative. Dans la fabrication du papier, 4 hommes et 4 jeunes filles font l'ouvrage que faisaient naguères 400 hommes. En 1886, dans la construction des machines agricoles, 600 travailleurs obtenaient la même somme de produits que 2.145 en 1866. Voici d'autres exemples pris en France : cent douzaines de chemises, avant 1848, faites entièrement à la main, coûtaient 1.200 journées d'ouvrières ; vers 1900, fabriquées à la mécanique elles n'en réclament plus que 200, six fois moins. Pour polir à la main une glace d'un mètre carré, il fallait 112 heures ; 3 h. 40 suffisent à la machine. En 1900, on a constaté que la confection d'un billet de la Banque de France n'exigeait plus qu'un vingtième du temps jadis requis.

Il est donc hors de doute que par le machinisme la production est singulièrement accélérée et que cette rapidité entraîne une économie sensible dans la main-d'œuvre. Cette économie se traduit par une économie sur les salaires et elle s'explique, non seulement parce que les ouvriers, quoique payés plus cher quand ils sont qualifiés, abattent plus d'ouvrage, mais aussi parce que les manœuvres, les femmes, les enfants, employés en bon nombre comme servants de la machine, ont été et sont encore très peu rémunérés. Cette économie va d'ailleurs grandissant à mesure que la machine se perfectionne et peut se passer de plus en plus de l'intervention humaine. Ainsi se réduisent *les frais généraux* de l'entreprise.

Mais ce n'est pas la seule réduction dont ils bénéficient. Des ateliers groupés, concentrés, coûtent moins cher que s'ils étaient éparpillés sur un vaste espace ; le terrain qu'ils occupent serait dix fois, vingt fois plus grand, s'ils étaient disséminés ; le coût de la location ou de l'achat serait, en conséquence, plus considérable, comme celui de l'éclairage et du chauffage. Puis c'est une chose connue que les machines ont des déperditions très fortes, si elles sont de petite dimension, beaucoup moindres, si elles sont de grande taille. Une machine à vapeur de 100 chevaux peut arriver à un rendement de 15 à 18 ; une machine à vapeur de 5 chevaux ne peut guère dépasser un rendement de 8 p. 100. Il s'ensuit que la force motrice coûte proportionnellement plus cher à la petite qu'à la grande industrie. C'est de même un fait d'expérience courante que les achats se font à meilleur compte en gros qu'au détail : or le grand industriel, pour se procurer la matière première dont il a besoin, peut conclure des marchés avantageux ; le petit est obligé de subir des prix majorés. On peut en dire autant des capitaux qu'il faut emprunter. Si le vieux proverbe : On ne prête qu'aux riches, n'est pas vrai à la rigueur, il l'est encore beaucoup trop en ce sens qu'on demande une prime d'assurance plus forte, c'est-à-dire un intérêt d'un taux plus élevé, à l'emprunteur qui ne paraît pas avoir les reins solides. Sans doute, en regard de ces avantages dont jouit la grande production, il faudrait mettre le danger qu'elle court, par suite de la concurrence et des inventions nouvelles, d'avoir à renouveler son outillage d'un moment à l'autre. Mais ce même danger menace la petite industrie, qui, elle, est souvent dans l'impossibilité d'adopter les procédés les plus récents, parce que la mise de fonds est trop grosse. Il est aisé d'évoquer le tragique souvenir des fabriques qui furent tuées de la sorte par une découverte ; en 1875, à Chemnitz, dans la Saxe, le métier mécanique fut substitué au métier à la main par les grandes usines, et 4.519 maîtres, qui occupaient auparavant de 1 à 10 ouvriers, furent réduits à l'état d'ouvriers ou d'indigents. En France, dans la fabrication du sucre, dont la consommation n'a cessé d'augmenter, on passe de 65.168 travailleurs en 1882-83, à 43.385 en 1901-02.

Il est donc prouvé que la grande industrie, qui peut utiliser tous les perfectionnements inventés par la science, réalise pour ceux qui l'exercent une triple économie, si l'on compare ses dépenses à celles de la petite. C'en est assez pour expliquer les succès de la première aux dépens de la seconde.

OUVRAGES A CONSULTER

Bücher (Karl). — *Études d'histoire et d'économie politique* (Trad. française, Paris, 1901).

Vandervelde (Emile). — *Le Collectivisme et l'évolution industrielle* (Paris, 1900).

Enquête de la Chambre de Commerce de Paris (en 1848).

L'Association dans les métiers et négoces belges en 1910 (Bruxelles).

Germain Martin. — *Les bazars du Caire et les petits métiers arabes* (Paris, 1910).

Kropotkine. — Article dans la *Nineteenth Century* (août 1900).

De Seilhac (Léon). — *Les progrès du machinisme.*

Marx (Karl). — *Das Kapital (passim).*

Bonneff (Léon et Maurice). — *La vie tragique des travailleurs* (Paris, sans date).
   La classe ouvrière (Paris, 1911).

Vinson (Louis). — *L'industrie du ruban à Saint-Étienne* (Saint-Etienne, 1910).

Martin-Saint-Léon (Etienne). — *Le Petit Commerce français* (Paris, 1911).

Ardouin-Dumazet. — *Les petites industries rurales* (Paris, 1912).

CHAPITRE VIII

EFFETS DES TRANSFORMATIONS TECHNIQUES SUR LA GRANDE INDUSTRIE. LE PROBLÈME DE LA CONCENTRATION INDUSTRIELLE

§ 1. La concentration financière. — § 2. La concentration technique. — § 3. La concentration organique. — § 4. La concentration locale. § 5. La concentration du personnel.

Si les transformations techniques de l'industrie, sans tuer les anciens modes de production, les ont profondément modifiés et réduits à un rôle secondaire, elles ont agi aussi sur les conditions de vie des nouveaux établissements. C'est une action ou plutôt une série d'actions que nous devons maintenant étudier.

Nous rencontrons ici sur notre route le problème de la concentration industrielle. Est-il vrai qu'une minorité de grands fabricants, nouvelle féodalité, concentre dans ses mains les instruments de production, la direction et par suite les profits de l'industrie ? Question passionnément controversée, parce qu'elle n'est pas d'ordre exclusivement scientifique. Ceux qui la tranchent dans un sens ou dans un autre prétendent tirer de la solution qu'ils adoptent des conséquences pratiques. Les socialistes disent : — La concentration qui se produit est le prélude de la socialisation. L'évolution actuelle mène droit au collectivisme. Nous n'avons qu'à laisser faire, en accélérant quelque peu le mouvement. — Leurs adversaires (anarchistes, morcellistes, etc.) répondent:

— La concentration est un mythe. Les petites entreprises se multiplient, au lieu de disparaître. L'évolution actuelle est en désaccord avec les revendications socialistes. Elles n'ont donc ni chance, ni succès, ni raison d'être.

A notre avis, de part et d'autre, les défenseurs des deux thèses adverses se font une singulière illusion en considérant le sort du socialisme comme attaché à cette question. C'est oublier que le socialisme est avant tout la poursuite d'un idéal de justice; qu'il ne craint pas d'opposer à ce qui est ce qui doit être; qu'il ne saurait être atteint dans ses œuvres vives, j'entends dans son effort pour harmoniser l'intérêt général et l'intérêt particulier, dans sa volonté de fournir à tous les membres de la société des moyens égaux de se développer de façon intégrale et conséquemment inégale et diverse, par ce fait que le nombre des usiniers sera plus ou moins grand et leurs fabriques plus ou moins considérables. Nous pouvons donc bannir aisément de l'examen du problème l'esprit de parti, qui crève si agréablement les yeux, et l'aborder avec le calme et la sérénité de la science.

Nous savons déjà que les phénomènes ne sont pas les mêmes selon les moments, les pays, les différentes fabrications; qu'il ne faut point, par suite, considérer l'industrie comme un bloc homogène; qu'il est indispensable, en traitant le sujet, de faire les distinctions qu'il impose, de sérier les divers aspects qu'il présente.

Notre enquête s'engagera donc dans deux voies essentielles : elle considérera d'abord la machinofacture dans sa constitution intime, essentielle, juridique, pour déterminer à qui appartient, en dernière analyse, la haute main, la direction, le pouvoir; elle la considérera ensuite dans sa figure extérieure, dans sa structure organique, dans les emplacements qu'elle occupe et le personnel qu'elle emploie.

§ 1. — LA CONCENTRATION FINANCIÈRE

La machinofacture, comme la manufacture sa devancière, a deux formes que nous connaissons : elle peut être *dispersée* ou *agglomérée* ; mais cette dernière forme est celle qu'elle affecte de préférence, et alors qu'elle recoure à la vapeur ou à l'électricité, qu'elle emprunte ses procédés à la mécanique ou à la chimie, elle exige une *concentration financière ou capitaliste*.

Il faut beaucoup d'argent pour les *frais d'établissement* de la fabrique centralisée : achat du terrain, où elle élève ses bâtiments, construction de ces bâtiments, aménagement des moyens de communication qui lui amènent la matière première ou emportent ses produits. Ainsi le Creusot possède 300 kilomètres de voies ferrées, 1.500 wagons et paie en sus pour ses transports trente millions par an à la compagnie P.-L.-M. Ainsi les possesseurs des sources de pétrole ont dû creuser des rigoles de 500 à 600 kilomètres pour conduire leur huile des puits aux raffineries. Bass, roi des brasseurs anglais, avait 25 kilomètres de chemin de fer, 60.000 fourgons et payait par an quatre millions et demi pour ses frais de transport, 7.150.000 francs pour ses impôts. On pourrait citer telle mine, où, sans compter le prix de la concession, vingt-cinq millions ont été dépensés en études et travaux préparatoires avant qu'on n'ait pu en commencer l'exploitation : le fonçage d'un seul puits a coûté souvent de deux à trois millons.

Puis les machines sont des auxiliaires qui font payer cher leurs services. Une seule pompe d'épuisement, au Creusot, a été payée deux millions. Un haut fourneau perfectionné, produisant de 160 à 170 tonnes de fonte par jour, revient à un million. Une grue sur ponton, capable de porter 600 tonnes, dépasse, à Benrath, le prix de 1.200.000 francs. Et encore l'outillage ainsi acquis a-t-il une durée très limitée. Il faut se tenir à l'affût du moindre perfectionnement, sous peine d'être victime d'une concurrence désastreuse. Aux États-Unis, le renouvellement presque incessant est la règle. Une locomotive y vit dix ou quinze ans de moins qu'en Europe. Tout engin quelque peu usagé est mis au rancart. Les vendeurs de métiers nouveaux vont jusqu'à racheter les métiers vieillis qu'ils détruisent, pour forcer les industriels à se fournir chez eux.

L'usine une fois installée, il faut la faire fonctionner. Les frais d'établissement s'augmentent des frais de roulement qui sont perpétuels. Il faut acheter le combustible, la force motrice, la matière première, éclairer, chauffer, entretenir les bâtiments, avancer les salaires des ouvriers et employés, amortir le capital qu'on a dû emprunter en partie ou en totalité. Puis viennent encore les frais de vente (publicité, commis-voyageurs, etc).

Pour suffire à de pareilles dépenses, il a fallu des sommes énormes. Aussi la grande industrie a-t-elle passé par plusieurs phases.

Ce fut, d'abord, celle du capital individuel. Parmi les premiers manufacturiers, qui surent transformer leur usine en machinofacture, beaucoup furent à la fois propriétaires et directeurs de leur établissement. Grâce à la supériorité de leur outillage, ils furent, dans la lutte avec leurs concurrents, comme des hommes armés de mitrailleuses en face d'adversaires n'ayant que de vieux canons de bronze. Étant seuls à recueillir les bénéfices de leur entreprise, ils firent des fortunes réputées alors colossales. Ce fut le cas des fabricants anglais à la fin du xviiie siècle et dans les vingt-cinq premières années du xixe. Ils furent les fournisseurs exclusifs du monde et même du continent européen, où la guerre avait suspendu les progrès pacifiques et où le blocus continental n'était qu'une barrière nominale. En France un peu plus tard, sous le règne de Louis-Philippe, les industriels eurent aussi leurs jours dorés : la propriété mobilière venait d'enlever la prééminence à la propriété foncière et elle n'avait encore rien à craindre de la classe ouvrière, qui n'avait ni le droit de vote ni celui de coalition. Ce fut le temps des grands capitaines d'industrie, des barons de la fabrique, « grands feudataires du régime actuel », comme les qualifiait un orateur à la tribune. Et de fait ils étaient devenus des puissances : ils prenaient une part active à la direction des affaires publiques, qu'ils orientaient dans le sens de leurs intérêts. Les noms des Robert Peel, des Cobden, des Casimir Périer, des Schneider sont intimement mêlés à l'histoire du siècle passé. On retrouverait leur main dans les lois et les traités de commerce qui furent alors élaborés. Et leur destinée ne fut pas une exception. La même chose s'est passée dans tous les pays, au moment où la grande industrie y a pris son essor.

Cette aristocratie industrielle dut faire preuve d'initiative à la fois tenace et prudente, d'activité personnelle, de connaissances spéciales. Partout elle multiplia les grandes écoles techniques où ses fils devaient être dressés au gouvernement des usines. Dressage nécessaire ; car dans la carrière on courait risque de se ruiner autant que de s'enrichir. On devait consulter sans cesse le cours de la Bourse, comme le marin consulte le baromètre. Les naufrages furent quand même fréquents. Le Creusot, fondé en 1784, éteint ses feux en 1815, en 1818, en 1833. Il est vrai que, de 1847 à 1867, son chiffre d'affaires monte de 10.300.000 francs à 35 millions. Beaucoup d'autres entreprises traversèrent des vicissitudes semblables. La concurrence était terrible ; les lanceurs professionnels d'affaires viennent encore l'aggraver ; puis ce sont les unions ouvrières qui entrent en scène, diminuent la longueur des journées, réclament la hausse des salaires, organisent des grèves redoutables. Enfin, quand la fortune se perpétue dans une famille, c'est un fait d'observation générale que la deuxième ou troisième génération a rarement les qualités intellectuelles et morales de la première. Il se produit une sorte de dégénérescence, due à la vie trop facile, à l'influence corruptrice du luxe qu'on n'a pas gagné soi-même. Les héritiers de ces filateurs et maîtres de forges, en qui la bonne société anglaise se refusait à voir des gentlemen, sont plus policés, mais moins énergiques que leurs pères et grands-pères. Par un phénomène analogue à celui qu'on appelle en agriculture l'absentéisme, les fils ou petits-fils des fondateurs cessent de diriger l'usine. Ils descendent au rang de rois fainéants et ils ont aussi leurs maires du palais. Les directeurs et ingénieurs sont des hommes venus de la petite bourgeoisie ou même du peuple. Cette diminution de la compétence et du travail parmi les descendants des créateurs d'industries amène, avec l'augmentation des frais généraux, une seconde phase : celle du *capital collectif*.

On a d'abord un ou plusieurs associés, ou encore des commanditaires. Puis on en vient à la société anonyme. M. Charles Benoist, dans son livre sur l'*Organisation du travail* (I, 316), donne un exemple typique qui permet de suivre ces différentes étapes. Un sieur M... fonde en 1800, dans une ville de France, un atelier de serrurerie et de forges maritimes. Agrandi, déplacé, cet atelier est dirigé, depuis 1833, par ses deux fils. En 1840, ils ont un associé. En 1856, l'entreprise relève d'une société en nom collectif au capital de 3 millions : la raison sociale est M... et Cie. En 1863, elle passe aux mains d'une société anonyme par actions. Beaucoup d'entreprises suivent une marche semblable, sans compter celles qui, dès leur naissance, se placent sous ce nouveau régime.

Les grandes compagnies de capitalistes n'étaient pas,

à vrai dire, chose nouvelle. Mais il y avait une condition terrible qui avait longtemps entravé leur développement : c'était la responsabilité illimitée des participants. En cas de mauvaises affaires, ils étaient tenus au remboursement intégral, jusqu'à concurrence de leur fortune entière. Au XIXᵉ siècle, sous la poussée du besoin qu'on a de gros capitaux, un changement très grave s'opère. En Angleterre, il date de 1835 et de 1855 ; en France de 1863 et de 1867. C'est le triomphe de la responsabilité limitée. Désormais les actionnaires ne sont obligés de rembourser que le montant de leurs actions ; ils n'engagent qu'une partie de leur fortune, celle qu'ils veulent bien risquer.

Les sociétés anonymes par actions — avec titres au porteur — se développent dès lors de façon exubérante. Elles envahissent tout : banques, assurances, transports, commerce, presse, etc. Nous n'avons pas à étudier dans sa complexité ce qu'un sociologue a appelé « la révolution la plus considérable des temps modernes ». Mais nous devons toucher à ses rapports avec l'industrie.

Elle a eu là deux résultats : une certaine démocratisation de la propriété industrielle, et sa transformation en propriété collective.

D'une part, c'est la mobilisation des écus enfermés jusqu'alors dans les bas de laine, leur entrée dans la danse des millions. Les petits capitaux, auparavant timorés ou paresseux, se mettent à courir les grands chemins et les aventures. Les banquiers et les journaux qui sont à leur solde pratiquent l'art de les attirer à coups de tam-tam, à force de prospectus alléchants. Et parfois ces groupements d'infiniment petits ont aidé à faire de grandes choses ; la foule peu aisée a collaboré à des œuvres gigantesques ; les fourmis par leur nombre ont fait presque autant que les mammouths de la finance. Parfois aussi des revenus considérables ont été acquis par des mises de fonds assez minces. La Compagnie des mines de Courrières a émis des actions de 1.000 francs, sur lesquelles 300 francs seulement furent appelés et qui valaient, en 1900, 87.000 francs. Les actions de la Compagnie des mines de Lens, pour un versement de 300 francs, rapportaient en 1901, 3.000 francs de dividende. Mais ce sont là des exceptions, dont les gros ont profité beaucoup plus que les petits, et souvent, trop souvent (qu'on se rappelle les krachs de l'Union générale, du Panama, etc.), les petits bailleurs de fonds, fourvoyés dans des entreprises illusoires ou mal menées, où ils étaient propriétaires d'une parcelle équivalant à $\frac{1}{40\,000}$ ou à $\frac{1}{100\,000}$, ont été victimes des gros avec lesquels ils voisinaient.

D'autre part, la propriété industrielle, ainsi disséminée entre une foule de personnes inconnues les unes des autres, a changé de caractère. Je ne dirai pas que c'est une propriété en l'air; mais c'est une propriété fiduciaire qui repose sur une feuille de papier, une propriété fragmentaire, moléculaire, collective, qui passe de main en main avec une facilité extrême, qui ne confère ni privilège ni influence à ses détenteurs, qui leur assure seulement un revenu régulier. En réalité les petits actionnaires et les obligataires, avec la seule différence que les premiers ont un revenu variable et les seconds un revenu fixe, sont des rentiers pensionnés par l'entreprise à laquelle ils prêtent leurs fonds. Ce sont, en quelque sorte, des capitalistes salariés. De là découle une conséquence grave. Il y a séparation de la compétence et du capital, de la direction et de la propriété. Ce sont des professionnels salariés qui dirigent le travail. L'assemblée des actionnaires garde, sans doute, un droit théorique de contrôle; mais elle ne l'exerce que par procuration, par l'intermédiaire des administrateurs qu'elle subit plus qu'elle ne les choisit. C'est en somme une oligarchie financière, composée des gros bailleurs de fonds, qui décide tout et surveille les techniciens payés à qui incombe la conduite de l'entreprise.

Quoi qu'il en soit, les sociétés anonymes se sont répandues au point qu'elles forment une part très notable de la fortune publique. Le 1er juillet 1897, à la Bourse de Paris, d'après la cote du jour, les valeurs mobilières françaises s'élevaient à 63 milliards 734 millions, dont 82,5 p. 100 à revenu fixe (obligations) et 17,5 à revenu variable (actions). En 1840, dans les successions, ces mêmes valeurs mobilières comprenaient 38 p. 100 du chiffre total. A la fin du xixe siècle, elles en dépassaient la moitié. En Angleterre le nombre des sociétés *limited* a triplé de 1895 à 1900. La brasserie, en trois ans (1886-89) a passé presque tout entière à la forme sociétaire. Aux États-Unis, de 1885 à 1895, dans le Massachusetts, l'augmentation a été de 77 p. 100. En Allemagne, il y a d'innombrables Unions où fraternisent les capitaux indigènes et étrangers. « Vous êtes une Union d'États, disait un Allemand à un Américain du Nord ; nous, nous sommes un État d'Unions. »

Cependant l'évolution des capitaux ne s'est point arrêtée là. La concurrence, continuant à agir, heurte les unes contre les autres ces sociétés ; elles essaient alors de s'entre-tuer, jusqu'au jour où elles remplacent la guerre au couteau par une entente. Elles tâchent, en s'associant à leur tour, de s'assurer des conditions de vie meilleure ou même le monopole du marché. Et alors apparaissent sous le nom de *pools*, *rings*, *cartells*, *schwanze*, des unions d'unions qui diffèrent de degré jusqu'au *trust*, qui est la fusion totale des entreprises ainsi englobées.

Les *trusts*, nés en Amérique, y pullulent. Ils sont communs en Allemagne, fréquents en Angleterre, plus rares en France où ils sont gênés par la loi contre les accaparements. Tout leur est bon : pétrole, sucre, whisky, charbon, acier, cuivre, laines, cuirs, etc. Il en est de modestes dont le capital ne dépasse point une vingtaine de millions : il en est de géants, où il atteint plusieurs milliards. Celui de l'acier, au début du xxe siècle, était constitué par 7 milliards 200 millions de francs, dont 5.300 en actions ; son produit brut était de 3 milliards par an, son revenu net de 500 millions; il était lui-même une « amalgamation » de 11 compagnies, dont plusieurs étaient déjà des trusts. En 1899, on comptait aux États-Unis 353 trusts représentant un capital de 29 milliards. Dès 1900, 50 milliards étaient ainsi groupés, et les trusts depuis lors ont tellement grandi qu'ils sont aujourd'hui pour les pouvoirs publics un des plus gros sujets d'inquiétude. Il n'est plus question ici de petits actionnaires : il s'agit d'organisations colossales, dont chacune est entre les mains de quelques personnages et parfois d'un seul individu. Ces puissances se combattent, s'allient, traitent ensemble comme de véritables États. On a vu, dans ces vingt-cinq dernières années, se créer des royautés industrielles. Il y a eu des rois de l'acier, du pétrole, des chemins de fer ; le milliardaire, potentat d'une nouvelle espèce, est apparu ; les Vanderbilt, les Gould, les Carnegie, les Rockefeller ont fait pâlir la renommée dorée des Rothschild.

Nous ne songeons pas à dresser ici le bilan des trusts ; à mettre en regard le bien et le mal qu'ils font dans tous les domaines. Nous recherchons seulement les effets qu'ils ont sur la production. Or ils en diminuent les risques, en éteignant la concurrence entre les établissements qu'ils absorbent; ils font régner l'harmonie là où sévissait la discorde. Ils la régularisent, en l'adaptant aux besoins de la consommation. Ceux qui sont à leur tête connaissent, à peu de chose près, la quantité annuelle de tel produit qui a chance de se vendre; ils peuvent proportionner l'offre à la demande, remplacer par des calculs statistiques ce saut dans l'inconnu auquel sont condamnés des producteurs sans lien entre eux et fabriquant à l'aventure. Et non seulement ils équilibrent la production ; mais ils la perfectionnent. Ils appliquent sans hésiter les toutes dernières inventions, ferment les usines arriérées qui leur appartiennent; ayant moins de frais généraux, parce qu'ils concentrent leurs entre-pôts, leurs bureaux, leur publicité, tous leurs organes commerciaux, ils peuvent abaisser le prix des choses ; et ils forcent les fabriques, restées en dehors de leur entente, à s'outiller mieux ou à disparaître. En un mot, les trusts poussent au maximum les services que rend la grande industrie. Sans doute ils pourront, une fois maîtres du marché, relever les prix qu'ils auront abaissés pour le conquérir. Sans doute encore ils déplacent la concur-rence et l'aggravent parfois au lieu de la supprimer; ils entrent en conflit les uns avec les autres et leurs luttes de mastodontes ébranlent toute la société. Ainsi, même au point de vue volontairement restreint où nous nous sommes placés, ils sont loin de ne présenter que des avantages.

Aussi ne faut-il pas s'étonner si l'association des capitaux a cherché d'autres formes. A ces grands syn-dicats patronaux correspondent les associations ouvrières de production, qui ont échoué le plus souvent faute de capital et de débouchés, mais qui peuvent fort bien réussir, comme on le voit en Angleterre, si elles sont soutenues par de vastes coopératives de consommation. Mais, qu'on le veuille ou non, sociétés anonymes, trusts, coopératives mènent à l'industrie socialisée, à celle qui puise ses fonds non plus dans les caisses privées, mais dans les caisses publiques, qui s'exerce aux frais et au bénéfice de tous les contribuables et d'un groupement territorial donné. Ce groupement peut être une commune, une province, un État. C'est ainsi que les allumettes, le tabac, le sel, l'alcool sont complètement monopolisés en certains pays. En beaucoup de contrées les mines, les forêts, les théâtres sont placés sous un régime intermédiaire. En un nombre notable de villes, la fourniture de l'eau, du gaz, de la lumière électrique, de la force motrice, de certains moyens de transport, voire même du lait, de la viande, de la glace, des drogues pharmaceutiques, sans compter la construction des maisons à bon marché, relève des municipalités. La régie directe des services publics va s'accroissant; et quoique dans ce genre d'exploitation on vise avant tout à procurer aux administrés des produits sains et peu coûteux, quoique le gain soit en pareille occurrence un but secondaire et de surcroît, des bénéfices considérables ont été souvent réalisés par la collectivité dirigeante.

Il est inutile d'insister davantage sur l'accumulation de capitaux que la grande industrie exige pour se constituer et sur l'énormité des profits qu'une fois en marche elle rapporte à des sociétés ou à des individus. De ce simple aperçu il ressort que l'organisation capitaliste de la production s'achève sous nos yeux; que la concentration financière de la grande industrie est près d'être achevée. Pour une foule de produits, de grandes entreprises privées ou publiques sont vraiment maîtresses du marché, défient ou interdisent la concurrence. Par suite, de même que les petits actionnaires dans une société anonyme sont en réalité réduits à subir la volonté des gros, de même les petits producteurs, en présence des colosses qu'ils rencontrent devant eux, sont forcés d'accepter des prix et des conditions qui leur sont imposés de haut et de loin. Les uns et les autres auraient beau être vingt fois plus nombreux : ils sont sous la dépendance économique des grands capitalistes et des grandes compagnies. Si l'on compare la production industrielle à une automobile en pleine course, toutes les pièces commandant la direction et la vitesse sont entre les mains d'une très petite minorité ; c'est là le fait indéniable et grave qui justifie l'expression de féodalité venue naturellement sous la plume des premiers observateurs de cette évolution ploutocratique.

§ 2. — La concentration technique

Nous n'avons envisagé qu'une des faces du sujet ;
mais il nous faut regarder à présent la machinofacture
dans sa constitution matérielle.

Là tout d'abord on peut constater une *concentration
technique*, je veux dire une augmentation dans le
nombre et la puissance des moyens de production, des
machines, des appareils. L'augmentation numérique est
facile à mesurer. On estime, par exemple, que de 1870
à 1880, la quantité des chevaux-vapeur utilisés s'accrut
par an de 365.000, soit de 1.000 par jour, pour le monde
entier. Or on a calculé que le travail d'un cheval-vapeur
équivaut à celui de 21 hommes de peine[1]. C'est donc
comme si le nombre des travailleurs s'était accru de
21.000 unités humaines par jour et de 7.665.000 par
an. Pour la France seulement, la statistique nous
apprend que de 320.000 chevaux-vapeur en 1869 on a
passé à 2.660.000 en 1908. Pour la France encore, de
1876 à 1896, dans la moyenne des industries l'augmentation a été du double ; mais elle a été du quadruple
dans celle du coton, plus que du triple dans la métallurgie ; elle n'a été, au contraire, que du tiers dans la
carrosserie ou l'ébénisterie. Pour simplifier, les textiles,
la métallurgie, les mines tiennent les trois premiers
rangs. Seulement il faut ajouter que ces chiffres laissent
de côté plusieurs millions de chevaux-vapeur fournis
par l'eau, l'électricité, les gaz explosifs. Si bien qu'il

---

1. Je dois dire que d'autres calculs réduisent le travail d'un cheval-
vapeur à celui de 10 ouvriers. Tous ces chiffres sont problématiques,
varient selon les industries et les machines. Ils n'ont d'autre intérêt que
de rendre sensible à l'imagination l'accroissement de la production
industrielle.

faudrait au moins doubler le nombre des esclaves que chaque Français aurait à sa disposition, si ces forces se transformaient en énergie humaine. — Ce qui se passe en France a son pendant dans les autres pays industriels. En Allemagne, à Oberhausen, une seule usine métallurgique, appartenant à une société constituée au capital de 24 millions de marks, utilise 100.000 chevaux-vapeur. Aux États-Unis, en 1900, on constatait qu'on en employait deux fois plus qu'en 1890, quatre fois plus qu'en 1870. Le mouvement s'est accéléré dans la dernière décade, et le progrès a été plus sensible encore pour l'énergie électrique :

	Vapeur.	Force électrique.	Force hydraulique.	Autres.
États-Unis. . .	77 p. 100.	15 p. 100.	3 p. 100.	5 p. 100.
Canada. . . .	51 —	34 —	7 —	1 —

La puissance des machines a grandi en même temps que leur nombre. C'est visible surtout dans la métallurgie. Le marteau-pilon du Creusot pèse 150.000 kilogrammes. On y trouve une grue roulante du même poids, un laminoir qui aplatit un lingot d'acier de 50.000 kilogrammes. L'aciérie de Bethléhem, aux États-Unis, a une presse à blindage de 5.000 tonnes.

A cette concentration technique sur laquelle je passe rapidement (car il n'est que trop aisé d'en multiplier les preuves), il faut ajouter une concentration organique des grandes industries.

§ 3. — LA CONCENTRATION ORGANIQUE

Les machines, nous l'avons dit, réduisent souvent la division du travail qui existait dans les manufactures. Différentes besognes, faites par plusieurs ouvriers, sont accomplies d'un seul coup par l'automate qui les remplace. Au lieu, par exemple, qu'une épingle soit

Fig. 12. — Presse à blindage de 5.000 tonnes (aciéries de Bethléhem),
d'après l'*American Machinist*).

fabriquée par trois ou quatre ouvriers, un qui la coupe, un qui fait la pointe, un qui fait la tête, un qui la polit, ces opérations se passent dans le corps mystérieux d'une machine qui avale des fils de fer. Mais si la machine recompose ainsi les mouvements qu'on avait décomposés, la grande usine fait renaître la division du travail sous une autre forme. Celle-ci reparaît entre les divers ateliers par où passe un produit avant d'être achevé. Elle reparaît entre diverses machines qui sont spécialisées chacune dans une partie de la tâche. La machinofacture, où le mode de production est ainsi modifié, se compose donc d'un certain nombre d'ateliers, non plus isolés, mais coordonnés et subordonnés entre eux. Elle forme un tout harmonieux dont les parties distinctes et solidaires s'engrènent et s'enchaînent. Elle devient un organisme vivant, dont les organes, comme ceux du corps humain, dépendent les uns des autres en remplissant des fonctions différentes. L'entreprise, quelle qu'elle soit, a un cerveau, des bras, des jambes, autrement dit des organes de direction, de fabrication, de locomotion. C'est par une intuition très juste que Zola, décrivant une mine dans *Germinal*, ou un grand magasin dans *Au bonheur des dames*, les assimile incessamment à un être animé, à la fois un et multiple, qui s'alimente en hommes, en argent, en force, en objets de toute sorte et rend en échange une masse de produits.

Il est intéressant de disséquer quelqu'un de ces grands corps. Voici, d'après M. Charles Benoist, l'anatomie d'une usine qui existe dans le faubourg d'une grande ville du Nord de la France, et qui appartient à la Compagnie des forges et aciéries de X... Elle transforme en fer et en acier la fonte qu'elle reçoit toute faite. Or elle n'a pas moins de neuf ateliers : l'un où l'on fait, répare, entretient les outils nécessaires à la fabrication ; deux où l'on produit le fer brut et l'acier en lingots ; quatre où l'on dégrossit des tôles et des pièces diverses, en barres, en cercles, etc. ; deux où l'on finit les pièces ainsi préparées. Tous ces ateliers sont à la fois séparés et inséparables les uns des autres, puisque la matière à travailler y subit des opérations qui se font suite. Ils contiennent chacun des groupes d'ouvriers, qui portent différents noms et accomplissent des besognes diverses, sous les ordres d'ingénieurs, de chefs d'équipe, de contremaîtres superposés les uns aux autres, comme les officiers et sous-officiers d'une armée. Mais cela n'est que la moitié de l'organisation. Tout cela concerne la fabrication proprement dite : mais il y a d'autres opérations qui la précèdent et qui la suivent ; et apparaissent aussitôt des *services auxiliaires* au nombre de six. Deux sont d'ordre scientifique ; c'est le *bureau d'études* où l'on élabore les plans et devis, c'est le *laboratoire* où l'on éprouve les produits. Trois sont de nature commerciale ; ils s'occupent de la comptabilité, du magasinage, des transports. Le dernier est comparable à l'ambulance qui suit les troupes en campagne : c'est la caisse de secours destinée aux invalides du travail, aux veuves et orphelins, aux victimes d'accidents. Cela fait un total de 16 services, qui ont chacun leurs hommes et leurs chefs. Au-dessus plane le directeur-ingénieur, qui les contrôle, les commande et représente le généralissime technique ; et au-dessus de lui trône encore, invisible pour la masse des travailleurs, l'administrateur délégué, qui incarne la Compagnie des actionnaires et peut passer pour le généralissime financier.

On voit quelle complication, mais aussi quel ordre, quelle hiérarchie, quelle discipline règnent dans ce microcosme industriel !

Soumettons-nous une mine du Pas-de-Calais à un examen analogue ; elle nous apparaît semblable à un grand arbre, dont les racines plongent au fond du sol, dont le feuillage s'épanouit en plein soleil. Pour la partie technique seulement, il y a d'abord le service du fond, qui ne comprend pas moins de 26 ou de 27 spécialités (abattre le charbon, le transporter, boiser, remblayer, éclairer, etc.). Puis vient le service du jour ou extérieur qui renferme à son tour 18 spécialités (surveillance des machines, de la force motrice, triage et chargement du charbon sur les wagons, etc.). Cela fait, sous terre et sur terre, deux grandes divisions qui se subdivisent en une quantité de rameaux. Puis la partie technique est complétée par une partie commerciale, de laquelle relèvent les transports, les achats et les ventes ; par une partie administrative, qui s'occupe du contentieux. Et tout cela sérié, hiérarchisé, animé de la même vie, collabore à la même œuvre, agit et se meut de concert, suivant des règles minutieusement étudiées et observées.

Il n'est sans doute pas utile de prolonger ces introspections d'une vaste entreprise industrielle. Du petit au grand, le spectacle est le même ; les détails seuls diffèrent. Il est évident que le réseau se complique, quand on arrive à un trust. Celui de l'acier, aux États-Unis, pour n'en citer qu'un, fait ainsi rentrer sous une même direction les gisements d'où viennent les minerais, les houillères d'où vient le combustible, les carrières d'où vient la pierre à chaux nécessaire à la fabrication, les navires qui naviguent par centaines sur les grands lacs, quantité de docks, d'embarcadères, de voies ferrées, de hauts fourneaux et d'usines. Il n'a pas sous ses ordres moins de 168.000 salariés. Il contrôle 60 à 80 p. 100 de la production américaine. Il fait ainsi coopérer, non plus seulement des ateliers, mais des usines et des établissements très divers, et il donne surtout à l'organisation commerciale une importance et une étendue toutes particulières. Mais, pour avoir plus d'amplitude, les phénomènes ne sont pas d'autre nature ; il y a toujours concentration avec division du travail ou, si l'on veut employer le langage plus précis de la sociologie et parler comme eût fait Herbert Spencer, il y a intégration des divers éléments composant l'entreprise avec différenciation de fonctions pour les différents groupes ainsi reliés entre eux.

§ 4. — LA CONCENTRATION LOCALE

Cette concentration organique en entraîne souvent une autre : une *concentration locale* qui porte sur les bâtiments et aussi sur le personnel employé.

Les ateliers qui se repassent de l'un à l'autre les produits en voie d'exécution ont tout intérêt à être rapprochés. Ils se serrent donc côte à côte ou s'allongent en files interminables. Les emplacements occupés par les grandes usines acquièrent alors des dimensions formidables. Celles de Bass, le brasseur, à Burton, occupaient une surface de 25 hectares. A Leverkusen, une fabrique de produits chimiques forme un rectangle d'un kilomètre sur deux et demi ; c'est la surperficie d'une ville de 100.000 habitants. A Essen, les ateliers de la fameuse maison Krupp ont environ 10 kilomètres de tour. A Oberhausen, le grand établissement métallurgique que j'ai déjà cité couvre une surface de 400.000 mètres carrés. Le Creusot emplit de bruit, de fumée, de mouvement 400 hectares. Des terrains aussi vastes coûtent gros. Cela explique pourquoi la grande industrie s'est rarement installée au milieu des villes ; elle a préféré les faubourgs, les banlieues, parfois même des endroits déserts où c'est elle qui devenait centre d'attraction. L'usine a été de la sorte, comme le couvent ou le château-fort au moyen âge, le noyau d'une agglomération considérable. Autour d'elle se sont groupées des maisons pour loger les ouvriers, des boutiques de petit commerce pour les nourrir et les habiller. Autour d'elle se sont fondées d'autres usines, ou bien amenées là par les mêmes conditions favorables qui l'ont fait naître, voisinage d'une mine, d'un cours d'eau, ou bien ayant besoin de ses produits. Autour d'elle se sont créés des gares, des docks, des entrepôts, des ports maritimes ou fluviaux. Au Creusot, la Compagnie a acheté, autour de ses ateliers, des maisons, des bois, des terres. La place du marché, le champ de foire, les promenades lui appartiennent. Elle est devenue grande propriétaire terrienne. Ainsi se sont formées des régions industrielles, où la population a pris une densité extraordinaire, où les villes et les villages ont poussé comme des champignons. La Saxe en est un exemple, la Belgique plus encore, où les habitants sont plus serrés que dans tous les autres États d'Europe (251 par kilomètre carré). On peut citer en France, Saint-Ouen et Saint-Denis, près de Paris, les environs de Lille et de Saint-Étienne, deux cités qui ont eu au xix° siècle une croissance presque américaine. En Angleterre, Manchester, la ville du coton, avait 22.481 habitants en 1773, 50.000 en 1790, 95.009 en 1801 ; elle en compte 649.000 en 1910. Birmingham, la ville du fer, a passé de 30.000 âmes en 1760 à 558.000 en 1910. Glasgow, qui atteint le chiffre de 760.000, est une ruche qui a foisonné plus vite encore. Aux États-Unis, Pittsburg laisse à tous les étrangers l'impression d'une activité cyclopéenne. En Russie, de 1867 à 1897, Lodz a augmenté de 872 et Vladicaucase de 1.205 p. 100. Un ingénieur français, visitant en 1907 les établissements de M. Thyssen à Hamborn, décrit ainsi la fourmilière qui l'entoure : « J'essayai de compter les cheminées. Quand j'arrivai à deux cents, je n'avais pas scruté le tiers de l'horizon ; elles étaient trop. Dans la direction du sud-ouest, à trois kilomètres, elles apparaissaient tellement pressées qu'elles barraient presque totalement l'horizon. » Et dans le bassin de la Ruhr, où s'entassent en un étroit espace ce pullulement d'usines et onze millions d'hommes, il énumère douze villes dont chacune a sa spécialité industrielle et plus de 100.000 habitants. Faut-il prêter à l'industrie cette vertu miraculeuse d'être une créatrice d'hommes ? Hélas ! Elle en dévore plus qu'elle n'en crée. Mais, si elle ne les fait pas surgir du sol, elle les appelle des régions environnantes, et c'est une vérité banale qu'elle tire à elle la population des campagnes. On a dénoncé « les villes tentaculaires » : les grandes usines aussi sont des pieuvres géantes qui aspirent et sucent le sang de l'humanité avoisinante.

Mais ici intervient l'effet du transport de l'électricité à distance. On l'a remarqué de longue date, la vapeur concentre, l'électricité *déconcentre*. J'entends que les établissements qui lui demandent la force motrice ne sont pas obligés d'être près de l'usine génératrice. Comme elle transmet l'énergie au moyen d'un fil à des centaines de kilomètres, les fabriques qui la lui empruntent peuvent se disséminer autour de ce centre en un cercle dont le rayon est immense. L'agglomération n'est plus nécessaire ni utile. Mais il faut éviter toute équivoque. C'est à la concentration locale, nullement à la concentration organique ou financière, que l'électricité est contraire. Même si les usines, alimentées par la force dérobée aux torrents des Alpes ou au Niagara, peuvent s'espacer sur un large territoire, elles n'en dépendent pas moins techniquement et financièrement de l'entreprise qui capte les eaux et aussi de celles qui distribuent le travail. Même si la fabrique est dispersée, si les ouvriers ont à domicile la disposition de quelques chevaux-vapeur, cela ne les émancipe pas ; cela ne les empêche pas, pour les commandes qu'ils reçoivent, pour l'écoulement des produits qu'ils fabriquent, de dépendre de la maison qui possède le capital, l'organisation commerciale, la connaissance des débouchés. Bref l'électricité n'aboutit pas à l'isolement d'une multitude de cellules indépendantes ; elle ne brise pas la coordination et la subordination qui relient les divers ateliers, les diverses industries. Elle substitue seulement une sorte de fédéralisme à une étroite centralisation. Elle fait de l'organisme industriel un ensemble plus souple où l'unité subsiste entre des parties que rattache un lien plus lâche, quoique tout aussi solide.

On peut remarquer de même que les cartells, qui établissent entre des maisons rivales une entente pour produire en certaine quantité et pour vendre à certains prix, rendent superflue la concentration locale. C'est vrai encore des trusts qui ont intérêt à éparpiller leurs usines et leurs magasins de vente. Parfois aussi les succursales ou dépendances d'une maison mère sont fort loin de l'établissement primitif. Ainsi le domaine du Creusot s'est arrondi par des agrandissements lointains. La Compagnie a acheté successivement les mines de Montchanin et de Longpendu, puis sept autres mines dans des départements différents. Elle a exploité, sur des points divers, des forges, une verrerie, une fabrique de terres réfractaires, etc. On voit combien il importe de ne pas confondre la concentration locale, qui est secondaire et de moins en moins nécessaire, avec les autres modes de concentration que nous avons déjà étudiés.

§ 5. — La concentration du personnel

Reste à considérer la *concentration du personnel*. Et nous touchons ici au point critique du problème dont nous cherchons la solution, parce que la quantité du personnel a été prise pour mesure de l'importance des fabriques : nous verrons tout à l'heure quelles réserves il faut faire à ce principe trop aisément accepté.

Qu'il y ait eu dans tous les pays un accroissement de la population qui se consacre à l'industrie, aux dépens naturellement des autres branches de l'activité humaine, c'est ce que montre un simple coup d'œil sur les statistiques. Dans le Royaume-Uni de Grande-Bretagne, la disproportion entre le personnel industriel et le personnel agricole est devenue si grande qu'elle a été maintes fois signalée comme un danger public[1]. En Prusse, à la date de 1843, 61 p. 100 de la population travaillent aux champs, 23 p. 100 dans les usines et ateliers, 2 p. 100 dans les magasins et entreprises de transport. En 1895, les chiffres sont ainsi modifiés : 36 p. 100 dans la première catégorie, 38 dans la seconde, 11 dans la troisième. L'Empire d'Allemagne donne les proportions suivantes pour 1.000 habitants :

	Agriculture.	Industrie.	Commerce et transports.
1882.	425	355	100
1895.	357	391	115

La France nous offre des chiffres analogues, quoique l'agriculture y garde une place plus considérable :

	Agriculture.	Industrie.	Commerce et transports.
1866.	522	336	70
1896.	471	354	92
1906.	448	305	82

Nous pourrions faire le tour du monde ; nous retrouverions partout, avec des coefficients de vitesse différents, le même mouvement.

Il est une autre série de faits qui sont tout aussi incontestables et incontestés. C'est qu'en tout pays il existe des usines monstres où le nombre des ouvriers a été croissant pendant de longues années, ascension tantôt lente, tantôt rapide, dont nous pouvons suivre les étapes. Ainsi, en 1826, la maison Krupp, à Essen, emploie

[1]. Le *Board of Trade*, en 1911, donne les chiffres suivants pour les principaux pays du globe :

	Anglet.	Ét.-Unis.	France.	Allemag.
Agriculture.	12	35,8	41,4	35
Commerce	11,9	9,9	6,5	6,3
Transports	8,2	5,6	2,9	2,9
Industrie proprement dite.	33,6	16,5	22,5	26,2

4 ouvriers ; elle en a 99 en 1843, 13.000 en 1880, 68.191 en 1910. Au Creusot, même gonflement graduel du personnel. En 1785, on y occupe 1.500 personnes ; en 1847, 3.000 ; en 1855, 9.500 ; en 1878, 14.200 ; en 1885, 16.000, etc. La Compagnie de la Gutehöffnungshütte, à Oberhausen, fait travailler 23.000 ouvriers dans une seule usine. Pittsburg, Glasgow, les arsenaux d'État donneraient lieu à des constatations semblables que chacun peut faire sans effort.

Mais l'accroissement absolu et relatif du personnel industriel, soit dans sa totalité, soit dans quelques-uns des mastodontes de l'industrie, ne prouverait pas qu'il y a concentration. Il s'agit, en effet, de savoir comment ces unités humaines se répartissent entre la *grande,* la *moyenne,* la *petite* industrie ; et c'est sur ce point que les opinions se heurtent, les uns disant : Le nombre des petites entreprises va croissant ; les autres affirmant qu'il diminue et que la population ouvrière va s'accumulant dans les grands établissements.

Pure affaire de statistique ! Oui, seulement la statistique est exposée à bien des pièges et à bien des illusions. Il faut serrer de près le problème.

Il importe, tout d'abord, de définir d'une façon précise ces mots étrangement élastiques : *grande, moyenne, petite industrie.* La définition est forcément arbitraire. Il fut un temps où une fabrique employant 25 ouvriers paraissait grande. Les appréciations ont changé et changeront encore. L'essentiel est que sous chacun de ces mots on puisse placer un chiffre toujours le même. Nous dirons donc que tous les ateliers, où le patron travaille seul, rentrent, pour nous, dans la *toute petite industrie,* et nous réserverons le nom de *petite industrie* à ceux où le nombre des salariés ne dépasse pas *cinq.* Nous classerons dans la *moyenne industrie* ceux qui occupent de 6 à 50 ouvriers. La *grande industrie* comprendra tout le reste, mais là encore nous distinguerons différentes catégories, de 51 à 100, de 101 à 200, etc., et nous pourrons ranger dans la *très grande industrie* toutes les exploitations employant plus de 1.000 ouvriers.

Cela fait, que faudrait-il savoir pour aboutir à des résultats complets et certains ? Il faudrait posséder trois données : 1° le nombre des exploitations de chaque catégorie et les variations de ce nombre, non seulement de façon absolue, mais relativement au total des établissements industriels ; 2° le chiffre du personnel dans chacune des catégories et son rapport avec le total de la population active occupée dans l'industrie ; 3° l'importance économique de chaque groupe d'exploitations, mesurée soit par le capital engagé, soit par la valeur ou la quantité des produits jetés sur le marché.

C'est du rapprochement établi entre ces trois éléments que doit se déduire la conclusion qu'il y a ou non concentration.

Une fois en possession de ces trois données (et elles ne sont pas aisées à recueillir, la dernière surtout), il y aurait à les interpréter, et, comme on va le voir, il se présente bien des cas qui prêtent à des interprétations diverses. Il en est aussi de très simples.

Si, par exemple, dans une catégorie, le *nombre des exploitations diminue* et que le *nombre* du personnel augmente, ainsi que la valeur et la quantité des produits, sans doute aucun, il y a concentration de l'industrie, puisqu'on produit davantage dans des usines moins nombreuses et plus grandes.

Mais il est rare que les choses se présentent avec une pareille netteté.

Il peut y avoir diminution du nombre des usines, du personnel, de la quantité produite : cela marque alors une décadence évidente de cette catégorie d'industries.

Il peut y avoir augmentation des trois données, et c'est alors le cas inverse ; cela indique une grande prospérité industrielle pour la catégorie visée.

Mais il peut y avoir aussi diminution du nombre des exploitations et diminution parallèle du personnel, tandis qu'il y a augmentation ou maintien du chiffre d'affaires. Alors on est en droit d'affirmer que, dans cette catégorie d'industries, avec un moindre nombre d'hommes et de fabriques, on obtient des résultats supérieurs ou égaux à ceux qu'on obtenait auparavant. C'est le signe que des procédés nouveaux viennent de s'y introduire ; qu'ils ont rendu provisoirement inutiles et chassé des ateliers un certain nombre d'ouvriers. Les exemples ne manquent pas. En France, les textiles, en 1866, occupent 1.071.834 personnes ; en 1906, ils n'en occupent plus que 913.989, et, comme la production a grandi beaucoup en employant moins de bras, on est en droit de conclure à un progrès de l'outillage. Au Creusot, le personnel des forges et des ateliers passe de 6.000 en 1869 à 4.580 en 1878. Or, pendant la même période le chiffre d'affaires annuel montait de 35 millions environ à 52. C'est l'indice qu'à ce moment les machines-outils avaient délogé dans cette espèce de travail un certain nombre d'hommes. En France encore, de 1881 à 1890, on constate dans les sucreries le doublement de la production avec une réduction de 11 p. 100 sur le nombre des ouvriers : la même conclusion s'impose. Le fait s'est reproduit ces années dernières en maint endroit : l'électro-métallurgie a besoin d'un nombre restreint d'ouvriers ; une quasi-solitude règne dès lors dans des ateliers où se pressaient les travailleurs. Cependant la masse des produits est plus considérable. Il y a donc dans ce genre d'industrie concentration, quoique les usines paraissent plus petites.

C'en est assez pour faire voir les précautions minutieuses auxquelles est obligé quiconque, en pareille matière, est soucieux d'exactitude. Ce serait peu, si les renseignements fournis par les statistiques offraient aux calculs une base solide. Malheureusement il est loin d'en être ainsi, par la faute de ceux qui répondent mal aux questions posées, par la faute aussi des statisticiens qui posent mal leurs questions. Toute comparaison d'une époque à une autre est aléatoire, parce que dans l'intervalle, avec les meilleures intentions du monde, avec le désir d'approcher davantage de la vérité, on a changé de méthode. Toute comparaison d'un pays à un autre est plus incertaine encore, parce que les procédés, les définitions varient, dès qu'on franchit la frontière. Ainsi, en France, petits patrons et travailleurs à domicile ont été tantôt distingués, tantôt confondus sous une même rubrique. Ainsi le personnel comprend ici patrons et salariés, là seulement ouvriers et employés. Ainsi on entend, en France, par établissement la réunion de plusieurs personnes travaillant habituellement ensemble dans une même commune, et appartenant à la même raison sociale. Il s'ensuit qu'un individu travaillant seul pour son propre compte ne forme pas un établissement ; et que des chantiers ou ateliers, faisant partie de la même entreprise, mais situés dans des localités différentes, comptent comme autant d'établissements différents. Au contraire, dans l'Empire allemand, l'exploitation (Betrieb) embrasse toutes les entreprises indépendantes, fussent-elles constituées par un seul individu. Je ne dis rien de la façon de mesurer l'importance économique des fabriques : le plus souvent les statisticiens ne jettent point de regards indiscrets sur cette partie de la réalité ; en tout cas ils n'ont jamais choisi entre trois indices très différents : le capital engagé, la quantité des produits et leur valeur. Il est grandement à souhaiter que les Congrès internationaux de statistique réussissent à unifier leurs procédés et leur langage.

Ces réserves faites, nous pouvons aborder l'examen des faits là où il est possible. Nous nous bornerons à donner des résultats sérieux pour quelques pays : nous

nous priverons pour les autres du plaisir de jongler avec des chiffres douteux.

En Allemagne, trois grands recensements (1882-1895-1907) nous permettent de dégager les phénomènes suivants :

Dans cet intervalle de vingt-cinq ans, le nombre des exploitations industrielles a passé de 2.603.536 à 2.355.568, et, comme pendant cette période, le chiffre de la production a formidablement augmenté, nous pouvons conclure à une concentration générale de l'industrie. Mais dans quelles catégories cette concentration s'est-elle produite ? D'abord, dans la *toute petite industrie*. Le nombre des patrons travaillant sans aides ni moteurs s'est abaissé de 1.877.872 à 1.463.518. Il en est tout autrement, si l'on regarde la *petite industrie*, telle que nous l'avons définie. Le nombre des exploitations comprenant de 2 à 5 personnes, a monté de 897.060 à 1.355.204. La croissance a été là de 51 p. 100. Si nous regardons après cela la *moyenne industrie* (de 6 à 50 ouvriers), l'augmentation est de 140 p. 100 ; pour l'ensemble de la *grande industrie* (51 personnes et davantage), l'augmentation est de 222 p. 100, et elle est plus forte encore, si nous considérons à part les établissements qui occupent plus de 1.000 personnes.

Quant au personnel employé, il a crû dans toutes les catégories, sauf dans celle des petits patrons travaillant seuls et sans moteurs, qui forment environ 1/10 de la masse des producteurs et qui en étaient, au début, le quart. Dans la *petite industrie* (jusqu'à 5 ouvriers), le chiffre de ceux qu'elle emploie a passé d'un peu moins de 2 dixièmes à 2 dixièmes et demi. La proportion est la même pour la *moyenne industrie*. Quant à la *grande industrie*, elle comprenait un peu moins d'un quart du personnel total ; elle en comprend plus d'un tiers aujourd'hui ; et l'accroissement est sensible surtout dans la *très grande industrie*. Dans les deux catégories d'établissements occupant de 200 à 1.000 personnes, 506 d'entre eux rassemblent à peu près un million de travailleurs, soit près de 7 p. 100 de la population active totale.

Il faudrait, pour se faire une idée complète du phénomène, savoir le chiffre d'affaires de chaque catégorie ; il faudrait savoir combien les 506 exploitations occupant un million d'hommes jettent de marchandises sur le marché et comparer ce chiffre à la production des 1.463.000 patrons de la toute petite entreprise qui n'emploie ni salariés ni machines. Mais les éléments de la comparaison nous manquent et il faut nous contenter de cette constatation, d'ailleurs significative : en 1882, la petite industrie employait un nombre de travailleurs supérieur de 300.000 environ au personnel de la moyenne et de la grande industrie réunies ; en 1907, les rôles sont renversés et dans quelles proportions ! le personnel de la moyenne et de la grande industrie réunies dépasse de 3.675.000 celui de la petite industrie.

Il est difficile après cela de nier la concentration de l'industrie et surtout de la grande industrie allemande.

Jetterons-nous un coup d'œil sur les Etats-Unis ? Les statistiques, qui portent, non sur tous les établissements, mais seulement sur ceux qui remplissent certaines conditions déterminées, n'autorisent pas des conclusions d'ensemble. Voici pourtant ce qu'écrivait, en 1880, Carroll Wright, le grand statisticien américain : « Quoique les États-Unis aient commencé à adopter le système de la fabrique une quinzaine d'années après l'Angleterre, le développement en a été plus rapide et plus varié que dans les autres pays. A mesure que les personnes engagées dans l'industrie ont vu les étonnants résultats du travail ainsi systématisé, elles l'ont adopté successivement, si bien que, sur environ trois millions de personnes employées dans les industries mécaniques, on peut dire que les 4/5 travaillent en fabrique ; c'est durant les trente dernières années que la transformation s'est accomplie. » Du reste, on peut suivre le mouvement dans quelques industries. Pour la sidérurgie, en 1880, 1.005 établissements produisaient une valeur de 69 milllions et demi de dollars ; en 1890, 615 établissements produisaient une valeur de 431 millions, bien que les prix eussent baissé, et sur 18, qui fabriquaient de l'acier Bessemer, 7 fournissaient à eux seuls 95,6 p. 100 de la production totale. Nous empruntons à M. Levasseur les comparaisons suivantes :

		Établiss.	Dollars.	
Laine.	1880.	2.689	98.000	Valeur de la production
	1890.	2.489	136.000	— —
Coton.	1870.	938	196.000	— —
	1890.	905	293.000	Malgré l'abaissement des
Machines	1870.	2.076	52.000	prix, ce qui représente
agricoles	1890.	910	81.000	une quantité double

Depuis lors, le progrès du machinisme n'a fait qu'accuser ce mouvement de concentration. Il est visible dans la fabrication mécanique des chaussures, des cuirs, des tapis, des soieries aussi bien que dans la métallurgie.

L'Angleterre nous fait assister à une évolution semblable. Dans l'industrie cotonnière par exemple, le nombre moyen d'ouvriers par établissement a été croissant, entre 1850 et 1903, de 171,3 à 211,2 malgré les arrêts et reculs qu'amènent toujours les crises pesant sur l'industrie : ainsi la guerre de Sécession (en 1860), en empêchant l'arrivage du coton, a fait descendre ce niveau moyen à 156.

On nous pardonnera d'insister sur la France, d'autant qu'à la suite du dernier recensement (1906) quelques observateurs ont cru que la France suivait une évolution contraire à celle des autres pays industriels, à savoir que la classe ouvrière y était en décroissance et que la classe patronale y augmentait considérablement ; qu'ainsi une forte déconcentration industrielle s'y opérait. Nous nous servirons pour élucider cette question des chiffres de la même publication officielle sur laquelle se sont fondées ces affirmations hardies.

Or on trouve aux pages 182, 183 (t. I, 2e partie, *Résultats statistiques du recensement général de la population effectuée le 4 mars* 1906), deux tableaux qui mettent en regard les chiffres de 1901 et ceux de 1906, en ce qui concerne l'industrie. Ils distinguent les industries extractives, les services publics industriels et les industries de transformation. Nous prendrons seulement les chiffres relatifs à ce dernier groupe, qui est de beaucoup le plus important.

Le premier tableau va nous permettre d'établir une comparaison avec les statistiques allemandes. Il nous apprend, d'abord, que le nombre des établissements a augmenté :

```
1901  . . . . . . . . . . . . . . . . .  658.819
1906  . . . . . . . . . . . . . . . . .  665.617
```

Mais dans quelles catégories s'est produite l'augmentation ? Ce n'est pas dans les établissements qui n'emploient aucun salarié ou qui n'en occupent qu'un seul ; ceux-là ont diminué : nous avons constaté le même fait en Allemagne. Au contraire, les établissements employant 2, 3, 4, 5 salariés ont un peu augmenté ; c'est encore le même fait qu'en Allemagne. La *toute petite industrie* est en décroissance; la *petite* industrie manifeste une légère croissance qui s'accomplit vraisemblablement aux dépens de la précédente. Si nous regardons la moyenne industrie (de 6 à 50 ouvriers), il y a augmentation pour les établissements de 5 à 10, diminution pour ceux qui se classent de 11 à 50. Cela se compense à peu près. On peut dire, sans trop s'aventurer, que la moyenne industrie est quasi stationnaire. Pour la grande industrie, l'augmentation est considérable, surtout dans le nombre des plus grosses usines ; ainsi les exploitations qui emploient de 200 à 500 personnes passent de 1.240 en 1901 à 1.363 en 1906 ; et celles qui occupent de 500 à 1.000 personnes sautent de 291 à 360. Cela ne laisse pas de faire une augmentation très notable dans le nombre des ouvriers.

Le second tableau va nous fournir les moyens de préciser ; il nous donne le personnel dans les industries de transformation.

			Hommes.	Femmes.
Population active totale.	1901.	5.810.855	3.695.213	2.124.642
— —	1906.	5.979.216	3.724.907	2.254.309

Décomposition de ces chiffres :

1901	1908
Chefs d'établissement	Chefs d'établissement
533.498 hommes ⎫ 778.203	543.966 hommes ⎫ 804.468
240.705 femmes ⎭	260.502 femmes ⎭

Augmentation de 26.000 en chiffres ronds.

Employés et ouvriers	Employés et ouvriers
2.350.819 h. ⎫ 3.578.514	2.432.782 h. ⎫ 3.392.230
1.227.705 f. ⎭	959.548 f. ⎭
Augmentation de 80.000 hommes	*Dimimution de 268.000 femmes*
Sans emploi	Sans emploi
153.000 (environ).	127.000 (les deux sexes).
Isolés	Isolés
679.568 h. + 906.512 f.	634.720 h. + 1.000.481 f.

Il ressort de ces chiffres que, si le nombre des patrons et patronnes a augmenté de 26.000, celui des ouvriers a grandi de 80.000 hommes. S'il y a une diminution de 268.000 ouvrières, cela peut tenir soit aux lois qui, interdisant aux femmes le travail de nuit, les ont, en maint endroit, fait remplacer par des hommes, soit à l'extension de la fabrique dispersée qui permet d'éluder les lois protectrices du travail et qui, d'après les chiffres précédents, comprendrait en 1906 environ 100.000 femmes de plus qu'en 1901.

On peut se demander si ces résultats seraient changés, en cas qu'on réunît aux industries de transformation les industries extractives et les services industriels publics qu'on en a séparés. Oui, mais dans le sens de la concentration. Il est trop évident que mines, carrières, établissements de villes et d'États n'offrent pas des conditions propices à la petite industrie.

Au reste, dans le volume suivant (t. I, 3ᵉ partie, p. 55), la publication officielle, descendant dans le détail des industries, relève des concordances nouvelles entre ce qui se passe en France et ce qui se passe en Allemagne, et aboutit à une similitude d'évolution où les seules différences importantes consistent en ceci que le personnel moyen est plus nombreux en Allemagne dans les mines, en France dans les textiles et la métallurgie.

En résumé, la concentration industrielle avec les réserves et distinctions que nous avons faites, avec les exceptions que nous avons formulées pour certaines industries prédestinées à rester petites, est un fait qui se manifeste dans tous les pays où s'est établie la grande production mécanique et chimique. Elle varie de rapidité et d'intensité suivant les pays, suivant les phases qu'y traverse le développement économique, suivant les accidents du mouvement social, suivant aussi la nature de la fabrication. Mais, ainsi restreinte, elle est un des caractères saillants du monde contemporain.

OUVRAGES A CONSULTER

Benoist (Charles). — *L'Organisation du travail* (Tome I, Paris, 1905).

Bourgin (Hubert). — *Le Socialisme et la concentration industrielle* (Paris, 1910).

Handwörterbuch der Staatswissenschaften (Iéna, 1909).

BOURGUIN (MAURICE). — *Les systèmes socialistes* (Paris, 1906).

MOYSSET (H.). — *L'esprit public en Allemagne vingt ans après Bismarck* (Paris, 1911).

Revue du Socialisme rationnel (mars et mai 1911. Polémiques autour de la concentration industrielle).

ROBERT (ANDRÉ). — *Les limites du collectivisme* (Paris, 1911).

DES ROUSIERS (PAUL). — *Les industries monopolisées aux États-Unis* (Paris, 1897).

COLLIEZ (A.). — *Les coalitions commerciales et industrielles d'aujourd'hui* (Paris, 1904).

MARTIN-SAINT-LÉON (ETIENNE). — *Castells et trusts* (Paris, 1903).

CHAPITRE IX

INFLUENCE DES TRANSFORMATIONS TECHNIQUES
SUR LA QUANTITÉ, LE PRIX ET LA QUALITÉ DES PRODUITS

§ 1. — Quantité des produits. — § 2. — Le prix des produits. —
§ 3. — Qualité des produits.

Nous avons jusqu'ici suivi les effets des transformations techniques de l'industrie sur la production ; nous avons maintenant à les suivre sur la consommation qui est intéressée surtout par trois choses : la quantité, le prix, la qualité des produits.

§ 1. — QUANTITÉ DES PRODUITS

La quantité a augmenté démesurément. Il y a eu abondance et surabondance. Nous en avons donné maintes preuves, chemin faisant ; nous pouvons en ajouter quelques-unes, prises entre mille. Un fileur au rouet, en cinquante-six heures, faisait cinq écheveaux de fil nº 32 ; avec un métier mécanique, un fileur assisté de deux enfants, en fait, pendant le même temps, 55.098. Dans les mines de houille, en Belgique, le rendement moyen annuel par homme, de 1831 à 1840, fut de 92 tonnes ; dans la décade 1881-1890, ce rendement fut de 175 tonnes. Aux États-Unis, en 1840, un ouvrier travaillant treize heures par jour fabriquait en un an 9.600 yards d'étoffe de coton ; en 1886, un ouvrier travaillant dix heures par jour en tissait 300.000 yards.

annuellement. Vers 1880, un ouvrier habile faisait à la main 3 douzaines par jour de boutons de manchette ; vers 1900, un gamin pouvait en faire 9.000 paires pendant le même nombre d'heures. Une fabrique de montres, dans le même pays, était, vers cette date, en état d'en livrer 2.500 par jour. Tout le monde connaît l'exemple classique que Adam Smith, en 1776, mettait en avant pour montrer la fécondité de la division du travail ; 10 personnes en un jour achevaient 48.000 épingles. Un peu plus d'un siècle après, en 1888, une machine pondait 180 épingles par minute, si bien qu'en un jour un homme pouvait en fabriquer 2.500.000, 10 hommes 25 millions — et encore les épingles étaient-elles supérieures !

Il ne faut donc pas s'étonner si, pour certains produits, la production mondiale atteint des chiffres qui défient l'imagination. Celle de la houille passe de 491.000 tonnes en 1890 à 1.200.000 tonnes en 1908. Celle de la fonte, qui était en 1880, de 18.440.000 tonnes, arrive en 1909 à 60.140.000. Le coton employé dans les fabriques se chiffrait, en 1898, par sept millions de quintaux ; en 1908-1909, on l'évalue à 32 millions de quintaux. Le total du sucre, fabriqué en Europe seulement, a augmenté en dix ans (1898-1908) de 1.500.000 tonnes et il touche aujourd'hui à 6 millions. On comptait, en 1880, 642.000 tonnes d'acier Martin en circulation ; il y en avait, en 1908, 18.925.000.

C'en est assez pour montrer l'accroissement énorme et rapide de la production industrielle — sous l'influence des nouveaux procédés. Aussi la production est-elle devenue parfois *surproduction*. Seulement il est nécessaire ici de distinguer. La surproduction peut être absolue ou relative. Elle est absolue, si la somme des produits dépasse celle des besoins à satisfaire, par exemple si l'on fabrique 20.000 pains ou 20.000 bureaux là où il n'en faudrait que 10.000. Mais le plus souvent elle est relative, parce que les besoins humains ont une certaine élasticité, surtout quand il s'agit de choses qui ne ne sont pas absolument nécessaires; supposons, par exemple, qu'on produise 20.000 chapeaux, quand 10.000 suffiraient, la consommation peut s'élargir jusqu'à épuiser le stock ; les acheteurs alors en sont quittes pour renouveler plus souvent leur coiffure, pour la porter deux fois moins longtemps. La surproduction est encore relative, parce que les goûts changent, parce que des besoins nouveaux apparaissent, se développent avec la faculté même de les contenter; ainsi le pain blanc, le sucre, les vêtements de drap, qui étaient du luxe il y a un siècle et demi, sont entrés dans la consommation régulière des peuples civilisés ; les grands magasins des villes sont, on le sait, de grands tentateurs ; ils créent ou développent des besoins nouveaux inconnus à nos pères et à nos mères. La surproduction est relative enfin, même pour des choses indispensables à la vie, parce qu'alors manque, non pas le désir, mais le moyen de les acquérir, ce qu'on nomme le pouvoir d'achat. Et le cas est hélas ! trop fréquent. Les marchandises dorment inutiles dans des entrepôts encombrés, tandis qu'il existe quantité de pauvres gens qui seraient trop heureux de les posséder, mais qui doivent s'en passer ou parce qu'ils n'ont point d'argent ou parce qu'ils sont trop loin pour profiter de l'aubaine.

La surproduction, quelle que soit sa nature, n'a pas été créée par les machines : elle a existé bien antérieurement. Mais, aggravée d'abord par la grande industrie, elle a pu être ensuite atténuée par elle. Comment expliquer ces deux effets contradictoires? De façon très simple.

La surproduction est due en grande partie à une mauvaise organisation de la production, à ce que, sous le régime de la concurrence, on produit à tort et à travers, en vue d'augmenter ses profits et non de répondre à une demande déterminée. Les industriels, insuffisamment informés et isolés les uns des autres, ne connaissent et parfois ne cherchent pas même à connaître la capacité d'écoulement des débouchés possibles ; et ils inondent le marché. Quand les machines survinrent, elles commencèrent par aviver cette ardeur de produire. En effet elles coûtent cher ; elles incorporent un capital considérable dont il faut acquitter l'amortissement ; ce sont de plus des engins sujets à se détraquer pour lesquels il faut payer une grosse prime d'assurance. Or, si elles demeurent oisives, elles se rouillent, se gâtent, se détériorent. C'est une nécessité pour qui les possède de les faire fonctionner, et comme, une fois en marche, elles produisent aveuglément et immensément, la production ou s'accumule dans les magasins ou se vend à vil prix. Ce ne serait que demi-mal (j'entends un mal qui frapperait seulement une moitié des producteurs, les patrons), s'ils étaient seuls à pâlir de cette pléthore. Mais la crise se répercute sur les ouvriers qui n'en peuvent mais, qui n'ont aucun moyen d'empêcher cet encombrement : car, si le patron fait de mauvaises affaires, son premier soin est de réduire son personnel et les salaires, et c'est alors pour les travailleurs le chômage, la famine, la misère.

Ces crises, qui font alterner dans les usines les excès et les arrêts de travail, ces secousses douloureuses d'une production mal réglée, ont été longtemps considérées comme des maux inhérents à la grande industrie. C'est elle pourtant, qui, en se développant, les a rendues moins fréquentes. Les grands syndicats patronaux, les trusts et cartells, qui ont plus d'un méfait à leur compte, y ont aussi ce mérite d'équilibrer en une certaine mesure la production et la consommation. Des ententes nationales et même déjà des essais d'ententes internationales sont orientées vers un idéal lointain, mais déjà visible à l'horizon : chaque nation pratiquant un certain nombre d'industries qui sont indispensables partout, mais, selon ses conditions géographiques et climatériques, selon ses aptitudes et ses goûts, se spécialisant dans un certain nombre d'autres où elle a plus de chances de réussir.

En attendant cette division internationale du travail, qui s'ébauche à peine et reste encore enveloppée dans la brume de l'avenir, un fait d'une énorme portée s'est accompli : la multiplication des objets manufacturés ou machinofacturés, multiplication qui fait entrevoir à tous les êtres humains la possibilité d'en avoir leur suffisance, et c'est pourquoi, en tout pays de grande industrie, la répartition des produits entre toutes les familles qui l'habitent est devenue la question du jour, le cœur de la question sociale, dont nous n'avons pas à nous occuper en ce volume, mais qu'il faut bien signaler comme liée directement à l'essor de la grande industrie mécanique et chimique.

§ 2. — Prix des produits

Le prix des produits industriels, comme leur quantité, a subi de graves modifications. Le prix des choses, c'est-à-dire la quantité de monnaie contre laquelle on les échange, est essentiellement variable et ses variations dépendent de bien des causes qui sont de diverse nature. Il dépend du plus ou moins de monnaie qui circule par le monde et dans un État déterminé. Il dépend du plus ou moins de facilité des communications qui permettent aux marchandises d'arriver là où elles sont désirées. Il dépend de l'offre et de la demande, autrement dit d'un rapport entre l'intensité du besoin et la quantité disponible des choses propres à le satisfaire. Il dépend aussi dans une mesure difficile à préciser, mais incontestable, du coût de production, qui dépend lui-même des frais généraux, du prix des matières premières, du taux des salaires, etc.

Or les transformations techniques de l'industrie agissent puissamment sur deux de ces facteurs : sur la somme des produits offerts aux consommateurs et sur le coût de production. D'une part, l'abondance des produits permet au fabricant de se contenter d'un petit bénéfice sur chaque unité, bénéfice qui, vu le nombre de fois où il se répète, se solde par un gros profit. Et, d'autre part, le coût de production étant abaissé rend possible également l'abaissement du prix de vente.

Cette baisse de valeur s'est-elle réalisée pour les produits émanés de la grande industrie mécanique et chimique ? Il suffit d'un coup d'œil pour s'en rendre compte. On voit, en effet, dans la métallurgie, la tonne d'acier qui, en 1873, valait 80 dollars, descendre en 1886, après l'emploi du procédé Bessemer, à 20 dollars : c'est une réduction des trois quarts. Le kilogramme d'aluminium qui valait, en 1886, 80 francs, n'en vaut plus aujourd'hui que 2 ou 2,50. La vanilline a passé, en quelques années, de 2.500 à 100 francs le kilogramme ; l'essence d'amandes amères, de 300 à 60 ; les essences de lilas et de muguet, de 300 à 40 ; le nitrate, qui, pris au Chili, revenait à 187 francs la tonne ne se paie plus que 125 francs, dès qu'il est artificiel. Un mètre de mérinos se vendait, à Reims, 16 francs en 1816 ; il était descendu à 1 fr. 45 en 1883. Il serait aisé de faire des constatations semblables pour ce qui concerne le sucre, le pétrole, les vêtements et les chaussures confectionnés, la batterie de cuisine, les meubles et les faïences ordinaires, etc.

Il y a sans doute des exceptions. Quelquefois le prix d'un produit se relève, parce que la demande en devient très forte ; c'est le cas pour le cuivre, nécessaire aux constructions navales et aux installations électriques ; il a monté de 1.300 francs la tonne en 1898 à 2.200 en

1906, quoique la production en soit devenue pendant ces huit ans plus abondante et moins coûteuse. La térébenthine, qui sert à la fabrication de tant d'essences, a augmenté de même ; le camphre, lorsque fut inventé le celluloïd, qui en exigeait beaucoup pour sa préparation, sauta de 80 francs à 1.200 francs le quintal. Souvent aussi la spéculation s'en mêle et gêne le jeu naturel du marché. Une société puissante accapare tel produit en vue de le vendre à meilleur prix en le raréfiant. Seulement la manœuvre est dangereuse, parce que la production s'accélère pour suppléer à cette rareté factice ou bien parce qu'on cherche et trouve une remplaçante à la matière ainsi monopolisée. Mais, malgré les troubles apportés dans l'échelle des valeurs par un des nombreux facteurs qui la déterminent, il n'en reste pas moins vrai que les produits créés par les procédés nouveaux ont, dès que ces procédés se vulgarisent, une tendance régulière à baisser de prix.

Ce fait général est heureux par certains côtés. On ne saurait considérer comme chose fâcheuse que les habits, les meubles, les moyens d'éclairage et de chauffage soient à bon marché. Tout le monde en profite ; car tout le monde est ici consommateur. Mais la question est plus complexe qu'il ne semble au premier abord. Cette dépression des prix a inquiété plusieurs économistes, même de ceux qui étaient le mieux disposés pour le peuple. C'est qu'en effet elle s'est produite de façon très inégale. Très grande sur les objets multipliés par la machine, elle a été moindre, nulle ou même compensée par une hausse correspondante des loyers et des denrées alimentaires ; on ne peut pas faire un bœuf à la mécanique ; on peut, tout au plus, hâter la maturité d'une grappe de raisin ou d'une pêche, l'engraissement d'une oie ou d'un porc, mais la collaboration du temps et de la nature est en pareille occurrence un élément dont on ne saurait se passer. Il s'ensuit que des crises de renchérissement, affectant le pain, la viande, le charbon ont souvent, pour les ouvriers des villes, contrebalancé la diminution des objets manufacturés. C'est le secret de la longue lutte où Cobden, avec l'aide de la population urbaine, brisa les tarifs protecteurs qui fermaient l'Angleterre à l'accès des blés étrangers. Ensuite les petits n'ont pas bénéficié de l'abaissement des prix autant qu'on pourrait croire. Les prix de gros, qui sont ceux du produit au sortir de l'usine, sont très loin d'être les prix courants de la vente au détail. Ainsi une tonne de sel, en France, valait, en 1897, 44 francs, achetée en bloc; détaillée, elle rapportait 200 francs aux vendeurs. Le savon ordinaire se payait 600 francs la tonne, pris en fabrique ; débitée dans les magasins, cette tonne produisait 2.000 francs. Certains produits pharmaceutiques se vendent 50 ou 100 fois plus cher qu'ils n'ont coûté. On a calculé que dans ce passage de l'usine à la maison du petit acheteur le prix des objets est, en général, quadruplé ou quintuplé. La somme, dont est majoré le prix de production, est gagnée alors par des intermédiaires (commerçants, compagnies de transport) ; mais le consommateur n'obtient pas le bon marché qu'il avait droit d'espérer. Enfin la plupart des gens, il ne faut pas l'oublier, sont producteurs en même temps que consommateurs. Comme producteurs, ils souffrent de la baisse des prix ; car non seulement les industriels sont en danger de faire faillite, et les ouvriers de voir leurs salaires baisser, si les produits créés par eux se vendent, comme on dit, pour rien ; mais, de plus, les fournisseurs de matières premières, les paysans, à qui leurs champs, même cultivés avec amour, ne rapportent plus de quoi vivre, sont atteints par ricochet.

Nous n'avons ici ni l'envie ni le loisir de traiter à fond le problème de la variation des prix, qui est si complexe à cause des répercussions inattendues qu'elle a sur la vie d'une société. Bornons-nous à constater que

la baisse des objets multipliés par la machine a eu sans
doute, comme toute chose humaine, ses avantages et
ses inconvénients; que toutefois elle a eu cet effet de
faire pénétrer un grand nombre de produits dans des
couches sociales où ils n'arrivaient pas jadis, de démo-
cratiser le confort, de créer entre les différentes classes
une moindre inégalité de jouissances, de travailler
ainsi dans le sens égalitaire qui est celui de la civilisation contemporaine.

§ 3. — QUALITÉ DES PRODUITS

Si nous considérons maintenant l'influence des transformations techniques sur la *qualité* des produits,
nous nous retrouvons en présence de thèses contradictoires.

Pour commencer par les ombres du tableau, les produits de la grande industrie mécanique ont été accusés
d'être inférieurs à deux points de vue : *Solidité*,
Beauté.

Qui de nous n'a entendu des doléances très sincères
sur leur fragilité, des regrets très copieux inspirés par
le vieux travail à la main? Où sont, dit-on volontiers,
les étoffes et les papiers d'autrefois, capables de durer
des centaines d'années, les meubles et les vêtements
inusables qu'on se transmettait de génération en génération, les objets de ménage qui dans une famille étaient
l'emblème d'une tradition longue et touchante? Aujour-
d'hui des toiles qu'un ou deux blanchissages éliment et
déchirent, des habits qu'il faut renouveler chaque
saison, des livres dont les feuillets tombent en miettes
au bout de quinze ans, des meubles faits à la grosse qui
se détraquent et se brisent dans les déménagements
auxquels nous condamne notre vie de déracinés ! Et ces
dédains ont si bien cours que, dans le langage de tous
les jours, dire d'un ouvrage qu'il a été fait à la vapeur

ne passe certes point pour un éloge. On entend par là quelque chose de bâclé, de saveté ; — serait-ce là une épigramme sans portée, un préjugé sans fondement ? On ne peut guère le croire.

D'abord, au début d'une invention surtout, quand la machine est imparfaite, et les procédés nouveaux encore hésitants, il manque aux objets qu'ils produisent un certain fini ; ils se reconnaissent à ce qu'ils sont mal dégrossis, et cela leur ôte de la valeur. Dans la vitrine d'un marchand de chaussures s'étalent souvent côte à côte des bottines faites à la mécanique et des bottines cousues à la main. Regardez quelles sont les plus chères. Ce sont toujours les dernières. Et cela, non pas parce que la couture y est plus régulière, mais, parce qu'elle y est plus solide, plus soigneusement arrêtée.

On pourrait dire que les machines ont besoin de faire leur apprentissage comme les hommes. Dans leur enfance, elles savent mal leur métier ; elles font des fautes ou tout au moins un travail grossier. Cela est si vrai que, dans la soierie, quand on introduisit les métiers mécaniques, on commença par abandonner les belles qualités. Les rapports des Expositions, celui de la Commission des valeurs des douanes françaises sont sévères pour le manque d'imagination, de goût artistique, d'originalité que trahissent des simili-bronzes ou des meubles fabriqués mécaniquement. Souvent, en effet, dans son désir de produire vite, beaucoup et à bon marché, la grande industrie n'a pas regardé de très près au choix des matières premières, ni à la bonne exécution du travail. Elle s'est contentée de créer des objets qui eussent de la mine. Elle a prodigué la camelotte. Elle n'a pas reculé devant le mélange presque frauduleux du fil et du coton, de la graisse et du beurre, des fruits et de la glucose, etc. Ses produits ont souvent mérité le jugement méprisant que le jury de l'Exposition de Philadelphie, en 1876, infligeait à ceux de l'industrie allemande : *Bad and cheap*. (Mauvais et pas chers). Jugement qui serait injuste aujourd'hui appliqué en bloc, mais qui reste fondé pour la coutellerie de Solingen, où l'on vend des haches à cinq sous, des canifs à deux sous, des marteaux à un sou. Comme dit un prospectus de l'endroit, « la technique moderne a cent moyens de donner à un mauvais couteau, à une mauvaise fourchette, à une mauvaise paire de ciseaux les apparences de la perfection. » Inutile de dire que la durée, la résistance des ustensiles ainsi fabriqués sont en proportion directe avec l'argent qu'ils coûtent. Mais les fabricants ne s'en soucient guère, pourvu qu'ils vendent. Or, de ces produits, les uns, regardés comme bons pour l'exportation, s'en vont chez les nègres et les sauvages ; les autres trouvent leur écoulement dans les classes populaires. Qu'importe à la « midinette » que sa robe ne soit qu'un déjeuner de soleil, si elle a pu s'en parer par un beau dimanche de printemps ? Le bon marché de la pacotille dont le monde est inondé a modifié les mœurs. On gâche volontiers aujourd'hui toilettes et chaussures, peut-être parce qu'on les sent incapables de faire un long service, peut-être aussi parce qu'on trouve plaisir à en changer plus souvent. Toujours est-il qu'on se résigne aisément à sacrifier la qualité à la nouveauté.

Cependant il est équitable d'apporter quelques atténuations à ce réquisitoire contre les produits fabriqués à la mécanique. Il peut arriver et il arrive qu'ils soient égaux ou même supérieurs en qualité à ces bons vieux objets patiemment élaborés, qui étaient la gloire de l'industrie rudimentaire des temps passés. C'est le cas, par exemple, pour les épingles, les clous, les fils, les cordages, les agrafes, les œillets de soulier, les faïences fines, pour une multitude de choses usuelles dont nous ne songeons même plus à nous demander l'origine.

D'abord, en thèse générale, les objets fabriqués à la machine ont une exactitude de forme et de volume que n'ont jamais les autres. Leurs dimensions sont calculées à un dixième de millimètre, leur poids à un dixième de milligramme. Pour les pièces d'horlogerie on obtient une précision à laquelle ne parvient pas la main la plus exercée : un seul mot dit tout ; elles sont interchangeables. C'est que les machines ne sont plus seulement des ouvrières infatigables ; elles sont devenues, avec les perfectionnements incessants dont elles sont l'objet, des ouvrières d'une adresse, d'une justesse impeccables. On peut leur demander deux produits identiques ; elles les fournissent avec une docilité merveilleuse.

Leurs produits ont aussi — non pas toujours, mais souvent — un autre mérite. Avec une force de titans, les machines tordent, pétrissent, rabotent le métal le plus facilement du monde. Là où le bras de l'homme se bornait à façonner la terre molle ou le bois tendre, elles mettent du fer et encore du fer. La charrue faite à la main, la charrue en « bois d'érable », comme chantait Pierre Dupont, disparaît devant la charrue en fonte ou en acier fabriquée à la mécanique. Qu'il s'agisse de rails, de seaux, de charpentes, de plumes, les machines remplacent par des matières plus résistantes celles qu'on employait jadis. Ainsi quantité d'objets d'usage journalier, qui étaient vite gâtés et devaient être fréquemment réparés, leur doivent une solidité, une durée dont on ne se faisait pas l'idée.

Même pour les choses délicates et fines, les machines ont fini par démontrer leur capacité de bien faire. Pour les papiers peints, pour la broderie, la dentelle, le tulle, elles ont acquis une souplesse, une habileté qu'il a fallu reconnaître. Elles ont appris à exécuter des travaux plus compliqués et plus achevés. Pour les étoffes de laine, elles ont obtenu une variété, une légèreté qu'on leur croyait interdites.

Pourtant il y a encore quelque chose à redire. Un industriel, jugeant le métier Northrop, écrivait : « Là où l'on désire des tissus fins et parfaits, il ne peut absolument pas être recommandé, parce que, dans les localités où ces tissus sont fabriqués, les ouvriers tisseurs expérimentés ne manquent pas. » Ainsi, au dire d'un fabricant, le métier automatique le plus perfectionné ne peut donner ce que donne un ouvrier qualifié. Le consommateur le sait bien. Présentez-lui des milliers de chaussures toutes faites. En cherchant bien, il en trouvera une qui lui ira à peu près. Mais s'il veut une chaussure qui s'accommode exactement à son pied, il préférera la bottine faite sur mesure par un cordonnier habile. De même proposez à une dame élégante de choisir entre une confection, même très soignée, et une toilette adaptée par le bon faiseur à son teint, à son allure, à sa physionomie, et vous verrez si elle hésitera.

C'est donc que, malgré tout, il reste aux produits de la machine un dernier défaut, un défaut incorrigible, parce qu'il tient à la nature même de la production mécanique. Les machines sont d'admirables automates, mais des automates. Elles ne produisent pas, à vrai dire ; elles reproduisent. Leurs produits sont nécessairement uniformes, pareils à eux-mêmes. Par là ils peuvent satisfaire des besoins moyens ; ils ne peuvent se plier à l'infinie variété des désirs individuels. Autrement dit, la production mécanique ne saurait être personnelle ni dans sa destination, ni dans sa fabrication. D'une part, le patron, qui ne peut se tirer d'affaires qu'en vendant beaucoup, cherche un type qui soit de débit courant. Il s'adresse à la grosse masse du public. Il agit comme si tout le monde avait les mêmes goûts. Il met à la portée des bourses médiocrement garnies le confort, voire une espèce de luxe, mais un confort banal, un luxe de faux aloi, sans originalité, sans diversité. Il répand le *toc*, le *simili*, le clinquant, des produits nécessairement inférieurs, parce qu'ils ne sont que de l'imitation, du pastiche, presque de la contrefaçon. D'autre part, l'ouvrier n'est plus que l'humble serviteur, l'esclave de la machine. En vain aurait-il des idées ingénieuses. En vain serait-il artiste, inventeur, créateur. Il est forcé d'obéir à la souveraine toute-puissante, qu'il doit guider sans doute, mais dans un chemin dont il ne peut s'écarter, parce que la marche des rouages n'admet pas les caprices d'imagination, parce qu'elle emprisonne l'inspiration dans un cycle de mouvements déterminés une fois pour toutes et toujours les mêmes.

Il s'agit ici non plus de solidité, mais de beauté. Nous touchons aux rapports de l'art et de l'industrie. La question est grosse ; elle est importante pour la France peut-être plus que pour tout autre pays. En effet, de longue date, l'industrie française a eu un souci de perfection, d'élégance, de fini, qui ne lui permettait pas de lutter pour des objets de fabrication courante avec des industries plus dédaigneuses de ces qualités, mais qui lui assurait pour les objets de luxe une supériorité reconnue. Un ouvrage publié en Australie, dans l'année 1888, contient ces lignes significatives : « La civilisation semble avoir destiné les Français à fournir des articles de luxe à l'humanité. » Et l'auteur proposait de les considérer comme formant « la légion d'honneur de l'industrie ». Il est flatteur pour les Français d'être ainsi promus au rang de bataillon d'élite par des concurrents étrangers. Mais ils feront bien de ne pas s'endormir sur leurs lauriers. Cela entraîne pour eux la nécessité d'imprimer une impulsion vigoureuse, non seulement à l'éducation technique de la classe ouvrière, mais encore à l'affinement du goût parmi elle. D'autant que leurs concurrents les plus redoutables commencent à s'aviser qu'il convient, pour la joie et la dignité de l'humanité, de rendre quelque noblesse aux choses qui nous entourent dans la vie de tous les jours. Cela se fait sentir dans le pays par excellence du machinisme, aux États-Unis, où, surtout sous l'impulsion de femmes intelligentes et aussi de trade-unions ouvrières, on s'occupe de donner aux apprentis une culture plus profonde, d'orienter le progrès, non plus seulement vers le perfectionnement des machines, mais aussi vers l'amélioration intellectuelle des travailleurs. En Angleterre, Ruskin et William Morris ont travaillé à renouer entre ces frères jumeaux, l'artiste et l'artisan, l'antique alliance rompue depuis la fin du moyen âge, à créer une industrie artistique, dont les produits, non plus réservés comme dans les siècles derniers à quelques privilégiés, non plus condamnés comme hier à une écœurante vulgarité, fussent de véritables œuvres, personnelles et neuves, réalisées au profit de tous. L'Allemagne, à son tour, s'efforce de dresser une partie de sa jeunesse à mettre plus de grâce et d'art dans sa floraison industrielle. Que la France ceigne ses reins pour se tenir à la hauteur de son passé et de son génie propre! Qu'elle n'oublie pas que les machines, si elles sont des outils prestigieux, ne peuvent remplacer ce qui fait le chef-d'œuvre, l'incorporation d'une âme dans la matière, la marque de l'ouvrier sur son ouvrage, comme disaient nos anciens! C'est ce que des Français peuvent crier à leur pays, en laissant aux autres nations la liberté de prendre dans ces conseils ce qui peut leur convenir.

OUVRAGES A CONSULTER

LEVASSEUR (EMILE). — *Comparaison du travail à la main et du travail à la machine* (Paris, 1900).

DESCAMPS (DÉSIRÉ). — *Le problème de la santé et le problème de la richesse* (*Revue socialiste*, décembre 1896, janvier et avril 1897).

DENIS (HECTOR). — *La dépression économique et sociale et l'histoire des prix* (Ixelles, Bruxelles, 1895).

MOUREY (GABRIEL). — *Les Arts de la Vie et le Règne de la Laideur* (Paris, 1899).

BUYSE (OMER). — *Méthodes américaines* (Bruxelles, 1910, 2º édit.).

CHAPITRE X

EFFETS DE LA TRANSFORMATION INDUSTRIELLE SUR LES AUTRES BRANCHES DE L'ACTIVITÉ HUMAINE

§ 1. Effets sur la civilisation en général. — § 2. Effets sur les diverses branches d'activité. — § 3. Conclusion.

Une évolution industrielle, comme celle que nous venons d'esquisser ne pouvait manquer d'exercer des effets puissants sur la civilisation en général et sur les différentes branches de l'activité humaine. Aussi devons-nous, en terminant cette étude, indiquer les plus importants de ces effets.

§ 1. — EFFETS SUR LA CIVILISATION EN GÉNÉRAL

Avant tout elle a contribué à l'épanouissement d'une civilisation urbaine et mercantile, où les intérêts économiques ont une place probablement plus grande, en tout cas plus visible qu'ils n'en eurent jamais. Elle a ainsi imprimé aux mœurs des caractères nouveaux, qui peuvent être bons ou mauvais selon la face par où on les regarde.

La vie est devenue certainement plus active, plus intense, plus pleine ; on pourrait dire que sa densité a augmenté. Elle est devenue en même temps plus confortable. Autrefois l'immense majorité des hommes, en tout pays, se contentaient, soit dans leur alimentation, soit dans leur intérieur, de denrées et d'objets qui n'avaient rien de rare et de raffiné. Il fallait pénétrer dans les palais des princes pour trouver des tapis de Perse, des soieries de Chine, des laques du Japon. Une expression demeurée dans le langage courant trahit la simplicité de nos ancêtres Européens. Nous disons encore un luxe oriental pour désigner un luxe éblouissant, féerique. Or le pauvre Orient, qui ne s'est réveillé que sous les coups de pied et sous les coups de canon de l'Europe, est bien déchu de sa splendeur ; et des Turcs ou des Chinois, retour de Paris ou de Londres, auraient droit de parler avec une admiration plus légitime du luxe occidental. Oh ! sans doute, ce luxe est fort inégalement répandu. La misère côtoie l'opulence. Je ne sache pas de ruelles plus sordides que celles des quartiers pauvres de Londres, la ville la plus riche du monde. Cependant partout, malgré des contrastes trop criants, il y a une augmentation dans la somme des jouissances désirées, sinon atteintes, par toutes les classes de la population. Il s'agit de choses superflues, dit-on parfois. Mais où commence le superflu ? D'un siècle à l'autre ce qui était superflu devient nécessaire. L'extension à un plus grand nombre d'êtres humains de ce qui était le lot de quelques privilégiés ; et de plus l'élévation du niveau de ces jouissances dans chaque groupe social ; c'est ce double mouvement qui constitue le progrès matériel de l'humanité. Il fut un temps où la fourchette, qui nous vint d'Italie, était un luxe royal. Les pamphlets de la Ligue reprochent à Henri III de Valois d'être un roi-femme ou un homme-reine, parce qu'il se sert de cet engin dont s'étaient passés nos ancêtres. Avant 1789 Adam Smith écrivait : « Le budget d'un ouvrier français ne comprend ni souliers, ni chemises. » Moreau de Jonnès disait de la même époque : « Il était rare qu'un ouvrier possédât deux chemises. » Je sais qu'il existe à ce sujet une agréable fantaisie de Voltaire. Un prince, qui s'ennuie au point d'être dégoûté de la vie, sera guéri de sa maladie, s'il peut endosser la chemise d'un homme heureux. On se met en quête de cet homme rare, on poursuit partout ce merle blanc. On le découvre enfin : c'était un pauvre hère qui n'avait point de chemise. Béranger plus tard a paraphrasé la même pensée dans son fameux refrain : — Les gueux, les gueux, sont des gens heureux ! — Ce sont là jeux de bel esprit, paradoxes de poète à l'usage des bons bourgeois qui ont des habits ouatés et un intérieur capitonné. Mais être bien vêtu est une superfluité fort appréciée des dames, et je connais beaucoup d'hommes qui sont femmes sur ce point. Bien manger et boire frais, avoir un logis propre, sain, aéré, sont aussi des avantages que la masse des gens ne dédaigne point ; ceux même qui crachent des paroles amères sur les joies de l'existence s'arrangent volontiers de façon à vivre le plus longtemps et le plus doucement possible. Or il est incontestable que, dans les cent cinquante dernières années, la sphère des besoins humains et des moyens propres à les satisfaire s'est singulièrement agrandie. Les vêtements de coton et de laine se sont répandus jusque chez les sauvages. Le café, le thé, le sucre, le chocolat sont devenus, en vingt contrées, choses d'usage quotidien. Rideaux, tapis, appareils de chauffage et d'éclairage, commodités de tout genre défendent mieux les hommes d'aujourd'hui contre les intempéries des saisons, les embûches de la nuit, les périls de l'insalubrité.

La morale, qui se lie toujours à la situation économique des peuples, s'est ressentie de ce développement général de la richesse et du bien-être. Celle qui a dominé durant tout ce temps ne pouvait être la morale ascétique, qui invite l'homme à réduire ses besoins, à se replier sur soi-même, à s'enfermer dans la solitude et la méditation, à sacrifier les vains plaisirs de la vie terrestre aux délices espérées d'une vie à venir dans un autre monde. Non, ce fut une morale conquérante, stimulante;

poussant à l'action, donnant des conseils d'énergie ; et son principal postulat, c'est que par un travail incessant on peut et doit obtenir un progrès perpétuel dans les conditions de l'existence humaine au profit de ceux qui habitent ou qui habiteront un jour la planète. Cette foi d'un nouveau genre (car c'en est une), cette foi qui comprend l'espérance d'un âge d'or placé devant nous, et non plus derrière nous, d'un monde meilleur, mais réalisable sur la terre, cette foi qui implique ainsi une solidarité des morts et des vivants, des générations présentes et des générations futures comme la fraternité entre tous les êtres pensants et souffrants qui peuplent et peupleront notre globe, cette foi, inconsciente chez beaucoup, mais d'autant plus vivace, a été vraiment l'âme de notre civilisation industrielle ; c'est l'idéal, parfois avoué, souvent caché, qui a soutenu, dirigé, ennobli ses efforts.

La civilisation actuelle a par là sa grandeur ; pourtant il n'a pas manqué de penseurs pour jouer le rôle de l'esclave rappelant au triomphateur ses travers et ses vices.

On a dit : — Oui, la vie est plus active, plus laborieuse, plus tourbillonnante, plus fébrile. Est-elle plus heureuse ? Les jouissances qu'on se procure valent-elles la peine qu'on se donne pour les obtenir ? La concurrence ardente dans laquelle peuples et individus s'épuisent pour produire encore et toujours davantage est-elle préférable à l'existence calme, lente, reposée que menaient nos aïeux ? Multiplier les besoins, n'est-ce pas multiplier les servitudes ? N'est-ce pas augmenter, même pour ceux qui peuvent les satisfaire, les chances de souffrir et les complications inutiles ? N'est-ce pas créer aux autres des sujets d'envie et de cruelle déception ? N'est-ce pas imposer aux travailleurs qui produisent ces merveilles tant vantées de l'industrie, à la faiblesse des femmes et des enfants surtout, des tâches homicides qui souillent de sang la route du soi-disant Progrès.

Et à ces questions, des réponses ironiques ou indignées sont venues de toutes parts. D'aimables paresseux ont redit, après La Fontaine, qu'il est plus sage d'attendre la fortune dans son lit que de courir après elle. Des romanciers ont préféré à l'activité remuante et inquiète de l'Occident la sérénité apathique et énervée de l'Orient légendaire, engourdi durant si longtemps, comme un fumeur d'opium, dans la volupté tranquille

> Du rêve intérieur qu'il n'achève jamais.

Des poètes ont mis en parallèle les jouissances conquises avec les souffrances qu'elles coûtent à autrui, avec les illusions qu'elles infligent à ceux qui en bénéficient, et ils ont regretté le facile contentement de l'homme qui se laissait bercer, pauvre, mais sans souci, dans les bras d'une nature clémente et maternelle. Auguste Barbier, après avoir visité les usines d'Angleterre (vers 1837), croyait revenir d'un voyage aux enfers et il opposait violemment le bonheur nonchalant du lazzarone napolitain au labeur terrible du travailleur anglais mourant de gin et de misère.

On a dit encore : — Oui, la vie dans cette civilisation, qui vise surtout à faire fleurir la prospérité matérielle, est plus confortable, plus hygiénique, quoiqu'il y ait bien des exceptions pour les ouvriers, créateurs partiels et essentiels de cette prospérité. Mais est-elle plus noble, plus haute, plus morale, au sens large et élevé du mot ? — Or il n'est pas difficile de noter les tares d'une société qui a pour mobile principal le désir du gain, pour devise : — Enrichissez-vous —. Il n'est pas difficile de montrer ce qu'a de bas, de mesquin l'appétit d'argent, quand il est excessif et presque exclusif. On voit trop quel vilain caractère mercantile prennent par contagion l'art, quand il dégénère en une fabrication d'objets inférieurs, de tableaux et de statuettes faits uniquement pour être vendus à de riches et ignorants amateurs ; la littérature, quand elle pond à tant la ligne des romans qui n'ont ni style, ni bon sens, ni propreté ; la presse, quand elle descend au rôle de champion payé des plus mauvaises causes ; la politique, où d'éclatants scandales dénoncent de temps en temps des trafics de votes et de consciences, des achats d'électeurs et d'élus ; la vie privée, où le mariage est trop souvent une affaire, un marché, une combinaison financière ; les rapports des patrons et des ouvriers, où le travail a été considéré comme une pure marchandise et le travailleur exploité comme une bête de somme jusqu'à la limite de ses forces.

Que répondre à ces accusations ? Il faut reconnaître qu'elles contiennent une part de vérité. Sans donner dans le pessimisme dénigreur ou l'optimisme béat, il faut se dire que les sociétés, pas plus que les fleuves, ne remontent vers leur source ; qu'il est permis de jeter un regard attendri et des fleurs funéraires sur certaines choses du passé, mais qu'il est chimérique de vouloir les ressusciter ; que notre époque est un âge de transition entre un régime fini et un régime qui s'ébauche ; que la ploutocratie régnante est sans doute un pont nécessaire entre la société aristocratique des siècles derniers et la démocratie qui travaille à s'organiser ; que les transformations techniques appellent une transformation morale qui n'est pas encore accomplie, ce qui est proprement la cause de la crise actuelle ; que les souffrances d'aujourd'hui sont la rançon des joies et des grandeurs de demain ou d'après-demain ; que nous devons répéter avec le vieillard de La Fontaine :

> Nos arrière-neveux nous devront cet ombrage ;

qu'enfin l'humanité affranchie de la tyrannie de ses besoins les plus criants par l'achèvement de l'évolution industrielle commencée, saura recréer la beauté, la noblesse morale, le bonheur dont elle a été trop sevrée durant l'époque finissante.

§ 2. — EFFETS SUR LES DIVERSES BRANCHES D'ACTIVITÉ

Cet aperçu d'ensemble appelle un complément. On peut, en séparant les différentes branches de l'activité humaine, chercher quels effets les transformations techniques ont opérés sur chacune.

Le commerce, comme toujours, a reçu de l'industrie une impulsion qu'il avait commencé par lui donner et que plus tard encore il lui a rendue. L'agriculture, industrialisée en certains pays, lui a dû de sortir de la torpeur et des habitudes surannées dans lesquelles elle risquait de s'endormir et, à son tour, lui a fourni abondance de matières premières à transformer. La science, qui a tant contribué au développement de la production, a eu quelquefois à se plaindre des répercussions que les préoccupations pratiques ont eues sur le travail intellectuel. Elle qui poursuit son but, la vérité, avec un désintéressement qui est son honneur, elle a été méconnue, traitée avec un dédain très injuste, quand elle n'était point utilitaire, quand elle était autre chose que la servante de l'industrie. Bien des gens ne l'ont appréciée, que comme une faiseuse de découvertes immédiatement monnayables. Mais la science a aussi été relevée dans l'estime publique par le succès des applications dont elle est la source. La gloire des savants et des inventeurs a bénéficié des résultats palpables auxquels leurs recherches aboutissaient. La science a même été vigoureusement encouragée soit par des industriels soit par des États qui avaient besoin de ses services. Elle a, par suite, conquis une part plus large dans les programmes d'enseignement, et, dans la plupart des pays d'Europe, elle a fortement ébranlé le système d'éducation qui, depuis la Renaissance, faisait de la connaissance du latin et du grec le pivot de l'instruction pour les classes moyennes. Le rajeunissement de l'éducation professionnelle, entraînant un renouvellement des méthodes du haut en bas de l'édifice pédagogique, est à l'ordre du jour sur toute la surface du globe.

L'art, non plus que la science, n'a pas eu toujours à se féliciter des intrusions de l'industrie dans son domaine. Il s'est rabaissé maintes fois au rang de métier. Mais il a aussi appris d'elle à faire grand et à chercher des effets nouveaux. J'ai déjà dit comment l'architecture, avec des matériaux nouveaux, avait pu atteindre une légèreté inconnue aux siècles précédents, bâtir des nefs aussi imposantes que celle des anciennes cathédrales, jeter d'un bord à l'autre d'un fleuve, d'un ravin, d'un bras de mer des arches aussi et plus hardies que celles des Romains, élever des tours plus hautes que les Pyramides et les clochers les plus élancés ; comment, dans des œuvres purement industrielles, après avoir été longtemps laide et lourde, elle se révéla, vers la fin du XIXe siècle, comme une fillette qui a passé l'âge ingrat, capable d'être belle et robuste. La sculpture a pu créer, grâce aux ressources mises à ses ordres, tantôt des colosses de bronze qui semblent couvrir de leur protection toute la contrée environnante (La Liberté éclairant le monde, la Bavaria, la Germania, le monument de Victor Emmanuel à Rome), tantôt dresser dans toute leur rude vigueur les corps musculeux des travailleurs du fer ou de la mine, ces athlètes douloureux des temps modernes. La peinture, elle aussi, a pénétré dans les usines et les chantiers, et elle s'est efforcée de rendre ces atmosphères saturées de fumées bleuâtres, ces flamboiements de fournaises où des hommes demi-nus s'agitent comme les damnés de l'enfer chrétien, ces teints hâves et plombés où la misère a gravé son empreinte, ces physionomies âpres où l'endurance a creusé des lignes sévères.

La littérature, qui touche à tout, ne pouvait éviter d'être à son tour influencée. Elle l'a été dans sa partie matérielle par l'impression rapide, par le bon marché du livre et du journal, elle a pu voir ses œuvres se répandre par le monde avec une puissance de pénétration centuplée. Elle l'a été dans sa partie spirituelle, je veux dire dans les sentiments et les idées qu'elle exprime, dans les images et les mots qu'elle emploie pour les traduire. La poésie, prise d'admiration pour le génie de l'homme, a poussé des cris d'orgueil et d'espérance en le voyant soumettre les forces les plus redoutables de l'univers ; elle a entonné des hymnes au roi de la terre, en présence du spectacle que lui offrait le prodigieux essor de l'industrie ; elle a tenté de jeter son manteau de pourpre et d'or sur les austères vérités de la science ; en même temps elle s'est aventurée, à la fois étonnée et craintive, dans ces gigantesques pandémoniums où la voix stridente des sirènes, le ronflement des moteurs, la rotation vertigineuse des bielles et des courroies déconcertent, effarouchent, épouvantent, et elle a dit les frissons, le recul inquiet de la rêverie arrachée violemment à ses paisibles contemplations. (A. de Vigny : *La maison du berger*). Ce n'était là que le décor, l'extérieur de la grande industrie, ce qui parle aux sens ; elle a essayé d'en saisir aussi le drame intime, ce qui parle au cœur, et alors les poètes ont puisé d'abord leur inspiration dans les misères de la vie ouvrière, dans les plaintes, les révoltes, les espoirs et les désespoirs des travailleurs. Toutes les littératures ont des pages, pages signées des noms les plus illustres, où vibrent la pitié, la colère, l'ironie provoquées par le long gémissement qui a monté des noirs faubourgs et des fabriques meurtrières. (H. Moreau : *L'hiver.* — V. Hugo : *Melancholia* ; Élisabeth Browning : *The cry of the Children.* — Thomas Hood : *La chanson de la chemise.* — Henri Heine : *Le chant des tisserands*, etc.). Elles ont

aussi des chansons populaires, qui ont rythmé le travail
des ateliers et qui sont écloses entre deux pavés, tantôt
roses et bleues comme une aurore de printemps, tantôt
rouges comme l'incendie et le drapeau révolutionnaire.
Le théâtre a mis en scène à son tour les conflits du capital et du travail, les grèves, la grande lutte du jour
entre le passé qui ne veut pas mourir et l'avenir qui
veut se faire sa place au soleil, et l'ingénieur, le poly-
technicien, le maître de forges, le savant, l'inventeur,
l'ouvrier ont pris rang parmi ses héros. Le roman, quand
il n'est point parti des prodiges réalisés par la science
pour greffer le possible sur le réel et l'impossible sur le
possible (Jules Verne, Wells, Rosny, etc.), a, vers 1848,
marié l'Évangile avec la question sociale, l'idylle et la
révolution ; puis, devenu plus amer et plus combatif,
vers la fin du siècle, ou bien il a tâché de pousser ses
lecteurs dans telle ou telle direction ou tout au moins il
s'est complu à retracer la guerre tragique des classes
ennemies, à peindre, non plus seulement des misérables,
mais des réfractaires lancés à l'assaut du régime dont
ils sapent les bases au risque d'être écrasés sous ses
ruines. Chose curieuse ! Le développement de l'industrie a eu parfois un effet contraire. Les laideurs et les
tristesses qui lui sont encore inhérentes (air et rivières
empoisonnés par les déchets d'usines, routes noires de
charbon, taudis regorgeant de femmes malades .et
d'enfants rachitiques) ont rejeté violemment les écrivains au sein de la nature. Par une réaction facile à
comprendre, ils ont aimé, chanté, la verdure des prés,
le silence des champs, les souffles purs venant de
l'Océan. Ainsi, Victor Hugo s'écrie à la fin d'un poème
où il a évoqué les sombres tableaux des cités industrielles :

O forêts, bois profonds, solitudes, asiles !

Une autre partie de la littérature a été fécondée par

les changements qu'amenait le machinisme : c'est la littérature économique. Discours prononcés dans les parlements et au dehors, rapports, enquêtes, statistiques, livres et brochures qu'économistes de toutes écoles, socialistes, syndicalistes, anarchistes ont fait pleuvoir sur le public ; quelle bibliothèque il faut pour les contenir tous ! — Littérature ennuyeuse — a dit, un jour d'humeur, Thiers, à la tribune. Littérature passionnante pourtant, si l'on en juge par tel ouvrage qui s'est vendu à des millions d'exemplaires et a suscité des centaines de réfutations ardentes ; succès qui est le reflet dans les âmes des perturbations que la grande industrie a produites dans la société !

Faut-il une dernière preuve de l'intérêt qui s'attache à ces spéculations économiques qui étaient jadis l'apanage de quelques initiés ? Elles ont envahi l'histoire, elles l'ont transformée, renouvelée. Sans adopter dans sa rigidité la théorie dite du matérialisme historique, sans croire que la constitution économique d'une société détermine, à elle seule, ses conceptions politiques, religieuses, artistiques, on est en droit de déclarer que l'étude des conditions matérielles où a vécu l'humanité a mis en relief quantité de vérités inaperçues jusqu'ici, et nous-mêmes que faisons-nous, dans cette *Histoire universelle du travail*, sinon chercher, en nous plaçant à un point de vue qui n'est plus celui des historiens antérieurs, une connaissance plus juste et plus profonde de l'évolution des peuples ?

§ 3. — CONCLUSION

Arrivés à la fin de notre tâche, oserons-nous jeter un coup d'œil sur l'avenir ? dire ce qu'on peut prévoir et espérer ? Nous estimons devoir le faire, mais avec toute la réserve que commande le voile mystérieux qui recouvre l'inconnu.

A en croire certains penseurs, la série des transformations techniques qui sont actuellement possibles serait à peu près achevée ; et nous serions près d'entrer dans une de ces périodes d'accalmie où l'humanité vit pour longtemps sur ses connaissances acquises en y ajoutant peu de chose, où elle digère, si l'on peut ainsi parler, les inventions et nouveautés dont elle a été coup sur coup surabondamment dotée. Mais à ceux qui ferment si délibérément le cycle des découvertes, on peut rappeler qu'en 1844 quelqu'un écrivait sans hésiter : « La papeterie est arrivée au terme de la perfection. » On sait pourtant quels progrès elle a faits depuis. On peut rappeler les enthousiasmes que provoquait la vapeur, tandis qu'un membre illustre d'une compagnie savante annonce que la locomotive, vers 1930, ne figurera plus guère que dans les musées. On peut rappeler que, ces années dernières, la télégraphie sans fil, les travaux sur la radio-activité des corps, l'aviation sont venus prouver que la faculté imaginative de nos contemporains n'est pas épuisée. Quoi qu'il en soit, nous assistons déjà à une profonde transformation du travail ! Non seulement il est devenu infiniment plus productif qu'autrefois, mais il est devenu aussi plus cérébral que musculaire, et par là même la production mécanique, chimique, scientifique, comme on voudra l'appeler, nous apparaît comme une future émancipatrice de l'humanité. On a cité maintes fois les paroles du poète grec Antiparos, au moment où la force hydraulique libérait les esclaves d'une besogne pénible : « Épargnez le bras qui fait tourner la meule, ô meunières ! Dormez paisiblement ! Que le coq vous avertisse en vain qu'il fait jour... Les Nymphes vont faire le travail des esclaves. » Le poète avait raison d'entonner ce chant de délivrance ; mais combien les machines de nos jours mériteraient davantage pareille effusion lyrique ! Ce n'est point à dire que la servitude du travail manuel doive cesser bientôt ou même jamais ; la chose ne semble point possible et elle n'est point désirable. Mais on peut affirmer que ce travail, réduit dans une mesure que nul ne saurait déterminer, et de plus en plus intellectualisé, laissera une somme croissante de loisir à l'humanité laborieuse. Or dans cette ascension de l'humanité vers un état social, qui par cela seul sera meilleur, la période que nous avons étudiée restera une glorieuse étape ; elle aura sans doute été semée de crises pénibles et de luttes aiguës, comme le sont toutes les époques de mue, mais elle aura marqué un pas décisif dans la conquête de la nature par l'homme.

Et déjà nous pouvons entrevoir le sens de l'évolution qui s'opère. Qu'on veuille bien avoir présente à l'esprit la succession des quatre systèmes qui ont prédominé tour à tour dans le courant des siècles [1] ! Il semble que sous leur diversité on perçoive la persistance d'une même idée directrice.

On part de l'*économie domestique fermée*, où le propriétaire se suffit à lui-même, produit sur son domaine tout ce dont il a besoin pour lui et les siens. On passe ensuite par l'*économie urbaine*, où la ville est le centre d'un territoire restreint, mais suffisant à la faire vivre. On arrive après cela à l'*économie nationale*, où l'État, avec des dimensions plus vastes et une administration plus complexe, essaie aussi de s'enfermer chez soi. On aboutit enfin à l'*économie internationale*, qui embrasse peu à peu toute la terre habitée et habitable.

Eh bien ! il semble que la succession de ces quatre systèmes fasse un cycle où l'on revient, en fin de compte, aux principes du début. Le propriétaire isolé et souverain, distribuant au mieux de ses intérêts ses cultures et ses ateliers entre les travailleurs résidant sur ses terres, de façon que tous ses besoins et les leurs soient satisfaits,

1. Voir chapitre VII.

pourrait passer pour le modèle sur lequel on se guide inconsciemment. L'idéal vers lequel on gravite paraît être celui-ci : l'humanité administrant le globe entier comme un domaine unique et fermé, où, par une entente amiable entre tous ses habitants, chaque pays aurait sa tâche et se chargerait d'apporter au revenu commun ce qu'il est le mieux à même de produire, où chaque groupe humain aurait sa part et son genre de travail dépendant de son nombre, de ses aptitudes, de ses conditions géographiques.

Il est probable que cet idéal encore lointain ne se réalisera point sans luttes ni secousses, mais c'est vers cette organisation harmonieuse et pacifique de la planète que l'on marche et que l'on doit marcher. Il nous plaît de terminer sur cette vision d'espérance et sur cet acte de foi en l'avenir.

GEORGES RENARD.

OUVRAGES A CONSULTER

PASSY (FRÉDÉRIC). — *Les machines et leur influence sur le développement de l'humanité* (Paris, 1877).

BARBIER (AUGUSTE). — *Lazare*, poème (Paris, 1837).

DU CAMP (MAXIME). — *Chants modernes. Préface* (Paris, 1855).

RENARD (GEORGES). — *La méthode scientifique de l'histoire littéraire* (chap. VII et XIV, Paris, 1900).

DEUXIÈME PARTIE

L'ÉVOLUTION AGRICOLE DEPUIS 150 ANS

Par ALBERT DULAC.

INTRODUCTION

L'AGRICULTURE AU XVIII° SIÈCLE

En France, en Angleterre, en Amérique. — Les instruments aratoires,
les plantes, les animaux. — La superstition. La science.

Quand Louis XVI hérita du trône, un goût démesuré régnait en France pour l'agriculture. Les salons les plus aimables et les plus cultivés regorgeaient de philosophes ruraux. Tout le monde était économiste.

Voltaire raconte les débuts de ce curieux état d'esprit : « Vers 1750, écrit-il, la nation rassasiée de vers, de tragédies, de comédies, d'opéras, de romans, d'histoires romanesques, de réflexions morales plus romanesques encore et de disputes théologiques sur la grâce et sur les convulsions, se mit enfin à raisonner sur les blés. » Les physiocrates triomphaient. On discutait sans fin leur doctrine : « Voyez, disaient-ils, les artisans qui fabriquent les étoffes, les marchands qui les trafiquent, les voituriers qui les transportent, les tailleurs qui en forment des habits, un avocat qui plaide une cause, le domestique qui le sert, tous ces hommes ne peuvent dépenser qu'à raison de la rétribution qui leur est payée par ceux qui les emploient ou qui achètent leurs ouvrages. Qu'on remonte à la source de ce payement, en suivant la marche de la circulation des espèces représentatives de la richesse dans les différentes mains par où elles ont passé, l'on trouvera qu'il provient uniquement de la terre qui produit seule tous les biens de notre usage. »

Les dissertations de ce genre faisaient les délices de l'élite pensante qui dévorait avidement les ouvrages de Quesnay et du marquis de Mirabeau. On s'arracha les trois volumes de la *Philosophie rurale ou Économie générale et politique de l'agriculture, réduite à l'ordre immuable des lois physiques et morales qui assurent la prospérité des empires.* On trouva charmants les *Dialogues sur le commerce des blés* de l'abbé Galiani. Cette littérature rustique dont Arthur Young raconte qu'il composa une « bibliothèque immense », cette « physiocratie » bénie des libraires, était absorbée allègrement de toute l'Europe intellectuelle. Les souverains l'avaient adoptée : Catherine II en Russie, Joseph II en Allemagne, Gustave II en Suède, Léopold II en Toscane, Stanislas II en Pologne. « On écrivit des choses utiles sur l'agriculture, remarque encore Voltaire. Tout le monde les lut, excepté les laboureurs. »

Les laboureurs, eux, avaient trop de peine à vivre pour trouver le loisir de philosopher. Ils eussent sans doute travaillé de leur mieux au bien-être prêché par les économistes, si les circonstances le leur avaient permis. Mais le régime qu'ils subissaient ne les favorisait en rien. Sous prétexte de sauvegarder la subsistance publique, les intendants de provinces s'immisçaient dans leurs affaires, leur imposaient des règlements sans nombre. L'autorité voulait qu'on récoltât des grains. « Elle fut jusqu'à la barbarie d'ordonner la dévastation et de forcer le vigneron à arracher ses plans en pleine vigueur » pour cultiver du blé. Mais le sol appauvri ne produisait plus

La moisson faite ou la vendange, d'autres mesures non moins sévères empêchaient les cultivateurs d'en disposer librement. Le pouvoir royal tenait le commerce en tutelle.

De véritables douanes à la limite des provinces entravaient la circulation, et la spéculation en prenait avantage pour dominer le marché des produits. Les accapareurs de village n'étaient pas rares. Aux époques de hausse, marchands et riches propriétaires entassaient d'énormes réserves de grains, attendant les prix de famine. Il s'était même formé des compagnies pour organiser l'accaparement. Telle province manquait de tout, quand sa voisine avait en abondance du blé, de la viande ou du vin. Entre 1700 et 1789, on compta trente années de disette.

A quoi bon cultiver? Découragés, misérables, les paysans abandonnaient l'effort. Dans certaines régions, pour épargner le combustible, ils vivaient à l'étable avec leurs animaux. Parfois ils partageaient leur repas. Ils fabriquaient eux-mêmes leurs vêtements et leurs chaussures, et le plus souvent ils allaient en manteau de chanvre et pieds nus. Dans la période qui précéda la Révolution, ils avaient par milliers quitté leurs chaumières et mendiaient dans les villes. Par contre, la chasse était florissante. Lois et règlements s'accordaient à la protéger, et la ruine des cultivateurs importait peu, pourvu qu'abondât le gibier, petit ou grand, pour le plaisir des nobles. Il était interdit « à tout particulier domicilié dans l'étendue d'une capitainerie d'enclore son héritage de murs, haies ou fossés, sans une permission spéciale. On lui défendait de faucher son pré ou sa luzerne avant la Saint-Jean, d'entrer dans son propre champ du 1er au 24 juin, car à ce moment les perdrix couvent... Or, il y avait en France quatre cents lieues carrées soumises au régime des capitaineries royales. » Ici les lapins ravagent huit cents arpents cultivés et détruisent une récolte de deux mille quatre cents setiers, nourriture annuelle de huit cents personnes. Là les villageois doivent faire, six mois l'an, des factions et gardes de jour et de nuit avec tambours et charivari pour mettre en fuite les bêtes destructives. Ailleurs le paysan n'est même pas libre d'aller retirer les mauvaises herbes qui étouffent son grain et gâtent ses semences, et s'il plaide pour se faire indemniser du dommage causé à son blé, il perd son temps, sa moisson et les frais du procès. « Toutes les fois, dit Arthur Young, que vous rencontrez les terres d'un grand seigneur, même quand il possède des millions, vous êtes sûr de les trouver en friche. » Faut-il s'en étonner?

Les curieux récits du voyageur anglais se réfèrent souvent aussi à la situation de son propre pays. Arthur Young le connaissait bien. Outre la part active qu'il avait prise aux affaires publiques[1], une expérience pratique des choses de la terre avait aiguisé ses dons d'observateur. Et son témoignage est précieux. Mais la supériorité relative qu'il accorde à l'agriculture britannique ne doit pas nous tromper sur son état réel. Au xviiie siècle, plus de la moitié des terres arables de l'Angleterre et du Pays de Galles et l'Écosse presque entière étaient encore cultivées sous un régime de communauté. Chaque paroisse divisait son domaine en prairies, champs labourables et pâturages. Les prairies étaient partagées en lots et exploitées individuellement du 25 mars (*Lady day*) à la fenaison, puis livrées à la pâture commune. Des terres labourables on faisait trois soles, l'une de blé ou de seigle, la seconde, d'orge, d'avoine, de pois ou de fèves. La troisième était laissée en jachère. Chacun recevait sa part. Après la récolte, les droits particuliers laissaient place à la liberté générale de mener paître le bétail sur les chaumes, comme on pouvait le faire toute l'année dans le pâturage communal.

Une telle méthode ne permettait guère les progrès

---

1. Il édita, à partir de 1784, les *Annales d'agriculture* auxquelles collaborait parfois, sous le pseudonyme de Ralph Robinson, le roi Georges III, qu'on surnommait le « fermier Georges. » Il fonda en 1793, avec Sir John Sinclair, le *Board of agriculture*.

culturaux. Elle excluait les emblavures d'hiver et les soins attentifs qui concourent, à la longue, à l'amélioration du sol. Quant aux animaux d'élevage, mêlés et confondus en un même troupeau, ils ne s'écartaient point d'une commune médiocrité. Tandis que les paysans conservaient jalousement leurs méthodes archaïques, la « gentry » se ruinait à imiter les extravagances des commerçants. « A l'église, rapporte la chronique, la livrée du négociant en tabac fait l'admiration de tous. Comment les filles de l'aristocrate l'emporteront-elles sur la nièce du mercier », telle est la question pressante du moment. Et nous verrons que ce problème portait en lui, avec la transformation du régime foncier, l'établissement des grands domaines et l'essor du fermage.

Vers la seconde moitié du xviiie siècle, l'agriculture gardait vivaces encore les formes traditionnelles d'un régime que l'évolution de la période contemporaine n'avait, pour ainsi dire, pas atteintes. Nous aurons à considérer comment ces errements d'autrefois, naguère favorables à la prospérité agricole, lui devinrent néfastes et durent disparaître. Ils furent à la fois détruits et remplacés sous la pression des circonstances qui se modifiaient alentour. Il semble même que les manifestations du progrès dont nous aurons à connaître les formes multiples se soient affirmées dans la mesure où les chaînes du passé, rompues, leur laissaient libre cours.

A l'époque où débute cette histoire, l'exploitation du sol n'avait guère dépassé le niveau des méthodes les plus primitives. Ayant à dépeindre l'état de l'agriculture américaine vers 1775, un écrivain digne de foi ne trouve rien de mieux que d'évoquer les procédés rudimentaires en usage trois ou quatre mille ans plus tôt chez les Égyptiens. Libérés de toute entrave sociale, les colons d'Amérique n'étaient pas plus proches que leurs confrères d'Europe du mouvement formidable qui allait bouleverser la technique agricole.

Essayons donc, en quelques traits, de décrire le labeur rural, tel qu'on le pratiquait alors.

*
* *

La charrue avait à peine changé depuis le temps où les peuples pasteurs commencèrent à cultiver la terre.

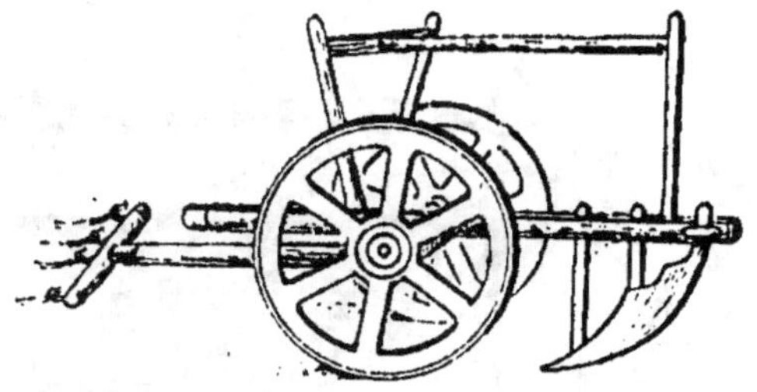

Fig. 13. — Charrue du moyen âge, d'après un manuscrit du milieu du treizième siècle. (*Bibliothèque nationale.*)

C'était l'araire fait d'une branche d'arbre recourbée, éperonnée d'un soc de fer ou de silex. On fabriquait les herses avec des pointes forgées, solidement encastrées dans un cadre de bois. Enfin le tronc lourd d'un chêne ou d'un hêtre servait à rouler la terre sur la semence. Les trois premiers outils de préparation du sol s'étaient perpétués sans altération depuis l'enfance de l'humanité. On peut en dire autant des instruments de récolte. Les faucilles de bronze datent de la période néolithique. Elles étaient devenues, dès qu'on connut le fer, plus longues et moins lourdes. Emmanchées d'un bâton, elles avaient pris la forme de la faux. Un fabliau du moyen âge décrit l'outillage du vilain. Aucune pièce n'y fut ajoutée dans les cinq siècles qui suivirent. C'étaient la bêche, la houe, le rateau, la cognée, le marteau ou la fourche, et le « flaiau » à battre en grange, puis la pelle de bois, le van d'osier et le crible ou tamis qu'on appelait blutiau. Les instruments de

ferme conservaient ainsi leurs formes traditionnelles,
parce qu'elles correspondaient à une méthode de travail
religieusement transmise. Aucun héritage du passé
n'était plus que celui-là enraciné dans l'esprit populaire.
L'effort des États modernes pour éduquer les masses
rurales ébranle avec peine ces couches épaisses de

Fig. 14. — Pressoir à roues. (Bourgogne.)

routine. Au xviiie siècle, elles n'avaient point encore été
touchées. Les pratiques de l'agriculture dérivaient uniquement de l'usage.

Les plantes cultivées étaient peu nombreuses. On
les reproduisait en semant chaque année une partie de
la précédente récolte. Des variétés locales, adaptées aux
conditions du sol et du climat, s'étaient ainsi fixées. On
les préférait à toute autre. Point de ces croisements qui
régénèrent et améliorent les espèces. Seule peut-être
la viticulture avait atteint une véritable perfection.
De vieux pressoirs restent témoins de sa gloire vénérable. Le plateau et la maie, l'énorme vis, le levier

et les barres étaient entièrement faits de bois. On y écrasait les grappes. D'immenses cuves recevaient le jus prêt à fermenter. Enfin l'on conservait le vin dans des futailles de chêne cerclées de châtaignier. C'étaient des rites séculaires.

On élevait fort bien les chevaux. En France on distinguait les Normands, les haquenées limousines, brillantes et souples, les bidets et doubles bidets du Roussillon, d'Auvergne, de Bourgogne et du Poitou, les bêtes de trait qu'on se procurait pour les messageries en Bourbonnais et en Franche-Comté, les bons trotteurs du Boulonnais qui amenaient chaque jour la marée à Paris. Les haras étaient florissants [1]. Les premières courses de chevaux, à la mode anglaise, datent de 1766. Elles s'étaient beaucoup répandues. En Angleterre, la race chevaline avait aussi des représentants de grande valeur. Et de même en Allemagne, en Espagne, en Russie. Partout les nécessités de la guerre et les besoins des transports avaient donné aux chevaux une importance capitale et assuré la qualité de leur élevage.

Les autres catégories d'animaux n'avaient point ce privilège, et leur valeur était très médiocre. Les troupeaux bovins, que certains qualifiaient de « mal nécessaire », demeuraient négligés. Quant aux moutons, entretenus pour la seule production de la laine, leur état restait misérable. On pensait que les plus pauvres pâturages devaient leur suffire, souvent même l'herbe du bord des chemins.

C'est qu'une condition essentielle dominait alors, comme aujourd'hui, les progrès de la technique rurale : l'intérêt du résultat. Au xviii° siècle, la viande de boucherie n'avait pas encore pris rang parmi les valeurs appréciées. Les petites gens n'en consommaient point

---

1. Ils possédaient à la veille de la Révolution plus de 3.000 étalons.

et ceux qui avaient le moyen d'approvisionner somp-
tueusement leur table préféraient la marée ou la venai-
son. Voilà pourquoi les cultivateurs avaient négligé
l'amélioration des formes animales.

.•.

Un épais tissu de préjugés et de superstitions entra-
vait d'ailleurs toute initiative. Rebouteux et jeteurs de
sorts régnaient en maîtres dans les fermes. Rien ne se
faisait sans tenir compte d'influences occultes ou de
prétendues prescriptions divines. Avant d'ensemen·
cer on s'assurait que la phase de la lune, le jour et
l'heure étaient favorables, l'anniversaire, propice. Pour
que le grain vînt mieux, on le portait au champ dans la
nappe du repas de Noël. On avait soin de mettre du sel
aux quatre coins des herbages, le 1ᵉʳ avril, pour pré-
server les bestiaux des maléfices, et quand ils mouraient,
on les enterrait dans leurs étables. Un morceau de corne
de cerf abritait contre la maladie les bœufs et les chevaux. On était persuadé que tondre les bêtes à laine à
l'octave de la Fête-Dieu les faisait mourir dans l'année,
et que semer du blé le jour de la Saint-Léger empêchait
les grains de grossir.

C'est à ce réseau de croyances, où se mêlaient bizar-
rement les vérités de l'expérience et les erreurs de l'imagination, que s'attaqua la Science. Déjà au xviiiᵉ siècle,
elle avait affirmé sa méthode et accumulé, par l'observation des choses de la nature, de précieuses connaissances. Les trente-six volumes de l'*Histoire naturelle*
de Buffon parurent entre 1749 et 1788. A cette époque,
de Saussure poursuivait ses recherches de physique et
d'hygrométrie, Bonnet, Priestley, Ingen Housz décou-
vraient le décomposition de l'acide carbonique de l'air
par les végétaux, Haüy étudiait la minéralogie, les
deux Jussieu étendaient le domaine de la botanique

créé par Tournefort et par Linné. La chaire de chimie du Jardin des Plantes fut fondée en 1739. Quelques années plus tard, Daubenton jetait les premières bases de la zoologie et de la zootechnie. D'illustres élèves, Cuvier, Lavoisier, allaient se former à ces écoles.

Entre le milieu rural où demeure si profondément enracinée l'autorité de l'aveugle Foi et les cénacles parisiens où l'on professe comme un dogme le triomphe de la seule Raison, le contraste est étrange. A vrai dire il contenait en germe tous les futurs développements de l'histoire. Ici l'amour de la nature dicte à Diderot ses récits fantaisistes, à Rousseau ses églogues sentimentales. Là les doctrines nouvelles d'égalité et de liberté inspirent les Cahiers de 89. De ce double ferment devait naître toute l'évolution du XIX° siècle.

Un champ infini d'investigations s'ouvrait aux recherches des savants. Une source immense de richesses s'offrait à l'activité productrice des hommes.

OUVRAGES A CONSULTER

G. WEULERSSE. — *Le mouvement physiocratique en France (1756-1770).*

MIRABEAU. — *Philosophie rurale.*

ARTHUR YOUNG. — *Voyages en France.*

H. TAINE. — *L'ancien régime.*

JULES SAIN. — *Rapport du musée rétrospectif de l'agriculture. Exposition universelle de 1900.*

PAUL MANTOUX. — *La révolution industrielle au XVIII° siècle.* Paris, 1906.

KARÉIEW. — *Les paysans et la question paysanne.*

W. N. BREWER. — *History of agriculture. X. Census* (États-Unis d'Amérique).

LÉONCE DE LAVERGNE. — *Économie rurale de la France depuis 1789.* Paris, 1877.

CHAPITRE PREMIER

LA VIE ANIMALE

L'amélioration des espèces. Chevaux de pur sang. Bakewell et les moutons de Leicester. La consanguinité. Charles Colling et la sélection des courtes-cornes. Progrès de l'élevage en Angleterre. — Idées de Daubenton sur les troupeaux et la production de la laine. Acclimatation des mérinos. Le croisement. — Réaction en faveur de la production de la viande. Le métissage. — Augmentation du poids et de la qualité des animaux de boucherie. Sociétés d'éleveurs. — Histoire de la production chevaline. — Les lois de l'hérédité et les méthodes de l'élevage. — Aviculture. Apiculture. — La chasse. Les fourrures. Les plumes d'autruche. L'avenir de la chasse. — La pêche. Ses progrès. · L'océanographie. L'aquiculture. — Espèces utiles et espèces nuisibles.

Cuvier donnait pour but à l'agriculteur « de faire en sorte qu'il y eût toujours, dans un espace donné, la plus grande quantité possible d'éléments combinés en substance vivante ».

Cette définition, formulée en l'an 1800, marque assez bien l'état d'esprit de l'époque. Après une longue période d'ignorance et d'impuissance, l'homme des champs s'éveillait enfin. A la conquête de la liberté, il avait repris le goût de l'effort. La science, jeune et ardente, avivait sa curiosité, le comblait de promesses, légitimait toutes ses espérances. Dans tous les sens où son activité pouvait se donner cours, les régions du possible semblaient indéfinies.

L'industrie agricole, pour produire la substance vivante, emploie de diverses manières la nature à son service : l'organisme végétal, associé au sol, transforme les éléments assimilables qu'il contient en tissus cellulaires, racines, tiges, feuilles ou fruits; l'organisme animal, absorbant ces substances, en fait la matière première des os, des muscles et du sang, de la force, de la laine et du lait. Sans avoir une conception aussi nette de l'atelier agricole et des éléments qu'il met en œuvre, on chercha de tout temps à diriger ce travail vers le rendement le meilleur. D'où le perfectionnement des machines de transformation, je veux dire l'amélioration progressive des espèces animales et végétales.

Tout d'abord ce n'est pas au calcul savant et désintéressé des hommes de laboratoire que ce progrès dut ses premières formes, mais à l'empirisme des praticiens, dans un but lucratif. Les premiers inventeurs de la sélection furent les éleveurs de pur sang anglais.

Les courses de chevaux étaient déjà fort répandues en Angleterre, quand Charles Ier en consacra l'usage. Dès cette époque florissait un élevage spécial de galopeurs destinés aux luttes de vitesse sur le turf. Les étalons orientaux qui furent importés alors fondèrent les souches des grandes familles de pur sang. Au XVIIIe siècle les représentants de cette race abondaient. Leurs éleveurs savaient bien, comme Linné, que le semblable reproduit le semblable. Aussi inscrivaient-ils scrupuleusement la généalogie de leurs chevaux sur des livres qui nous en conservent l'histoire. *Éclipse*, jamais battu lui-même, procréa 334 vainqueurs. Ce résultat mesure l'importance que les producteurs de pur sang durent attacher, dans la suite des générations, à la qualité des étalons et de leurs ancêtres. Peu à peu les familles médiocres furent éliminées. Comme on jugeait de leur valeur par le critérium certain de la course, on sut bientôt quels chefs de file, doués d'exceptionnelles vertus héréditaires, avaient transmis leurs aptitudes à leurs descendants et seules les lignées de quelques héros d'hippodromes se propagèrent. Établi sur les bases d'une étroite consanguinité, le type du pur sang atteignit une perfection remarquable.

Tandis que l'habileté des éleveurs anglais avait permis d'atteindre ce but précieux dans une branche spécialisée de la production, il faut reconnaître que le niveau général de l'élevage était resté très loin de ces méthodes

Fig. 15. — *Saint-Damien*, étalon de pur-sang.

et de ces résultats. Cependant l'ère des progrès allait s'ouvrir.

En 1755, quand Bakewell entreprit d'améliorer son troupeau de Dishley Grange, les moutons du Leicestershire étaient d'espèce grossière, plus volumineux par le squelette que par les muscles et d'un développement très lent. Trente ans plus tard, la race des New-Leicesters avait une réputation immense dans toute l'Angleterre[1]

____

1. Le spécialiste André Sanson cite parmi les caractères qui la dis-

et Bakewell, devenu illustre, vendait trois de ses béliers pour une somme totale de 1.200 souverains d'or [1]. Il avait créé la zootechnie pratique.

Un certain mystère entoura toujours les méthodes suivies à Dishley Grange. Bakewell ne laissa aucun traité, aucune note, pour révéler au monde la découverte à laquelle il devait d'aussi surprenants succès. Sans doute trouva-t-il normal d'en profiter largement tout d'abord. Mais il avait tracé la voie du progrès et rien ne fut perdu de son expérience. La simple et pure sélection en constituait la meilleure part. C'est au choix heureux de reproducteurs de marque, doués de fortes aptitudes héréditaires, à l'influence continue du même sang sur une suite de générations [2] que l'amélioration des Leicesters dut sa cause essentielle. Les études des savants n'avaient point permis encore de dégager des replis obscurs de l'ignorance les préjugés régnants contre la consanguinité. Plus tard, un ensemble d'observations et de déductions autorisera la Science à affirmer que la consanguinité n'a pas d'autre effet que d'élever l'hérédité à sa plus haute puissance. En 1760, ces notions ne pouvaient tenir leur révélation que d'une intuition du génie.

Donc Bakewell fit école. Les éleveurs anglais avaient vite aperçu l'immense profit qu'ils pouvaient retirer de l'amélioration du bétail. Ils se mirent à l'œuvre. Charles Colling, entr'autres, obtint, dès l'origine, de remarquables résultats. Il possédait une ferme dans le comté de Durham, aux environs de Darlington, et y élevait des bovins au pelage blanc et roux, aptes, comme l'était

tinguent « son col court, sa poitrine ample, ses lombes larges, ses hanches écartées, sa croupe courte et horizontale, pourvue d'une épaisse couche de graisse sous-cutanée faisant saillie au-dessus de la pointe des fesses et noyant la base de la queue. »

1. 30.000 francs.

2. Selon le procédé qualifié plus tard de *breeding in and in.*

alors le bétail de cette contrée humide et fertile, à un engraissement facile, à une abondante lactation. On avait déjà coutume dans la région de noter la qualité spéciale de certains animaux, de les désigner par un nom de famille et d'inscrire leur généalogie. En 1785, Colling acquit le taureau *Hubback*, lui donna à saillir toutes les vaches de son troupeau et, parmi celles-ci, une nommée *Duchess* dont la descendance est restée célèbre. Un autre taureau du nom de *Bolingbroke* eut pour fils *Favourite* et c'est de ce dernier, accouplé avec *Phoenix*, sa propre mère, avec ses sœurs, ses filles, ses petites-filles et ses arrière-petites-filles, que naquit la famille des *improved Shorthorns* ou courtes-cornes améliorés. Quand Charles Colling, en 1810, abandonna l'élevage, il vendit dix-sept vaches, onze taureaux et dix-neuf élèves de un à deux ans pour la somme fantastique de 177.896 francs. Un certain Bates devint possesseur de la fameuse *Duchess;* un autre éleveur, Booth, acquit d'autres vaches non moins réputées, et les sangs de Bates et de Booth se perpétuèrent de génération en génération sans que fussent altérés les caractères choisis primitivement et fixés par Colling.

La même histoire, sous différents traits, fut celle de nombreuses races anglaises au cours des dernières années du xviiie siècle. Toutes ne se transformèrent pas avec le même bonheur. Bakewell lui-même, l'illustre Bakewell avait échoué dans une tentative d'amélioration du bétail Longhorn. Par contre on dut à Tomkins, aux Prices les *Herefords*, à Francis Quartly, à Coke de Holkham les *Devons*. A cette époque les bœufs de trait utilisés pour le travail des champs disparurent. La production de la viande par les procédés les plus propres au plus fort rendement industriel devint le but principal des éleveurs.

La même évolution bouleversa le régime des troupeaux ovins. Les moutons furent, eux aussi, considérés comme une richesse que l'étal du boucher pouvait mettre en valeur. Les Culleys et Robert Thompson améliorèrent la race des *Border Leicesters*, John Ellmann et Jonas Webb transformèrent les *Southdowns*[1].

Ainsi l'éleveur avait appris à sculpter la forme vivante. Il maniait à son gré la norme mystérieuse selon laquelle la nature élabore les masses animées, prenant pour matière de son art les os, la chair et le sang. Son œuvre ne devait rien au hasard. Elle était calculée, voulue. Suivant un but précis, la substance animale se pliait docilement à des réalisations nouvelles. Les forces de la vie, mises au service de l'homme, poursuivaient aveuglément le dessein qu'il avait réussi, par un coup de superbe audace, à leur imposer.

A mesure que l'intérêt pratique guide les éleveurs vers une adaptation toujours plus parfaite des races animales à leurs fins économiques, les moyens d'atteindre ces progrès s'offrent en plus grand nombre. De chaque troupeau sélectionné essaiment des reproducteurs qui vont à leur tour faire souche d'animaux améliorés. Peu à peu les méthodes zootechniques de Bakewell se généralisent. Le *Smithfield Club*, fondé à Londres en 1798, prend largement part à leur propagation. Dès le premier quart du XIX° siècle, peu d'agriculteurs en Grande-Bretagne en ignoraient le sens et la portée.

---

1. Ces populations ovines du littoral de la Manche donnaient une viande succulente, mais leurs formes restaient défectueuses. Ils avaient, dit Sanson, « le cou long, la poitrine étroite, le corps mincé et la croupe inclinée ». Leur poids, à trois ans, ne dépassait guère 25 ou 30 kilogrammes. Une sélection intelligente amincit le squelette, diminua la longueur du cou, remplaça même une des côtes sternales du type naturel par une asternale, raccourcissant ainsi le sternum, amplifiant la poitrine, réduisant sa profondeur. Habilement limités aux seuls types d'élite, les Southdowns améliorés héritèrent d'épaules épaisses, de lombes élargies, de hanches écartées. Les gigots s'arrondirent. La précocité devint telle que le poids des agneaux mâles atteignait cent kilogrammes à l'âge de quinze mois.

Ailleurs l'évolution industrielle, l'accroissement des fortunes et le goût du bien-être avaient suivi une marche beaucoup plus lente. La consommation de la viande restait fort minime. Dès lors ce n'étaient pas les qualités plastiques des races animales qui pouvaient intéresser les agronomes. Ils s'occupèrent du progrès des troupeaux, mais c'est la laine qu'ils améliorèrent. Les filateurs recherchaient, à l'exclusion de toute autre, les toisons d'Espagne pour la fabrication des draps fins. Il vint à l'esprit d'un savant perspicace, collaborateur de Buffon, déjà célèbre pour ses travaux d'histoire naturelle et d'économie rurale, que les éleveurs, les industriels et la richesse publique auraient intérêt à la production directe en France de la laine d'Espagne. Et cette idée servit de guide à toutes les tentatives d'amélioration de l'élevage continental pendant un demi-siècle.

Daubenton admettait que le seul moyen de produire des laines améliorées était d'acclimater dans les campagnes françaises la race dont les espagnols avaient seuls jusque-là élevé des représentants [1]. On l'écouta. En 1776, par ordre de Turgot, quelques béliers étaient importés d'Espagne. Ils donnèrent de si heureux résultats que, sous le ministère Calonne, Louis XVI voulut obtenir de la cour d'Espagne l'autorisation de choisir les éléments d'un nouveau troupeau. Le 15 juin 1786, 342 brebis et 42 béliers partaient de Ségovie et venaient constituer au domaine de Rambouillet la tribu célèbre dont la Berge-

---

1. Ces mérinos devaient être originaires d'Afrique. Quand les Maures furent chassés d'Espagne, Don Pedro IV avait fait venir, pour les distribuer en Castille, des béliers et des brebis qu'on avait été chercher au berceau même de la race. C'était au XIV° siècle. Les bergers espagnols perpétuèrent précieusement depuis lors leur toison merveilleuse, faite d'une laine abondante, aux brins longs et fins.

rie nationale conserve encore les descendants. Ainsi, dès la fin du xviii° siècle, les populations ovines de la Beauce, de la Brie et du Soissonnais avaient pris les caractères de la race Mérinos [1].

Dans la suite, le développement du Mérinos en France devint la préoccupation constante des gouvernements. Une clause secrète du traité de Bâle, — Thermidor an III, — obligeait l'Espagne à laisser sortir encore de son territoire 4.000 brebis et 1.000 béliers qu'une société fondée en 1798, à l'instigation de Girod de l'Ain, s'employa à introduire et à répartir en France. Le Premier Consul, convaincu de la supériorité des moutons Mérinos, voulait que nos campagnes en fussent peuplées et il envoya dans ce but, à plusieurs reprises, des spécialistes en Espagne. Il voulait fonder des bergeries sur divers points du territoire, surtout dans les régions où existaient des fabriques de drap, et ce plan ne manquait ni d'ingéniosité ni de grandeur. Mais la plupart des troupeaux, mal acclimatés, disparurent. La bergerie de Perpignan, qui subsista le plus longtemps, dut fermer ses portes en 1842. L'œuvre de Daubenton était alors achevée. Toutes les régions de France où les moutons à laine fine avaient trouvé des conditions favorables à leur développement, le Roussillon, la Provence, la

---

1. On estimait que les toisons françaises ne le cédaient en rien aux laines d'Espagne. Daubenton, poursuivant ses expériences, s'attachait à préciser ces résultats. Dans une de ses communications à l'Académie royale des Sciences, datée du 16 novembre 1785 : « J'ai commencé, disait-il, par bien m'assurer que j'avais amélioré des troupeaux de laines grossières au degré de finesse du superfin, et que j'avais maintenu dans cet état les laines d'une race de moutons du Roussillon pendant dix-huit ans et celle d'une race de moutons d'Espagne pendant dix-neuf ans. Ensuite j'ai fait faire plusieurs essais de ces laines dans la fabrication du drap aux manufactures de Château-du-parc, d'Abbeville, de Louviers, pour savoir si elles pourraient suppléer les laines d'Espagne qui, jusqu'à présent, ont été absolument nécessaires pour faire des draps fins. » Et l'on retrouve dans un second mémoire, en 1786, les lettres de manufacturiers assurant que cette laine, quoique non triée ni aussi bien lavée que la laine d'Espagne, avait filé plus fin, pris un aussi beau blanc au dégrais et ensuite une aussi belle teinture d'écarlate.

Bourgogne, la Champagne, étaient peuplées de mérinos.

Nous comprenons fort bien aujourd'hui comment le remplacement des espèces autochtones avait pu se produire. On désignait, au XVIII° siècle, sous le nom de « méthode des troupeaux de progression [1] » cette infusion

Fig. 16. — Bélier mérinos de Rambouillet.

d'un sang étranger destiné à éliminer peu à peu les caractères de la race primitive. C'était le croisement continu. Flourens l'a étudié très exactement sur des chiens, des renards et des chacals qu'il accouplait pour observer les caractères de leurs métis. Toujours la quatrième génération croisée avec une même race donnait cette race à l'état pur.

1. Le livre de Daubenton (*Instructions pour les bergers et les propriétaires de troupeaux*, 1782) précise admirablement cette technique. Il eut plusieurs éditions. Il fut réimprimé et tiré à 2 000 exemplaires au profit de l'auteur et aux frais de la nation par ordre de la Convention (2 nivôse an III).

Ainsi firent les bergers de France avec les béliers mérinos. Dès 1810, on avait pu cesser les importations d'Espagne. Les éleveurs étaient suffisamment pourvus de reproducteurs de race. En même temps, les Allemands avaient adopté les moutons à laine fine qui se fixèrent dans leurs provinces du Nord sous le nom de Negretti. On en vit aussi en Saxe et en Bohême. Dès 1799, l'Italie du Nord en comptait plus de six mille, issus d'une importation directe de Ségovie par le comte Graneri, ministre de la cour de Savoie. Peu à peu l'antique réputation des troupeaux espagnols s'effaça devant la valeur des nouveaux venus. Les Mérinos peuplèrent de producteurs de laine les colonies anglaises du Cap et d'Australie. Les Negretti allemands se propagèrent dans la Russie méridionale et la Hongrie. Quand la République Argentine commença à tirer parti de ses pâturages, ses éleveurs achetèrent à Rambouillet des mérinos en très grand nombre. Les États-Unis d'Amérique eurent recours au même croisement. En un siècle, les bêtes à laine d'Espagne étendirent leur domaine au monde entier. Elles comptent aujourd'hui deux cents millions de représentants.

Or ce développement avait transformé le marché des laines. Dès l'année 1840 arrivèrent de toutes parts en Europe des balles exotiques offertes à des prix extrêmement bas. Les progrès réalisés par les éleveurs, la propagande ardemment poursuivie par les savants et les hommes d'État avaient cette conséquence imprévue. Il devint évident qu'aucun bénéfice n'était désormais à espérer de l'élevage des bêtes ovines en Europe, si l'on continuait à les exploiter pour le seul prix de leur toison. Les Anglais avaient aiguillé leur élevage vers la production de la viande. Il allait falloir les suivre dans cette voie.

* *

La méthode du croisement ayant donné avec les mérinos d'excellents résultats aux éleveurs français, ceux-ci ne pensèrent tout d'abord qu'au croisement. L'Administration les y encourageait. A ses yeux, nulle race n'était plus qualifiée que les *New-Leicesters*, connus sous le nom de *Dishleys*, pour l'amélioration des troupeaux de France. Yvart, inspecteur général des bergeries de l'État, traversa le détroit. A plusieurs reprises il rapporta d'Angleterre d'admirables descendants des élèves de Bakewell. Puis il fit des essais de métissage à la ferme de Charentonneau, près d'Alfort, où le Département de l'agriculture entretenait un dépôt de moutons mérinos[1].

Sur la valeur zootechnique de cette opération les jugements les plus dissemblables furent portés. Elle introduisait dans la pratique de l'élevage un principe contesté de nombreux physiologistes, celui de la création d'une variété nouvelle par le moyen du métissage. Darwin, dans son traité de l'*Origine des espèces*, émet des doutes sur la possibilité de fixer des caractères mixtes par le croisement : « Il est certain, dit-il, qu'une race intermédiaire entre deux formes distinctes ne peut-être obtenue que par des soins extrêmes et par une sélection lente continuée. Encore ne saurais-je trouver un seul cas reconnu où une race permanente se soit affirmée de cette manière ». André Sanson, qui cite ce passage, a

---

1. Son but était de fixer par des combinaisons subtiles un ensemble de caractères mixtes empruntés à l'une et l'autre races : toison à la fois longue et fine, aptitude suffisante à l'engraissement. Les premiers exemplaires ainsi obtenus constituèrent une race nouvelle, la race d'Alfort, dont on changea le nom dans la suite pour celui de Dishley-Mérinos. Transféré dans le Pas-de-Calais, le troupeau original d'Yvart fut enfin installé à l'École nationale de Grignon où, depuis 1879, ses descendants font chaque année l'objet d'une vente publique.

refait maintes fois le procès des Dishley-Mérinos, précisant par des données incontestables le retour constant
des métis vers l'un ou l'autre des types originels, la
démontrant par des peintures, des mesures de crânes.
« Les Dishley-Mérinos, concluait-il, sont des métis en
variation désordonnée. »

En fait, les tentatives d'Yvart, suivies des essais de
plusieurs éleveurs, n'eurent point d'influence durable.

Fig. 17. — Types primitifs.

Quelques années plus tard, un propriétaire de moutons
du Loir-et-Cher, Malingié, adoptait la même méthode.
Il choisit, sur les confins du Berry, de la Sologne et de
la Touraine, des brebis de race berrichonne et les croisa
avec des mâles de la variété de New-Kent, prétendant
obtenir ainsi un type où la prédominance des caractères
anglais assurerait non seulement l'excellence, mais la
fixité de la race. Les seuls produits remarquables de son
élevage furent des New-Kent purs.

On peut trouver étrange que de tels errements n'aient
pas conduit les éleveurs français à abandonner plus tôt
l'espoir de créer des races nouvelles. Il leur était loisible,
suivant l'exemple de leurs confrères d'Outre-Manche,

d'améliorer par sélection les races dont ils disposaient et qui ne le cédaient en rien aux Leicesters d'avant Bakewell. Mais il eût fallu se débarrasser des préjugés que l'importation des Mérinos avait fait naître sur le croisement, ou se souvenir qu'en croisant avec les Mérinos les races autochtones, on avait simplement remplacé celles-ci par ceux-là.

Malgré tout, certains propriétaires du Berry et du Soissonnais réalisèrent des progrès appréciables en sélectionnant leurs troupeaux sans intervention d'aucun sang étranger. Rappelons aussi l'heureuse acclimatation en France de la race pure de Southdown, introduite dans la Nièvre et le Loiret vers 1855. Mentionnons enfin une pratique très répandue depuis sa première application par M. de Béhague, à la même époque : le croisement méthodique de brebis vulgaires avec des béliers anglais, mais pour une seule génération appelée à profiter à la fois de l'adaptation ancienne des mères aux conditions du milieu et de l'aptitude du père à la précocité.

Tandis qu'on travaillait en France avec un succès inégal à la transformation des troupeaux, les éleveurs d'Angleterre confirmaient et étendaient leurs premiers résultats. Aux races déjà connues s'ajoutèrent successivement, entre 1850 et 1875, les Oxford Downs, les Hampshire Downs et les Shropshires. C'étaient d'énormes moutons dont le poids dépassait de beaucoup celui des anciens types. Seule l'exploitation intensive du sol permettait d'entretenir ces populations ovines. Elles marquaient l'abandon presque complet de la laine pour la viande. Comme l'évolution du marché engageait les éleveurs des colonies anglaises et des vastes plaines de l'Amérique du Sud à exporter des viandes congelées, les reproducteurs des nouvelles races trouvèrent un large emploi au delà des mers.

Cette même préoccupation, née de la nécessité d'alimenter les populations urbaines, guida, au cours du siècle, les éleveurs des bêtes bovines vers des progrès analogues. Naturellement on crut en France que, pour améliorer les races, l'influence des courtes-cornes s'imposait et l'on en fit venir à grands frais d'Angleterre. Le gouvernement de Louis-Philippe créa même des vacheries royales où l'on entretenait des reproducteurs. Mais l'institution disparut bientôt et l'élevage privé suffit à remplir son rôle. Certains troupeaux de Durham pur acquirent une juste célébrité. Le croisement continu fonda dans la Sarthe, la Mayenne et le Maine-et-Loire une race Durham-Mancelle ayant tous les caractères des courtes-cornes. Néanmoins la plupart des régions d'élevage restèrent réfractaires à cette propagande, et c'est par la sélection, à la manière anglaise, que les races autochtones de bétail atteignirent en France leurs plus remarquables qualités.

* *

Le développement des populations bovines, que les circonstances économiques avaient favorisé, devait d'ailleurs caractériser l'histoire de tous les pays d'élevage. Avec la consommation de la viande, l'usage des produits de laiterie [1] s'était considérablement accrue, multipliant les marchés accessibles aux propriétaires de troupeaux. L'amélioration des procédés culturaux, l'augmentation des rendements du sol en matériaux alimentaires incitèrent même les éleveurs à dépeupler leurs bergeries pour entretenir un nombre plus grand de bêtes à cornes. Cette « dépécoration », conséquence évidente du progrès agricole, portait, il est vrai, sur la quantité. La qualité, améliorée pour la même cause, faisait compensation et les

---

1. La sélection des vaches laitières se fait en choisissant les reproducteurs parmi les descendants de femelles particulièrement aptes à la lactation.

zootechniciens purent admettre une augmentation de
poids de 25 p. 100 sur l'ensemble des moutons sacrifiés
à la boucherie. Les chiffres, dans cette circonstance, ne
sont que de moyennes arbitraires. Il est hors de doute
néanmoins que les perfectionnements mis à la portée des
agriculteurs par les méthodes rationnelles d'alimentation

Fig. 18. —Bœuf de la race charolaise (Centre de la France).

et largement encouragés par l'augmentation des récoltes
tendirent à développer la précocité et le volume des animaux, en même temps que la sélection et le croisement
s'employaient à atteindre la perfection de leurs formes.

Non seulement les moutons devinrent plus gros et
plus lourds, mais aussi les bœufs et les porcs. Ceux-ci
avaient été améliorés en Angleterre, dès le début du
XIXe siècle, par des croisements avec la race napolitaine
et des représentants du type asiatique spécialement aptes
à l'engraissement. Ainsi furent créées les deux variétés
de Yorkshire et de Berkshire.

Les concours d'animaux gras, institués en France dès l'année 1843 et tenus régulièrement depuis cette époque, permettaient de constater et, dans une certaine mesure, de diriger le progrès. Les produits des diverses régions et des diverses races y venaient rivaliser. On tentait de tirer un enseignement pratique de leur valeur relative. Ainsi se précisèrent, selon les aptitudes, les possibilités de succès offertes à la spécialisation des entreprises.

Nous le verrons plus loin, la notion toujours plus pressante du rendement économique obligeait les agriculteurs à choisir, parmi les multiples ressources de leur industrie, les mieux adaptées aux conditions de la production et du marché, en un mot, les plus profitables. A ce point de vue, les concours apportèrent une leçon de choses fort utile qui ne fut négligée dans aucun des pays où les éleveurs avaient intérêt à perfectionner leurs méthodes. En 1849, la création des concours d'animaux reproducteurs compléta l'institution. On la rencontre aujourd'hui dans le monde entier. Notons d'ailleurs que les groupements d'éleveurs en sociétés pour assurer la déclaration des origines et la tenue des livres généalogiques contribuèrent à fixer et propager la bonne influence de ces réunions périodiques. Dès 1822, les Courtes-Cornes anglais avaient leur *Herd-book*, le plus ancien, avec le *Stud-book* pur sang, des répertoires de descendance. Maintenant toutes les races d'Angleterre possèdent une société d'élevage, et cet exemple a été largement suivi.

*
* *

Ainsi les populations bovines, ovines et porcines ont poursuivi leur développement selon les lois d'une évolution à peu près régulière. La race chevaline, au contraire, celle-là même qui avait marqué les premiers progrès de la sélection, subit des fortunes diverses. Pour retracer son histoire au cours du XIX° siècle, il faudrait rappeler comment les transformations économiques et sociales l'ont bouleversée à plusieurs reprises, avec la sûreté d'un rapport de cause à effet. Les chevaux fournissaient autrefois tous les services de transports ; ils furent remplacés en partie par le chemin de fer et par l'automobile. Et voici que les moteurs inanimés menacent de les chasser des travaux agricoles. Les courses subsistent, mais de nouveaux sports ont peu à peu fait oublier l'ancienne vogue du cheval de selle. Quant aux luxueux attelages dont aucune élégance ne put, dans un temps, se passer, ils s'effacent devant le triomphe de la mécanique. L'arme de la cavalerie persiste seule à offrir un but capital d'activité aux éleveurs de chevaux.

On conçoit quels troubles ces variations purent apporter à la composition des populations chevalines, nécessairement tenues de s'adapter sans cesse à leurs nouveaux usages. Les caractères du cheval de chasse ne ressemblent en rien à ceux du carrossier, et il faut à la bête de gros trait des aptitudes spéciales qu'on ne rencontre ni chez celui-ci, ni chez celui-là. Il semblerait donc que la souplesse d'un libre régime industriel, laissant à l'intérêt bien entendu le choix du résultat à atteindre, s'imposât en la circonstance. Ce fut le système anglais. En France, on crut que la production chevaline n'irait point sans une intervention officielle spécialement compétente. D'autre part la nécessité de pourvoir au renouvellement constant des chevaux de guerre légitimait les subventions de l'État. A cette double considération est due la direction de l'élevage par le service des Haras.

Il s'en faut de beaucoup que le service des Haras ait rencontré chez les hippologues une approbation unanime. On tergiversa beaucoup. Tantôt le sang anglais prévalut, tantôt le sang arabe. On obtenait ainsi des produits dont les caractères se rapprochent plus ou moins de la race commune ou de la race noble. Nombreuses sont les régions de France que peuplent ces variétés mixtes, dites de demi sang. Quelques races de chevaux de trait atteignirent toutefois, sans intervention des directeurs officiels de l'élevage et sans mélange de sang étranger, une grande perfection.

**

L'histoire des populations chevalines dans les divers pays du monde au cours du XIX° siècle ressemble beaucoup à ce qu'elle fut en France. On retrouve partout des tentatives plus ou moins heureuses où l'ennoblissement direct par le coursier anglais, vainqueur de luttes sur les hippodromes, rivalise avec les tentatives d'amélioration progressive par la sélection pure. Nous sommes sans doute encore très loin du temps où l'on adoptera un but uniforme, une définitive méthode. La connaissance des lois de l'hérédité et de l'adaptation physiologique, pressenties par Bakewell, précisées expérimentalement et théoriquement par une multitude de savants, ne permet pas encore de telles certitudes. Lamark démontra le premier l'existence constante, chez tous les êtres, de l'hérédité et de l'adaptation, de ces deux forces vitales opposées l'une à l'autre qui tendent à la fois à conserver la disposition primitive de l'organisme et à le modifier pour rendre plus précises et plus complètes ses relations avec les milieux. La conception de cette lutte, à laquelle Darwin et Wallace vinrent ajouter l'idée de la prédominance du plus apte, devait fonder la théorie de l'évolution. Milne-Edwards précisa enfin cette philosophie zoologique en définissant le perfectionnement par la division du travail physiologique, loi qui faisait comprendre les tendances selon lesquelles l'hérédité et l'adaptation guident les transformations de la nature vers un but indéfiniment reculé de différenciation et de complexité. Nous savons aujourd'hui comment la variation des espèces a pu se produire malgré la rigidité inflexible des phénomènes héréditaires. Nous en retrouvons les témoignages dans le développement embryonnaire dont l'évolution reproduit la succession des formes ancestrales. Nous considérons les types inférieurs comme des stades dépassés, des représentations primitives de phases progressives auxquelles la perfection des organismes supérieurs ne semble point assigner de limite.

Ces notions éclairent assez bien les méthodes d'élevage qui en sont l'application directe. Les phénomènes de réversion, les particularités de l'atavisme, l'aptitude de certains êtres à s'adapter, la persistance des organismes à maintenir et à transmettre les qualités héréditaires complètent les données dont les praticiens peuvent avoir à tenir compte. Longtemps l'hérédité des caractères acquis, si difficile à étayer de données expérimentales, a servi de thème aux recherches et aux discussions des savants. Elle est loin encore d'être universellement admise et ceux qui en acceptent le principe ont peine à définir la nature des qualités transmissibles. Des condérations individuelles interviennent. On ne peut dire dans quelle mesure une modification apportée à un organisme se manifestera dans sa descendance. Mais tous les bons observateurs ont mis à profit, en même temps que les qualités naturelles des reproducteurs dont ils faisaient usage, la certitude d'une transmission au moins partielle des aptitudes acquises. L'entraînement des chevaux de courses, l'excitation de leur système nerveux par le régime alimentaire, le développement de la lactation bien au delà de ce qui suffit pour la nourriture des jeunes sont des phénomènes d'adaptation et il ne paraît guère douteux que les organes modifiés par ces diverses gymnastiques fonctionnelles se transmettent modifiés aux descendants. Nous verrons

aussi[1] comment le développement des facultés digestives par une plus riche alimentation peut accroître la
précocité, avancer le moment où l'animal atteint l'état
adulte. Certes il serait excessif de prétendre que l'éleveur
domine les éléments de son effort productif à la manière
d'un industriel aidé des données précises de la mécanique ou de la chimie. Une large part subsiste où la
science aurait peine à donner ses formules. Mais si nous
nous souvenons qu'avant les premières découvertes des
savants, Bakewell avait réussi à modeler à son gré la
plasticité de la matière vivante, nous devons attendre
beaucoup plus encore de ceux qui disposent aujourd'hui
de tant de certitudes précieuses pour construire et développer sur un plan indéfiniment progressif les formes
et les forces animales.

* *
*

Déjà les efforts de l'aviculture, appliqués à des races
animales de petite taille, ont poussé la spécialisation
des aptitudes à un point extraordinaire de productivité.
Les oiseaux de basse-cour sont sélectionnés aujourd'hui
et multipliés avec une méthode presque aussi certaine
et exacte que s'il s'agissait d'objets inorganisés fabriqués
à l'aide de procédés mécaniques.

Les apiculteurs ont transform l'antique tradition de
leur art pour associer rigoureusement le travail des
abeilles au seul but poursuivi, la production de la cire
et du miel. Ils évitent toute dépense superflue d'activité,
assurent le meilleur rendement.

Ainsi évoluèrent les diverses techniques de l'élevage[2].

1. Chapitre iii.

2. Nous avon peu parlé de l'acclimatation comme méthode d'e pan-
sion de la vi   male utile à l'homme. Elle joua un grand rôle dans la
colonisation   vs tempérés où l'on introduisit avec succès le
cheval, le bœu   ton, le porc et les animaux de basse-cour. Cette

L'animal au service de l'homme, le produit le plus économique et le plus avantageux, tels en sont le moyen et le but. Mais il reste de vastes domaines où les civilisations modernes puisent, comme aux temps barbares, de précieuses réserves de richesses alimentaires. Ils ont à peine changé depuis les origines. Les espèces sauvages s'y développent librement. Nous ne nous occupons guère qu'à les capturer quand elles ont pour nous une valeur.

C'est la chasse et la pêche.

*
* *

A l'époque qui précéda la Révolution française, la chasse était considérée comme le plaisir de quelques privilégiés, investis du droit d'entretenir sur leurs terres des bêtes nourries des produits plus ou moins cultivés du sol. Survint le bouleversement politique de 1789. La chasse, haïe des populations paysannes pour tous les maux qu'elle leur avait fait souffrir, fut déclarée droit naturel, libre à tout citoyen. Les équipages de la noblesse furent détruits, dispersés. Pendant la Terreur, les chiens de chasse étaient poursuivis. Avant d'émigrer, le comte de Vaugiraud, ayant voulu conserver un étalon de la race des grands chiens blancs du roi, lui fit couper la queue et les oreilles pour lui donner l'air d'un mâtin. Il voulait éviter au fermier qui le garda l'accusation de cacher un suspect. Vingt années se passèrent durant lesquelles les traditions de l'art de la

acclimatation avait précédé dans le Nouveau Monde la période qui nous occupe. Mais elle eut lieu plus récemment en Australie. En Europe, on s'occupa, au cours du xix* siècle, beaucoup plus d'améliorer les races animales et de les multiplier que d'en utiliser de nouvelles. En 1854, Geoffroy Saint-Hilaire créa la *Société d'acclimatation* et fit naître autour de son œuvre de grandes espérances. Mais le lama, le yack, la chèvre d'Angora et certaines races de vers à soie d'Orient qu'on essaya d'acclimater ne donnèrent que de pauvres résultats.

chasse se perdirent peu à peu. Puis Napoléon tenta d'en renouveler le somptueux appareil et fit repeupler de cerfs les forêts dévastées. Enfin la Restauration remit en honneur les rites de la vénerie, perpétués jusqu'à nos jours par quelques familles d'ancienne ou de plus récente aristocratie.

Quant à la chasse à tir, elle devint, sous le règne de la liberté, le sport favori des ruraux qui se vengèrent de toutes les vexations de l'ancien régime sur un gibier innocent dont il y avait d'ailleurs intérêt autant que plaisir à diminuer l'excessive abondance. L'an VII vit apparaître le principe de la taxe qui ne retirait pas aux chasseurs leur « droit naturel », mais en accompagnait l'usage d'une légère redevance. Le permis est encore exigé de quiconque se livre à la chasse avec ou sans armes à feu, au bâton, au filet ou au piège. Seuls quelques animaux réputés malfaisants ou nuisibles peuvent être tués en tout temps et sans permission spéciale par le propriétaire sur son bien. Ce droit de chasse est souvent cédé. Il vient, dans la plupart des cas, en supplément à la rente. Parfois même il la dépasse. Alors la valeur du plaisir de chasse est plus grande que celle des récoltes. On en trouve des exemples fréquents en Angleterre. La faune recherchée des chasseurs y est particulièrement entretenue et même développée. C'est ainsi qu'on élève les faisans, qu'on ensemence des pièces de sarrazin pour leur nourriture.

Sans aller aussi loin, les partisans de la chasse comme source non négligeable et parfois importante de richesse agricole ont préconisé la conservation du gibier par des mesures restrictives du fameux droit naturel. En Allemagne, une loi très souvent rappelée n'accorde le droit de chasse qu'aux individus ou groupements représentant une surface non divisée de deux cents hectares. Cette méthode met en garde les chasseurs contre une destruction excessive du gibier. Mais il y a la considération des récoltes et ceux qui lui laissent la prédominance ne manquent pas d'attirer l'attention sur ce point. Ils remarquent qu'en stricte économie les produits de la chasse coûtent beaucoup plus qu'ils ne rapportent. Leurs calculs démontrent qu'un cerf ou un daim consomme autant qu'un bœuf, un chevreuil autant qu'un mouton, sans compter les dommages causés aux jeunes pousses des plantes et des arbres et dont les conséquences ne se mesurent pas.

Certaines régions pauvres et incultes trouvent cependant dans la faune sauvage des ressources d'une incontestable valeur économique. Il s'agit alors des fourrures. Au xviiⁱ siècle, les envois de peaux du Canada et des pays d'Orient constituaient en France un commerce fort actif et Paris tenait un marché régulier de ces produits. La Révolution et les premières guerres de l'Empire lui furent néfastes. Sans les bonnets à poil d'ours des grenadiers et les ornements d'astrakan des hussards, la mode des fourrures eût presque disparu. Elle ne reprit avec quelque ampleur que dans le dernier quart du xixⁱ siècle. L'industrie de la préparation des peaux et l'organisation commerciale de leur vente firent alors de grands progrès. On porta la loutre, originaire de la baie d'Hudson et du Kamtchatka, la zibeline, qu'on chasse en Sibérie dans le plein de l'hiver, quand elle revêt son plus riche pelage, l'hermine qui est rose-marron en été et du plus pur blanc dans le temps des froids, le renard gris de l'Amérique du Sud, le renard bleu de l'Alaska, le chinchilla du Pérou et de l'Argentine, l'astrakan formé du poil frisé d'agneaux très jeunes ou mort-nés de Tartarie, les marmottes de l'Oural et de la Mongolie, les rats d'Amérique, les écureuils de Sibérie, les fouines de Russie, d'Allemagne ou de France, ces derniers sous des noms d'emprunt, vison, zibeline ou loutre. Leipzig devint le principal centre des transactions réparties, selon les saisons, entre Nijni-Novgorod, Moscou, New-

York et Londres. Et comme la consommation des fourrures ne cessait d'augmenter, on ne se contenta plus d'imiter les pelages coûteux et rares en les remplaçant par des pelleteries plus communes, on éleva des espèces domestiques pour la production de la peau. La teinture et les diverses préparations qu'on fait subir aux poils rendent très utiles à cet égard les lapins et les lièvres, dont certaines espèces sélectionnées atteignent sur le marché des prix fort avantageux. La France exporte annuellement en Allemagne et en Amérique pour 35 millions de francs de ces peaux qu'elle rachète ensuite, en partie, sous une autre forme. Il est assez vraisemblable que ce genre de production devra prendre une importance croissante, si le goût des fourrures se développe en même temps que les étendues cultivées s'accroissent et que les bêtes sauvages deviennent plus rares.

C'est ainsi que l'élevage méthodique des autruches a dû prendre naissance. Autrefois la chasse suffisait à alimenter le marché des plumes de ces oiseaux. Certaines peuplades africaines les tuaient à coups de bâton après les avoir poursuivies à cheval, fatiguées et affamées pendant des journées entières. Dans d'autres régions le chasseur se couvrait d'une peau d'autruche pour s'approcher des animaux et s'emparer d'eux. Mais pourquoi les détruire, quand il eût suffit d'arracher leurs plumes ? Vers 1865, les grands fermiers des possessions anglaises de l'Afrique du Sud essayèrent de garder des autruches à l'état quasi-domestique et y réussirent. Dans les dix années suivantes, le nombre de ces précieux oiseaux recensés par la colonie du Cap passa de 80 à 22.000. Il y en avait plus de 100.000 en 1882 et la vente annuelle de leurs plumes atteignait 24 millions de francs.

On peut donc croire que la chasse des animaux sauvages fera place quelque jour à un véritable élevage. Les espèces précieuses se multiplieraient dans des

domaines vastes, mais clos et appropriés à leurs conditions ordinaires d'existence. Uue adaptation se ferait
peu à peu et la production des fourrures deviendrait,
comme celle des plumes d'autruche, une industrie
rationnelle, obéissant à l'activité des hommes. Qu'on
laisse au seul hasard la repopulation de plus en plus
problématique de bêtes comme la zibeline dont une peau
préparée vaut, en moyenne, de trois à quatre cents
francs, cela paraît, à notre époque, presque incroyable.
La zibeline se nourrit de belettes, d'hermines, d'écureuils, de lièvres et de fruits, surtout de baies de sor-
bier, dans la belle saison. Mais n'est-il pas extraordinaire
que la valeur des peaux soit très diminuée, lorsque les
sorbiers ont beaucoup fructifié et que les démangeaisons
qui en résultent obligent les jolies porteuses de fourrure
à se gratter contre les arbres ? Ne semble-t-il pas
étrange et digne d'autres temps que les chasseurs de
zibeline aient pour seul moyen de se procurer le précieux pelage un séjour de trois ou quatre mois à l'affût
sur les bords des rivières glacées ?

*
* *

L'étude de la pêche va nous montrer que ces méthodes
de simple capture, seules en usage autrefois, ont déjà
commencé à se transformer. Naguère les poissons se
développaient et se reproduisaient dans les eaux de la
mer sans qu'on jugeât utile d'ajouter rien à cet ordre
naturel des choses. Le pêcheur s'emparait comme il
pouvait de ces richesses comestibles. Là se bornait tout
son effort. Et il faut reconnaître que le métier de la
pêche est encore pratiqué de cette manière par la majorité de ceux qui en vivent, Propriétaire ou locataire de la
barque qui le porte, plus ou moins averti des caractères
de la côte qu'il parcourt et des mœurs des poissons
qu'il poursuit, le pêcheur en tire parti comme il peut,

médiocrement, en général. Tel que nous l'observons après un siècle de progrès techniques, rien n'est changé dans l'art qu'il pratique à la manière de son trisaïeul. Mêmes engins, mêmes méthodes. Les filets, les hameçons ont pareille forme, pareille efficacité. Les Étrusques, il y a plus de trois mille ans, n'en employaient pas d'autres.

De cette routine, le caractère des populations côtières n'est cependant pas responsable, car il ne répugne pas aux tentatives nouvelles. L'ignorance et la pauvreté, voilà les vraies causes de la lente évolution des méthodes de pêche. Quand les pêcheurs disposeront, comme les autres producteurs, de précisions scientifiques et de capitaux, ils ne tarderont pas à perfectionner leur industrie. Déjà quelques réalisations permettent d'indiquer les voies qu'ils vont suivre.

D'abord la vapeur remplacera la voile. Le moteur et l'hélice permettent au pêcheur de diriger à son gré le sens et la vitesse de sa marche, d'attaquer le poisson au point exact qui convient. Tandis que la barque livrée aux hasards d'une navigation incertaine ne donne le plus souvent qu'un travail imparfait, le chalutier apparaît comme l'arme de précision capable de produire le maximum de résultats. Il porte tous les outils pour draguer dans les fonds ou hameçonner avec l'appât. Mais il ne retire le profit de ces dispositions que s'il prolonge le temps de la pêche, s'il ne l'interrompt pas par des retours fréquents au port. Et ici intervient le nouveau progrès réalisé par les flottilles de chalutiers, telles que les Anglais les ont conçues et mises en œuvre. Un groupe de barques à vapeur obéit aux ordres d'un seul capitaine et parcourt la mer nuit et jour. A son service sont plusieurs bateaux qui recueillent le poisson pour le transporter à la côte et ravitaillent les barques de vivres et de charbon. On conçoit la supériorité d'une telle organisation sur les embarcations isolées qui portaient à l'ancienne mode les pêcheurs au gré du vent et des flots et les obligeait à perdre la moitié de leur temps, malgré les approvisionnements de glace, sur le chemin du port, pour vendre leur poisson frais. Ainsi se développeront la puissance de l'outillage de pêche et son adaptation à la nécessité toujours accrue, dans cette branche de la production comme dans toutes les autres, de faire rendre au travail un plus fort produit à l'aide d'un plus fort capital.

A l'aide aussi d'une plus grande science.

Les recherches des savants dans le domaine de la pisciculture sont assez anciennes. Jacobi publiait en Allemagne, dès 1763, un Mémoire sur la fécondation et l'incubation artificielles des poissons. Mais c'est seulement vers le milieu du xixᵉ siècle que l'attention se porta sur les applications pratiques de cette science. La pêche des sardines faisait vivre une population de 65.000 hommes sur les côtes françaises de l'Océan. La concurrence étrangère et la diminution des prises avaient provoqué une crise inquiétante. On se préoccupa de réglementer les méthodes en usage. On songea à préciser les données connues sur les « banquées » et les lieux d'élection des peuplades sardinières. On donna, par exemple, comme éminemment favorables, une distance de 80 à 100 milles des côtes, une température de 10 à 11° et plutôt 12 à 14° dans les profondeurs ou les courants chauds. On sut que la sardine se nourrissait de petits crustacés et de spores d'algues. On indiqua les poissons de proie — requins, dauphins, espadons — qui pouvaient la détruire. On mit à la disposition des pêcheurs un aviso de l'État pour suivre les bancs de poissons et découvrir leurs migrations. C'étaient les premiers éléments de l'océanographie et de l'océanotechnie. Depuis lors eurent lieu des essais multiples. Aujourd'hui les investigations se poursuivent avec méthode. Les savants groupés autour des Instituts et des Laboratoires ont pour collègues les délégués du Comité international d'exploitation des mers qui siège à Copenhague. Un navire est armé par les soins de ce Comité pour explorer les régions de pêche. Il relève les températures de l'eau, observe les endroits où les femelles déposent leur frai, signale les points remarqués pour l'abondance des poissons qu'on y rencontre, note les conditions particulières qui caractérisent l'habitat préféré des diverses espèces. Il y a là tout un travail à la fois audacieux et patient dont les futures générations de pêcheurs tireront ample profit, dont les entreprises modernes de pêche bénéficient déjà[1].

Mais la découverte et la prise du plus grand nombre possible de poissons ne constitue qu'une partie, la partie destructive, de l'œuvre des techniciens maritimes. Ils s'attachent aussi à l'effort constructif, au repeuplement des mers dévastées par une pêche trop active. Préciser et faire adopter les mesures administratives qui préserveraient les fonds où se créent et se développent les jeunes générations d'espèces précieuses, connaître et faire disparaître les ennemis des poissons comestibles, recherchés des pêcheurs, propager même par l'élevage les meilleures variétés, en ensemencer les territoires de pêche, tel est le programme complexe dont dépend l'avenir des récoltes marines.

Déjà une culture fort curieuse a remarquablement développé la production naturelle d'un mollusque des plus estimables. Jusqu'en 1850 on ne connaissait d'huîtres que celles détachées par la drague des bancs du large sur les côtes de Normandie, de Bretagne, de Vendée et aussi d'Espagne, d'Angletere, d'Amérique. Puis on eut l'idée de les élever sur les cinq ou six mille

---

1. On ne tiendra pas ces bénéfices pour négligeables si l'on sait que vingt-neuf sociétés de pêcheries de baleines, fondées entre 1901 et 1908 dans les trois villes norvégiennes de Sandefjord, Toensberg et Larvik, avec un capital global de 18 millions de couronnes, faisaient, en 1910, pour 20 millions de couronnes de recettes brutes et distribuaient, en moyenne, 40 à 50 p. 100 de dividende à leurs actionnaires.

hectares que constituent les « crassats » ou fonds émergents du bassin d'Arcachon. Sous l'impulsion du naturaliste Coste qui cultiva lui-même trois crassats, on commença à accorder des concessions. Une vingtaine existaient dès 1857, plus de quatre mille, vingt-cinq ans plus tard. Les parcs ainsi formés permettent d'élever méthodiquement l'huître jusqu'à l'âge de vingt-quatre ou trente-mois, lorsqu'elle a cinq centimètres de taille et peut être livrée au commerce. Après Arcachon, les côtes de Bretagne furent à leur tour couvertes de bancs cultivés. On ne compte pas moins aujourd'hui de quarante centres ostréicoles de Dunkerque à Saint-Jean-de-Luz.

Les succès remportés par Coste dans ce genre d'élevage ne se bornaient pas à la culture des huîtres et c'est sans doute aux conséquences heureuses de son initiative dans le domaine de la pisciculture d'eau douce qu'on doit l'opinion prévalente vers le milieu du XIXe siècle sur l'admirable administration des étangs et des rivières de France. Quand les lois révolutionnaires abolirent les droits exclusifs de pêche des seigneurs féodaux, il s'en fallait de beaucoup que l'étendue immergée et peuplée de poissons comestibles atteignît sa plus haute productivité. Dispensés de l'obligation du curage, les propriétaires ne prenaient aucun des soins nécessaires au bon entretien des cours d'eau qui s'envasaient, se remplissaient d'herbes ou de roseaux, aggloméraient parfois de telles quantités de sables qu'un déplacement du lit et de graves inondations en résultaient, ruinant des régions entières. C'est un avis du Conseil d'État de pluviôse an XIII qui conféra le droit de pêche aux riverains. Une loi de floréal an XI avait assuré la tenue régulière des rivières et leur écoulement normal. Mais c'est de 1829 seulement que date le code véritable de la pêche encore en vigueur. Il maintenait la division des cours d'eau en deux catégories : les fleuves, rivières ou canaux navigables et flottables avec droit de pêche réservé par

adjudication ou licence, les rivières non navigables ni
flottables avec droit de pêche attribué aux riverains,
chacun au droit de soi, comme dit le texte, jusqu'au
milieu du cours d'eau. Cette loi, très critiquée aujour-
d'hui, malgré les modifications qu'on lui apporta en 1897,
ne semble pas avoir favorisé l'industrie piscicole, du
moins dans les années relativement récentes où sont
apparus les plus intéressants progrès techniques, car
c'est ailleurs qu'en France, le plus souvent, qu'il faut
prendre les exemples des meilleures innovations en ce
genre. Il suffit de se reporter aux indications qui ont été
fournies sur la pêche maritime pour imaginer tout le
travail de recherches et d'améliorations auquel la production poissonnière des eaux douces peut donner
matière. L'hydrobiologie, les mœurs des organismes
vivants qui peuplent les rivières et les étangs, la sélection, la propagation des meilleures espèces, leur multiplication, la culture des jeunes, leur alimentation, leur
précocité, leur croissance, leur développement et leur
rendement en poids, leurs maladies, leur acclimatation
aux divers milieux... Les sujets abondent. En outre on
doit fixer les règles pratiques qui président à la construction des viviers, à l'établissement des échelles, aux
dispositions à prendre pour assurer la ponte et recueillir
le frai. Enfin l'étude des engins de pêche s'impose.
Coste et ses nombreux successeurs ont abondamment
enrichi le domaine scientifique de la pisciculture et si
l'élevage des poissons d'eau douce ne progresse point,
ce n'est pas à l'insuffisance des théoriciens qu'il faut
s'en prendre. Un grand obstacle réside évidemment
dans l'extension des centres urbains et la multitude
sans cesse accrue des usines qui jettent aux fleuves ou
aux rivières les résidus de leur fabrication, les matières
usées de leurs égouts. Puis il y a la navigation et son
mouvement toujours plus intense. Fallait-il pour le
salut des poissons et le plus grand profit des pêcheurs

faire échec au développement normal et bienfaisant de l'industrie et du commerce ? On l'a tenté. L'usinier, déclare la loi française de 1898 sur la police des eaux, ne doit apporter aucun trouble à la salubrité publique, et il y a trouble dans le fait d'infecter une rivière au point d'y causer la mort du poisson. Le législateur allemand, par contre, a nettement opté pour le minimum d'entrave au progrès qu'il jugeait le plus utile à la richesse publique et, en Allemagne, c'est à la seule culture poissonnière des étangs que s'est employé l'effort considérable de l'administration, des sociétés piscicoles et des propriétaires fonciers. Des écoles pratiques se créèrent, des concours spéciaux furent organisés, on obtint du service des chemins de fer des conditions de transport économiques, rapides, en wagons munis de réservoirs ou d'appareils réfrigérants. Les avantages commerciaux assurèrent les progrès techniques. Le rendement des étangs en poissons par unité de surface augmenta considérablement.

On constate en Italie un essor analogue. Des stations furent créées pour étudier et réaliser le repeuplement des lacs et cours d'eau des provinces du Nord. Brescia possède des bacs d'incubation où naissent et se développent les alevins qu'on transporte ensuite dans d'ingénieux appareils au lieu où ils doivent terminer leur croissance. Belluno élève des espèces alpines et spécialement les truites. Outre ces stations d'État existent des institutions subventionnées. La Société lombarde d'aquiculture et de pêche entretient des laboratoires où l'on s'occupe de l'éclosion des salmonides, et elle fait étudier à Milan les espèces exotiques qu'on pourrait acclimater.

Ainsi conçue l'industrie de la pêche est très loin des pratiques ancestrales qui tiraient toute leur supériorité de l'habileté avec laquelle le pêcheur mettait à profit les ressources naturelles. Aujourd'hui ces ressources ne suffisent pas plus à l'aquiculture qu'à la zootechnie. Il faut aider la nature, comprendre ses lois, adapter à leurs exigences le choix voulu des résultats. Au service de l'homme les races aquatiques elles-même doivent être domestiquées.

* *

Cette utilisation de la vie animale aux fins particulières des sociétés humaines est le but propre de l'élevage. Parmi les espèces qui luttent pour l'existence à la surface du globe, quelques-unes nous sont précieuses. Il s'agit de les multiplier, de les améliorer, de les mettre à notre portée en abondance toujours plus grande.

Il y a peu d'animaux indifférents à ce point de vue. Les uns sont ennemis des espèces utiles et doivent disparaître, les autres demeurent pour les servir[1]. La guerre que l'homme doit soutenir contre les êtres vivants destructeurs de son ouvrage est presque aussi active que son effort d'élaboration. Autrefois c'étaient les grands carnassiers qu'il s'attachait à combattre : les ours, les loups et, sous d'autres climats, les hyènes, les lions, les chacals, les panthères. Aujourd'hui ces espèces n'ont plus que de rares représentants dans les régions cultivées du monde. Mais les plus graves dommages sont encore causés par le renard, la fouine ou la belette, l'aigle, l'épervier, certains reptiles venimeux et même certains insectes[2].

S'il fallait dire combien d'animaux de toutes sortes

---

1. Barral classe en dix catégories les animaux utiles : animaux *auxiliaires* qui donnent leur travail ou le concours de leur intelligence, animaux *alimentaires*, animaux *industriels* qui fournissent des produits utilisés par l'industrie ou le commerce, animaux *médicinaux*, animaux *d'ornement*, animaux *destructeurs d'animaux nuisibles* à l'homme, aux bêtes domestiques, aux récoltes, animaux *destructeurs* de matières organiques en décomposition, animaux *servant pour la parure*, animaux employés *comme appât* pour la pêche.

2. En particulier les oestres et les taons. Nous parlerons plus bas des microbes.

nuisent aux plantes cultivées, une longue nomenclature suffirait à peine. Les uns attaquent le végétal par la racine, d'autres dévorent ses feuilles, ses fruits ou ses graines. Mulots et taupes, corbeaux, moineaux ou pies, chenilles, fourmis, vers et pucerons s'abattent sur la récolte et l'anéantissent. Dans les pays chauds une invasion de sauterelles détruit le résultat d'une année de travail. Nous verrons quelle fut dans les vignobles l'œuvre malfaisante du phylloxera. Chaque espèce développée par l'agriculteur a ses ennemis particuliers qu'il faut apprendre à faire disparaître.

Par bonheur ces êtres dévastateurs ne s'attaquent pas seulement aux animaux et aux plantes utiles. On en trouve qui combattent les espèces hostiles à l'homme. De précieux oiseaux dévorent les insectes qui, sans eux, usurperaient une place excessive. C'est pourquoi les amis de l'agriculture protègent l'hirondelle, la bergeronnette, le hoche-queue, le gobe-mouche. Spontanément les insectes luttent aussi les uns contre les autres. Aux yeux de qui observe les phénomènes de la vie dans leur réalité, un vaste champ de carnage prend la place du tableau idyllique dont la nature nous donne l'apparent spectacle. Au milieu de cette création, parmi la multitude des êtres qui ne veulent pas mourir et sans pitié se nourrissent des plus faibles, l'humanité asservit la matière animée, limite l'expansion des existences qui la gênent, protège et propage celles qui travaillent à son profit.

———————

OUVRAGES A CONSULTER

———————

ANDRÉ SANSON. — *Hérédité normale et pathologique.*
DE LAMARCK. — *Philosophie zoologique.*

Daubenton. — *Instruction pour les bergers et les propriétaires de troupeaux* (1782).

David-Law. — *Histoire du bétail anglais. Traduction française de Roger.*

Ch. Weissmann. — *Sélection et hérédité.*

Yves Delage. — *L'année biologique*, depuis 1895.

Otto Gerlach. — *Fleischkonsum und Fleischpreise.*

André Sanson. — *Traité de zootechnie.*

Ministère de l'Agriculture. — *Enquête sur l'industrie laitière*, Paris 1903.

Jacobi. — *Mémoire sur l'incubation et la fécondation artificielles des poissons* (1763). Traduit par Duhamel : Traité général des pêches (1772).

Chabot-Karlen. — *Histoire de la pisciculture* (1854).

Coste. — *Instructions pratique sur la pisciculture* (1858).

Congrès international d'agriculture et de pêche. Rapports et comptes-rendus.

Richard. — *L'océanographie.* Paris, 1907.

Dr. Roule. — *Embryologie générale.*

CHAPITRE II

LA VIE VÉGÉTALE

Premiers progrès de la production végétale. Les prairies artificielles.
La pomme de terre et la jachère. Plantes adventives et cultures sarclées. — La betterave à sucre. — La sélection des graines. — Migrations des espèces cultivées. Le coton et les cultures tropicales. — Viticulture. Sériciculture. Oléiculture. — Horticulture. Arboriculture.
Floriculture. — Les forêts. — La lutte des espèces dans le monde
végétal.

Au XVIIIe siècle, le développement de la vie végétale
qui est, en vérité, le but premier de la culture du sol, ne
comportait pas moins de possibilités de progrès que l'élevage des animaux dont nous avons tracé le remarquable
essor. Lavoisier, dans le domaine qu'il fit valoir aux
environs de Blois, avait réussi à doubler le produit de
ses blés. Les soins culturaux, un meilleur choix des
semences, un emploi plus judicieux des substances fertilisantes suffisaient à ce résultat. Et les agronomes de
l'époque étaient unanimes à souhaiter la généralisation
de pareilles améliorations techniques. Mais les conditions
de la production ne se transforment pas d'elles-mêmes,
et seulement parce qu'elles sont matériellement possibles.
Il faut qu'un intérêt les détermine. Le blé, au temps de
Lavoisier, ne faisait point l'objet d'un marché dont pussent aisément bénéficier les agriculteurs. La consommation du pain ne se développait guère, les prix de vente
n'offraient aucune stabilité. Les profits à retirer d'une
culture progressive des céréales n'apparaissaient pas
avec évidence. Par contre, les bêtes à laine, en France, et

les animaux de boucherie, en Angleterre, allaient entrer dans une période de prospérité manifeste. L'agriculture, qui n'avait point été modifiée tant qu'il ne s'agissait que de nourrir les hommes, trouva une raison de se transformer, quand il fallut pourvoir d'une alimentation abondante les riches et lucratifs troupeaux.

L'assolement de Norfolk [1], adopté par William Coke dans son domaine de Holkham et bientôt populaire parmi les fermiers anglais, avait pour but d'extraire du sol une plus grande quantité de fourrage. Deux récoltes sur quatre étaient destinées au bétail. On put ainsi accroître considérablement le poids de matière végétale et animale obtenue sur la même surface cultivée. En France, la propagation des moutons mérinos multiplia de même les cultures fourragères. En 1786, tandis que la bergerie de Rambouillet recevait le troupeau de Ségovie acheté en Espagne par les envoyés de Louis XVI, la Société Royale d'agriculture proposait, comme sujet de concours, d'étudier « quelles sont les espèces de prairies artificielles qu'on peut cultiver avec le plus d'avantage dans la Généralité de Paris » [2]. C'est la même année, exactement, que parurent en Allemagne le sécrits de Schubart, le premier auteur germanique dont on cite l'influence sur l'évolution agricole de son pays, et qu'on avait surnommé baron de Kleefeld (champ de trèfle) pour son amour des plantes fourragères.

Ainsi les systèmes de culture, sous l'impulsion des nécessités de l'élevage, commençaient à évoluer. Un travail d'adaptation tendait à remplacer les formes primitives d'aménagement du sol par des combinaisons raisonnées d'où résultait l'élaboration des produits végétaux

---

1. Cet assolement comporte : 1re année : turnips (navets) ; 2e année : orge ; 3e année : trèfle pur ou mélangé de ray-grass ; 4e année : froment.

2. C'est Gilbert, un des plus actifs partisans de la propagation des mérinos, qui reçut le prix de mille livres et le jeton d'or pour son volumineux ouvrage sur la luzerne, le sainfoin et le trèfle.

les plus utiles. De cette conception date l'expansion de la pomme de terre qui contribua si largement au progrès de l'agriculture en France. Cette plante, depuis son importation d'Amérique au XVIᵉ siècle, ne s'était que médiocrement développée. On la croyait vénéneuse. Chacun sait comment Parmentier réussit à triompher du préjugé, à démontrer l'innocuité du tubercule, à lui conquérir la Cour et la ville pour le plus grand bien des campagnes. Le nouveau légume se répandit dans les jardins, puis dans les champs. Bientôt il occupa de larges espaces. Il fut, en même temps que les navets de Norfolk, parmi les plantes sarclées qui inaugurèrent le remplacement de la jachère nue.

Les cultures qu'on sème en ligne, si on laisse entre elles la place nécessaire au développement de leurs feuilles, permettent le binage du sol pendant la végétation. Cette pratique, recommandée par Jethro Tull en Angleterre dès 1731 [1], a un grand avantage. Elle détruit les végétaux adventices, les plantes étrangères qui spontanément se développent parmi les végétaux cultivés. C'est une flore sauvage extrêmement vivace, dont les graines, mélangées à la terre, prennent vie dès que la lumière, l'air et l'eau le leur permettent. Le bleuet, le chardon, la moutarde, le coquelicot, la nielle sont de grands ennemis de l'agriculteur qui doit, sans merci pour leurs jolies fleurs, les faire disparaître. Il eut longtemps recours à la jachère, c'est-à-dire au labour du sol non suivi d'ensemencement. Pendant une année entière, cette végétation naturelle germait, fructifiait, puis était enfouie avant que ses graines nouvelles vinssent à maturité. La culture des plantes sarclées put remplacer cette antique méthode. On sème précisément les pommes de terre ou les navets dans le champ qui vient d'être fumé,

---

1. C'est la date de publication de son ouvrage : *Horse-hoeing Husbandry*.

c'est-à-dire ensemencé de nombreuses mauvaises graines. Alors on passe à plusieurs reprises, entre les rangs cultivés, la binette ou la houe pour purger le sol de toute herbe nuisible.

Ainsi l'invention des cultures sarclées put modifier les anciennes formes d'exploitation du sol. Les binages permirent d'ensemencer sans interruption des terres qui d'ordinaire ne donnaient en quatre années que trois récoltes. L'expansion des plantes sarclées marqua, partout où elle se produisit, le début des progrès agricoles dans la période contemporaine. On désigne parfois sous le nom de plantes industrielles ces végétaux semés en ligne et sarclés. C'est qu'ils ont apporté à l'agriculture les premières méthodes rationnelles qui la rapprochent de l'industrie.

En France, puis en Europe centrale, la pomme de terre ne fut pas longtemps seule à stimuler la rénovation des procédés culturaux. Une autre « plante industrielle », la betterave à sucre, se joignit à elle dès le commencement du XIXe siècle.

*
* *

Le sucre de canne, qu'on importait des Antilles, vint à manquer, lorsqu'à l'époque de la Révolution, les communications par mer avec Saint-Thomas et Saint-Domingue furent interrompues. Alors on chercha les moyens d'extraire le sucre d'une plante qu'on pût cultiver sur le sol français. Deyeux avait rappelé les expériences faites sur certaines racines par le savant allemand Margraff. Entr'autres végétaux plus ou moins riches en sucre, il avait distingué la betterave. Ses essais étaient concluants. Une Commission de membres de l'Institut de France se réunit, renouvela l'étude du problème en précisant les conditions économiques de la production. Quand le prix de revient du sucre eut été abaissé à 1 fr. 80

par kilogramme, les premières fabriques se créèrent.

La betterave, que l'on cueille encore à l'état sauvage sur les côtes de Provence, était cultivée comme légume dans les potagers depuis le xvie siècle. Olivier de Serres en vantait les qualités nutritives. Napoléon en ordonna le développement industriel et ne négligea rien pour l'obtenir. Pendant le blocus continental, cinq écoles de chimie formaient des techniciens à qui l'empereur s'intéressait vivement. Le ministère du chimiste Chaptal prit une part active au développement de l'industrie nouvelle. La culture des betteraves se propagea. Peu à peu les méthodes les plus recommandables se précisèrent. Des agronomes comme Mathieu de Dombasle, Crespel, Delisse s'employèrent à fixer les meilleurs procédés culturaux. On inventa des instruments spéciaux pour l'ensemencement des graines, le binage, le sarclage, l'arrachage des racines. L'estimation de la valeur des betteraves d'après leur richesse en sucre [1] eut pour effet d'augmenter la teneur des récoltes. On distingua les variétés les plus saccharifères. Les fabricants encourageaient ces progrès, approvisionnant eux-mêmes les cultivateurs de graines particulièrement choisies. On eut pour but d'obtenir le rendement maximum, non de racines, mais de sucre à l'hectare. En Allemagne, en Autriche, en Hongrie, en Russie et même dans l'Italie du Nord, l'industrie sucrière prit une grande extension. Le régime des subventions d'État et des primes, l'organisation des fabricants en « cartels » de vente en vinrent même à surexciter si bien la production qu'une limite fut jugée nécessaire et adoptée par tous les pays sucriers, à Bruxelles, en 1902. Depuis cette date, les exportations

1. En Allemagne par l'impôt de 1811, en France par le procédé d'achat à la densité qui date seulement de la loi de 1884. Dans ce dernier pays la tonne de betteraves récoltée en 1882 contenait en moyenne 50 kilogrammes de sucre. Cette richesse s'éleva à 102, 112 et 124 kilogrammes en 1892, 1902 et 1907.

des pays producteurs diminuèrent et leur propre consommation put s'accroître, grâce à l'abaissement des prix de vente.

Après cent années d'existence, la culture des betteraves à sucre apparaît comme un des plus actifs agents de progrès qui aient guidé et propagé l'évolution des techniques agricoles. C'est la vente avantageuse des racines saccharifères qui permit aux cultivateurs de donner à la récolte des soins jusqu'alors inusités. Toutes les cultures en profitèrent. Le rendement du blé augmenta. Dès 1855, la Société d'Agriculture de Valenciennes, dans le Nord de la France, assurait que l'introduction des betteraves à sucre avait fait passer la moisson du froment, dans son arrondissement, de 350.000 à 421.000 hectolitres.

· Il était impossible, en effet, qu'une culture améliorée se répandît dans une région sans porter à son niveau toutes les autres. Peu à peu, car il y a une contagion du bien, les divers produits du sol participèrent au mouvement et se transformèrent à leur tour. Le blé, l'orge, le seigle, l'avoine, le millet, la rave, les fourrages naturels étaient récoltés naguère, s'il plaisait à Dieu, dans le même état que les conditions du milieu avaient, à travers une longue suite de générations, façonné et fixé depuis des siècles. Tout cela dut changer.

Bien avant que les lois de l'hérédité fussent scientifiquement définies, les botanistes et les horticulteurs connaissaient certaines pratiques conformes au principe de la sélection. Dès 1760, Stillingfleet avait distingué dans les prairies les bonnes et mauvaises espèces d'herbes dont il fit un classement. Mais ces recherches n'étaient pas assez méthodiques pour qu'on pût utilement les poursuivre. Il faut attendre les travaux du docteur Che-

valier sur les orges, ceux du colonel Le Couteur sur les
blés, vers 1830, pour marquer les premiers résultats
dignes d'intérêt. Alors des variétés nouvelles avaient
été élaborées et leurs caractères se distinguaient aussi
nettement que ceux des races d'animaux créées par
Bakewell et Colling. C'est d'ailleurs par une sélection
analogue qu'on avait procédé. L'expérience sur la carotte
sauvage dont Vilmorin donna la description à la Société
d'Horticulture de Londres en 1840 est restée célèbre.
Prenant pour point de départ la racine commune (*Daucus
carota*), il était parvenu, par des choix successifs entre
les descendants, à obtenir, au bout de quatre générations, des plantes dont la racine n'était plus filiforme ni
ramifiée, mais charnue, unie, colorée, presque comparable à celle des carottes potagères. On n'y crut pas. On
allégua la fécondation possible des plantes sauvages par
les fleurs de carottes cultivées.

C'est cependant à l'aide de procédés de ce genre qu'on
devait poursuivre, dix ans plus tard, la sélection des betteraves pour la richesse saccharine. Depuis 1815, Vilmorin s'attachait à définir les variétés de pommes de
terre dont on ne comptait alors qu'une centaine. Il
s'efforçait de préciser les qualités spéciales des tuber-
cules. Ce travail descriptif fut repris en 1868 par Rimpau
lorsqu'il entreprit à Schlanstedt ses expériences sur les
seigles.

D'abord il étudia le poids et la longueur des épis.
Puis il s'attacha à l'observation des fleurs, des graines.
Celles-ci furent classées d'après leur grosseur, leur
forme, leur couleur, leur densité. Vers 1885, la sélection
était poussée jusqu'à l'analyse des graines dont on voulait connaître la richesse en gluten et la qualité nutritive. On en vint à baser sur un classement précis le
triage rationnel des semences. Enfin l'acclimatation fut,
elle aussi, mise à profit. La découverte des principes de
l'adaptation avait révélé l'influence du sol et du climat

sur les espèces végétales. Certaines variétés habituées à la résistance dans un milieu défavorable furent recherchées pour faire échec aux intempéries et aux maladies parasitaires. Et c'est ainsi que les cultivateurs des régions montagneuses purent récolter des céréales à grands rendements originaires des pays froids. De même, les États-Unis adoptèrent avec succès des blés russes riches en gluten.

Comme on peut transporter aisément et utiliser pratiquement les graines sélectionnées, nombreux furent les établissements qui se fondèrent pour fabriquer des espèces nouvelles, les multiplier et les répandre dans le commerce. La plus ancienne de ces entreprises, celle de Verrières, en France, fut créée dès les premières années du xix siècle. L'excellente méthode sur laquelle elle base ses procédés de production et de vulgarisation des semences pures mérite qu'on la prenne pour type. On n'y emploie que des variétés dont les caractères exactement fixés doivent se perpétuer sans altération. Même lorsqu'une de ces races, tenue pour médiocre, ne mérite pas d'être employée dans la pratique, on la conserve comme un témoin qui racontera l'histoire de l'évolution des végétaux cultivés. Plusieurs de ces plantes ont vécu ainsi inchangées depuis l'origine. D'autres sont nées spontanément ou par les soins de spécialistes qui utilisent et combinent tous les moyens dont dispose aujourd'hui la science pour pousser les espèces à la variation et fixer en formes immuables leurs écarts heureux. Reste à propager les graines pures des variétés jugées les meilleures. On les sème donc et on choisit pour cela les sols et les climats qui leur conviennent le mieux. De 700 hectares en 1850, la surface ainsi employée est passée, en 1900, à 6.000 hectares répartis sur le globe entier. Et comme il se peut que les caractères du type reproduit n'aient pas été intégralement conservés dans l'œuvre de multiplication, on essaye les semences obtenues, on compare au témoin les plantes qu'elles font naître.

Il est à remarquer que les espèces végétales améliorées par sélection et, pour ainsi dire, anoblies exigent, pour maintenir leurs vertus intactes, un traitement différent de celui dont les races vulgaires se contentent. Sans quoi elles déclinent dans leur descendance, s'adaptent à nouveau au milieu inférieur, perdent la haute valeur qu'un patient concours de circonstances favorables leur avait fait acquérir. Cette condition limite, sans nul doute, la possibilité pour les cultivateurs de perpétuer longtemps les semences d'élite. Mais celles qu'ils trouvent dans le commerce leur permettent d'obtenir une bonne suite de récoltes. Quand la dégénérescence les atteint, ils ont recours à de nouvelles graines pures. Ces méthodes, favorisées en général par des résultats économiques appréciables, sont suivies aujourd'hui par tous les producteurs éclairés. Elles ont sur le rendement des cultures une influence qu'on imagine sans peine.

* *

Ainsi tendent à augmenter la qualité et la quantité des récoltes. Mais il convient de jeter un regard en arrière pour expliquer comment les plantes cultivées se comportèrent relativement et absolument dans le domaine de l'étendue. Les statistiques relèvent périodiquement les surfaces occupées par les diverses cultures dans tous les pays agricoles depuis un temps plus ou moins lointain. L'étude comparée de ces chiffres donne une histoire sommaire de chaque plante et de son importance relative dans l'agriculture universelle, nationale ou régionale. Des variations très marquées apparaissent. Les cartes économiques qui retracent pour une série d'années la représentation des étendues cultivées dans le monde mettent en évidence cette mobilité.

Si l'on note la réduction et même la disparition de certaines espèces cultivées, c'est que l'industrie obtient directement les produits que ces plantes pouvaient seules fournir à l'origine. En France, la garance ou la cardère n'eurent plus de raison d'être quand on employa l'aniline en teinture et le cardage mécanique des étoffes.

Si l'on observe, par contre, l'extension de certaines cultures, c'est qu'elles furent développées par les progrès de l'industrie qui mettent en œuvre leur apport. Ainsi le houblon suit la marche ascendante de la fabrication de la bière; le lin, le chanvre, le coton, le jute croissent parallèlement à l'emploi des étoffes tissées.

Il y a, d'autre part, des cultures qui sont abandonnées parce qu'on a récolté ailleurs des succédanés plus avantageux. Les huiles que produisaient naguère, en Europe, les colzas, les lins, les navettes viennent aujourd'hui des régions tropicales où l'on obtient plus avantageusement le coton, l'arachide, le coprah. Une lutte s'engagea entre la canne et la betterave qui toutes deux donnaient en concurrence la matière première de la sucrerie. D'abord celle-là eut la première place, puis celle-ci, et maintenant c'est la première qui reprend l'avantage. Depuis qu'elles firent l'objet de la propagande des agronomes à la fin du xviii° siècle, les plantes fourragères destinées à nourrir les animaux de leurs feuilles ou de leurs racines ont continué à croître en importance et en étendue. Non seulement la surface qu'elles occupent augmenta d'une façon absolue dans le monde, mais leur proportion relativement à l'ensemble des cultures, dans les vieilles contrées d'Europe. C'est aux dépens des céréales que s'accomplit cette dernière progression et la substitution apparut dans le Royaume-Uni avec une particulière netteté, — ce qui, d'ailleurs, n'empêcha pas les céréales d'occuper une aire toujours plus grande, mais dans les pays neufs, sur des terres conquises à l'activité toujours plus entreprenante des agriculteurs.

Divisons les végétaux cultivés, d'après leur destination, en plantes industrielles et en plantes alimentaires, et ces dernières en deux catégories, selon que les hommes ou les animaux les utilisent, nous verrons, en somme, que de larges mouvements ont dirigé dans des sens divers leurs destinées au cours de la période contemporaine. Tandis que les progrès de la sélection amélioraient et multipliaient les races végétales et que chaque espèce grandissait dans la qualité de ses représentants, la quantité évoluait aussi. La surface occupée par l'agriculture dans le monde s'étendait. Pour la nourriture des hommes et des animaux, pour les besoins de l'industrie, le champ labouré et ensemencé devenait plus vaste. Selon les circonstances, selon la nature du sol et du climat, selon les conditions du marché, les plantes qui le couvraient accomplissaient leurs migrations. Il en est même qui existaient à peine il y a cent cinquante ans, considérées comme des curiosités de peu d'importance, et qui conquirent une place égale à celle des espèces les plus anciennement répandues. Ainsi le coton, le cacao, le caoutchouc.

En 1791, on pouvait évaluer à deux millions de livres la récolte de coton de la Caroline du Sud et de la Géorgie. Cette culture très anciennement répandue dans les Antilles, au Mexique et au Pérou n'avait pu prendre, faute de machine à égrener, sa valeur industrielle. En 1742, un nommé Dubreuil avait inventé un appareil fort utilisable. Mais ce n'est que cinquante ans plus tard qu'apparut, avec la machine d'Elie Whitney, la possibilité d'un travail intensif des graines. Peu à peu la Caroline du Nord, la Louisiane, l'Alabama et le Mississipi, l'Arkansas et enfin la Floride et le Texas adoptèrent la production cotonnière. Elle occupait 6 millions et demi d'acres en 1859, 26 millions un demi-siècle plus tard.

En Europe de nombreux essais d'acclimatation furent tentés. Napoléon voulait qu'on cultivât le cotonnier dans la France méridionale et en Italie. On conserve une circulaire du Ministère de l'Intérieur qui, en 1807, prescrivait aux Préfets d'encourager les plantations. Mais le climat s'y opposait. Il n'est assez chaud qu'en Afrique. Les colons d'Algérie, vers 1850, donnèrent au cotonnier une assez grande extension. Pendant la guerre de Sécession, la hausse des prix de vente, jointe aux subsides que l'État accordait aux planteurs depuis 1861, assura une prospérité remarquable aux cultures. Puis les cours baissèrent. En 1880, le coton algérien avait complètement disparu. L'Égypte, par contre, put développer avantageusement la récolte cotonnière que diverses colonies africaines promettent d'accroître encore. D'autres pays, le Turkestan, la Chine, la Corée, le Japon, la Turquie d'Asie, la Perse, les Indes apportent aussi des contingents que les progrès de l'industrie peuvent faire infiniment grossir.

Toutes les plantations tropicales qui trouvèrent dans l'extension des échanges un marché ouvert à leurs produits eurent un sort analogue. Ainsi la récolte des gommes qui servent à fabriquer le caoutchouc passa, dans les soixante-dix dernières années, de 100 tonnes à 70.000. D'abord alimentée par d'anciennes plantations, cette production fut perfectionnée. On dut abandonner les procédés barbares d'extraction qui détruisaient les arbres et faire fonds sur des cultures spéciales. Les Anglais, qui plantèrent dans leurs colonies, dès 1830, des essences caoutchoutières, commencent à en tirer parti. Mais on a réussi à semer certaines lianes à gommes qui, dans les régions équatoriales, donneront des résultats beaucoup plus rapides.

Le cacao, originaire du Mexique, est cultivé presque uniquement dans l'Amérique centrale. Pendant les cinquante dernières années, l'importation française passa de 4,7 à 20 millions de tonnes, ce qui représente aujourd'hui le cinquième de la consommation européenne.

On récolte le thé depuis les temps les plus reculés sur une si vaste étendue en Chine et au Japon que les migrations de cette plante au cours du XIXᵉ siècle paraissent relativement minimes. L'une d'elle constitue pourtant un trait fort remarquable de l'histoire des

Fig. 19. — La cueillette du thé au Japon.

colonies anglaises et mérite d'être rappelée. L'Angleterre consomme plus de thé à elle seule que tous les autres pays importateurs réunis. En 1865, 93 p. 100 de son importation venait de Chine. Dans les trente années qui suivirent, les Indes et Ceylan entreprirent la culture du thé et plantèrent 340.000 hectares. En 1898, 88 p. 100 des thés introduits en Angleterre, environ 90.000 tonnes, provenaient de ses colonies.

Le café donnait lieu, il y a cent cinquante ans, à un trafic déjà importa... ... les Antillles, les Indes anglaises et néerlandaises. Mais production a doublé depuis 1860. Le Brésil, où les plantations de café n'ont guère plus d'un siècle d'existence, est devenu le premier de tous les pays producteurs avec une récolte annuelle de 300 millions de kilogrammes.

L'étude des cultures tropicales a fait d'ailleurs l'objet d'efforts continus et particulièrement féconds depuis une quinzaine d'années. L'intérêt d'augmenter la production coloniale et de compléter ainsi les ressources des métropoles a été de toutes parts souligné par un remarquable éveil des initiatives. La politique économique des gouvernements s'est de plus en plus étendue à la mise en valeur de ces terres lointaines. Les groupements financiers y attachent une attention croissante, drainant les capitaux vers des régions qui n'attendent qu'eux pour transformer en richesses présentes les produits accumulés et jusqu'alors délaissés de leur sol.

Certaines espèces végétales favorisées par une fortune propice connaissent ainsi l'essor d'une ère économique fertile en entreprises. Les plantations qui emploient le sol à une seule récolte, à une production spécialisée ont le privilège de ces périodes prospères. Mais il arrive que des crises surviennent. L'histoire de la viticulture, de l'oléiculture et de la sériciculture peut être rappelée à ce propos.

*
* *

Le vignoble français occupait, à la fin du xviiie siècle, si l'on en croit l'estimation de Lavoisier, une surface de 156.800 hectares, et la vendange était si abondante qu'une quantité considérable[1] de vin et d'eau-de-vie

---

1. 33 millions de litres de vin et 14 millions de litres d'eau-de-vie en 1788.

pouvait être vendue pour l'exportation. Jusqu'en 1875 la culture de la vigne se développa. Elle couvrait à cette époque 2.600.000 hectares. Un champignon importé d'Amérique septentrionale et connu sous le nom d'oïdium avait endommagé certaines plantations et réduit des deux-tiers la vendange. Il fallut l'emploi méthodique du soufre pour faire reculer ce dangereux parasite qui, d'ailleurs, ne s'attaquait qu'aux organes temporaires de la plante et laissait intacts le tronc et les principales branches. Tout autre fut le phylloxera. Cet insecte minuscule vit sur les racines de la vigne et les détruit. La plante s'étiole et meurt. L'invasion, commencée dans le Gard, près de Roquemaure, en 1863, s'étendit rapidement, gagna le Bordelais et la région de Cognac. A la fin de 1888, soixante-et-un départements français étaient plus ou moins ravagés. Dès 1885, la vendange tombait de 80 à 25 millions d'hectolitres. On mesure l'étendue de la perte. La vigne fait vivre un personnel de travailleurs extrêmement nombreux. La ruine des vignobles atteignait une énorme population. Par tous les moyens, il importait de sauver les plantations non encore atteintes et de reconstituer les autres. Les savants se mirent à l'œuvre. Plusieurs méthodes furent proposées. L'Académie des Sciences avait, en 1871, nommé une commission pour provoquer les recherches. En 1874, une loi créait un prix de 300.000 francs. En 1878, une autre loi instituait un service public doté d'un crédit spécial pour appliquer les mesures de défense. En 1881, la convention internationale de Berne prescrivait la publication annuelle d'une carte de l'invasion phylloxérique, réglait les conditions du commerce des plants de vigne, boutures, sarments, échalas, terres et terreaux capables de propager l'insecte. Une multitude de procédés furent essayés avec un succès inégal. Les uns s'attaquaient au phylloxera lui-même et tentaient de le détruire. D'autres immunisaient la plante. On savait que certaines variétés de vigne cultivées dans le Nord de l'Amérique résistaient à la morsure du parasite. Des expériences de plantations américaines dans le Bordelais, dans le Gard, puis à Signes, dans le Var, avaient démontré cette remarquable immunité. Alors l'idée vint de reconstituer les vignobles en se servant de ces variétés résistantes comme porte-greffes des cépages français. Après de nombreux tâtonnements certaines règles purent être précisées. Il y avait à choisir, d'après la nature des sols, les variétés les plus recommandables, à étudier l'influence possible de la racine rustique sur le « sujet » qu'elle portait, à créer même des races nouvelles par croisement des vignes d'Amérique avec les anciens cépages. Les résultats heureux furent appliqués dès qu'on les eut fait connaître. Les capitaux nécessaires aux frais énormes de la replantation affluèrent. De 1889 à 1900, la reconstitution des vignobles égala à peu près la surface détruite. Mais les nouveaux plants produisaient beaucoup plus de vin. La moyenne de 15 hectolitres à l'hectare qui était celle de l'année 1882 passa à 28, puis à 39 hectolitres en 1895 et en 1900. L'exagération de la production devint alors pour la viticulture une cause de vicissitudes nouvelles. Dans tous les pays du monde où le raisin mûrit, des plantations avaient été faites. Le commerce intérieur, réduit par la crise, entravé par les tarifs de douane, ne parvenait pas à équilibrer le marché. Le développement de la distillation industrielle faisait échec à la vente des eaux-de-vie de vignoble. Les remaniements nombreux d'une législation impuissante à faire le bonheur durable des populations viticoles parvinrent néanmoins à favoriser la consommation des boissons naturelles, dites hygiéniques, parmi lesquelles le vin occupait la première place. Puis on essaya de protéger mieux encore les viticulteurs en assurant la défense de leurs crus. On voulut limiter les régions de production, leur réserver le privilège d'une « marque ». Mais le retour aux frontières intérieures ne pouvait être le fait d'une mesure administrative. Il échoua. Seuls, apparemment, les producteurs groupés en collectivités puissantes seront capables de dominer le marché et d'y assurer le respect des produits consommés sous leur étiquette.

L'histoire de la sériciculture ne fut pas moins troublée. Depuis la vulgarisation en France des plantations de mûrier pa. Olivier de Serres, les pouvoirs publics se montrèrent pleins de sollicitude pour la production de la soie. Louis XVI, en 1789, faisait venir de Chine les œufs d'une variété de vers qui donnaient des cocons blancs. Sous l'Empire, Chaptal continua la tradition et favorisa les entreprises séricicoles. Mais les circonstances devaient mal servir une industrie si bien protégée. Des épidémies attaquèrent cruellement les magnaneries, anéantirent presque la production. Grâce aux découvertes de Pasteur, le fléau avait pu être combattu. Mais la France était mal placée pour cultiver le ver à soie avec avantage. L'Italie lui fit concurrence et l'obligea à se défendre par un système savant de subventions et de primes. Les pays d'Extrême-Orient développèrent leurs exportations de fils et de tissus. La sériciculture se déplaça. Elle est aujourd'hui le fait des contrées douées d'un climat très chaud et riches encore de main-d'œuvre habile et peu coûteuse.

L'oléiculture, d'antique survivance, n'a guère modifié ses méthodes. Elle exploite des arbres qui, dans certaines régions, existaient déjà au XVIIIᵉ siècle et donnent les mêmes olives. C'est lentement ici que les variétés végétales évoluent. Et l'on pourrait en dire autant des formes voisines de l'arboriculture qui florissent sous les mêmes climats ou plus près encore des zones tropicales, des mandarines et des oranges, des citrons, des bananes ou des dattes. Le travail d'amélioration des espèces procède par mouvements à peine perceptibles,

si toutefois l'on suppose qu'il n'a pas atteint avant
tout autre, dans la longue suite des âges, toute sa perfection.

* *

Faut-il maintenant un contraste? Nous parlerons de
l'horticulture. Nulle production ne se transforma plus
complètement que celle des légumes, des fruits et des
fleurs au cours des cent cinquante dernières années.
Sous la pression des circonstances, les progrès ici furent
immenses. Non qu'un état primitif des pratiques suivies dans les jardins eût rendu ces améliorations relativement faciles. Au contraire, les méthodes des horticulteurs étaient très avancées et cela dès le xvii° siècle.
On ne connaissait encore ni éleveur, ni agriculteur qui
méritât la célébrité : il y avait eu des jardiniers illustres.
La Quintinie, qui était directeur général des jardins
fruitiers et potagers des maisons royales de France
sous Louis XIV, créa sur un plan magistral le domaine
horticole du château de Versailles et laissa à sa mort
un traité devenu classique où il montrait que la technique des vergers, des planches légumières et des parterres fleuris avait atteint déjà une grande perfection.
Mais les méthodes actuelles et les résultats auxquels
elles parviennent en diffèrent notablement, et c'est au
xix° siècle que nous devons la meilleure part de ces
progrès.

On inventa le forçage des cultures potagères entre
1812 et 1826. Il y avait alors, comme aujourd'hui, et
depuis fort longtemps, aux environs immédiats des
grandes villes, des jardiniers qui faisaient pousser des
légumes pour la consommation des citadins. L'accroissement de la richesse publique et de la valeur foncière
des terrains où étaient établies leurs cultures incitèrent
les « maraîchers » à développer leur production. Ils apprirent à tirer du sol plusieurs récoltes successives. Puis

l'amélioration des semences, le choix de variétés toujours mieux adaptées aux demandes les plus rémunératrices du marché accrurent encore l'importance des récoltes. Pour tromper l'influence des saisons et obtenir plus tôt qu'à l'ordinaire certaines sortes de légumes, les maraîchers s'ingéniaient, à l'aide de châssis, de

Cliché Doyer.

Fig. 20. — Culture maraîchère aux environs de Paris.

cloches de verre et de la chaleur dégagée par diverses matières en fermentation, à obtenir le plus tôt possible ce qu'ils appellent des primeurs. Enfin le dernier quart du siècle fut marqué par des transformations nouvelles. Comme les régions méridionales étaient parvenues à produire et à expédier dans les villes des primeurs moins coûteuses que celles des maraîchers, il fallut trouver d'autres ressources. L'habileté qu'on mettait autrefois à hâter la maturation des légumes s'employa à la retarder. C'est par une ingéniosité constamment en éveil, par une variation de cultures toujours prête à profiter de la moindre parcelle de terrain libre et de toutes les faveurs du marché que la production potagère des marais put rester prospère en dépit des atteintes souvent renouvelées d'une concurrence de plus en plus puissante. En effet, les régions méditerranéennes de France, d'Italie, d'Algérie avaient multiplié les récoltes hâtives de légumes. On vit, aux environs des grandes villes, des champs entiers de pommes de terre nouvelles, de poireaux, d'artichauts ou de choux.

L'arboriculture et la production des fruits subirent des vicissitudes analogues. Il y eut un temps où les jardiniers de Montreuil et de Thomery [1] vendaient seuls à Paris des pêches et du raisin. Puis le marché s'étendit ; les vergers se multiplièrent. Les plantations de groseilliers, de fraisiers, de cerisiers, d'abricotiers remplacèrent les carrés de blé ou de luzerne. Dans toutes les régions où les conditions géologiques, climatériques et économiques le permettaient, la culture fruitière devint l'industrie d'élite à laquelle les anciennes emblavures, moins riches, moins rémunératrices, faisaient place. Ce mouvement enrichit autrefois les cultivateurs du Lot-et-Garonne, avec les pruniers. Plus récemment, il donna une prospérité nouvelle à certaines régions provençales avec les abricotiers, les fraisiers, les pêchers. Sur la production des pêches, des pommes et des poires repose l'immense activité agricole de la Californie. On alla jusqu'à remplacer, dans les pays riches en houille, la chaleur du soleil par le chauffage artificiel et l'éclairage électrique des serres. On fit de la production des poires, des pommes et du raisin une véritable industrie où le calcul des calories et de dosage des intensités lumineuses présidèrent à la formation des tissus végétaux.

Dans ce domaine plus qu'en tout autre, les applications des principes de la sélection et de l'hérédité ont

1. Localités de la région parisienne.

été mises à profit dans l'intérêt d'un perfectionnement qui semble illimité. Peu d'espèces vivantes donnent des exemples aussi multiples de variation. Par la greffe, la bouture, la marcotte, on a les moyens de reproduire et propager sans aucune altération les variétés nouvelles qui se créent tous les jours et luttent pour l'existence dans les conditions ordinaires de concurrence d'où résulte la survivance du plus apte. Parviendra-t-on à obtenir, comme l'a fait la sélection animale, quelques familles nettement supérieures devant lesquelles les autres seront contraintes à s'effacer? Limitera-t-on à ces familles les variations dignes d'intérêt? Continuera-t-on au contraire à faire naître, au hasard, des types plus ou moins réussis dont la renommée ne parvient que rarement à dépasser une mention éphémère dans les catalogues des concours? Les sociétés où se groupent les spécialistes de ces sortes de recherches pourront utilement contribuer à guider leurs efforts vers un réel progrès. Déjà certains centres de production possèdent, en même temps que des organismes pour l'expansion commerciale de leurs récoltes fruitières, des stations scientifiques pour la détermination et la vulgarisation des meilleures espèces. C'est une excellente politique.

Mais que dire des fleurs? Ici les variétés représentatives de chaque espèce se comptent par milliers. La sélection, l'hybridation obtiennent et fixent une multitude sans cesse renaissante de formes et de couleurs nouvelles. La monstruosité même devient objet d'admiration. Non contents d'utiliser à leurs effets ornementaux les variations normales des plantes, les horticulteurs sont parvenus à solliciter et obtenir de véritables déformations organiques. La fleur bien constituée et capable de donner des fruits n'est plus suffisante. Il a fallu atrophier certaines de ses parties pour développer la corolle à l'extrême et donner plus de place aux organes colorés. Ce « doublage » est aujourd'hui réalisé dans la plupart des espèces horticoles. Ici la matière vivante semble n'avoir plus de lois. La plante, entre les mains d'un habile jardinier, est devenue plus malléable, plus souple que la matière inerte dans l'atelier d'un chimiste ou d'un ouvrier d'art, — avec cette différence toutefois que les œuvres de la végétation, issues, malgré tout, de la nature et soumises aux règles immuables de la proportion et de l'équilibre, demeurent, en dépit des plus fantasques extravagances ou des plus périlleuses originalités, harmonieuses pour la joie des gens de goût. Mais ces modes ne sont point nouvelles. Du xvi° au xviii° siècle la passion des tulipes avait fait fureur, et ces plantes persanes atteignirent un éclat difficile à surpasser. Ce qui caractérise aujourd'hui le progrès floricole, c'est l'immense extension du domaine consacré aux fleurs, le développement de leur marché dans les villes enrichies. C'est aussi, malgré les perfectionnements de la chimie moderne et peut-être à cause d'eux, la croissance des entreprises industrielles qui utilisent les plantes pour leur parfum.

Cette prospérité de l'horticulture a permis de connaître quels progrès la végétation peut atteindre lorsqu'à la faveur du marché elle se spécialise et porte tout son effort sur une même catégorie de produits. Mais pour que l'évolution économique lui restât propice il a fallu que l'industrie horticole disposât d'une grande diversité de ressources, d'une inépuisable mobilité. L'horticulteur ne place pas, comme le fait le planteur de cotonniers ou de vignes, ses moyens d'action à fonds perdu pour de longues années Il peut, au gré des circonstances, changer l'orientation de son entreprise.

Les exploitations forestières, qui nous restent à examiner, tiennent à la fois leurs caractères de la spécialisation du travail qui est le fait des plantations et d'une possibilité assez large de varier le but poursuivi.

*
* *

Aux temps anciens, les forêts recouvraient la terre et ce fut une des gloires de l'homme, non content des fruits spontanés du sol et des produits incertains de la chasse et de la pêche, de conquérir contre les arbres les premiers espaces cultivés. Le déboisement devint la condition d'existence des peuplades sédentaires, au début de la civilisation et, peu à peu, les forêts reculèrent, faisant place aux pâturages et aux champs labourés. Cette conception du défrichement comme condition et comme moyen de progrès cultural fut encore celle des encyclopédistes français au xviii° siècle. Ils estimaient que les disettes périodiques avaient pour cause l'insuffisance des ensemencements et qu'il fallait mettre en valeur les terrains boisés considérés comme incultes. Ennemis de la propriété forestière, vieil attribut de féodalité, les économistes soutenaient la même thèse. En 1761, un avis du Bureau de Commerce annonça que des encouragements en argent et en nature seraient accordés aux propriétaires qui défricheraient des terres incultes. En 1766, l'exemption de la taille était ajoutée à ces avantages. De tous côtés on déboisa. Le Gouvernement passait des contrats avec des compagnies qui tiraient de leurs entreprises de gros gains de spéculation. L'ordonnance de 1776, la loi de 1791 précipitèrent la destruction des arbres. Mais bientôt on s'aperçut qu'aucun progrès n'avait été atteint de cette manière. Dès l'an XI, le législateur, reprenant le parti contraire, donnait à l'administration les armes nécessaires pour interdire la dévastation des bois.

C'est que les surfaces boisées sont indispensables au bon équilibre des conditions climatériques et hydrologiques d'où dépend la prospérité agricole. L'eau de pluie qui tombe sur les forêts imprègne les feuilles et les débris végétaux dont le sol est jonché, puis elle s'écoule lentement à travers la couche perméable jusqu'aux sources, au lieu de rouler à la surface, de la raviner, de former des torrents irréguliers et dangereux. Les terrains boisés recueillent ainsi plus d'humidité et en évaporent moins que les terres en culture. Ils assurent des pluies plus fréquentes, une température plus régulière. On voit par l'exemple de contrées entièrement déboisées, comme la Valachie, la Palestine, la Perse, certains États de l'Amérique du Nord, certaines régions du Nord de l'Afrique, combien est grande l'influence des forêts sur la végétation et la vitalité de l'agriculture. Elle a légitimé, dans tous les pays du monde, l'intervention active des gouvernements. Mais il s'en faut de beaucoup que l'état actuel des terres boisées soit l'œuvre exclusive des pouvoirs publics. A côté de leurs encouragements ou de leurs défenses, les forces ordinaires d'où résulte l'expansion ou la disparition des espèces cultivées n'ont pas cessé d'agir. La végétation forestière dépend beaucoup plus des conditions du milieu que la culture des plantes annuelles. Ici les caractères géologiques du sol favorisent notablement la production. Là certaines particularités économiques tendent à appauvrir et à ruiner les plantations. Ainsi le Morvan [1] possède d'excellentes forêts. A une faible distance de Paris, il y trouve la vente avantageuse de ses bois. Le Plateau Central [2] offre aux arbres un habitat en tous points semblable. Cependant ses forêts ont disparu parce que l'exploitation des pâturages donnait un plus fort produit. Pour la même raison les Vosges sont restées boisées, tandis que se dénudaient les Pyrénées et les Alpes. Un grand nombre des domaines qui constituent aujour-

1. Départements français de la Nièvre, de la Saône-et-Loire, de la Côte-d'Or.

2. Départements français de la Creuse, de la Haute-Loire, du Puy-de-Dôme.

d'hui les réserves d'arbres les plus précieuses doivent leur conservation au fait d'avoir appartenu à la couronne, au clergé, aux communes. Une étude des forêts assez approfondie pour montrer la répartition des essences serait fertile en aperçus de même nature que ceux déjà connus par l'histoire de quelques espèces végétales. Le climat, l'altitude limitent l'expansion de certaines sortes d'arbres. Mais à l'intérieur de leur zône d'élection, les chênes ont, par exemple, gardé un nombre de représentants bien plus grand que les hêtres ou les charmes. On pourrait noter de même la fortune remarquable du Pin sylvestre. La Sologne et la Brenne étaient les contrées les plus pauvres de France. Marécageuses et malsaines, elles parvenaient à peine à faire vivre les rares populations qui l'habitaient, quand on entreprit d'y planter des pins. L'opération eut un succès complet. Toutes les ressources dont disposaient les cultivateurs se portèrent à l'amélioration des terres cultivées. Quant aux pineraies, elles eurent le double résultat d'assainir la région et de l'enrichir par la vente des cotrets. C'est à des entreprises de ce genre, au reboisement des terrains montagneux, à la propagation des bonnes espèces d'arbres et surtout à la conservation des plantations existantes que s'emploie l'administration des forêts des divers États.

Malgré cela l'étendue impropre à la culture ou naturellement destinée aux exploitations forestières et non encore boisée reste immense. Les statistiques évaluent à six millions d'hectares, sur le seul territoire français, la surface occupée par les landes et les terres incultes que des bois pourraient, en grande partie, utilement et avantageusement recouvrir. Il est surprenant que toute la science et la bonne volonté dévouées à cet intéressant problème n'aient pu parvenir encore à le résoudre. L'expansion des espèces forestières, subordonnée, sur ce point, aux conditions économiques, rencontre d'ailleurs dans tous les pays du monde des obstacles analogues. La longue échéance de la récolte, l'incertitude du marché font hésiter les initiatives. L'immobilisation des fonds consacrés à l'entreprise ne permet tout d'abord aucun revenu annuel. Les intérêts ne viennent grossir le capital que si celui-là reste intact et c'est à la fin de l'opération qu'on en connaît le bénéfice. Nous avons vu cependant que ces considérations n'arrêtaient point l'audace des planteurs de certaines essences comme les arbres à caoutchouc. Or les bois sont rares. Les transformations des usages auxquels on les destine n'ont pas diminué leur emploi. Ils servent moins au chauffage, mais la fabrication du papier a largement recours à eux. Il y a donc tout lieu de penser que l'intérêt qui s'attache au développement des forêts pour la prospérité des campagnes trouvera quelque jour dans le succès même des entreprises forestières au point de vue économique ses plus sûres garanties.

C'est un exemple grandiose de combat pour la vie que cette histoire de la sylviculture.

Dans la concurrence qu'elles soutiennent les unes contre les autres, les espèces végétales se succèdent, se remplacent, paraissent, disparaissent, se multiplient, se modifient selon les circonstances. Tantôt la fortune favorise une essence et la développe, tantôt elle lui impose la résistance ou la défaite. Une plante s'étend en surface, une autre progresse en rendement productif. C'est l'évolution toujours agissante du monde des herbes et des arbres...

Et toujours la direction intelligente de l'homme ou l'impulsion de ses intérêts domine l'issue de la lutte.

OUVRAGES A CONSULTER

Jethro Tull. — *Horse-hoeing Husbandry* (1731).

F.-H. Gilbert. — *Traité des prairies artificielles* (1790).

Duhamel du Monceau. — *Traité de la culture des terres.* 6 vol. (1751-60).

Grandeau. — *L'agriculture et les institutions agricoles de la France et du monde* (1905-1910).

Van Someren Brand. — *Les grandes cultures du monde* (1905).

Congrès internationaux de génétique. Rapports et comptes-rendus.

Ph. de Vilmorin. — *La génétique.*

K. v. Rumker. — *Ueber die Organisation der Pflanzenzüchtung.* Berlin, 1909.

Hottmeier-Schomberg. — *Die Entwickelung und Organisation der Pflanzenzüchtung in Dänemark, Schweden und der Probstei* (Landwirtschaftliche-Jahrbücher, III, 1908).

Lecomte. — *Le café* (1899). — *Le coton* (1900).

Wildeman. — *Les plantes tropicales de grande culture* (1902).

Berget. — *Les vins de France.* Paris, 1900.

La Quintinie. — *Instructions pour les jardins fruitiers et potagers.* 2 vol. (1690).

Duhamel du Monceau. — *De l'exploitation des bois.* 2 vol. (1764).

Congrès de l'arbre et de l'eau. Rapports et comptes rendus.

CHAPITRE III

LA CHIMIE

La sélection, la multiplication des espèces animales et végétales apparaissent comme un résultat immédiatement visible de l'évolution agricole. Mais c'est là un aspect assez superficiel des choses et, pour nous, trop sommaire. Il nous faut explorer l'histoire plus avant.

On compare parfois les animaux et les plantes à des machines de transformation. En réalité, ces machines sont vivantes et en cela différentes des outils de transformation industrielle. Notamment elles subissent l'influence des matériaux qu'elles mettent en œuvre. Modifier les espèces, c'est changer leurs conditions de vie, et d'abord leur nutrition.

On n'avait point aperçu l'importance de cette notion aux temps de la production agricole quasi spontanée. On entretenait sur les domaines ruraux des bêtes qui consommaient une partie des récoltes et donnaient en échange du travail, de la laine, du lait. Leur litière retournait aux champs. Ainsi se constituait dans chaque exploitation rurale un cycle clos où rien n'entrait, d'où rien ne devait sortir. La plupart des produits de la terre étaient consommés sur place et leurs éléments esser: els restitués au sol.

Ce cycle, tout le progrès du XIX° siècle contribuera à l'ouvrir, à l'étendre, à le mêler au mouvement extérieur. Limité, il n'autorisait aucun perfectionnement, rien ne pouvant se créer de rien. Mais accessible à de nouvelles ressources, il devenait capable de développer à l'infini ses facultés productives, d'élaborer, en un mot, davantage. Sur ce principe repose, en grande partie, l'action bienfaisante des découvertes scientifiques de la chimie appliquée à l'agriculture.

A vrai dire, on n'avait jamais négligé, dans les exploitations rurales, l'utilisation des matières fertilisantes. Olivier de Serres faisait le plus grand cas du fumier de ferme : « C'est lui, disait-il, qui réjouit, réchauffe, engraisse, amollit, adoucit, dompte et rend aisées les terres fâchées et lassées par trop de travail. » Bien avant qu'on eût découvert les raisons de leur utilité, les cultures de fourrages verts étaient recommandées, afin qu'on les mêlât au sol. On disait : « Les fèves engraissent les terres où elles auront été semées et recueillies, y laissant quelque vertu agréable aux froments qu'on y fait par après ». On ignorait les causes de la régénération du sol par les prairies, on ne s'expliquait pas comment les terres laissées en jachère et ameublies par des façons culturales devenaient plus fertiles. Ce n'en fut pas moins à ces formes anciennes du « mesnage des champs » que les réserves minérales et organiques où s'alimentait la végétation durent de ne point disparaître et de conserver même une certaine stabilité.

Lavoisier, le premier, se préoccupa des conditions d'un accroissement de productivité en agriculture. Il avait aperçu l'étroite relation qu'ont entre eux, dans l'échange des principes chimiques, les organismes vivants. « Les végétaux, écrivait-il en 1792, puisent dans l'air qui les environne, dans l'eau et, en général, dans le règne minéral, les matériaux nécessaires à leur organisation. Les animaux se nourrissent ou de végétaux ou d'autres animaux qui ont été eux-mêmes nourris de végétaux, en sorte que les matières qui les forment sont toujours, en dernier résultat, tirées de l'air et du règne minéral. Enfin la fermentation, la putréfaction et la combustion rendent perpétuellement à l'air de l'atmosphère et au règne minéral les principes que les végétaux et les animaux en ont emprunté. Par quels procédés la nature opère-t-elle cette merveilleuse circulation entre les deux règnes ? Comment parvient-elle à former des substances combustibles, fermentescibles et putrescibles avec des combinaisons qui n'avaient aucune de ces propriétés ? Ce sont des mystères impénétrables ». Pourtant, avant de mourir, l'illustre savant avait pu montrer à ses successeurs la voie des découvertes futures. Étudiant les phénomènes de la nutrition chez les animaux, il utilisait la balance et indiquait pour toutes les expériences à venir la nécessité des pesées. Ses analyses lui avaient permis de limiter la composition des organismes végétaux et animaux à quatre corps élémentaires : le carbone, l'oxygène, l'hydrogène et l'azote. Enfin il avait assimilé la respiration et la chaleur animale à la combustion vive des substances organiques.

Ces essais d'interprétation de la biologie par les notions rigoureuses de la chimie et de la physique étaient trop féconds pour rester oubliés des savants qui suivirent les traces de Lavoisier. Ils essayèrent de compléter ses recherches. Un demi-siècle leur fut nécessaire pour rejoindre le niveau de compréhension auquel avait atteint d'un bond le grand initiateur. C'est en 1840 que J.-B. Dumas et Liebig créèrent ou plutôt renouvelèrent sur un plan rationnel l'étude des êtres organisés et de leurs transformations chimiques. Entre temps, la question de la composition des sols avait été introduite dans la science par Davy qui faisait à Londres, sous les auspices du *Board of Agriculture*, un cours de Chimie agricole. Mais jusqu'en 1838, époque où il publiait son deuxième mémoire « sur la quantité d'azote contenue dans les fourrages », Boussingault, résumant l'opinion prévalente, pouvait écrire : « Aujourd'hui la science agricole a fait justice de l'importance que l'on attribuait à la composition minéralogique des terrains... Dans mon opinion, l'étude physique et chimique des sols offre des résultats plus curieux qu'applicables ».

C'est alors que Justus de Liebig fit paraître l'œuvre fondamentale sur laquelle repose la science moderne des relations entre la nutrition des animaux et des plantes et la composition du sol. La *Chimie appliquée à la physiologie végétale et à l'agriculture*, publiée à Giessen en 1840 et suivie, deux ans plus tard, de la *Chimie organique appliquée à la physiologie animale*, marque le triomphe définitif de l'interprétation des phénomènes de la vie par la seule observation des faits, hors de toute considération métaphysique. « Quelle part prend l'âme, la conscience, la raison au développement du fœtus humain, à l'incubation de l'œuf d'une poule ? Elle n'a pas plus d'influence sur ces actes que sur le développement de la graine d'une plante ». Ainsi s'exprimait le savant allemand. Mais il ne s'en tenait pas à cette philosophie. Il apportait toute une théorie de la nutrition animale, divisant les aliments en deux groupes : les azotés ou plastiques, qui peuvent se convertir en sang et donner naissance aux principes constitutifs des divers organes ; les non azotés (graisse, amidon, gomme, sucre) qui, dans l'état de santé, servent à l'entretien de l'acte respiratoire, au maintien de la chaleur du corps. Il exposait une hypothèse, confirmée depuis lors, sur l'origine de la graisse animale, conséquence, disait-il, d'une disproportion entre la quantité de carbone introduit dans l'économie et la quantité d'oxygène absorbé par les poumons et par la peau. D'où il résultait que les aliments producteurs de graisse, outre ceux qui la contiennent toute formée, devaient être les matières ternaires hydrocarbonées, telles que le sucre ou la fécule. Enfin Liebig établissait que les principes nutritifs d'une plante sont l'acide carbonique, l'ammoniaque et l'eau et plusieurs matières inorganiques, incombustibles.

Ainsi les sources premières de l'alimentation des végétaux étaient de nature exclusivement minérale. L'analyse avait donné l'assurance que toutes les plantes cultivées contiennent de la potasse, de l'acide sulfurique et quelques corps inorganiques en petite quantité. Or tous les sols fertiles recèlent les mêmes substances. Et comme il arrive que la même culture répétée plusieurs fois de suite diminue la productivité de la terre, on pouvait mesurer l'assimilation par les plantes, autrement dit l'activité nutritive, en proportion des matières inorganiques dont ces plantes disposent. D'où la théorie de l'engrais. Liebig calculait qu'un engrais minéral incorporé à un champ épuisé en matière inorganique permettrait une récolte égale à celle d'un champ de fertilité moyenne. Si l'engrais ajoutait un supplément de matière inorganique à un sol normalement pourvu, il produisait un excédent correspondant à la richesse minérale apportée par la substance fertilisante. Quant à l'efficacité de l'humus, de ce terreau que Thaër considérait comme l'agent principal de la formation des plantes, que Boussingault appréciait pour ses sucs nourriciers « susceptibles d'être absorbés par les suçoirs des racines », Liebig déclarait son action indirecte et capable uniquement d'augmenter la production par un apport d'acide carbonique joint à celui de l'atmosphère.

.·.

Ces affirmations, appuyées sur une puissante documentation expérimentale, émurent le monde savant. De

toutes parts on entreprit des recherches et des essais de
contrôle. Boussingault avait créé, en 1836, une première
station agronomique à Bechelbronn, en Alsace. En
1847, Sir J. Bennet Lawes entreprenait à Rothamsted,
en Angleterre, ses patients travaux sur la nutrition des
plantes et des animaux. En 1852, la science allemande
inaugurait le premier laboratoire de chimie biologique à
Möckern sous la direction d'Émile Wolff. Les interprétations, les hypothèses foisonnèrent. A partir de cette
époque les progrès de la connaissance des phénomènes
mystérieux de la vie ne cessèrent de s'accroître.
Claude Bernard avait apporté, en 1843, les premiers
résultats de ses recherches sur la digestion, en 1849,
l'explication de l'assimilation des matières grasses par
l'action du suc pancréatique. Le mécanisme de la nutrition des animaux fut assez bien fixé pour permettre d'élaborer un ensemble de données pratiques qu'on appela dès
lors l' « alimentation rationnelle du bétail ».

L'importance capitale de l'azote avait amené Boussingault à analyser les matières nutritives ordinairement employées dans les fermes. Il les estimait, d'après
leur richesse azotée, relativement à la valeur du foin,
prise pour unité de comparaison. Ainsi la paille de froment, tenant 0,002 p. 100 d'azote, avait pour équivalent
520, la farine d'orge, avec 0,19 p. 100, 55. Le foin de
prairie dosait 0,01 p. 100 et valait 100. « Nous admet-
trons, disait Boussingault, que la propriété nourrissante
des fourrages réside dans la matière azotée qu'ils contiennent et que leur faculté nutritive est proportionnelle
à la quantité d'azote qui entre dans leur composition ».
Cette appréciation était incomplète. Quand on connut
l'importance des matières grasses, sucrées et féculentes,
on dut en tenir compte dans les calculs. Émile Wolff
publia des tables basées sur la teneur des aliments en
azote, en hydrates de carbone et en cellulose. Mais une
expérience d'Henneberg et Stohmann devait, en 1860,

détruire tout espoir de classement des aliments par rapport au foin. Le problème était plus complexe. Lawes et Gilbert lui donnèrent sa forme définitive.

Il apparut d'abord que l'animal n'utilisait pas la totalité des substances nutritives contenues dans les aliments qu'il absorbe. Seules l'analyse à l'entrée et à la sortie du corps et la notation correspondante des variations de poids pouvaient faire connaître les règles de la statique alimentaire. Ainsi furent obtenues les rations d'entretien, puis les rations de croissance, puis les rations de travail, puis les rations d'engraissement. C'était un labeur colossal. Les expérimentateurs anglais le laissèrent inachevé. Mais quand ils publièrent, en 1895, le mémoire dans lequel ils résumaient les conclusions de leurs recherches, ils pouvaient affirmer que l'effet nutritif d'une ration se mesure à la somme totale des principes digestibles azotés, gras ou hydrocarbonés qu'ils renferment. Ces trois groupes utilisés indifféremment se substituaient l'un à l'autre pour un même résultat. Seule la matière azotée était spécialement requise pour former les tissus de l'organisme et ceux de ses produits qui, comme le lait, contiennent de l'azote.

Ainsi la science aboutit à une vérité que Bakewell, cent quarante ans plus tôt, connaissait déjà : plus la machine animale absorbe d'aliments digestibles, plus elle produit. Mais cette notion avait grandi au-dessus des théories d'école. Raisonnée, appuyée sur des faits, elle permettait des applications sûres.

Des recherches sans nombre précisèrent l'action des substances alimentaires sur la production animale dans les circonstances les plus variées. Ainsi les expériences danoises firent connaître l'influence des racines fourragères ajoutées à la ration habituelle des vaches, au point de vue de la quantité et la composition de leur lait. Les études entreprises aux États-Unis, dans l'État de Wisconsin, fixèrent le moment où les jeunes agneaux d'engrais-

sement hâtif doivent commencer à recevoir des grains.
Toutes ces solutions, il est vrai, n'ont de valeur que si
elles permettent d'établir des comparaisons économiques.
Mais chaque problème posé dans l'absolu par la science
pouvait aisément s'adapter aux considérations toutes
relatives sur lesquelles les réalisations pratiques reposent.

Nous sommes loin, aujourd'hui encore, de posséder
l'ensemble des connaissances qui feront apparaître le
mécanisme de la vie végétale et animale en une succession complètement élucidée de phénomènes chimiques.
Cependant nous savons des choses merveilleuses. La
physiologie végétale a illustré d'une multitude de découvertes l'idée émise pour la première fois par J.-B. Dumas
lorsqu'il disait : « Une immense quantité d'eau traverse
le végétal pendant la durée de son existence. Cette eau
s'évapore à la surface des feuilles et laisse nécessairement
pour résidu, dans la plante, les sels qu'elle contenait en
dissolution ».

Nous connaissons aujourd'hui le processus exact de
ces mouvements. La feuille nous apparaît comme un
laboratoire actif où les éléments apportés par l'air et
ceux qui montent du sol par les racines se trouvent en
présence et réagissent. Des réserves s'y accumulent.
Nous n'ignorons plus comment, redevenues solubles,
elles se transportent et se déposent à nouveau dans les
graines. Depuis l'instant où la semence commence à
transformer les principes dont elle est conposée en
substances propres au travail de diffusion, une poussée
incessante se produit vers l'état d'équilibre auquel tous
les éléments, tous les organes tendent constamment,
de toutes leurs forces, et qu'ils détruisent à mesure qu'ils
s'en rapprochent. C'est la vie des plantes.

La vie animale n'est pas moins soumise aux actions

et réactions d'un laboratoire méthodique et précis. Elles restent encore, pour la plupart, fort mystérieuses. Les travaux les plus habiles de nos chimistes paraissent brutaux, grossiers auprès de la subtilité patiente dont la nature fait usage. Les corps qu'elle met en œuvre sont de composition complexe, d'une grande diversité, d'une mobilité déconcertante. Les causes de leurs modifications restent à peine indiquées, lentes, ténues, difficiles à saisir. Et puis il faut compter avec un agent troublant que la vie animale engendre et entretient, utilise ou combat sous les plus multiples formes : le micro-organisme.

C'est par l'étude des fermentations qu'en 1856 Pasteur, ouvrant une voie nouvelle aux recherches de la science, montra comment certaines transformations chimiques jusqu'alors inexpliquées avaient pour sources des phénomènes vitaux. Quelques années plus tard, il détruisit l'hypothèse de la génération spontanée, affirmant que la vie ne pouvait naître que du germe vivant. Sa confiance dans la vérité certaine de cette doctrine le guida dans toutes les découvertes qui suivirent. Il apprit aux fabricants de bière que les altérations du liquide fermenté provenaient du développement d'organismes étrangers ensemencés par l'air, par l'eau ou par les ustensiles servant au travail des brasseries. Il avait déjà guéri les vins malades par la destruction à 50 ou 60° des germes qu'ils contenaient. Toute l'activité du génial observateur s'employa à connaître ces infiniment petits si faibles en apparence et, en réalité, si puissants. Ce ne fut pas sans difficultés ni sans luttes. On savait bien et l'on admettait volontiers que les levures ou les ferments étaient composés de cellules minuscules capables de se reproduire par bourgeonnement : Pasteur isola et cultiva les cellules vivantes. Il attribua à leur action exclusive tout le travail de la fermentation. Mais les micro-organismes ne devaient pas seulement se rencon-

trer dans des milieux inorganisés. Les recherches sur la
maladie des vers à soie, puis sur le charbon des bêtes ovines
révélèrent leur existence dans le corps même des animaux.
Dès 1838, le professeur Delafond avait montré à ses élèves
de l'école vétérinaire d'Alfort de petits corpuscules fili-
formes dans le sang des moutons charbonneux. C'était
une simple curiosité. Davaine, retrouvant ces bâtonnets
en 1850, n'y attachait aucun sens interprétatif. Pourtant,
onze ans plus tard, éclairé par le mémoire de Pasteur
sur la fermentation butyrique, il se demandait si les infiniment petits observés dans le sang des moutons charbonneux n'agissaient pas, eux aussi, à la manière d'un
ferment. Il en inocula à des lapins. Les bâtonnets se
multiplièrent. Il leur donna le nom de bactéridies char-
bonneuses. Mais deux professeurs du Val-de-Grâce,
Jaillard et Leplat, avaient affirmé que la végétation spontanée bactéridienne ne pouvait être qu'un épiphénomène
de la maladie du charbon, non sa cause. Pasteur aborda
le sujet. Ses études sur les vers à soie lui avaient révélé
les mœurs des cellules microscopiques et de leurs spores.
Il eut tôt fait d'isoler les bactéridies en cultures pures.
En 1876, il déclarait que « le charbon était la maladie
de la bactéridie comme la trichinose est la maladie de
la trichine, la gale, la maladie de l'acarus, avec cette
différence que dans le charbon, le parasite, pour être
aperçu, exige l'emploi du microscope et de forts grossis-
sements ». Et Chamberland, collaborateur de Pasteur,
ajoutait : « Les bâtonnets... sont des êtres vivants pouvant se reproduire indéfiniment dans des liquides appropriés, à la façon d'une plante dont on ferait successivement des boutures pour les multiplier. La bactéridie ne se
reproduit pas seulement sous la forme filamenteuse, elle
peut aussi donner des spores ou germes à la manière de
beaucoup de plantes qui présentent deux modes de repro-
duction, par boutures et par graines ». Les conditions de
milieu devaient être favorables. Les poules restaient

indemnes, quand on leur inoculait du sang charbonneux, parce que leur température dépasse celle du mouton. Pasteur refroidit le corps d'une poule et l'inoculation amena la mort. Mais comment le charbon se propageait-il ? Pourquoi les bergers éloignaient-ils leurs troupeaux de certains pâturages qu'ils appelaient maudits ? On retrouva les germes de la bactéridie dans la terre et sur les plantes. Quand un animal charbonneux était enfoui dans le sol, les vers de terre contribuaient à ramener à la surface une multitude de ces germes que les eaux et les vents disséminaient au loin. Pasteur montra comment les moutons s'inoculent eux-mêmes par les blessures qu'ils se font en broutant les herbes dures. Les causes du charbon étaient entièrement découvertes.

On sait quels progrès les observations microbiennes apportèrent à la connaissance des organismes vivants. L'asepsie et l'antisepsie devinrent notions communes. L'étude des maladies prit un nouvel essor, leur traitement fut assuré par de nouvelles méthodes. En 1879-80, Pasteur faisait connaître, par une série de mémoires, les procédés qui lui avaient permis d'atténuer la virulence des micro-organismes. On ensemençait dans des bouillons de culture successifs le microbe que Toussaint avait découvert et donné comme cause du choléra des poules. Après plusieurs ensemencements séparés par d'assez longs intervalles, on obtenait un virus à peine nocif. Inoculé aux poules, il ne les tuait plus, mais leur donnait une faible maladie qui les immunisait et rendait inoffensive l'inoculation qu'on pouvait leur faire du choléra le plus virulent. C'était la formule de la vaccination qui fut appliquée non seulement au choléra des poules, mais au charbon des ovidés, puis à la rage avec le plus grand succès.

On doit à ces explorations admirables dans le monde des infiniment petits la conservation d'une part importante de la production agricole exposée autrefois à la maladie et à ses terribles ravages. Sur un point capital de ses manifestations les plus agissantes, le phénomène de la vie fut interprété. Ces organismes microscopiques, insoupçonnés jusque vers le milieu du XIXᵉ siècle, sont classés aujourd'hui parmi la foule innombrable des êtres. Nous connaissons leurs mœurs, leurs lois. Dès maintenant, qu'ils soient auxiliaires ou destructeurs de l'effort productif de l'homme, la technique de l'agriculture ne peut aller sans eux.

La végétation même se rattache à l'action des microbes. Schloesing et Müntz en 1876, Berthelot en 1885, ont montré que la fixation de l'azote dans le sol était l'œuvre de micro-organismes. En 1886, Hellriegel et Wilfarth reconnurent que les légumineuses[1] n'utilisent l'azote atmosphérique que lorsqu'elles portent sur leurs racines des nodosités à bactéries. On chercha même à introduire dans les terres cultivées les ferments utiles qu'on y croyait insuffisants. On s'efforça d'accroître leur activité. Une conception nouvelle naquit, celle de la concurrence que se font les espèces végétales et microbiennes pour mettre à profit l'eau contenue dans le sol, les unes évaporant et fabriquant de la matière organique, les autres vivant d'humidité et accumulant de précieuses réserves de nitrates. L'importance capitale des irrigations en ressortit, et, en même temps, l'interprétation théorique des travaux aratoires. « Si l'on se rappelle, dit P.-P. Dehérain, que les ferments utiles que renferme le sol, ceux qui y fixent l'azote atmosphérique aussi bien que ceux qui forment les nitrates, n'agissent que dans un sol humide, on comprendra que le cultivateur ait toujours considéré le travail du sol, qui assure l'approvisionnement d'eau, comme la source même d'où découlent les abondantes récoltes, et que partout l'agriculture ait pris comme emblème l'instru-

---

1. La luzerne, le trèfle, le sainfoin, etc.

ment employé de toute antiquité à remuer la terre : la charrue ». La charrue ameublit le champ cultivé, lui permet de recueillir les eaux de pluie qu'un terrain dur laisserait évaporer ou perdre par écoulement à la surface. Le roulage qui tasse la terre maintient l'eau dans les couches superficielles où les végétaux l'utilisent ; il favorise aussi la capillarité qui attire l'humidité des couches inférieures. Le binage enfin détruit les herbes étrangères à la culture pour réserver à la récolte la totalité de l'eau disponible.

Ces explications sont précieuses. Elles permettent de faire succéder à l'action routinière l'opération raisonnée et méthodique, plus opportune, par conséquent plus efficace, combinée selon la loi économique du moindre effort et du meilleur rendement. Elles ont eu la plus grande influence sur l'évolution technique d'une autre branche de la production agricole, celle qui confine à l'industrie [1].

Mais les procédés de nutrition animale et végétale ont-ils suivi un progrès analogue ?

*
* *

Tandis que les travaux de laboratoire faisaient connaître l'intérêt du calcul des rations alimentaires pour le meilleur rendement productif, le développement des relations économiques permettait d'ajouter aux denrées produites directement par le domaine rural des matériaux achetés au dehors, — par exemple ces gâteaux de graines oléagineuses dont on a extrait l'huile par pression et qu'on appelle tourteaux. Ce sont des résidus d'industrie qui ont encore pour le bétail une grande valeur alimentaire. On en connaît l'analyse exacte. Qu'ils soient de lin ou de coton, d'arachide, de colza

---

1. Il en est parlé plus haut dans ce volume.

ou de coprah, ils apportent à la ration fourragère un supplément de substances qui en modifient très heureusement la composition. Ils sont plus riches et, à égalité de valeur nutritive, moins coûteux que les grains.

Ayant admis l'établissement des rations pour le plus parfait rapport des éléments constitutifs, on pouvait imaginer à l'infini des substitutions qui permettraient d'obtenir chaque élément au moindre prix de revient. Non seulement les tourteaux, mais une multitude de résidus et de déchets industriels — sons, drèches ou mélasses — trouvèrent un emploi avantageux. L'Allemagne, l'Angleterre, qui ne récoltent pas de maïs, en importèrent de grandes quantités pour la nourriture des animaux de ferme. En même temps qu'on achetait ces aliments complémentaires, on développait les ressources provenant des récoltes. Les cultures fourragères étaient perfectionnées. Grâce à cette abondance de matière première, le produit fabriqué s'accrut. Le nombre des animaux entretenus par unité de surface cultivée augmenta et — résultat plus important encore — leur précocité et leur poids. Les bœufs qu'on sacrifiait à huit ans, il y a un demi-siècle, dépassent rarement quatre ou cinq ans aujourd'hui. Dans les pays comme l'Angleterre où ils ne sont plus utilisés pour le trait, l'âge normal auquel on les abat s'abaisse à deux ans et demi. Quant au poids moyen de la viande fournie par chaque animal, il a grandi de moitié. Un tel progrès eût été impossible sans la transformation du régime alimentaire.

* *

Le retentissement des théories de Liebig et l'évidence des démonstrations expérimentales qui suivirent eurent une influence considérable sur la consommation des engrais. Ce n'est pas — nous l'avons vu — qu'on ignorât avant cette époque l'emploi des substances fertilisantes : leur commerce et même leur industrie existaient depuis longtemps. Une usine pour le broyage des os s'était établie et fonctionnait à Hull, dans le comté d'York, dès les premières années du xix° siècle et, comme les bouchers ne parvenaient à livrer que des quantités d'os insuffisantes, on eut recours au continent. En 1822, l'Angleterre importait d'Allemagne plus de 30.000 kilogrammes d'ossements recueillis sur les champs de bataille des dernières guerres. C'est alors qu'on inaugura en France l'emploi du noir animal. Nantes, qui centralisait ce commerce, importait, en 1855, 255.000 hectolitres de noir provenant de toutes les sucreries et raffineries du monde. Dès 1841, l'Angleterre avait commencé à faire venir des guanos du Pérou. En 1847, les fermiers anglais en employaient 220.000 tonnes.

On usait aussi beaucoup de la chaux, de la marne et du plâtre. Cette pratique, connue des temps les plus reculés, inventée, dit-on par les Gaulois, avait été propagée par des écrits et des essais nombreux en Allemagne, en Suisse, en Amérique au cours du xviii° siècle. En France, certaines régions comme la Mayenne, le Limousin, puis la Sologne lui durent une véritable régénération agricole.

Mais tous ces modes de fertilisation restaient empiriques. On ignorait les raisons de leur activité.

Quand la science eut fondé le principe de la restitution au sol des éléments minéraux constitutifs des plantes, un grand enthousiasme accueillit cette découverte. En peu d'années, tous les cultivateurs connurent la magie des poudres merveilleuses qui devaient faire leur fortune. Les marchands se répandirent dans les campagnes, vendant ces mystérieux produits. Chacun avait sa formule, la meilleure. Tandis que les savants exploitaient en controverses brillantes le champ nouveau offert à leurs investigations, les gens d'affaires en tiraient profit. L'intérêt des agriculteurs ne ressortait pas très clairement de ces spéculations. Ceux qui ten-

Fig. 21. — Action du nitrate de soude sur l'avoine. Essai fait à Saint-Denis (Ain) en 1911.

Sans engrais. . . . . 1.050 k. de grain   1.080 k. de paille à l'hectare
Avec nitrate (100 kilos). . 1.350 k.   —   1.050 k.   —

taient l'expérience ne la renouvelèrent pas toujours. Il fallut que la vérité lentement se propageât. Les mélanges

Fig. 22. — Action des engrais sur les prairies. Essai fait à Géruge (Jura) en 1911.

Sans engrais . . . . 5.300 kilos à l'hectare
Avec superphosphate (300 kilos) . . . . . . 6.500   —
Avec nitrate en plus (100 kilos) . . . . . . 7.000   —

de substances inconnues disparurent, interdits par la loi. Les marchands durent faire connaître la composition des engrais, garantir leur richesse à l'analyse. Peu à peu les éléments actifs furent limités à quelques corps que les chimistes désignèrent comme seuls valables et que les praticiens apprirent à acheter comme tels dans les produits qui les contenaient : outre la chaux, considérée plutôt comme amendement, l'acide phosphorique, la potasse et l'azote. C'était la fin des essais incertains. La substance fertilisante devint une force productive utilisée à coup sûr par les meilleurs praticiens, de plus en plus suivis d'imitateurs. La production et l'emploi des engrais prirent définitivement leur essor.

La progression des chiffres marque l'accroissement des quantités consommées pendant les plus récentes années :

CONSOMMATION DES ENGRAIS MINÉRAUX DANS LE MONDE

	ANNÉES	
Engrais phosphatés	1900	1908
	tonnes.	tonnes.
Superphosphates	3.227.000	7.500.000
Phosphate Thomas	1.655.000	3.000.000
Phosphate brut, poudre d'os, guanos, etc.	600.000	
Engrais potassiques.		
Sels bruts et concentrés.	2.040.000	4.020.000
Engrais azotés		
Nitrate de soude.	1.160.000	1.000.000
Sulfate d'ammoniaque	450.000	702.000
Nitrate de chaux et cyanamide . .		50.000
	9.132.000	17.472.000

Grandeau, à qui ces statistiques sont empruntées, calculait, en 1886, la quantité des principes utiles que la récolte enlevait au sol cultivé de la France. Il estimait à un milliard de quintaux le poids total des céréales, plantes fourragères et industrielles produites en une année, et, d'après la teneur moyenne de ces denrées, obtenait le poids approximatif d'azote, de potasse et d'acide phosphorique retirés de la terre par la végétation. Déduisant les restitutions par le fumier de ferme, il concluait que les engrais minéraux devaient annuellement rendre aux champs 272.400 tonnes d'azote, 148.800 tonnes d'acide phosphorique et 397.000 tonnes de potasse. Sans atteindre encore de tels chiffres, on s'en est considérablement rapproché. Grandeau, plus récemment, n'hésitait pas à admettre que « l'accroissement des rendements en céréales et autres produits agricoles que l'on constate en Europe à des degrés divers fut principalement dû à cette restitution », surtout en ce qui concerne l'acide phosphorique.

Un exemple frappant en est donné par le département français de la Creuse pendant la période 1865-1906. Aucune ligne nouvelle de chemin de fer n'ayant été créée dans la région, on a pu relever sur les registres de la Compagnie d'Orléans le trafic exact des différentes gares. Les réceptions d'amendements et engrais ont été :

En 1865.	. . . .	6.400 tonnes
En 1888.	. . . .	49.000 —
En 1906.	. . . .	86.000 —

Les expéditions ont suivi une progression parallèle :

	ANNÉES		
	1865	1888	1906
Bétail, moutons, porcs .	63.700	111.000	186.000 têtes.
Céréales, pommes de terre	1.100	13.600	72.000 tonnes.

Le rapport de cause à effet s'impose.

D'autres influences, sans doute, ont agi en même temps. Avant l'emploi des engrais, les rendements augmentaient déjà. Mais qu'on veuille bien parcourir ce tableau :

PRODUCTION DU FROMENT EN FRANCE

SUPERFICIE EMBLAVÉE		RÉCOLTE MOYENNE		RENDEMENTS A L'HECTARE
Années.	Hectares.	Périodes.	Hectolitres.	Hectolitres.
1862. . .	7.457.000	1856-65	99.228.000	13,4
1882. . .	7.191.000	1876-85	101.690.000	14,1
1892. . .	7.167.000	1886-95	107.414.000	14,9
1902. . .	6.564.000	1896-1906	115.487.000	17,5

La progression, pendant les trente années 1862-1892, est régulière et lente, passant de 13 hectol. 4 à 14 hectol. 9. Puis en dix ans, de 1892 à 1902, l'accroissement est énorme : de 14 hectol. 9 à 17 hectol. 5. Cette dernière période correspond au développement intense des engrais minéraux.

On aperçoit là une des conséquences les plus remarquables des progrès techniques de l'agriculture. La science n'a pas fait autre chose que de préciser les conditions de la croissance végétale. Elle n'a pas inventé l'emploi des substances fertilisantes que les praticiens utilisaient avant que fussent connues les causes de leur action. Mais elle a défini cette action, elle a permis de la diriger avec économie et méthode. Elle a donné confiance dans le résultat.

*
* *

Plus les améliorations techniques tendent à augmenter la qualité et la quantité des produits, plus il importe de défendre ces produits contre la multitude croissante des menaces de destruction. Sinon, à quoi bon créer davantage ? Cette conservation de la vie utile est tout l'art de la pathologie, de la prophylaxie et de la thérapeutique animales et végétales.

La connaissance des micro-organismes a beaucoup développé les moyens rudimentaires de protection dont l'agriculture disposait autrefois. Ce n'est pas qu'on eût négligé, avant la découverte de Pasteur, l'étude des maladies. La médecine des animaux fut pratiquée de tout temps. Dans une liste de fonctionnaires et de prêtres assyriens apparaît en caractères cunéiformes la mention curieuse d'un « médecin des ânes ». Sans remonter si loin, on peut rappeler l'extrême abondance des travaux sur les maladies épizootiques qui virent le jour au xviiie siècle. « Je suis persuadé, disait Buffon, que si quelque médecin portait ses vues de ce côté-là et faisait de cette étude son principal objet, il en serait bientôt dédommagé par d'amples succès ». Bourgelat suivit ce conseil. Il fonda à Lyon, en 1762, une école de *Mareschallerie* destinée à devenir École royale vétérinaire. En 1777, il publiait les *Règlements* qui eurent une grande influence sur les futurs développements de son art. L'organisation de la médecine des animaux préoccupa ensuite Napoléon lui-même qui, dans un Conseil des Ministres du 18 décembre 1812, jetait les bases d'un décret pour élever à la plus haute valeur scientifique l'enseignement de l'École d'Alfort. « Il n'est pas douteux, Sire, remarquait Montalivet, qu'un projet qui tendrait à donner de la considération aux vétérinaires et à leur assurer des avantages n'en multipliât le nombre et ne finît par substituer assez généralement des hommes instruits aux ignorants et aux charlatans auxquels la plupart de nos campagnes et beaucoup de villes sont encore malheureusement livrées ». Cette évolution mit un siècle à s'accomplir. Des lois intervinrent pour régler l'exercice de l'art vétérinaire, le réserver aux seuls praticiens de formation scientifique. La Belgique depuis 1850, le Danemark et la Russie depuis 1857, l'Italie depuis 1865, l'Allemagne depuis 1871, l'Angleterre depuis 1881 ont adopté des dispositions en ce sens. En France, la loi de 1881 interdit de professer la médecine vétérinaire à quiconque n'est point pourvu d'un diplôme officiel, mais seulement dans les cas de maladies contagieuses. Partout le rebouteur, l'empirique tendent à disparaître. La connaissance de la pathologie animale est de celles qui imposent aujourd'hui une préparation scientifique.

Depuis les travaux de Pasteur sur le charbon, des précisions nombreuses, de plus en plus complexes ont été apportées. Les recherches d'Arloing en 1889-94, déterminaient le rôle spécifique du microbe de la péripneumonie contagieuse et son mode d'action sur l'organisme. La peste bovine, mal connue, bien que très étudiée au cours du xixᵉ siècle, a été explorée à nouveau sur un plan méthodique d'observations expérimentales. La clavelée, souvent décrite, a fait l'objet de recherches pour préciser certaines propriétés du virus spécifique. Kraiewsky s'occupa, en 1887, de la maladie des chiens; Wiart, en 1891, de la gourme. La tuberculose bovine, signalée en Allemagne dès le xvᵉ siècle, sous le nom de Maladie des Français, était encore confondue au commencement du xixᵉ siècle avec la péripneumonie. En 1884, Koch étudie dans un important mémoire l'étiologie de ce terrible mal et poursuit jusqu'en 1890 de remarquables découvertes.

Dans toutes ces investigations les doctrines pasteuriennes ont guidé les recherches. L'agent vivant, le microbe, cause essentielle et nécessaire, sinon toujours suffisante, de la contagion, s'est substitué aux conceptions mystérieuses et obscures d'autrefois. Les savants restent en présence d'hypothèses limitées aux conditions de la vie. La maladie leur apparaît comme une lutte d'espèces. « Lorsqu'un microbe s'implante en un point quelconque de l'organisme, dit Duclaux, il n'a que deux voies ouvertes : ou se développer ou périr. Quand il cède sans résistance ou après une résistance faible et localisée, sans retentissement général sur l'économie, il est dit inoffensif ou bénin. La grande majorité des microbes qui nous entourent est heureusement dans ce cas: Quand la lutte retentit sur tout un organe, toute une région du corps ou même sur toute l'économie, la maladie est plus ou moins grave et amène dans la constitution des humeurs, du sang, des tissus, des modifications plus ou moins profondes, favorables tantôt à un envahissement plus complet du microbe, et alors la mort est au bout des phénomènes, tantôt à un regain de vitalité et d'énergie dans les cellules de l'être vivant et c'est alors un retour plus ou moins prochain à la santé qui se prépare ».

Connaître les infiniment petits dont le triomphe cause l'état maladif et la mort, immuniser l'organisme contre leurs attaques est aussi le programme d'une science moins ancienne que la médecine vétérinaire, sinon moins utile, la Pathologie végétale. Les végétaux que l'agriculteur entretient et multiplie ne sont pas moins que les animaux attaqués par des espèces ennemies. Les champignons parasites vivent aux dépens des plantes qui les portent, s'alimentent de leurs tissus, les menacent de destruction. Contre ces « maladies », la science dresse, avec la recherche précise de l'espèce nuisible, les méthodes adéquates de défense.

Il suffit de citer le mildew de la vigne, la carie, le charbon des céréales ou le blanc des racines des arbres pour montrer quels ravages l'agriculture peut redouter des cryptogames. Certains d'entre eux n'ont pris que récemment un dévelopement notable. L'oïdium apparaît vers 1845 et se propage avec une extrême rapidité jusqu'en 1856. On ne parvint à s'en rendre maître que par le soufre. Le *phytophtora infestans* était inconnu en Europe avant 1840. Le mildew ne fut signalé aux États-Unis qu'en 1854 et resta vingt-cinq ans sans passer l'Océan. Toutes ces manifestations de la vie organique, classées par les savants, ne sont que des aspects divers de la lutte des espèces.

Certaines d'entre elles, celles des grands animaux et

végétaux, les unes pourvoyant à la vie des autres, élaborent sous l'influence de la chaleur solaire, des substances organisées. Dans ces organismes s'installent les êtres inférieurs, les micro-organismes, les cryptogames qui doivent leurs tissus, non à la chaleur solaire, mais aux approvisionnements ambiants. Ces espèces microscopiques accomplissent une œuvre inverse de la première. Elles détruisent ce que les autres ont créé. La constitution des cellules, ici et là, est analogue. Leur rôle est différent.

L'agriculteur, armé des connaissances que dès aujourd'hui la science peut lui offrir, choisit parmi elles. Certaines lui sont précieuses, d'autres nuisibles. Il ne laisse qu'aux premières le droit à la vie.

OUVRAGES A CONSULTER

DAVY. — *Éléments de chimie appliqués à l'agriculture.* Trad. Marchais Migneaux (1820).

J.-B. DUMAS. — *Essai de statique chimique des êtres organisés,* 1841.

GRANDEAU. — *L'alimentation de l'homme et des animaux domestiques.* Paris, 1893.

J. DE LIEBIG. — *Chimie appliquée à la physiologie végétale et à l'agriculture* (1840).
Chimie organique appliquée à la physiologie animale (1842).

BOUSSINGAULT. — *Mémoires à l'Académie des Sciences.*

P.-P. DEHÉRAIN. — *Chimie agricole.* Paris, 1892.
Collection des Annales agronomiques (1874-1902).
Le travail du sol (1899).

G. ANDRÉ. — *Chimie agricole.*
Experiment station Record. Collection depuis 1901. Washington.

C. BALLOD. — *Die Hebung der Produktivität der Landwirtschaft* (*Jahrbuch für Gesetzgebung,* II, 1903).

Die Produktivität der Arbeit in der Landwirtschaft (Jahrbuch für Gesetzgebung).

FRANZ BRINKMANN. — *Die Grundlagen der englischen Landwirtschaft,* Hanovre, 1905.

VALLERY RADOT. — *La vie de Pasteur,* Paris, 1900.

Institut Pasteur, Paris. Collection du Bulletin.

RAILLIET ET MOULÉ. — *Histoire de l'École d'Alfort.*

CHAPITRE IV

LE GÉNIE RURAL

L'outillage. — Progrès des instruments aratoires. Invention des machines de récolte. La batteuse. Les moteurs mécaniques. — L'agriculture et le machinisme. — Influence de l'outillage sur la production. — Les constructions. — Les améliorations foncières : Irrigations. Drainage. Conquête des terres incultes.

La mécanique et l'art des constructions apportèrent à l'agriculture un ensemble de progrès dont l'influence, après celle des sciences chimiques, marque d'un trait particulier l'évolution du xixe siècle. L'hydraulique et les améliorations foncières peuvent y être jointes.

Jusqu'ici nous nous sommes occupés de la substance vivante. Le génie rural ne s'y intéresse pas directement. Il travaille dans l'inorganique. Il n'est pas l'œuvre de la nature, mais de l'homme. Aussi son avancement a-t-il dépassé en rapidité celui de toutes les autres catégories de perfectionnement. Il n'a peut-être pas bouleversé de façon plus intense les techniques où son intervention a pu trouver place. Mais il l'a fait par une extraordinaire variété de moyens.

Et d'abord l'outillage.

Quelques machines agricoles existaient au xviiie siècle. Elles furent perfectionnées. La charrue, la herse, plus ou moins adaptées aux conditions régionales par les artisans de village, avaient conservé leurs formes primitives. Isolément des chercheurs comme Small, Duckett de Petersham, Finlayson s'appliquaient à répandre des

modèles améliorés. Les académies agricoles vinrent
à leur aide. En 1808, la Société Impériale d'agriculture

INSTRUMENTS MODERNES DE TRAVAIL DU SOL

Fig. 23. — Charrue Brabant double.

Fig. 24. — Herse « zig-zag ».

Fig. 25. — Rouleau plombeur.

de France organisait un concours où Jefferson, ancien
président de la République des États-Unis d'Amérique, présentait un instrument de labour imaginé par

lui. Dès lors, les progrès purent être enregistrés avec un certain ordre et se compléter mutuellement. Mathieu de Dombasle, Biddle modifièrent le réglage des charrues pour obtenir, avec la stabilité, la régularité du travail. Sachs remplaça les anciennes pièces de bois par une construction rationnelle de fer. Enfin les instruments furent spécialisés selon le but poursuivi. On construisit des brabants doubles qui versent la terre du même côté, quel que soit le sens de l'attelage, des défonceuses qui pénètrent à une grande profondeur dans le sol, des polysocs qui tracent à la fois deux, trois ou quatre sillons. Divers types de rouleaux et de herses furent imaginés. Les expériences au dynamomètre et les calculs des ingénieurs permirent l'établissement des pièces de l'outil selon les données précises de la mécanique. De meilleurs procédés de fabrication, et particulièrement l'emploi de l'acier, obtinrent des machines plus résistantes et moins pesantes à la fois [1]. Enfin la traction par les treuils à vapeur, que la Société royale d'Agriculture d'Angleterre essayait pour la première fois au concours de Chester, en 1858, développa les progrès de la construction dans le sens de la puissance et de la rapidité du travail. On put labourer dans le même temps une superficie quarante ou cinquante fois plus étendue.

C'est d'une autre manière et par des recherches de détail que le semoir fut perfectionné. Jethro Tull l'avait amélioré dès le début du xviiie siècle. Mais il ne prit qu'un siècle plus tard sa forme actuelle et son essor définitif.

Quant aux autres machines, elles n'ont pas seulement évolué. Elles ont eu à naître de toutes pièces.

Imaginée en 1826 par l'Anglais Patrick Bell, la fau-

1. Des essais de M. Ringelmann au Plessis, en 1901, ont montré qu'un bon modèle de fabrication courante, comparé avec une vieille charrue du pays, exigeait trois fois et demie moins d'énergie de traction pour accomplir le même ouvrage.

cheuse fut mise au point et répandue en Amérique par
Mac Cormick qui inventa le mouvement alternatif des
dents de scie. En trente ans, cet appareil devint d'usage
commun. Puis il se compléta. Après lui, la moisson-
neuse-javeleuse, qui fauchait les céréales en les jetant
par gerbes sur le sol, la moissonneuse-lieuse, qui achevait
le travail en liant les gerbes avant de les laisser tomber,

Fig. 26. — Semoir en lignes.

offrirent à l'agriculture des techniques hautement productives, capables de remplacer économiquement le
labeur de l'homme. La faux représentait déjà un progrès
sur la faucille et permettait à deux ouvriers de moissonner un hectare de blé par jour. La moissonneuse-
lieuse traite dans le même temps, avec un seul homme
et deux attelages de deux chevaux, six à sept hectares.

Ces appareils perfectionnés étaient nés en Amérique.
Les machines à battre sont originaires de l'Europe septentrionale. C'est un ingénieur écossais, Meikle, qui,
vers la fin du XVIIIe siècle, eut l'idée de faire tourner
devant les gerbes de céréales un tambour cannelé et
découvrit le principe du battage mécanique encore
appliqué aujourd'hui. Successivement les constructeurs
anglais, puis français, puis allemands portèrent les batteuses au plus haut degré de rendement utile. Elles
extraient des épis tous les grains qu'ils contiennent à

1/2 p. 100 près. Ces grains sont aussitôt criblés, nettoyés et triés d'après leur grosseur. Quant à la paille, prise par un élévateur mécanique qui la transporte à plusieurs mètres de hauteur, elle va s'accumuler sur la meule ou dans la grange. La comparaison du travail obtenu par ces puissantes machines avec le battage primitif est frappante. Au fléau, un homme bat par jour trois hectolitres de grain. Une batteuse à vapeur servie par six hommes donne aisément cent cinquante hectolitres.

L'introduction du moteur mécanique dans les fermes a permis ces progrès. On alimentait les anciennes machines avec du bois, puis on eut recours au charbon, au pétrole, et enfin à l'électricité. De telles forces laissent loin derrière elles le manège à cheval même le plus parfait. Ce n'est pas que les moteurs animés ne restent économiquement très précieux. Le bœuf, le cheval disposent d'une quantité appréciable de kilogrammètres qu'ils offrent, pour ainsi dire, gratuitement. En même temps qu'ils travaillent, ils augmentent de valeur, donnent des produits. Cependant l'évolution économique qui porte l'exploitation rurale à la spécialisation tend à faire disparaître cette multiplicité d'aptitudes. Déjà les bœufs de travail ont disparu en Angleterre devant l'élevage précoce. Le cheval est de plus en plus répandu comme pur instrument de traction. C'est alors que les moteurs mécaniques entrent en concurrence avec lui. Le service des tracteurs automobiles s'adapte au travail des champs, et, de plus en plus accessibles, la vapeur, le pétrole ou l'électricité mettent en mouvement les appareils d'intérieur de ferme, barattes, écrémeuses, hache-paille, moulins, trieurs de graines, coupe-racines, brise-tourteaux, dont l'emploi ne cesse de s'étendre.

Est-ce à dire que tous ces perfectionnements aient été universellement mis à profit dans les campagnes ? Non, sans doute. Nombreuses sont les exploitations qui ne tirent parti d'aucun d'entre eux. Certaines pratiques vieilles de plusieurs siècles subsistent. Il arrive qu'on les rencontre auprès des techniques les plus modernes. C'est lentement, progressivement que le passage de l'une à l'autre se produit. Les conditions économiques doivent autoriser ce mouvement en avant. Les retards de ceux qui hésitent à le suivre sont dus pour une part à ce que les masses rurales ne sont point, par nature, favorables

Fig. 27. — Labourage à vapeur au Canada.

aux innovations. Mais il faut reconnaître aussi que, quels que soient les progrès de la machine mise au service de l'agriculture, elle joue rarement dans l'économie de la production un rôle si exclusif que leur adoption s'impose de toute nécessité.

On ne peut observer le développement du machinisme dans l'industrie sans être frappé des bouleversements dont il fut la cause. La division du travail et la concentration des ateliers dérivent directement de son influence. En agriculture, rien de ce genre. La machine n'a amené avec elle ni concentration, ni division du travail.

Il y a, en effet, une différence capitale. En agriculture, ce n'est pas l'outillage qui transforme le produit : ce sont les animaux, les plantes ; c'est la terre. Les machines ont pour rôle de préparer cette transformation. Elles aident à l'action de la nature. Elles ameublissent le sol, y jettent la graine, puis recueillent la récolte. La besogne essentielle se fait sans elles. Aussi leur intervention n'est-elle pas continue, comme dans l'industrie, où la machine règle la production, entreprend un ouvrage, l'interrompt, le reprend ensuite. L'instrument mécanique, en agriculture, suit, avec les saisons, le mouvement productif. Son intervention est dominée par le cycle des périodes régulières qu'accompagnent tour à tour le développement embryonnaire, la croissance, la maturité. La machine industrielle est stable. Installée à poste fixe, on lui apporte la matière première ; elle la transforme en force, en produit. Si elle se déplace, comme la locomotive, c'est d'un mouvement uniforme. En agriculture, il faut transporter la machine sur le lieu de production, le champ où on laboure, la prairie où l'on fane, et c'est en parcourant le champ ou la prairie qu'elle accomplit son œuvre. D'où l'impossibilité de rassembler l'atelier agricole autour de générateurs de force motrice, de centraliser l'effort de production. Au contraire, cet effort, ici, on le disperse. Même le moteur, dans les travaux des champs ou de la ferme, doit se déplacer. Et s'il reste fixe, c'est qu'il s'agit d'un travail comme le battage, le concassage du grain, le hachage de la paille ou des racines, non d'agriculture proprement dite, mais d'industrie qu'on lui annexe.

Essentiellement mobile, l'instrument agricole doit multiplier ses services. Transporté sur la sole préparée à recevoir des betteraves, le semoir sera plus utile s'il n'enfouit pas seulement les graines dans la terre, mais si encore il herse et roule la raie ensemencée. On voit dans les concours comment l'imagination des fabricants s'ingénie à multiplier ces combinaisons nouvelles, plus ou moins heureuses. Ils adaptent aux charrues des appareils pour semer les grains, pour enfouir les engrais. Les procédés de réglage varient à l'infini. Le même semoir épandra en lignes plus ou moins espacées de gros ou de petits grains. La même charrue fera un labour plus ou moins large, plus ou moins profond. Il y a des appareils à deux fins : le rouleau-herse, le butteur-arracheur de pommes de terre.

Il importe d'utiliser l'outillage et le capital qu'il représente le plus souvent possible et pour le maximum de résultat. Encore, les machines agricoles sont-elles d'un usage relativement restreint... Une charrue travaille trois ou quatre mois par an ; une moissonneuse, un mois au plus. Loin de diviser le travail et de le simplifier en le décomposant, la machine agricole le complique au contraire [1]. Elle ne demande pas à l'homme un moindre effort d'intelligence, d'application ; elle ne le réduit pas au rôle d'esclave de l'activité créatrice. Elle l'oblige, au contraire, à plus d'attention, à plus d'habileté. Elle aide l'homme, mais elle élève la qualité de son effort. Et toujours la nature reste seule à élaborer le produit.

Quelle fut, dans ces conditions, l'influence de l'outillage agricole sur la production ?

Le progrès des machines industrielles a pour effet certain une amélioration de rendement. Pour un même débit d'eau, une turbine perfectionnée fournit plus de force ; pour une même quantité de coton une machine à filer ou à tisser produit plus de fil ou d'étoffe. Ce n'est pas exactement le fait des instruments d'agriculture, des machines qui travaillent aux champs. Leur

1. Elle se différencie par là de la machine-outil qui décompose d'abord le travail et ne le recompose qu'après de nouveaux progrès.

résultat immédiat, c'est de remplacer partiellement le labeur humain, d'économiser de la main-d'œuvre et aussi du temps. Une laboureuse mue par un moteur travaille mille fois plus vite que la charrue arabe tirée par un âne. Les machines de récolte poursuivent un but analogue, très appréciable en temps de moisson. Que les travaux agricoles, grâce au développement de l'outillage nécessitent moins de travail salarié, c'est un incontestable progrès économique. Le nombre des ouvriers ruraux diminue. Les récoltes n'en augmentent pas moins.

On distingue assez nettement en Amérique trois périodes trentennales caractérisées successivement par l'introduction et la vulgarisation des charrues de fer (1825), des faucheuses (1855) et des moissonneuses (1885). Dans ce pays, la rareté de la main-d'œuvre activa l'adoption des découvertes mécaniques. En Europe, le mouvement fut moins décisif. Beaucoup d'inventions faites en Angleterre à la fin du xviiiᵉ siècle y restèrent longuement négligées. « La grande variété d'instruments d'agriculture inventés par les Anglais, remarque Thaër, prouve certainement leur goût et leur génie en ce genre. Cependant on ne doit pas regarder cela comme général dans ce royaume. Dans plusieurs contrées les fermiers vivent dans la même apathie et la même insouciance que nos paysans allemands. Il leur coûterait trop de soins et de dépenses pour se procurer des instruments perfectionnés, et ils n'ont ni l'adresse du corps ni l'intelligence nécessaires pour apprendre à s'en servir. S'ils ne réussissent pas dès le premier essai, l'instrument ne vaut rien ». Pourtant, en 1785, Robert Ransome avait fondé le grand établissement de construction d'Ipswich. A cette époque c'étaient les Américains qui adoptaient les machines nouvelles. Elles revenaient ensuite dans leur pays d'origine qui les accueillait bruyamment pour les oublier bientôt. En 1855 seulement, à l'Exposition universelle de Londres, les fabricants américains parvinrent à démontrer l'importance pratique du nouvel outillage. Ils firent adopter les premières faucheuses. Dès lors, l'emploi des machines agricoles commença à se développer. De 1850 à 1870, la valeur des instruments de culture et surtout de récolte fabriqués dans les usines américaines et en partie exportés passa de 35 à 270 millions. Dans le même temps la construction se perfectionnait en France, en Angleterre, en Allemagne. Aujourd'hui c'est une industrie dont l'importance, dans le monde entier, égale les plus grandes. Elle a suivi le mouvement économique de concentration dans les grands ateliers. Elle n'a plus rien de commun avec la forge et l'établi du charron de village qui fut son origine. Si celui-là s'occupe encore d'outillage agricole, c'est plutôt pour réparer les appareils que pour les construire.

Les conséquences d'un tel mouvement[1] apparaissent avec évidence. Et d'abord l'avantage direct au point de vue économique. Chaque fois qu'une machine quelconque est adoptée, ou elle développe la production du travail humain, ou elle le remplace. Dans l'un et l'autre cas, il y a profit et c'est la raison même de l'adoption. Mais indirectement et quand on observe plus avant, une seconde conséquence apparaît. L'emploi des machines agricoles invite à une culture plus parfaite. Non que le travail exécuté soit immédiatement meilleur. Il l'est parfois, rarement. Mais il implique presque toujours des méthodes progressives. Semer en lignes incite au binage. Moissonner à la machine oblige à éviter la verse des céréales. Par cette voie détournée, outillage développé veut dire, le plus souvent, culture mieux faite, rendement accru. Et ce progrès atteint par contre-coup n'est pas le moins profitable.

---

1. Pour représenter par des chiffres le développement du matériel d'agriculture dans le monde, il faudrait compter par milliards. En France seulement, l'estimation, faite en 1900, atteignait 3.500 millions de francs.

*
* *

L'amélioration des constructions rurales n'a pas le même intérêt économique. On sait trop que les bâtiments d'exploitation ne rapportent rien. On les tient pour nécessaires, même indispensables. Mais quand on apprécie la valeur d'un domaine, on additionne les estimations des parcelles de terre : les constructions n'entrent pas en compte. Il n'est pas surprenant, dans ces conditions, que les tendances des propriétaires à épargner toute dépense improductive les aient rendus, en général, peu prodigues à l'égard des constructions rurales. Ce n'est pas que leurs soins eussent été superflus. L'architecture dans les campagnes au XVIIIe siècle ne respectait aucun principe d'hygiène ou de salubrité. La pauvreté imposait aux paysans les mœurs les plus frustes. Aux environs seulement des villes manufacturières ou commerçantes, quelques progrès s'étaient lentement insinués. Le baron Perthuis, auteur d'un traité d'Architecture rurale, reconnaissait qu'en France, avant la Révolution, « le voyageur n'apercevait presque plus de chaumières sur toutes les grandes communications ». Mais s'enfonçait-il dans l'intérieur des terres, le spectacle était différent : « C'est là, dit Perthuis, que l'humanité civilisée souffre à l'aspect de l'asile de l'indigence ; en y entrant, on est oppressé par l'air épais et malsain qu'on y respire ; il n'est éclairé que par la porte lorsqu'elle est ouverte, et on peut à peine s'y tenir debout ». Nombreuses étaient alors les habitations dans lesquelles vivaient ensemble et presque en commun la famille du cultivateur et les bêtes qu'il nourrisait.

En vérité, cet état de choses n'a pas disparu. Une multitude de travailleurs ruraux sont encore dépourvus de logis convenable. La question des habitations ouvrières dans les campagnes est partout posée. On commence seulement à respecter les conditions sanitaires du logement et les animaux en profitent d'abord, puis les récoltes et les machines. On a construit de très nombreux hangars. Enfin on s'est attaché à l'amélioration des réceptacles de matières usées destinées à la fertilisation des terres [1].

Le programme est encore très vaste. Mais les procédés économiques de construction parfaitement adaptés aux circonstances agricoles rendent ces travaux de plus en plus accessibles. On les voit se multiplier pendant les périodes de prospérité, et l'instruction plus répandue fait naître d'heureuses exigences qui arrachent les améliorations à l'apathie des propriétaires.

*
* *

Tout autres sont les raisons qui portent à entreprendre des travaux hydrauliques. Le pur intérêt y suffit.

L'irrigation est une très ancienne pratique. On l'a notablement répandue. L'arrosage de la Campine belge, entre la Meuse et l'Escaut, a transformé en jardin une surface, naguère improductive, de 25.000 hectares. La région provençale est arrosée par des canalisations qui permettent d'utiliser les eaux de la Durance. Les environs arides des Montagnes Rocheuses sont fertilisés de la même manière.

Si les plantes cultivées au-dessous d'une certaine latitude ne peuvent se passer de ces arrosages fréquents, la végétation des régions tempérées ou froides ne profite pas moins des canalisations qui leur apportent, avec

---

1. Grandeau, en 1891, estimait à 2 milliards 1/2 de francs la valeur de ces résidus pour la France et il ajoutait que le quart, soit 600 millions, était annuellement perdu. « Ces matières, disait-il, vont souiller les puits de nos villes et de nos villages, créer des foyers d'infections et entretenir les ravages de la fièvre typhoïde, ou bien elles s'écoulent dans la mer par les rivières et les fleuves ».

l'eau, l'élément nécessaire de la fertilité. Les prairies non arrosées de Sologne donnent, par hectare, 1.600 à 2.000 kilogrammes de foin. L'irrigation élève leur rendement à 5.000 et 8.000 kilogrammes. Les régions telles que la Provence et le Languedoc qui se trouvent dans le voisinage des montagnes utilisent à peu de frais un réservoir précieux d'humidité. Au con-

Cliché H. Dusson.

Fig. 28. — L'irrigation en Espagne.

traire, certains territoires qui auraient profit à être irrigués ne peuvent recevoir l'eau sans de coûteux travaux de canalisations. Plusieurs entreprises de ce genre ruinèrent les compagnies qui y engagèrent des capitaux considérables. Il semble qu'ici l'État soit seul capable d'intervenir utilement.

Le drainage qui poursuit un but opposé, l'assainissement des sols trop humides, est d'un emploi beaucoup plus récent. On en attribue l'invention au capitaine anglais, Walter Bligh, qui publia, au xviiie siècle, des règles pour l'établissement des tranchées couvertes et des puits absorbants. Le progrès se porta ensuite sur

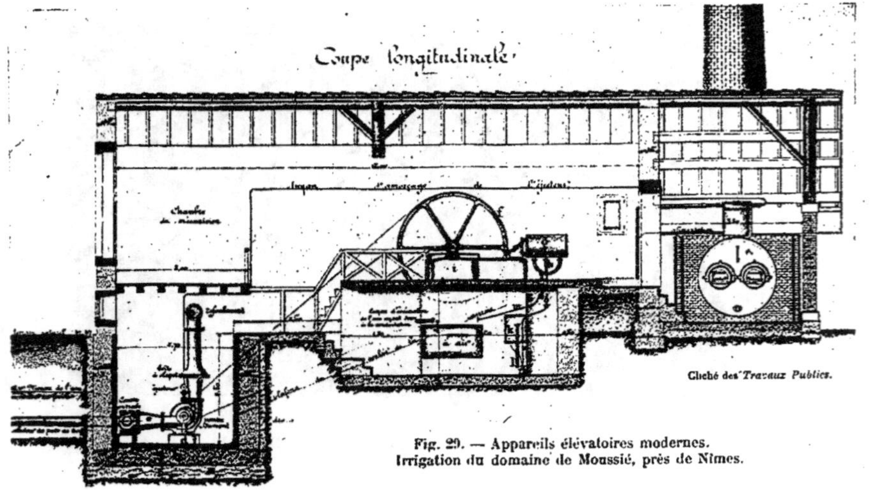

Fig. 29. — Appareils élévatoires modernes.
Irrigation du domaine de Moussié, près de Nîmes.

les conduites souterraines qu'on aménageait avec des pierres plates et pour lesquelles on apprit à se servir des tuiles. Jusqu'en 1840, cette méthode fut la seule connue et fort utilisée en Grande-Bretagne. En 1823, Smith, de Deanston (Écosse), avait, par un drainage, converti une ferme marécageuse en un véritable jardin. Il en fit connaître le résultat dans une brochure : *Smith's remarks on thorough drainage*. Son succès fut immense. Les agriculteurs venaient en foule visiter l'installation. En 1834, la Commission instituée par la Chambre des Communes pour étudier les causes de la misère dans les campagnes interrogeait Smith et reconnaissait la valeur de son expérience. En 1840, Sir Robert Peel faisait drainer par Smith une partie de son domaine de Drayton en Staffordshire. Alors les procédés de fabrication des tuiles à drainer se perfectionnèrent. A l'exposition de Derby, en 1843, on avait envoyé trois machines. Il y en eut trente-quatre à York en 1848. Quatre millions de livres sterling furent avancés par l'État pour permettre aux propriétaires ruraux de drainer leurs terres. Dans les vingt années qui suivirent, des centaines de milliers d'acres furent assainis.

En France, le Gouvernement s'était aussi préoccupé des progrès de cette méthode d'amélioration culturale. La loi du 10 juin 1854 eut pour but, en modifiant les dispositions fondamentales du Code civil, de permettre le passage des eaux provenant de fonds assainis à travers les propriétés qui séparent ce fonds d'un cours d'eau ou d'une voie quelconque d'écoulement. De toutes parts, les agriculteurs voulurent profiter de ces dispositions favorables. Mais ils manquaient d'argent. Par une convention passée avec l'État et approuvée par une loi, le 27 septembre 1858, le Crédit Foncier fut chargé de faire aux agriculteurs des avances garanties par un privilège sur les récoltes et remboursables en vingt-cinq années par annuités de 6,41 p. 100. A cette époque on évaluait à 9 millions d'hectares la surface à drainer. Aujourd'hui, non seulement cet immense travail est fort avancé, mais l'art du draineur, purement empirique à l'origine, est devenu scientifique et rationnel.

Cette conquête de terres jusque-là incultes ou mal cultivées s'accomplit progressivement dans tous les pays où les conditions du milieu portent l'agriculteur à accroître l'intensité de sa production. L'assainissement des sols humides ou marécageux n'est pas d'ailleurs la seule méthode. Nous avons vu que le boisement en offrait une autre. Ainsi la vaste plaine de 500.000 hectares, insalubre et déserte, qu'était autrefois la Sologne fut, de 1849 à 1869, transformée en une contrée boisée, productive et prospère. Les sols tourbeux, qui se rencontrent fréquemment dans les formations granitiques et se composent de végétaux incomplètement décomposés, peuvent être cultivés selon des procédés spéciaux dont les résultats sont loin d'être négligeables. L'Allemagne a fait, en ce sens, de remarquables efforts. Les terrains salés, quoique d'un traitement plus difficile, sont l'objet de préoccupations analogues.

La plupart des États, en particulier l'Allemagne, l'Autriche, la Hongrie, la Suède, la Russie, possèdent une administration spécialement chargée d'étudier et de diriger les travaux d'amélioration foncière. Cette direction est très active en France où elle constitue un département principal du ministère de l'Agriculture. Par ses soins, on peut penser que les terrains incultes, déjà réduits de 7.600.000 à 3.889.000 hectares, entre 1789 et 1889, finiront, peu à peu et pour le plus grand bien général, par complètement disparaître.

Une grande importance est justement attribuée, dans cet ordre d'idées, à la régularisation des sources, des cours d'eau, des torrents dont on tempère les chutes trop rapides, des rivières dont on redresse le lit trop tortueux. C'est une lutte méthodique contre l'envahissement excessif ou dangereux de l'eau. Et à ce propos on doit rappeler un exemple mémorable : la fixation des dunes pour faire obstacle à l'invasion de l'Océan sur les côtes occidentales de la France. Depuis les Sables-d'Olonne jusqu'à Bayonne, les dunes occupent une surface d'environ quatre kilomètres de largeur, presque entièrement constituée de roches siliceuses désagrégées. L'ingénieur Brémontier avait étudié d'une façon très précise cette formation géologique et entrepris de fixer le sable mouvant qui, sous l'action du vent, se déplaçait et engloutissait parfois des villages entiers. Le 25 avril 1780, il terminait son mémoire. Dès 1787 commencèrent les travaux qui devaient transformer ce dangereux désert en une vaste forêt et mettre à l'abri d'une ruine certaine la région de la Garonne et des Landes. Abandonnés en 1793, les travaux furent repris à nouveau sous le Consulat. Comme les possesseurs de terrains recouverts de sable soulevaient des questions de propriété, un décret du 14 décembre 1810 donna à l'État le droit de s'emparer des terrains, de pourvoir à leur plantation et d'en conserver la jouissance jusqu'à recouvrement des dépenses, sauf à les remettre ensuite à leurs propriétaires. Confié à l'Administration des Ponts et Chaussées jusqu'en 1862, le service des dunes fut remis à l'administration des Forêts qui poursuivit et acheva l'œuvre de Brémontier.

Bien avant cette époque, les Hollandais s'étaient distingués dans l'art de défendre le sol de leur pays contre la mer. Ils avaient même réussi à le conquérir sur elle. La technique moderne ne connaît rien de plus parfait que le système qu'ils employèrent pour créer les polders, il y a quatre cents ans. Leur œuvre fut continuée au cours du XIXe siècle, gagnant annuellement en moyenne un millier d'hectares[1]. Les alluvions marines,

---

1. Le dessèchement de la région de Harlem est à noter particulièrement. Le Zuidersee suivra.

surtout lorsqu'elles sont argileuses, donnent aux terres conquises qu'assèchent sans cesse des fossés constamment épuisés une fertilité surprenante. On les cultive pendant plusieurs années, puis on les transforme en herbages.

Cette méthode permit à l'Angleterre d'accroître de 700.000 hectares les comtés de Cambridge, Lincoln, Huntingdon. En France les polders du mont Saint-Michel, sur la Manche, et ceux de la baie de Bourgneuf, sur l'Océan, quoique beaucoup moins étendus, donnent d'excellentes terres pour la production des céréales. Les Mûres, près de Dunkerque, desséchées en 1619, puis submergées, reprises en 1756, perdues encore en 1793, ont été définitivement acquises au territoire par M. de Buyser entre 1803 et 1825.

Quand la loi française de 1865 autorisa la constitution des Syndicats fonciers et permit de contraindre les propriétaires non adhérents à coopérer avec la majorité pour réaliser des améliorations communes, près de 5.000 groupements existaient déjà. La plupart poursuivirent des travaux d'hydraulique; quelques-uns, l'aménagement des sols pour la culture; d'autres, l'établissement de voies de communication. Ces travaux ne vont pas en effet sans la collaboration nécessaire de tous ceux qui sont amenés à en tirer profit.

Les améliorations foncières marquent ainsi, peut-on dire, l'état de perfectionnement auquel une région agricole parvient en s'éloignant des conditions naturelles de la production. Depuis la terre spontanément fertile qu'il suffit presque d'ensemencer pour tirer d'elle d'abondantes récoltes jusqu'aux sols les plus péniblement arrachés à la défaveur des circonstances, une multitude de degrés se rencontrent. On voit en Italie, en Suisse, en Provence, des cultures en terrasse formées de petits champs que des murs de pierre retiennent sur la pente des collines. De génération en génération, le paysan, remontant par hottées la terre qui glisse, fait la conquête du sol en le portant sur son dos. Les voies du génie rural sont ingénieuses et multiples.

OUVRAGES A CONSULTER

THAER. — *Description des nouveaux instruments d'agriculture les plus utiles* (1803).

A. GRÉGOIRE. — *Les machines agricoles aux États-Unis* (Rev. économique internationale. Fév. 1911).

A. NACHTWEH. — *Beiträge zur Kenntnis, Theorie und Beurteilung der Mähmaschinen* (Landwirtschaftl. Jahrb. I, 22, 1903).

Congrès de mécanique agricole. Paris, 1911. Rapports et comptes rendus.

G. FISCHER. — *Entwickelung und Aufgaben des Landwirtschaftlichen Maschinenwesens* (1905).

— *Die soziale Bedeutung der Maschinen in der Landwirtschaft* (1902).

— *Die Stellung und Bedeutung der Theorie im Landwirtschaftlichen Maschinenbau* (Landwirtschaftl. Jahrbücher. T. XXXVIII, 1909).

GUARINI. — *L'électricité agricole.* Lausanne, 1904.

PERTHUIS DE LALIEVAUT. — *L'art de perfectionner les constructions rurales* (1810).

A. RONNA. — *Les irrigations.*

CHARPENTIER DE COSSIGNY. — *Hydraulique agricole.*

CHAPITRE V

L'ÉCHANGE

Du régime agricole domestique au système moderne des échanges. Spécialisation de la production. Les produits de marque. La mono-culture. — Les fabrications non organiques érigées en industries et leur séparation de l'agriculture pure. — Unification nationale. Concurrence universelle. Les crises agricoles. Politique du libre-échange en Angleterre. Le protectionnisme en France. Sa généralisation — Evolution des systèmes de culture dominés par le prix de vente. La formation des prix. Bourses de commerce. Elévateurs. Trusts. Les agriculteurs et le marché.

Si la mise en valeur du domaine rural conservait, au xviii° siècle, les caractères d'une industrie domestique, c'est qu'une nécessité matérielle l'obligeait à se renfermer dans un système clos. Il n'y avait, à cette époque, aucune possibilité économique de transports. Les bonnes routes étaient rares, on comptait les voies carossables, et pour relier entre eux les points les plus fréquentés des campagnes, on ne disposait que de sentiers ou de mauvais chemins. Les charrois coûtaient fort cher. Aussi les produits de l'agriculture s'éloignaient-ils peu de leur région d'origine. Il y avait des marchés en grand nombre. Chaque bourgade tenait périodiquement le sien et les cultivateurs voisins y venaient vendre leur beurre ou leur fromage, leurs bestiaux, le grain qui n'était pas consommé à la ferme ou la laine de leurs moutons. L'argent retiré de ce commerce était destiné à l'escarcelle du propriétaire ou aux guichets des agents du fisc. On n'achetait presque rien. Le domaine rural pourvoyait à tous les besoins de la vie.

Cet état de choses demeura tant que les moyens de communication ne se développèrent point. Une description 'de l'agriculture américaine, en 1840, le rappelle encore : « En ce temps-là, le fermier se vêtissait d'étoffes tissées sous son toit ; il fabriquait lui-même son mobilier ou l'achetait chez le menuisier du voisinage. Sa femme cuisait son pain dans une rôtissoire et sa viande dans une poêle à frire au-dessus du feu du foyer. Il n'y avait que les familles aisées dans les Etats manufacturiers qui, pour se chauffer et faire la cuisine, possédassent un poêle, meuble coûteux alors. Dans ce temps-là, le calicot valait un dollar le yard. »

L'évolution industrielle de l'Angleterre marqua les premiers stades du mouvement qui devait transformer l'économie agricole et la faire passer du régime domestique au système moderne des échanges. C'est en Angleterre que les modes de transports progressèrent d'abord. Parallèlement, le réseau des voies ferrées et les relations commerciales se développèrent. Une ère nouvelle commença. A cette époque, les fermiers entreprenaient l'exploitation des domaines ruraux pour s'y enrichir. Les centres urbains que les manufactures rendaient prospères augmentaient leur consommation de denrées agricoles. L'échange des produits de l'agriculture contre des objets de fabrication industrielle trouva place et grandit.

Dans tous les pays où prenait successivement naissance l'activité manufacturière, le même procès se développa. Il transformait d'abord les environs des villes et les entours des voies les plus fréquentées. Et peu à peu, lentement, il pénétrait jusqu'aux campagnes les plus lointaines. La France, presque en même temps que l'Angleterre, connut cette évolution, puis l'Amérique du Nord, puis l'Italie, l'Allemagne, l'Autriche.

De ce régime d'échanges dériva directement une tendance de l'agriculture à spécialiser sa production. Le développement industriel et commercial permettait au cultivateur d'acheter à bon compte certains objets qu'il avait coutume de tirer de ses propres ressources et d'obtenir un plus fort bénéfice en vendant certains produits recherchés de la consommation.

L'omniproduction fut abandonnée. Les efforts inclinèrent au rendement le plus avantageux. Dans chaque région on apprit à distinguer ceux des produits que le marché favorisait, à exclure les autres. Ici le vin ou l'alcool, là le bétail gras, le blé ou la betterave à sucre prirent la première place, et non seulement les méthodes nouvelles étaient combinées pour obtenir la plus grande quantité et la meilleure qualité possibles de ces produits, mais on leur subordonnait tous les autres travaux de la ferme.

Si la lente évolution de l'économie rurale ne fait apparaître cette transformation qu'à l'état de tendance, le nombre est assez grand des exploitations entièrement spécialisées pour qu'on distingue aisément à quoi ce mouvement aboutit. C'est une véritable industrialisation de l'agriculture. Alors le domaine rural atteint le point extrême où il n'a plus rien de commun avec l'occupation domestique du sol. Le milieu économique l'a transformé. Il appelle du dehors une part importante de richesses qu'il utilise comme denrées de consommation ou comme matières premières, et, en retour, il apporte sur le marché le maximum de produit. Ainsi peut finalement s'établir la « marque », cette valeur particulière d'une spécialité d'origine.

Cependant la monoculture a des adversaires. L'atelier agricole spécialisé est atteint beaucoup plus rudement que tout autre, quand survient une calamité qui a prise sur lui. La grêle détruit un vignoble, la maladie anéantit un établissement d'élevage, un insecte parasite ruine toute une région adonnée à la production des fruits. Et cette considération serait de nature à retarder la spécialisation. Mais les tendances économiques y poussent impérieusement et, plutôt que de résister à cette pression, on s'attache à diminuer les atteintes du mal, à combattre ses effets. Des services s'organisent pour signaler et annihiler dès qu'elles se manifestent les épizooties ou épiphyties[1] dont la propagation contagieuse met en danger les animaux ou les plantes. Enfin le régime des assurances, s'il ne supprime pas le dommage, permet, dans une certaine mesure, de le réparer.

*   *

Mais nos observations ne doivent pas se limiter à l'agriculture pure, à la production de la substance vivante. Nous avons vu que l'exploitation du domaine rural à la mode d'autrefois comportait d'autres besognes. On ne tondait pas seulement la laine des moutons. On la filait. Au cours du XIXᵉ siècle, l'industrie prit à son compte les opérations de ce genre, et aussi bien toutes celles qui, en agriculture, ne dérivaient pas d'un processus de fabrication purement organique. Si cette conquête n'est pas encore achevée, elle compte à son actif des changements déjà considérables.

De tout temps la mouture des grains constitua une industrie séparée de la pure exploitation rurale. La boulangerie la suivit récemment dans cette voie. On vit aussi se multiplier dans les campagnes les entreprises de battage mécanique, véritable industrie dont le matériel mobile se déplace de ferme en ferme. La sucrerie avait dès sa naissance un caractère industriel, la distillerie perdit peu à peu auprès d'elle ses anciennes formes familiales[2]. Le travail du lait, qui fut longtemps

---

1. Maladies épidémiques des végétaux.

2. Exception faite pour les bouilleurs de crû, à l'abri de la législation.

et reste encore dans la majorité des exploitations rurales
une occupation proche de la cuisine et réservée aux
femmes, s'élabore aujourd'hui selon les règles d'une
méthode précise qui bénéficie largement des avantages
d'un outillage puissant. On pourrait en dire autant
du travail des produits de la viticulture, de l'oléiculture ou de la sériciculture. Toutes les forces économiques, toutes les ressources techniques qui ont porté
l'activité industrielle pure vers la centralisation des
efforts et l'accumulation des capitaux, tout ce qui pousse
la grande industrie à la concentration se retrouve ici
pour tranformer en entreprise capitaliste l'industrie
agricole primitive. Les mêmes causes conduisent aux
mêmes effets.

Ce dégagement des industries agricoles de leur
ancienne gangue familiale eut nécessairement pour
conséquence l'augmentation de la production. Et l'on
comprendra sans peine comment l'épuration s'est produite, si l'on se réfère au développement des échanges.
Parce que les marchés ont pu absorber davantage,
parce que les cultivateurs ont pu s'employer plus spécialement à satisfaire cette demande progressive, la production dut s'accroître. Il était impossible autrefois
d'augmenter le rendement industriel d'une entreprise
étrangère à tout progrès technique. La nécessité d'économiser l'effort et la possibilité de vendre avantageusement des denrées de meilleure fabrication fit considérer
l'intérêt des progrès techniques. Adopter les progrès
techniques, c'était admettre la concentration, préparer
et réaliser l'épuration de l'industrie agricole.

En distinguant ces deux tendances — la spécialisation
de la production et la séparation des industries —
comme guides notables de l'évolution agricole des cinquante dernières années, nous leur avons donné une
interprétation commune : la transformation du marché.
Si les progrès économiques s'étaient donné libre cours

dans le monde comme ils l'ont fait dans chaque pays à l'intérieur des frontières, nous n'aurions qu'à généraliser nos observations sur le développement des échanges. Mais le jeu de la concurrence internationale a compliqué les choses. La réaction du marché sur les systèmes de culture a été dérangée par la politique économique des États.

.

Depuis l'abolition définitive, par la Constituante, des douanes intérieures et la proclamation de la liberté du commerce, si nous observons les variations des systèmes de culture en France et si nous essayons de remonter aux causes, nous voyons agir en toute indépendance la multitude des influences diverses qui déterminent les prix de vente et par là même dirigent la production. Certaines interventions peuvent modifier sciemment cette direction. Les changements apportés aux tarifs de transports jouent ici un grand rôle. Mais, en principe, l'action réciproque qu'exercent l'une sur l'autre la technique et l'économie se développe librement. Et il en est de même dans la plupart des États. Ce sont alors des concurrences régionales qui se produisent, modifiant l'allure des marchés, détrônant ici une culture prospère, la faisant naître ailleurs. Mais que voit-on, si l'on étend son regard au monde entier? Les espaces qui séparent de l'Europe les pays les plus lointains sont, eux aussi, sillonnés de routes que des navires rapides parcourent en tous sens. Le commerce et les échanges ont dépassé les frontières et transportent à des milliers de lieues, non plus seulement, comme autrefois, des produits précieux, des tissus rares ou des épices, mais des denrées lourdes et encombrantes, de valeur relativement minime, le bétail ou le blé.

C'est d'Amérique que vinrent les premiers troubles. De 1859-60 à 1879-80, la récolte de blé des États-Unis passait de 62 à 146 millions d'hectolitres. Dans le même temps la proportion de la récolte exportée en Europe s'élevait de 2,4 à 40,3 p. 100. L'Angleterre absorbait la plus grande partie de cette énorme cargaison qu'elle laissait librement entrer dans ses ports. Comme les frais de production dans les terres vierges de l'Amérique étaient très peu élevés et les prix de transport par mer fort réduits, les cours du blé sur le marché anglais purent tomber extrêmement bas. D'où l'appel de la consommation qui donna un essor si rapide aux échanges commerciaux. La quantité de blé importée par l'Angleterre passa de 17 à 48 millions de quintaux entre 1861-65 et 1891-95. Après le blé vint la viande de boucherie. On avait d'abord transporté les animaux vivants. L'aménagement des chambres froides dans les bateaux permit le transport des quartiers de viande à moindres frais. De 772.000 quintaux, l'importation anglaise s'éleva à 5 millions de quintaux dans cette même période de trente années.

On comprend que cette affluence de produits exotiques ait troublé profondément les marchés européens. La crise agricole qui caractérisa l'histoire économique de la fin du XIXe siècle lui est due en grande partie.

Ce n'est pas qu'on ignorât jusqu'à cette époque la mévente des produits du sol. Une dépression assez générale avait eu lieu déjà entre 1825 et 1840[1]. Mais en 1875 d'autres causes agissaient. On a cru reconnaître une concomitance entre les crises commerciales et les périodes de rareté des métaux précieux. Et il est vrai qu'en 1875 comme en 1825 on entrait dans une série d'années moins fructueuses en extraction d'or. Cependant la concurrence des pays neufs allait croissant et

---

1. Il y eut pendant les quinze premières années du xi... siècle une hausse extraordinaire des prix sur le marché. Puis, par réaction, les cours tombèrent dans l'excès contraire. Cette baisse fut même un aiguillon puissant à la transformation capitaliste de l'agriculture.

c'était une pesée formidable sur les conditions de l'échange. L'Angleterre qui, depuis le retrait des lois sur les grains, s'interdisait toute politique de protection douanière, subit l'assaut à découvert. En 1879, une Commission d'enquête sur la « Dépression de l'Agriculture », présidée par le duc de Richmond, proposait comme remèdes à la crise quelques palliatifs — réduction des impôts locaux et du loyer du sol, améliorations foncières, lutte contre les maladies et contre les fraudes. Aucune défense par les tarifs de douane ne fut invoquée. Seulement les fermiers, par une transformation progressive de leur technique, s'adaptèrent aux nouvelles conditions du marché. Ils obtinrent une réduction considérable de la rente, furent exonérés, aux dépens de leurs propriétaires, du paiement de la dîme. Et cela n'est point négligeable. Mais surtout ils modifièrent leur système de culture. Le blé cessait de leur donner des bénéfices; ils en réduisirent autant qu'ils purent les ensemencements. Par contre ils développèrent la production animale. Et comme les prix de la viande baissaient aussi (1885-90), ils portèrent tout leur effort à accroître la précocité, à améliorer la qualité de leurs élèves, à la maintenir très haut, hors des atteintes de la concurrence. Et non seulement ils parvinrent à survivre à la montée des agricultures étrangères, aux invasions de produits qu'après les États-Unis leur expédiaient les Indes, la Russie, l'Australie, la République Argentine, le Canada, mais ils se servirent de cet essor et en tirèrent profit. Les animaux d'élite qu'ils sélectionnent leur sont achetés à grand prix par tous les éleveurs du monde. L'Angleterre envoie aux États-Unis, au Canada, en Argentine, des taureaux de Durham et de Hereford, des moutons de Lincoln, de Shropshire et la valeur de cette exportation atteignait, en 1903, 215.000 livres sterling. Enfin, depuis une quinzaine d'années, les cultivateurs anglais ont beaucoup augmenté la production du lait, des volailles, des œufs, des fleurs et des fruits. Telle fut l'évolution de l'agriculture sous la pression des circonstances économiques dans un régime de liberté.

En France, les choses se passèrent d'autre manière. Au lieu de laisser agir la concurrence étrangère et, comptant avec elle, de favoriser une spécialisation graduelle de la production agricole guidée par le niveau des prix sur le marché, les gouvernements voulurent combattre la baisse des cours. Ils considéraient les importations comme un danger. Ils élevèrent contre elles les tarifs de douane. Ils disaient que la France devait par le seul travail national suffire à ses besoins. C'était vouloir conserver le principe respecté du domaine rural avant le développement des échanges. C'était se refuser à étendre au monde entier la spécialisation qui avait guidé de façon si heureuse l'évolution agricole à l'intérieur des frontières. Enfin la doctrine de protection douanière triompha. Les droits sur les produits du sol, que l'Empire avait abaissés, furent remis en honneur : 1885, 1892, 1903, 1910 virent renaître et grandir les tarifs de douane. Et, conformément aux vœux des protectionnistes, la répartition des cultures, la production de l'élevage demeurèrent à peu près inchangées. Tandis que les agriculteurs d'Angleterre réduisaient de moitié la surface ensemencée en blé, les emblavures en France étaient maintenues. Quant aux effectifs de la population animale, ils continuaient à grandir en suivant à peu près les progrès de la consommation des villes.

A ce même résultat, sous l'influence du parti agrarien, aboutit le gouvernement de l'Empire d'Allemagne. L'Autriche-Hongrie inaugurait une politique analogue, l'Italie révisait son tarif de 1878 pour aggraver les droits et mettre en vigueur un régime de haute protection ; la Belgique elle-même adoptait une taxe pour abriter ses éleveurs contre l'importation des viandes de boucherie. Aujourd'hui, bien rares sont les pays qui admettent encore la liberté internationale des échanges, au milieu des barrières et des murs de défense érigés de toutes parts.

* *

Le commerce des produits de l'agriculture n'en continua pas moins à étendre son action au-delà des frontières et, malgré la prévention de la plupart des États modernes contre les importations excessives, la surface exploitée dans les « pays neufs » pour alimenter l'Europe augmenta d'une façon ininterrompue. A mesure que ces pays se colonisaient, le développement industriel y devenait possible et les exportations de denrées agricoles diminuaient. Ce fut l'histoire des vingt dernières années dans les États-Unis d'Amérique. A leur suite les autres « pays neufs » feront sans doute la même expérience jusqu'à ce que le sol du globe entier, complètement mis en valeur, occupe dans le concert de la production universelle une place définitive, soumise aux mêmes influences générales d'évolution ou de stabilité. Peut-on penser qu'alors les États auront la hardiesse de laisser transformer les techniques productives selon le libre jeu des conditions économiques ? Alors chaque région agricole cultiverait les produits les plus lucratifs, récolterait idéalement, pour son plus grand profit et celui de tous dans le monde, le maximum possible de richesses.

Car le prix, en définitive, règle la production. Mais qui règle le prix ?

L'étude particulière de l'évolution du commerce [1] marquera les traits de cette question capitale dont la prédominance laisse entrevoir de si troublants problèmes. Néanmoins il importe d'indiquer ici la part d'influence que l'organisation moderne de l'échange a conquise sur

---

1. Tome X de l'*Histoire Universelle du Travail*.

la direction de la production agricole, car ce point de vue nous concerne spécialement. Or cette part ne cesse de s'accroître. Minime encore et négligeable, il y a vingt ans, elle est si puissante aujourd'hui qu'elle balance presque la politique douanière des gouvernements et va bientôt mettre en échec l'action économique des États.

On ignora les opérations de bourse sur les marchandises agricoles jusqu'en 1871, date de fondation de la Bourse des cotons de New-York. En 1877, la Bourse des blés de Chicago fit ses débuts, puis, en 1883, celle de Liverpool. A l'heure actuelle, tous les grands centres capitalistes ont leur Bourse de Commerce. L'influence des cotes sur lesquelles jouent les spéculateurs augmente parallèlement à la masse des affaires traitées. Les marchés fictifs multiplient à l'infini la pesée que les marchés à terme impriment au mouvement des cours. De gros opérateurs deviennent maîtres des prix.

Cette puissance montante de la spéculation tend donc à retirer la direction du marché à ceux qui achètent réellement les produits et les vendent. La force des capitaux l'emporte. Mal défendu par une législation archaïque, l'échange le cède à l'agio. On a vu à Chicago, en 1897-98 l'accaparement mené par Leiter faire monter les prix du blé de 64 3/4 à 185 cents par boisseau. Dans le monde entier les cours suivirent cette hausse, augmentant de 100 p. 100 et plus en Russie et aux Indes, causant la famine et la révolte en Italie et en Espagne, obligeant la France à suspendre ses droits de douane, amenant l'année suivante un accroissement considérable des ensemencements et de la récolte[1]. La portée de telles manœuvres s'aggrave en Amérique du fait que la manipulation des grains est aux mains des proprié-

---

1. La production du blé dans le monde augmenta de 27 p. 100, passant de 62 à 79 millions de tonnes.

taires d'*elevators*. Ces magasins situés dans les campagnes, aux abords des lignes de chemin de fer, reçoivent directement des cultivateurs le blé qui est transmis aux centres de consommation. Les compagnies de chemins de fer restant maîtresses de leurs tarifs et agissant de concert avec les sociétés d'*elevators*, on comprend

Fig. 30. — Un élévateur au Canada.

comment les groupements capitalistes ont pu acquérir la maîtrise du marché.

Ainsi, parallèlement au développement des affaires de Bourse, se poursuivait la concentration matérielle des services d'échange. Les trusts combinent la main-mise sur le produit agricole avec la domination des organes de vente et des moyens de transports. Aujourd'hui se joint au fief des grains celui des animaux de boucherie. Le « trust du bœuf » étend son action sur le marché des États-Unis et au-delà. Il ne prétend à rien moins qu'à dominer et diriger tout le commerce du bétail du monde.

Ces méthodes ont triomphé sans peine dans les pays où le progrès du capitalisme se développait sans entrave. L'Europe, imbue de formules anciennes, évolua plus lentement. Le commerce des produits agricoles s'y modifia. Mais il n'a pas encore atteint un stade aussi élevé. L'Allemagne possède des « cartels » qui dirigent le marché de certaines denrées comme l'alcool et le sucre. Les syndicats de fabricants, en France, opèrent dans le même sens. L'abri des tarifs de douane leur offre un milieu favorable. Mais les grains et le bétail entrent plus difficilement dans le jeu de la concentration. La multitude des intermédiaires, la vitalité persistante des marchés locaux font obstacle. Cependant, là aussi, le progrès des méthodes américaines tend à s'affirmer. Le développement du crédit, l'accumulation des capitaux, la facilité des communications et des renseignements de toutes sortes portent d'un mouvement sûr à la centralisation des échanges.

Dans ce mouvement, que devient l'influence des agriculteurs sur le marché ? Elle diminue beaucoup. Les vendeurs sont amenés à subir les prix que commande le haut commerce et ceux qui le représentent ou le suivent. Aussi la direction des échanges par les producteurs, en opposition aux intermédiaires, a-t-elle, de son côté, pris forme. Dès 1881 se fondait aux États-Unis la *National farmer's alliance and industrial association*, Union des fermiers contre les trusts. En France, le Congrès de la Vente du blé et le « Comité permanent » qui poursuivit son œuvre se proposaient d'organiser les agriculteurs pour la vente de leurs produits. Cette idée trouva des applications fécondes en Allemagne, en Autriche. Son expansion eût été plus large, sans doute, si la hausse des prix n'avait apporté spontanément aux réformateurs le résultat principal qu'ils souhaitaient.

Un progrès de ce genre nécessite plus qu'un effort d'un jour. Il exige[1], outre une puissante éducation éco-

---

1. Voir le chapitre VII.

nomique, une action durable et suivie. Il suscite presque fatalement une collaboration qui dépasse les frontières. L' « Union internationale agricole de statistique des céréales » a fait une tentative précieuse dans cette voie. L'Institut International d'agriculture de Rome poursuit le même but avec plus d'ampleur.

On peut se demander si ce contrôle du marché par les producteurs parviendra à remplacer les commerçants, à limiter du moins leur rôle à la fonction propre de l'échange qui est de distribuer, de répartir les produits, après prélèvement d'un bénéfice légitime.

En réalité ce qui arrive, c'est que, légitimement ou non, la puissance capitaliste domine l'organisation commerciale du marché des denrées agricoles et tend à devenir maîtresse de la production. On entrevoit là comme une reprise par les pouvoirs d'argent du droit féodal que la propriété du sol détenait autrefois sur le fruit du travail. La possession de la terre est devenue libre. Mais elle ne vaut que par sa jouissance, et cette jouissance dépend du marché. L'emprise sur les organes de formation des prix de vente reconstitue le domaine éminent sous une nouvelle forme.

Telle paraît être l'évolution moderne du régime des échanges.

OUVRAGES A CONSULTER

J. Hitier. — *La tendance de l'agriculture à s'industrialiser.* (Revue d'Economie politique, 1901).

K. Bielefeldt. — *Das Eindringen des Kapitalismus in der Landwirtschaft.* Berlin 1911.

W. Sombart. — *Der Moderne Kapitalismus* (2° vol. liv. II) Leipzig 1902.

Wiedenfeld. — *Die Organisation des Getreidehandels und die Getreidepreisbildung in 19. Jahrhundert (Jahrbücher für Gesetzgebung,* 1900).

D' Ruhland. — *Die Lehre der Preisbildung für Getreide.* Berlin, 1904.

A. Souchon. — *Les cartels de l'agriculture en Allemagne.* Paris 1905.

Committee on combinations in the Meat trade. Minutes of evidence. London, 1909.

G. Blondel. — *Les populations rurales de l'Allemagne et la crise agraire.* Paris, 1897.

D. Zolla. — *La crise agricole.* Paris, 1903.

J. Conrad. — *Agrarkrisis (Handwörterbuch der Staatswissenschaften* t. I, 1909).

Ch. Augier et A. Marvaud. — *La politique douanière de la France.* Paris, 1911.

Albert Delac. — *Agriculture et libre-échange dans le Royaume-Uni.* Paris, 1903.

Commission of Tariff reform. Agricultural committee. Reports, 1906.

CHAPITRE VI

LA PROPRIÉTÉ ET LE TRAVAIL

L'usage libre du sol. Multiplication des propriétés en France. La terre,
objet d'échange. Dimensions de la propriété et méthodes agricoles.
La propriété individuelle : en Angleterre, en France. Disparition progressive des communautés agraires. Les terres colonisées. — Le titre
de propriété. L'hypothèque. Défense de la petite propriété. Concentration et morcellement. Remaniements territoriaux. Nationalisation
du sol. — Le métayage. Le fermage. Les droits du fermier ; en Angleterre, en Irlande, en Hollande, en France. Extension du fermage
comme mode d'exploitation du sol. Le faire-valoir direct. — Le
salariat. La dépopulation des campagnes. Lutte pour les hauts salaires.
Migrations d'ouvriers ruraux. — La petite culture.

« Article premier. — Le territoire de la France, dans
toute son étendue, est libre comme les personnes qui
l'habitent...

« Art. 2. — Les propriétaires sont libres de varier à
leur gré leurs récoltes... »

En ces termes, la loi du 28 septembre 1791 « sur les
biens et usages ruraux » affranchissait le sol des liens
de la féodalité.

C'était la confirmation légale d'une évolution dès
longtemps commencée en France. Le serf, lié à la glèbe
qu'il cultivait, avait progressivement conquis et étendu
ses droits. Les seigneurs eux-mêmes avaient favorisé
cette émancipation, soit pour en retirer une redevance
plus forte, soit pour mieux assurer le paiement des
rentes anciennement dues. Or ces charges accablaient
la propriété roturière et si les fonctions seigneuriales
les légitimaient autrefois, elles n'avaient plus lieu

d'exister depuis que le pouvoir royal manifestait sa prédominance par le prélèvement d'impôts sans cesse grossis. Le vote de l'Assemblée constituante supprima ou déclara rachetables les charges du gouvernement des seigneurs. Les paysans et les bourgeois qui détenaient environ les deux cinquièmes du sol de France respirèrent.

On a cru longtemps qu'un nombre considérable de petites propriétés s'étaient constituées à cette époque. En réalité, la vente des biens du clergé et des émigrés ne créa guère plus de 500.000 domaines nouveaux. C'est plutôt à la suppression du droit d'aînesse et à la coutume devenue loi du partage égal des héritages entre les enfants qu'il faut attribuer la multiplication des possesseurs du sol de France au cours du xixᵉ siècle. En cent ans le nombre des propriétaires doubla[1].

Par héritage ou par vente, le sol passait de mains en mains. On le divisait, on l'arrondissait. Le bien foncier devint un véritable objet d'échange, une marchandise commerciale. Quelques formes archaïques de l'usage rappellent l'époque déjà lointaine où la propriété, jalousement conservée par la famille, ne donnait lieu qu'à de rares mutations. La mobilité des chiffres relevés périodiquement par les enquêtes officielles prouve assez que ce temps-là n'est plus. On estime annuellement en France à deux milliards de francs la valeur des immeubles transmis.

L'évolution de la propriété foncière vers un régime de libre-échange fut analogue chez tous les peuples à mesure qu'ils se dépouillèrent de l'emprise féodale. Cette transformation s'accomplit, toutefois, d'un mouvement fort inégal. C'est qu'ici les forces économiques

---

1. Le morcellement des biens ruraux semble s'arrêter de lui-même quand il réduit de trop l'étendue des héritages. Après un progrès continu jusqu'en 1892, on constate, entre 1892 et 1908, une régression notable de la très petite propriété.

n'exerçaient pas la principale influence ; l'action publique et sociale dominait. Elle réserva aux anciens privilèges de la propriété territoriale des fortunes diverses. Quant aux progrès techniques, aux modes d'exploitation, ils durent s'y adapter.

Sur un point, cependant, les impulsions du milieu économique l'emportèrent : c'est lorsque le bien foncier tendit à devenir propriété individuelle. D'origine collective, l'appropriation de la terre était encore marquée, il y a cent cinquante ans, de nombreuses traces de son caractère primitif. Par une suite de modifications aux usages et aux lois, la jouissance collective des biens du village ou de la tribu le céda peu à peu à l'intérêt privé, et, dégagée de ses anciennes formes, la propriété personnelle, telle que nous la concevons aujourd'hui, finit par prévaloir.

L'histoire des *enclosures* en Angleterre caractérise ce mouvement. La clôture des champs publics et la division des communaux supprimèrent les anciens modes d'exploitation et de jouissance du sol. Sur les ruines des petites entreprises paysannes, la grande propriété établit ses assises : « Je regarde autour de moi, disait le comte de Leicester, e in n   vois pas d'autres maisons que la mienne. Je suis l'ogre   de la légende et j'ai mangé tous mes voisins ».

La conquête beaucoup plus ancienne de la propriété individuelle en France n'avait laissé que les deux cinquièmes de la superficie du territoire à la jouissance collective. Une partie de ce domaine commun fut conservé jusqu'à nos jours, une moitié environ [1]. La valeur en est fort inégale. Les municipalités, en général, affermment les terres labourables, vendent les bois et laissent les pâturages à la discrétion des habitants. Ces

---

1. On peut aussi mentionner certains droits collectifs comme le pacage et la glandée. Mais l'affouage a été limité et la vaine pâture, supprimée presque complètement.

communaux comprennent encore un vaste déchet de landes, marais ou terrains montagneux. Par la loi du 28 juillet 1860, l'État a la faculté d'intervenir et de faire des avances dont il se rembourse par une vente partielle du sol transformé. Les communes qui améliorent leur domaine peuvent en abandonner jusqu'à la moitié pour récupérer leurs dépenses. Ainsi furent entreprises les plantations de résineux dans les dunes du Pas-de-Calais. Mais on doit reconnaître que, dans l'ensemble, les propriétés collectives des communes restent assez médiocrement mises en valeur.

On tire volontiers argument de ce fait contre le communisme agraire. Il est certain qu'ainsi conçue l'action commune utilise mal les forces modernes de progrès, puisque la plupart reposent sur l'intérêt individuel. Faut-il donc, avec les économistes, se féliciter de la disparition des anciens communaux ? Emile de Laveleye admet un parallélisme entre les progrès de l'agriculture et l'extension de la propriété privée. Que la productivité de la terre soit l'effet de l'appropriation individuelle du sol ou sa cause, le rapport n'est pas contestable. Il a guidé l'évolution foncière de tous les pays de vieille civilisation. Il a produit l'abolition de la *Mesta* espagnole et de la *Marke* germanique ; il détruira le régime du *Mir* russe.

La formation de la propriété dans les pays nouvellement nés à la colonisation agricole, qu'elle procédât par concession de « terres publiques », comme aux États-Unis, ou par éviction des tribus autochtones, comme en Algérie ou aux Indes, eut pour but une mise en valeur plus parfaite, la plus parfaite possible de la terre. Nul moyen ne put mieux que la jouissance libre et individuelle du sol assurer, aux conditions les plus économiques, ce bienfaisant résultat.

*
* *

Ainsi partout la terre se mobilise, s'échange, se transmet. De plus en plus, le titre de propriété est considéré comme une valeur négociable, productrice de revenus[1].

Disposer librement du capital foncier, c'est pouvoir emprunter, en donnant le sol pour gage de l'hypothèque. Au cours du XIXᵉ siècle, le crédit foncier prit une immense extension. Les chiffres qui expriment, de façons peu concordantes, la dette hypothécaire de la propriété et sa progression ne permettent aucune estimation précise. Mais le fait de l'endettement est incontesté. Et que signifie-t-il ? Il signifie l'entrave à la libre disposition du sol. Il signifie, au-dessus du privilège terrien, la puissance nouvelle du droit capitaliste. Dans certains pays, les financiers ont acquis de cette manière une part immense, la plus fructueuse, de la fortune immobilière. En Amérique, en Allemagne, on a jeté le cri d'alarme. « L'ancienne seigneurie féodale, dit Sering, est remplacée par la domination plus dure de l'argent. A la place de l'opposition disparue de la grande à la

1. On lui reproche seulement sa sécurité insuffisante. Dans un pays comme la France où la libre disposition du sol semble si complètement conquise, les transactions qui comportent un échange foncier restent coûteuses et incertaines. Le Cadastre, établi en vue d'une répartition exacte de l'impôt, fut dressé entre 1808 et 1844 et renouvelé dans quelques communes entre 1850 et 1883. Il est loin de représenter aujourd'hui l'état des propriétés et des cultures. Il faudrait en faire un tableau authentique et constamment tenu à jour du mouvement des domaines fonciers. Cela coûterait cinq ou six cents millions. La loi allemande, à ce point de vue plus avancée, créa en 1872 des « livres fonciers » sur lesquels l'immatriculation est obligatoire et qui assurent la régularité des mutations. L'Autriche possède le même régime. En Angleterre, le *land transfer act* de 1875, complété par une loi de 1897, permet aux propriétaires de faire enregistrer leurs droits et rend dans certains comtés cette immatriculation obligatoire en cas de vente. C'est presque le principe de l'*Act Torrens* qui constitua la propriété en Australie et en Tunisie par simple inscription sur le *registre general*, inscription modifiée s'il y a lieu lors des mutations successives, et qui fonde à elle seule le droit d'occupation.

petite propriété, est née la lutte moderne entre les maîtres du sol et ceux du capital ». Et l'on peut prévoir qui l'emportera. Car l'intérêt de l'emprunt dépasse le taux de la rente. Dès que la valeur du sol est aux deux tiers hypothéquée, la charge annuelle absorbe plus que le revenu. L'argent est maître de la terre.

Maints États tentèrent d'empêcher cette conquête et d'aider les propriétaires à se défendre. Ils n'ont réussi qu'à protéger les plus petits parmi les paysans en leur permettant de constituer ce majorat démocratique qu'on appelle « bien de famille insaisissable »[1].

La législation qui limitait ainsi le droit des prêteurs sur le sol accompagnait d'ailleurs un effort parallèle : la multiplication, à la faveur des lois, de la petite propriété.

Ce mouvement date seulement de la fin du xix° siècle. Il commença en Danemark où la constitution et le maintien des domaines paysans furent assurés par un ensemble de privilèges. L'Angleterre qui avait voté en 1887 et 1892 des lois pour multiplier les exploitations paysannes assura, en 1907 et 1908, leur développement réel. Les *allotments* de moins d'un acre sont donnés en location, les *small holdings* (1 à 50 acres) peuvent être vendus. Si une demande suffisante se produit, les pouvoirs locaux sont autorisés à prendre les mesures nécessaires, même à exproprier, pour se pourvoir de domaines ruraux et les mettre à la disposition des petits cultivateurs. L'État prussien poursuit méthodiquement la « colonisation intérieure » dans les régions orientales de l'Allemagne où il souhaiterait de voir une population plus dense et moins de Polonais. Il offre aux habitants trop nombreux des régions occidentales une émigration avantageuse, crée de toutes pièces des villages entiers pourvus de toutes les institutions de la

____

1. Loi française du 12 juillet 1909, Homestead en Amérique, Heimstatt en Allemagne.

technique moderne, transplante dans les plaines désertiques qu'arrosent l'Oder et la Vistule le régime paysan
qui fleurit aux bords du Rhin. La France, parmi le
développement de ses institutions démocratiques, n'a
songé qu'assez tard à soutenir d'une faveur particulière
la classe des petits cultivateurs. Elle leur permet aujourd'hui, par une série de mesures législatives [1], de se
constituer une propriété familiale.

Toutes les statistiques s'accordent d'ailleurs pour
affirmer qu'en général la propriété ne se concentre pas.
Les grands domaines n'absorbent point les petits. Il y
a de nombreux exemples de division, il n'y en a pas
qui marquent une tendance d'accaparement du sol.
Certes les propriétaires ne sont pas rares qui « arrondissent » leur bien et l'agrandissent parfois dans des proportions considérables. Mais rien ne fait penser à une
éviction méthodique de la petite ou de la moyenne propriété, analogue à celle que poursuivent, par exemple,
les puissants seigneurs de l'industrie ou du commerce.
Certes l'adaptation aux conditions du milieu tendrait
peut-être à faire prévaloir une dimension du domaine
rural idéale pour chaque région. Mais cette conception
théorique laisse parfaitement coexister des propriétés
d'étendues les plus diverses. La lutte où les plus grands
l'emportent — Sering l'a fort bien remarqué — ne se
passe pas ici.

Il arrive, au contraire, que la division des biens territoriaux soit à ce point excessive qu'elle mette obstacle
à leur jouissance. Chaque héritier, dit l'article 832 du
Code civil français, a droit à « la même quantité... d'immeubles... de même nature et valeur ». Ainsi l'on exige

---

1. Loi du 12 avril 1906 sur les habitations à bon marché et les jardins
ouvriers, loi du 10 avril 1908 sur la petite propriété et les maisons à
bon marché, loi du 19 mars 1910 sur le crédit à long terme. Il faut
rappeler aussi, à ce propos, les dégrèvements d'impôt foncier accordés
aux petites cotes foncières.

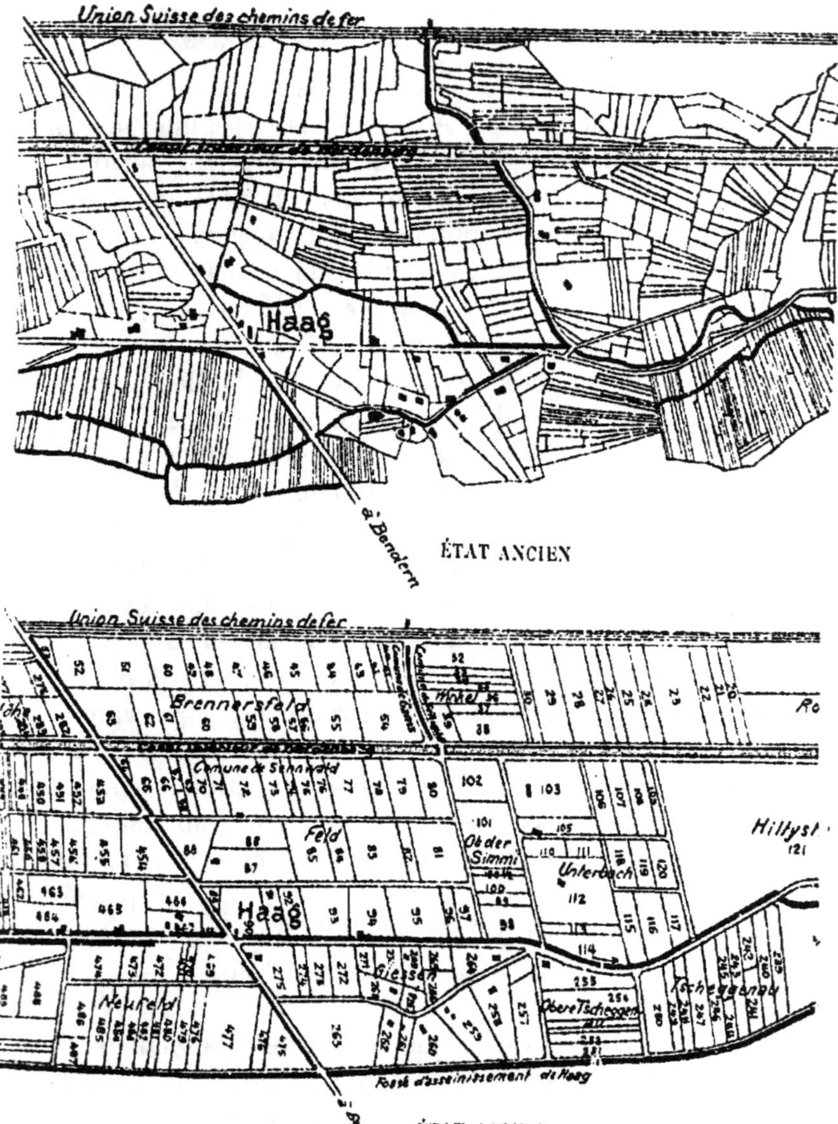

Fig. 31. — Plan de remaniement parcellaire. District de Werdenberg
(Suisse).

(Extrait de l'ouvrage de M. D. Fehr : De l'exécution des travaux techniques dans les
remaniements parcellaires).

REMARQUES . . .

Importance de l'entreprise . . . . 317 ha 21 ar 19 m²
Nombre des propriétaires. 433
Nombre des classes d'estimation 13
Nombre des anciennes parcelles 1 713
Nombre actuel de parcelles. 533
379 propriétaires ont chacun 1 parcelle, 33 propriétaires chacun
2 parcelles, etc.
Un propriétaire qui avait autrefois 77 parcelles, un autre 55, n'ont
plus chacun qu'une seule parcelle.
Tous les fonds sont bornés avec pierres taillées.

que les champs, les prairies ou les bois soient partagés en tranches dont chacun prend sa part. Après quelques générations, le morcellement à tellement multiplié les parcelles que les cultivateurs, au lieu d'exploiter une pièce de terre plus ou moins étendue, en ont dix, vingt ou cinquante disséminées dans toute la commune. Pour atteindre ces parcelles, on manque de chemins et le temps perdu dans les trajets multiplie les efforts improductifs. François de Neufchâteau le remarquait déjà en 1806 : « Avec les territoires hachés, cisaillés, sans chemins pour arriver aux lambeaux qui les constituent, l'agriculture ne peut pas plus grandir qu'un enfant qu'on garrotterait au berceau avec des liens de fer ». Aussi s'est-on préoccupé de permettre aux propriétaires la réunion de leurs parcelles. Ces remaniements territoriaux ne se font pas sans heurter les préférences particulières et la commune volonté de tous les intéressés peut rarement aboutir. La législation allemande et autrichienne autorise, lorsqu'une opposition se produit, à passer outre, si les propriétaires favorables au remaniement représentent les trois quarts, les deux tiers ou seulement, dans certains cas, la moitié de la surface. Il va sans dire que nul, en aucun cas, n'est dépouillé de sa jouissance. La répartition nouvelle du territoire attribue à chacun un domaine d'égale étendue et de valeur au moins aussi grande que celui qu'il possédait. L'avantage évident de l'opération donne à tous un profit certain.

De tels exemples montrent que la propriété, si elle a conquis le libre exercice de ses droits, n'a pas toujours atteint son maximum possible de valeur. La liberté du commerce, étendue au sol, n'a pas eu pour résultat de porter son utilisation au point qui favoriserait le plus hautement, avec l'intérêt privé des propriétaires, les progrès de la richesse générale. Et c'est un des arguments favoris des politiques, en nombre grossissant,

qui souhaitent la reprise du sol par la communauté,
son administration par les pouvoirs publics.

Il n'est pas excessif de prétendre que la valeur des
terres cultivées dans le monde a quadruplé depuis cent
cinquante ans [1]. Et non seulement les propriétaires n'ont
presque rien fait pour cela, mais, comme ils ont accru
dans la même mesure la rente qu'ils prélèvent sur
l'exploitation du sol, on remarque qu'ils surchargent
proportionnellement le prix de revient des produits de
l'agriculture. Aussi les doctrinaires réclament-ils, à la
suite d'Henry George, le retour à la communauté d'une
source de richesses dont le progrès général seul contribue à entretenir et accroître la valeur. Ils demandent la
nationalisation du sol ou tout au moins le retour à
l'État de sa plus-value. A vrai dire, la propagande très
active à laquelle les ligues de réforme agraire se livrent
en Amérique, en Angleterre, en Allemagne a surtout
pour objet la taxation des terrains auxquels le développement des villes donne des plus-values scandaleuses [2].
Les impôts perçus par les municipalités et par l'Empire
en Allemagne se bornent pratiquement aux sols urbains.
Mais la réforme anglaise votée avec la loi de finances
de 1910 a décidé l'évaluation foncière du pays tout entier
et admis le principe d'un prélèvement par voie d'impôts
sur l' « *unearned increment* [3] », tel précisément que le
dénonçait Stuart Mill.

La question de savoir si l'émancipation de la propriété contribue au progrès de la production agricole
semble assez peu douteuse et nous avons admis en toute
vraisemblance l'affirmative. Mais cette action est-elle

---

1. Sans tenir compte des surfaces conquises dans les pays neufs.
On a donné pour la France les évaluations moyennes suivantes :
500 francs l'hectare en 1789, 600 francs en 1815, 800 francs en 1821,
1275 francs en 1851, 1830 francs en 1879, 1680 francs en 1892.

2. Ainsi un terrain acheté aux environs de Melbourne £ 15 en 1837
est revendu £ 59.000 en 1910 (*Financial times*, 31 mai 1910).

3. Accroissement de revenu non gagné.

durable ? Ne vient-il pas une heure où la classe des propriétaires, loin de travailler à la prospérité générale, oppose ses intérêts à ceux du reste de la population ? Ricardo le pensait [1]. Après lui Karl Marx déclara que « l'agriculture vraiment rationnelle rencontre partout dans la propriété privée un obstacle insurmontable ». Kautsky, à sa suite, va répétant : « La propriété privée du sol a été plus tôt et plus fortement en contradiction avec les conditions de la production agricole que la propriété privée des moyens de production industrielle et est devenue pour elle une entrave insupportable ». Cette conception nous amène à considérer comment, avec la propriété, a évolué le travail du sol.

* *
* *

Nous commencerons par le métayage.

Il dominait en France au xviiⁱ siècle. On l'appelait gagnage en Lorraine, grangeage en Bresse et en Dauphiné, domaine dans le Berri, locaterie dans le Bourbonnais. Un grand nombre de petits propriétaires, insuffisamment occupés sur un domaine trop exigu, s'engageaient comme métayers. En général, ils n'avaient point de contrat. La règle était qu'on leur remît comme salaire la moitié des fruits de la culture. Mais ce partage n'assurait en rien leur existence. Ils étaient, en cas de mauvaise récolte, chassés comme de simples domestiques, les propriétaires « ne voulant pas suppléer à l'insuffisance de leur portion et fournir à leur subsistance au cours d'une année malheureuse ». Cette méthode pouvait agréer à une classe de seigneurs fonciers

______

1. « Les transactions entre le propriétaire foncier et le public ne ressemblent pas aux transactions commerciales dans lesquelles on peut dire que le vendeur gagne aussi bien que l'acheteur; car dans les premières toute la perte est d'un côté et tout le gain de l'autre. » (*Principes d'économie politique*, p. 808).

devenus indifférents à la bonne administration de leurs
biens. Elle ne faisait pas le bonheur des travailleurs et
n'enrichissait personne, si ce n'est le fermier général
commis à la direction des métairies pour en extorquer
le plus de revenu possible. Les domaines n'étaient
pourvus ni du bétail, ni des instruments aratoires indispensables. Le métayer ne les possédait pas, le propriétaire ne se souciait point de les lui procurer. On comprend ainsi que les « philosophes ruraux », dont les
spéculations tendaient à rechercher la plus haute productivité du sol, aient été hostiles au métayage. Les
Physiocrates prêchaient la suppression des métairies et
Mirabeau formulait ainsi la XXIe Maxime de son « Gouvernement économique » : « Que les terres employées
à la culture des grains soient réunies, autant que
possible, en grandes fermes exploitées par de riches
laboureurs ». Mais les riches laboureurs manquaient, la
loi et l'usage n'autorisaient que des baux de courte
durée. Quelques propriétaires tentèrent d'instituer l'exploitation par fermage de domaines étendus. Ils échouè-
rent et durent morceler à nouveau.

L'état misérable des campagnes françaises à la fin de
l'Ancien régime eut comme principale cause cette organisation déplorable du travail du sol. Si le métayage se
rencontre aujourd'hui dans certaines provinces [1], il n'est
prospère qu'avec la collaboration étroite du propriétaire
qui pourvoit de capitaux l'exploitation et ne la grève
d'aucune charge trop lourde [2]. En Italie, ce régime reste

---

1. On comptait encore en France, en 1892, 344.168 métayers exploitant le dixième du territoire cultivé. Depuis lors un mouvement syndical, assez vigoureux pour faire élire des représentants socialistes au
Parlement, a mis en lumière des tares très voisines de celles que les
physiocrates condamnaient.

2. Les métayers ne partageaient autrefois le produit de la culture
avec le propriétaire qu'après déduction des rentes dont la terre était
grevée. Et ces rentes étaient telles, remarque Turgot, que le métayer
était « toujours réduit à ce qu'il faut précisément pour ne pas mourir
de faim ».

encore celui des moyennes propriétés dans un grand nombre de régions, comme la Toscane, l'Est de la Ligurie, la Vénétie, la Lombardie et le Piémont. Les grands propriétaires de Hongrie ou d'Espagne emploient aussi des métayers. Mais, à vrai dire, il ne semble pas que la culture par métayage puisse être considérée autrement que comme une survivance du passé. Les attaques de Turgot et d'Adam Smith ont décidément classé ce mode inférieur de tenure comme il le mérite. Il ne participe que par un concours exceptionnel de circonstances aux avantages du fermage ou de la culture directe. Il est le plus souvent dépassé et par l'un et par l'autre. C'est donc entre ces deux derniers modes d'exploitation du sol que l'agriculture du xixe siècle s'est principalement développée. Ou bien le propriétaire foncier demeurait sur ses terres et, véritable chef d'entreprise, s'employait à les faire produire, ou bien il en abandonnait la jouissance à un tiers et recevait en compensation une redevance fixée à l'avance par contrat.

Excluant toute intervention active du possesseur du sol, permettant à l'entrepreneur de culture de considérer la terre comme un instrument dont il paye l'usage et dont il tire parti en toute liberté, on conçoit que le fermage soit apparu, à la naissance du régime capitaliste, comme la forme idéale de l'exploitation agricole. Il satisfaisait en même temps la tendance à considérer le sol comme un capital producteur d'intérêts et le besoin de retirer de sa mise en valeur le maximum de profit. Mais le fermage implique l'existence d'un entrepreneur, d'un capitaliste disposant de l'instrument de travail. Le capital foncier s'est distingué du capital d'exploitation. Ces deux éléments de production se sont dissociés, puis liés à nouveau par contrat. Il y faut le « riche laboureur ». C'est en Angleterre qu'il prit son plus remarquable développement.

Le fermage anglais ne date pas de la disparition de

la *yeomanry*, mais l'anéantissement de la propriété collective et la formation de grand domaines affirmèrent sa prédominance. Il était à la fin du XVIII° siècle et demeure aujourd'hui le mode d'exploitation des propriétés rurales en Grande Bretagne dans leur immense majorité. Dès l'an 1653 l'agronome Walter Blyth parlait des fermiers et l'on conserve le texte curieux d'une requête au « très honorable Lord Général Cromwell » dans laquelle il exposait les doléances de l'agriculture et les réformes nécessaires à sa prospérité. Le premier grief, disait-il, « consiste en ce que le fermier, quelque peine qu'il se donne, quelques frais qu'il s'impose pour améliorer ses terres, n'obtient en définitive d'autre résultat que de fournir au bailleur l'occasion de lui imposer un fermage plus élevé ». En effet, le contrat associant le fermier au propriétaire n'était en général qu'un engagement assez précaire. Il pouvait cesser à volonté, *at will*. Malgré les campagnes réitérées des partisans d'engagements plus stables, cette coutume du bail annuel a pourtant subsisté. C'est le régime actuel des neuf dixièmes des fermes situées au sud de la Tweed. Ainsi l'on pourrait croire que la sécurité n'est encore assurée à l'entreprise de culture que par la bienveillance des *landlords*. En réalité, si ceux-ci ont tenu à conserver dans un but politique la liberté de choisir et de changer leurs *tenants*, les *tenants*, pour leur part, ont su conquérir toute la stabilité qui devait leur suffire. Ils jouissent aujourd'hui du *tenant right*. C'est le droit d'indemnité acquis au fermier sortant lorsqu'il est privé de la jouissance d'une amélioration foncière dont il a fait les frais. Introduit en 1841 par lord Portman et le parti libéral au Parlement, le bill qui devait devenir l'*Agricultural holdings Act* ne fut voté qu'après une longue agitation en 1875. D'abord facultative, cette loi devint obligatoire en 1883 et 1900. Ainsi fut assuré à l'entrepreneur, malgré le court bail, la sécurité de ses capitaux et l'indépendance de son industrie, et cette législation ne lui laisse pas seulement la libre disposition de la terre qu'il cultive ; elle lui donne sur elle un droit qui est très proche du droit de propriété.

Peut-on dire que les conditions du contrat de fermage évoluent vers un état légal conférant au preneur un titre juridique d'occupation du sol ? Il y a, tout au moins, des indications dans ce sens qu'il importe de noter.

Jusqu'au milieu du xix° siècle, le fermier irlandais cultiva sa terre natale pour le compte de maîtres étrangers, anglais ou écossais, comme un véritable serf. A tout instant, il pouvait être expulsé : le propriétaire avait tous les droits. Le *land act* de 1870 retira au *landlord* la liberté de chasser son fermier et celui-ci conquit ainsi, à condition de payer régulièrement la rente, la stabilité de sa tenure (*fixity of tenure*). Mais il suffisait au propriétaire d'élever le prix du fermage pour triompher des récalcitrants. La loi de 1881 créa un tribunal (*land court*) pour fixer officiellement le taux normal des locations (*fair rent*) et, de 1881 à 1884, la rente payée par 157.000 cultivateurs fut réduite de 12 millions 1/2. Enfin la loi de 1885 permit aux fermiers de s'approprier le sol qu'ils cultivaient en leur avançant un capital de 25 millions remboursable par annuités. Il résulte de ceci que l'agriculteur irlandais jouit d'un véritable titre d'occupation. Son propriétaire est pratiquement dessaisi de la liberté de choisir son fermier. Il peut voir son domaine passer, comme une valeur négociable, de mains en mains (*free sale*) sans avoir le droit de s'y opposer.

C'est un régime analogue que conquirent depuis longtemps les fermiers de la province de Groningue, dans les Pays-Bas. Ils jouissent du Beklem-regt qui est un bail héréditaire. Ils occupent le sol en vertu d'une rente annuelle originellement fixée et que le propriétaire n'a pas le droit d'accroître. Ils peuvent transmettre par héritage, vendre, donner en location ou grever d'hypothèque ce titre d'occupation. C'est une véritable co-propriété.

Notons encore, à ce propos, la curieuse coutume du *mauvais gré* encore vivace, en dépit des prescriptions du Code, dans quelques cantons agricoles de la Belgique et du Nord de la France. Il est d'opinion générale et sévèrement respectée des honnêtes gens du pays qu'un fermier ne saurait, en aucun cas, être contraint de quitter le bien qu'il tient à bail. On n'admet pas davantage que le propriétaire ait le droit d'augmenter la rente. Si le bien vient à être vendu, le fermier invoque pour lui la préemption. Et cette tradition, soutenue au besoin par l'action directe, constitue un titre qui se transmet par donation, dot ou testament, ou encore par une sorte de cession qu'on nomme « déport » moyennant un prix qu'on nomme « chapeau ». On voit des fermiers vendre leur exploitation par-devant notaire à des prix qui égalent presque la valeur du fonds.

Ce ne sont là que des exemples. Ils suffisent à montrer comment s'affirme et tend à se consolider la position de celui qui cultive le sol au mépris des anciens droits de celui qui le possède. La loi qui conserve au titre de propriété les privilèges dont il fut digne, lorsqu'il imposait des obligations notoires, cède ou se modifie sous la pression des faits.

A mesure que le développement de l'industrie et du commerce multiplie les emplois lucratifs dans les villes, les propriétaires ruraux qui exploitent eux-mêmes leur héritage deviennent plus rares. L'agriculture se conçoit comme une entreprise capitaliste dont il importe de tirer le plus fort bénéfice. Ceux qui s'y adonnent consacrent toutes les ressources dont ils disposent à la culture et afferment le sol. Ainsi se poursuit la tendance qui distingue le capital d'exploitation du capital foncier et réunit ensuite leurs deux maîtres. Ainsi progresse le fermage.

En Allemagne, la surface des terres affermées augmenta de 838.000 hectares entre 1882 et 1895. En France, le nombre des fermiers passa de 968.328 à 1.061.401 de 1882 à 1892. Aux États-Unis, le nombre des domaines exploités directement par leurs propriétaires diminua de 7,92 p. 100 entre 1880 et 1890 et, si l'on prend seulement les États de l'Ouest, de 18 p. 100.

La classe des propriétaires cultivateurs qui reste à considérer subit les variations inverses. D'abord accrue par l'accession démocratique des populations rurales à la possession du sol, elle décroît lorsque, conservant le droit à la rente, les héritiers abandonnent la campagne pour s'enrichir dans les villes ou jouir de leurs richesses. Les *landlords* anglais ont donné l'exemple que les progrès du capitalisme incitent partout à suivre. Cependant les propriétaires cultivateurs restent nombreux en France [1] ; en Allemagne, ils exploitent encore (1895) 86,1 p. 100 de la surface totale du territoire. Cette prédominance des hobereaux et des paysans fait la force des partis conservateurs. Elle confère aux luttes politiques un élément puissant de réaction contre les revendications citadines. Au point de vue purement économique, il est difficile de dire dans quelle mesure elle sert le progrès de la production agricole. Séparé de la propriété, le travail qui vise le profit peut être porté au maximum d'effort et de rendement. Uni à elle, il se fonde et s'alimente sur un fonds non moins riche d'ardeur et de résistance. Contestable est la supériorité du grand propriétaire cultivateur sur le grand fermier, lorsque ce dernier trouve dans un bail bien conçu ou dans les garanties de la loi la sécurité nécessaire. Mais parfois le paysan paraît atteindre, dans son petit domaine familial, des résultats qu'aucune autre forme d'exploitation ne saurait égaler. Kautsky remarque, il est vrai, que l'économie de la production n'est pas seule souhai-

---

1. On comptait, en 1892, 3.387.008 exploitants directs, en légère diminution — de 138.000 — sur 1882.

table. C'est dans le moindre effort du travailleur pour le même résultat que réside l'intérêt social. Le paysan ne poursuit pas ce progrès...

Et le grief, reconnaissons-le, ne manque pas de justesse.

* *

Tout autre apparaît la condition du travailleur rural, du domestique, du journalier, de l'ouvrier pur, du prolétaire des campagnes vivant de la vente de ses bras. Il n'a que peu ou point d'attache avec le sol. Il gagne son salaire avec toute l'indépendance que cette situation comporte depuis que l'esclavage a été légalement aboli [1].

Pour situer l'importance de la main-d'œuvre en agriculture, il faut encore parler de l'Angleterre. C'est là que le salariat rural prit sa plus large extension, dès que les grandes propriétés furent créées et exploitées en régime de fermage. Alors les trois classes qui représentent, selon la conception classique, les trois éléments de la production — terre, capital et travail — se trouvèrent nettement séparées. Et de même que le contrat de location livrait à l'entrepreneur de culture la libre disposition du sol, le paiement du salaire lui permit d'user selon son gré du libre labeur des hommes.

Il est très remarquable qu'en l'espace d'un siècle, de 1800 à 1900, la proportion des populations agricoles, relativement à l'ensemble des habitants de la Grande-Bretagne, soit descendue de 53 à 18 1/2 p. 100. Vers 1760, on vit les petits propriétaires, dépossédés de leur traditionnel moyen d'existence, tomber à l'état de *cottagers* et se mettre à travailler pour le compte d'autrui. Comme les grandes fermes usaient moins de main-d'œuvre que les exploitations paysannes, l'ouvrage manqua. Il y eut des révoltes. Les villes offrirent heureu-

---

1. Voir le vol. XII de l'*Histoire Universelle du Travail*.

sement asile et gagne-pain à ces émigrés des campagnes. De sorte qu'on est fondé à tenir la misère rurale pour responsable de la dépopulation des campagnes, tout autant que les attractions de la vie urbaine. La plainte connue du « manque de bras », que les agriculteurs, ressassent avec tant d'insistance [1], peut se retourner contre eux. Le chômage, l'insuffisance des ressources offertes aux travailleurs des champs ont largement con- tribué à leur éloignement.

Lorsqu'on relève les différences que les recensements successifs accusent, parmi les ruraux, dans tous les pays dont l'évolution n'est pas trop récente, c'est, en effet, des seuls salariés qu'il s'agit. Les autres classes se remplacent mutuellement. La terre, le capital et ceux qui en sont pourvus croissent en valeur et en puissance. Le salarié disparaît [2].

Il faut remarquer cependant, en dépit d'un placement à peine organisé des forces ouvrières, que les travailleurs des campagnes n'auraient obtenu aucune augmentation de leur salaire, si leur abondance relative avait déprécié leurs services, si la concurrence des emplois industriels n'avait pas agi. Or la progression du salaire est un fait universel et les ouvriers ruraux comptent parmi ceux qui en ont le plus largement bénéficié. Grandeau l'estime pour la France à 11 p. 100 au cours du xviiie siècle et à 300 p. 100 dans les cent ans qui suivirent. Les statistiques anglaises, plus modérées, fixent la progression à 50 p. 100 pour la seconde moitié du xixe siècle. Quelle qu'ait été l'intensité d'une augmentation difficile à saisir par la simplification des moyennes,

---

1. Et qui n'est pas nouvelle. « Les bras manquent, remarque Karéiew, dans une description de la vie rurale en France au xviiie siècle, et les villes et les campagnes grouillent de vagabonds qui, manquant de travail, mendient. »

2. Ainsi, en France, de 1881 à 1891, la population rurale tombe de 24.575.500 à 24.031.900 habitants. Le nombre des salariés agricoles passe de 3.453.000 à 3.058.000 entre 1882 et 1892.

cette montée des salaires caractérise l'histoire du travail dans l'entreprise agricole. Elle a été si générale qu'on compte comme des exceptions les revendications ouvrières parmi les salariés de l'agriculture.

Le mouvement engagé parmi les *labourers* anglais en 1872 par Joseph Arch dans le Warwickshire et la fondation, à cette époque, d'une *National agricultural labourer's Union* n'eut qu'un élan peu durable. Les adhérents ne vinrent pas. Beaucoup plus active et profonde fut l'agitation du prolétariat rural en Italie qui prit naissance vers 1884. C'est par des grèves que les *braccianti* tentaient d'imposer à leurs patrons une augmentation de salaire ; cette méthode leur permit d'élever notablement un taux de rémunération du travail resté très en retard sur la progression générale. Vers 1891-95, les bûcherons du Cher et de la Nièvre levèrent, à leur tour, le drapeau de la révolte et obtinrent par la grève un salaire sensiblement accru. Successivement la Hongrie, la Galicie, la Lombardie, la Vénétie, l'Emilie, la Romagne, furent le théâtre de soulèvements que l'urgence du travail des champs faisait presque toujours tourner à l'avantage des ouvriers. Puis les grèves reprirent en France dans les départements méridionaux, aux environs de Paris. Une conscience de classe semblait se développer dans le prolétariat rural. Un congrès tenu à Bologne, en 1901, créait pour l'Italie une « Fédération nationale des travailleurs de la terre »[1]. En 1903, les ouvriers agricoles français se donnaient à Béziers une organisation analogue. En 1904, le Congrès de Narbonne adhérait, par un vote unanime, au principe de la Grève générale. Mais il ne paraît pas que ces manifestations, plus violentes que réellement fortes, dépassent la portée d'un sursaut passager. Les travailleurs ruraux restent bien en arrière du mouve-

1. Du 1er janvier 1901 au 31 mars 1902, on enregistra 600 grèves agricoles.

ment syndical urbain. En Allemagne où triomphe l'organisation méthodique du prolétariat, les « camarades » paysans n'ont pas encore conquis le droit de coalition.

Laissera-t-on à la seule action des forces ouvrières l'amélioration nécessaire du « marché du travail » ? Tel que le développement désordonné des circonstances l'a spontanément mis en œuvre, ce marché est loin de faire correspondre en un équilibre harmonieux l'offre et la demande des bras. En Prusse, certaines Chambres d'Agriculture ont institué des bureaux de placement, mais elles se préoccupent surtout de l'immigration à organiser dans les régions qui temporairement font un appel de main-d'œuvre pour un travail de courte durée et manquent ensuite d'emplois à offrir. La spécialisation de la production, le développement des instruments de culture et de récolte et aussi la disparition des petites industries domestiques tendent à accentuer le caractère intermittent du labeur rural. Certaines saisons multiplient les travaux. D'autres restent inactives. Aussi voit-on les Bretons, les Belges émigrer vers le Nord de la France, les Polonais, dans les plaines de l'Allemagne et y demeurer pendant la période laborieuse pour rentrer ensuite dans leur pays. Et l'on comprend que ces formes nouvelles de l'emploi salarié, ce déplacement des forces de travail portées à chaque moment au point le plus actif doivent être dirigés autrement que par les mouvements imprévoyants et brutaux d'offres et de demandes qui s'ignorent. Mais il n'y a jusqu'ici que des embryons d'organisation. La nécessité de ce progrès fera sans doute surgir les réformes qui s'imposent.

* *

Ainsi deux modes très différents de travail : le salariat au service de l'entreprise agricole; l'atelier familial du paysan : grande ou petite culture.

Un dernier rapprochement d'idées s'impose à ce sujet.

En parlant de la propriété et des divers régimes qui permettent d'en tirer parti, nous avons constaté qu'aucun rapport ne ressortait qui liât ceux-ci aux variations de celle-là. Mais quel que soit le régime adopté — culture directe, métayage ou fermage — quelles que soient les dimensions du domaine, l'étendue de l'exploitation a une importance que nous devons considérer. Il se peut qu'un grand propriétaire foncier ait divisé son bien en plusieurs métairies, ou qu'un fermier tienne la surface qu'il cultive d'une multitude de petits propriétaires. L'exploitation — qui ne doit pas se confondre avec la propriété — a ses dimensions propres. Et ces dimensions, qui varient, forment le thème d'une discussion connue. On oppose la grande à la petite culture, l'ouvrier salarié et toutes les forces du capital à la terre, instrument de travail et toutes les ressources de l'effort paysan.

Karl Marx n'hésite pas à prédire la concentration de l'agriculture sous forme d'exploitations indéfiniment agrandies entre les mains de chefs d'entreprises toujours plus puissants et toujours moins nombreux, comme il arrive en industrie : « Il y a, disait déjà Mirabeau, moins de dépense pour l'entretien et réparation des bâtiments et à proportion beaucoup moins de frais et beaucoup plus de produit net dans les grandes entreprises de l'agriculture que dans les petites ». Et cela paraît évident. Les partisans de la grande culture en sont tellement assurés qu'ils condamnent l'exploitation paysanne à une disparition prochaine. Cependant l'artisan agricole résiste et demeure. Étrangement les faits se refusent à confirmer la théorie. Non seulement les petits domaines ruraux cultivés par leur propriétaire ne furent pas anéantis par les développements capitalistes de l'agriculture, mais ils se les assimilèrent. C'est là un phénomène très général. On le constate même en Amérique.

Est-ce donc que le paysan transforme sa technique et s'adapte aux progrès d'où dérive l'accroissement de la production ? Les écrivains, comme Eduard David, qui ont analysé les conditions du labeur rural, interprètent la survivance du petit atelier en agriculture par la supériorité du travail manuel et l'importance que prend la qualité de ce travail dans les méthodes de culture intensive. Ce point essentiel par lequel l'agriculture diffère de l'industrie et des formes de production purement mécaniques fonderait la supériorité de l'exploitation paysanne... Ceux qui ont comparé les résultats économiques de la grande et de la petite culture montrent que la productivité augmente, en effet, lorsque l'atelier agricole occupe une moindre surface. On a même été jusqu'à dire que les grandes exploitations n'eussent pu faire front à la concurrence des grains d'Amérique sans la protection des droits de douane, tandis que les petits producteurs pâtissent plutôt de l'étreinte des tarifs. Il est difficile, sans doute, de dégager de l'esprit de parti, qui guide, en général, les opinions de ce genre, la part exacte de vérité qu'elles renferment. Il paraît seulement résulter de l'observation des faits que l'agriculture [1], au contraire de l'industrie, ne donne pas d'évidence d'un mouvement capitaliste de concentration. C'est plutôt l'inverse qui semble s'affirmer, avec le triomphe de la petite culture.

Et pour compléter cette notion, pour lui donner tout son sens et tout son rayonnement, il faut joindre à la considération des forces économiques celle des forces sociales. Il nous reste à voir comment l'Association affirme et développe la vitalité paysanne.

1. L'exploitation du sol comme telle, et non la propriété ni l'échange.

OUVRAGES A CONSULTER

Flour de Saint-Genis. — *La propriété rurale en France.* Paris, 1902.

Slater. — *English peasantry and enclosure of common fields* (1907).

E. de Laveleye. — *La propriété et ses formes primitives.*

Paul Lacombe. — *L'appropriation du sol.* Paris, 1912.

A. de Foville. — *Le morcellement.* Paris, 1885.

Convert. — *La propriété* (1885).

Ministère de l'Agriculture. — *La petite propriété rurale en France.* Paris, 1909.

Sering. — *Innere Colonisation* (1894).

F. Hecht. — *Handbuch der europäischen Bodenkredits.* Leipzig, 1909.

League for the taxation of land values. Publication périodique depuis 1894.

Damaschke. — *Zur Geschichte der deutschen Bodenreformbewegung.* Berlin, 1906.

Eduard David. — *Socialismus und Landwirtschaft* (1903).

K. Kautsky. — *La politique agraire.*

Compère-Morel. — *La question agraire et le socialisme en France* (1912).

Karéiew. — *Les paysans et la question paysanne.*

Debouvry. — *Le mauvais gré* (1910).

F. Chavée. — *Propriétaires et fermiers en Angleterre* (1903).

De Rocquigny. — *Le prolétariat rural en Italie.* Paris, 1904.

Le Mouvement socialiste. — Année 1907.

M. Augé-Laribé. — *Grande ou petite propriété.*

Stumpfe. — *Der landwirtschaftliche Gross-, Mittel- und Kleinbetrieb* (1902).

H. Levy. — *Der Untergang kleinbauerlichen Betrieb in England* (Jahrb. für Nationalœkonomie, 1903).
— *Entstehung und Rückgang des landwirtschaftlichen Grossbetriebes in England.* Berlin, 1904.

H. Fehlinger. — *Betriebsgrösse und Produktivität in der amerikanischen Landwirtschaft* (Social. Monatshefte. Décembre 1903).

CHAPITRE VII

L'ASSOCIATION

Le principe qui porte les agriculteurs à se grouper pour l'action collective n'est pas d'invention récente. Il florissait en applications multiformes au temps des collectivités gauloises et germaines, puis à l'époque féodales sous le régime des communautés. L'origine des sociétés coopératives fromagères du Jura, en France, remonte au xiie siècle. Idéalement, sans doute, on peut renouer ces stades primitifs de l'association aux modalités les plus récentes. On a proposé de rattacher « les besoins des temps nouveaux au souvenir persistant de la propriété communale d'autrefois, primitive et rudimentaire ». Et cela est fort bien. Cependant le travail conscient et raisonné d'où dérive le mouvement syndical dans les campagnes diffère sensiblement de l'ancien communisme. Les nécessités historiques, les contraintes sociales dominaient autrefois. Elles ont fait place au libre effort vers un progrès délibérément poursuivi.

C'est en 1849 qu'un bourgmestre allemand, du nom de Raiffeisen, réalisa le premier groupement de ce genre.

La famine décimait ses administrés. L'institution d'une boulangerie et d'une société coopérative de consommation fit baisser de moitié le prix du pain. Pour rendre ces résultats durables, une association d'aide mutuelle (*Hilfsverein*) naquit à Flammersfeld. C'était une caisse de prêt. « Améliorer la situation des sociétaires au point de vue moral et matériel et, dans ce but, leur procurer les capitaux nécessaires sous forme de prêts à intérêt garantis par l'association », telle apparaissait, selon l'expression même de Raiffeisen, la véritable mission à poursuivre. Isolé, l'agriculteur est impuissant, dominé par les forces économiques, laissé à l'écart des progrès sociaux. Associé, groupé, il participe à tous leurs avantages. Mais pourquoi commencer par l'organisation du crédit ?

Raiffeisen avait vu les usuriers à l'œuvre dans les campagnes. Il estimait qu'aucun moyen de lutte ne serait contre eux plus efficace que l'avance d'argent. Offrir aux paysans dignes de confiance des prêts à faible intérêt et à longue échéance, voilà quelle était, à ses yeux, la tâche essentielle. Il pensait que les capitaux offerts à crédit aux industriels et aux commerçants et si largement appréciés par eux devaient rendre les mêmes services aux agriculteurs. C'est à tort que ceux-là se cachaient pour emprunter. Le crédit leur ferait honneur.

Le cultivateur ne trouve la rémunération de son travail qu'au moment de la vente de ses produits. Il importe donc que cette vente se fasse dans les conditions les meilleures, à l'époque des marchés les plus avantageux. Si le besoin d'argent hâte l'opération, le producteur y perd et, avec lui, une part de la richesse publique. Les occasions d'emploi profitable d'un supplément de capitaux à l'amélioration de la production ne sont pas moins nombreuses. Dans une multitude de cas intéressants le crédit peut intervenir.

Malheureusement le petit emprunteur rural, si sympathique qu'il puisse être, n'avait pas mérité la faveur des banques régulières. Quelles garanties offrait-il, quel gage ? Sa bonne volonté et sa bonne foi ne suffisaient pas. Aussi l'usure pouvait-elle abondamment l'exploiter. Tantôt le prêt de bétail, tantôt le bail à cheptel, tantôt l'avance sur récoltes, tantôt la vente à crédit dévalisaient l'agriculteur et lui enlevaient le meilleur de son gain. Des enquêtes de Sociétés savantes en Allemagne, des études d'économistes et de jurisconsultes en Espagne et en Italie ont montré combien ces pratiques étaient répandues et quel dommage elles faisaient subir aux paysans mal abrités contre elles par la loi. En France, les abus de ce genre n'étaient pas rares. Et dans tous les pays du monde, bien qu'on ait poursuivi l'usure au sens légal du terme, on rencontre encore fréquemment de ces marchés où l'agriculteur paye fort cher ce qu'il obtient à crédit et vend à trop bon compte des produits dont il diffère la livraison.

A ces difficultés, l'institution créée par Raiffeisen venait mettre un terme. Elle reposait sur un principe très simple, mais qu'il fallait trouver et faire admettre : l'engagement solidaire, la responsabilité illimitée de tous les membres de l'association. Si le crédit se refusait à l'agriculteur isolé, il devait affluer dans une caisse garantie par la responsabilité collective d'un groupe. Un contrôle mutuel assurait l'honorabilité des opérations, le bon emploi des sommes empruntées ; l'administration gratuite par d'honorables personnalités locales associait à la sécurité l'économie. Aussi les qualités solides et pratiques de l'association fondée à Flammersfeld furent-elles bientôt reconnues. Un prêteur hésitant avait avancé 2.000 thalers. Les autres suivirent.

Nommé en 1852 bourgmestre de Heddesdorf, Raiffeisen créa dans cette localité sa seconde caisse rurale. Son ambition était sans bornes. Aux opérations de

crédit il voulait adjoindre des secours aux enfants abandonnés, l'aide aux ouvriers sans travail, la fondation de
bibliothèques populaires. Mais c'était trop entreprendre.
Si cette tendance philanthropique marqua toujours les
innovations tentées par Raiffeisen ou inspirées de lui,
elle resta limitée aux seules entreprises économiques,
dépendantes de l'effort intéressé des bénéficiaires. L'œuvre
n'en prit pas moins une extension immense. Les attaques
de Schulze-Delitzsch, fondateur de caisses analogues
dans les centres urbains, ne parvinrent pas à l'ébranler.
En 1889, une loi d'Empire imposait à toutes ces associations un contrôle qui eut pour effet d'apporter une
précieuse homogénéité au développement des caisses
depuis lors fédérées et confédérées en groupements
colossaux. L'épargne, selon les vœux de Raiffeisen,
apporte au crédit des ressources abondantes. En 1895,
une banque centrale spécialement créée en Prusse pour
avancer des capitaux aux sociétés coopératives vint
encore augmenter la puissance des fédérations rurales.
Celles-ci sont aujourd'hui au nombre de 99, groupées
à Darmstadt en une caisse d'Empire qui représente
16.000 petites banques mutuelles.

Dans le même temps, c'est-à-dire dans le dernier quart
du xixe siècle, les caisses rurales naissaient en Italie et
y prenaient une grande extension. Ici le caractère mora-
lisateur et confessionnel que leur avaient donné leurs
initiateurs allemands fut encore plus marqué. C'est en
fédérations de diocèses que se groupèrent les fondations de crédit. Une fédération nationale des caisses ita-
liennes unifie le mouvement qu'encouragent les pouvoirs
publics.

Ce progrès est universel : l'Autriche et la Hongrie,
la Russie, la Belgique et les Pays-Bas, le Danemark, les
États-Unis, l'Angleterre, le Japon ont vu naître presque
en même temps une multitude de banques rurales de
crédit mutuel.

En France leur développement a été particulièrement rapide.

Plusieurs tentatives officielles de crédit agricole avaient échoué avec éclat. Ces institutions trop centralisées n'atteignaient pas la population des campagnes. D'autre part, l'initiative privée n'obtenait que des résultats limités. La caisse de crédit du Syndicat agricole de Poligny, dans le Jura, prospérait, mais restait isolée. Les caisses fondées dans les régions méridionales de la France sur le principe allemand et italien de la responsabilité illimitée se multipliaient lentement. Une proposition de loi déposée en 1890, après beaucoup d'autres, sur le bureau de la Chambre des Députés, par M. Méline et plusieurs de ses collègues, aboutit enfin. Elle s'inspirait de l'idée d'association, tout en écartant la solidarité sans limite, peu goûtée des paysans. Puis ce moule juridique fut rempli. Un capital de 40 millions, progressivement grossi, fut mis à la disposition des Caisses régionales à titre d'avances sans intérêt. Ainsi put prendre son essor, appuyée à la fois sur le groupement local et l'aide puissante de l'État, la nouvelle institution de crédit. On comptait, en 1900, 87 caisses locales. Dix ans plus tard, leur nombre s'élevait à 3.150. De 9, les caisses régionales passaient à 97. Le petit bataillon de 2.175 sociétaires devenait une armée de 142.000 adhérents. Le chiffre des prêts pendant ces dix années atteignait 310 millions de francs. Ajoutons qu'une « Fédération nationale de la Mutualité et de la Coopération agricoles » groupe les institutions de crédit officiellement subventionnées et coordonne leur action.

Les conséquences de ce mouvement dans tous les pays furent immenses. Par le crédit, le cultivateur atteint à l'émancipation économique. Il échappe aux circonstances défavorables que le besoin d'argent lui impose. Sa situation n'est pas seulement améliorée par là, mais la production et la richesse publique. Car le crédit, c'est la possibilité de porter au maximum le travail de la terre.

Mais ces heureux effets ne se produisent pas seuls. L'association peut prendre d'autres formes. Tandis qu'elle débutait en Allemagne par les caisses de prêt, elle faisait ses premiers essais en France sous les espèces du Syndicat.

* *

Le Syndicat se définit par une formule assez vague qui laisse place aux initiatives les plus diverses. Le programme de Waldeck-Rousseau, auteur de la loi de 1884, l'idée « d'étude et de défense des intérêts professionnels » n'en apportaient pas moins un principe nouveau. Autour du syndicat agricole, comme autour d'un noyau central, vinrent se cristalliser, au cours des vingt-cinq années qui suivirent, tous les services d'ordre sociétaire. Cette loi de 1884, faite pour autoriser l'existence régulière des syndicats en France, n'était cependant pas destinée au milieu agricole. Elle visait surtout les groupements d'ouvriers d'industrie. Il fallut l'intervention, à peine remarquée, du sénateur Oudet, lors de la dernière délibération, pour qu'on ajoutât les mots « et agricoles » au texte primitif et qu'on permît ainsi aux œuvres rurales de profiter de la situation régulièrement instituée par la nouvelle législation.

C'était l'époque où les agriculteurs, mis en contact plus étroit par le développement des moyens de communication, s'accoutumaient à la vie sociale. L'œuvre que les sociétés d'agriculture, vieilles et somnolentes, que les comices agricoles, figés dans les cadres officiels, n'avaient plus souci de réaliser, les jeunes et libres syndicats en trouvèrent la formule. Les inquiétudes de la « crise agricole » incitaient les agriculteurs à se défendre contre les circonstances défavorables. C'était aussi, pour la science agronomique, une période de progrès remarquables ouvrant à la curiosité des producteurs ruraux de nouveaux horizons. Il y avait donc assez de raisons pour que l'idée d'association rencontrât dans les campagnes de nombreuses sympathies. Mais l'idée ne suffit pas. Pour assurer la vitalité et la permanence du groupement parmi des hommes habitués à faire passer avant toute chose leurs intérêts pratiques, il fallait leur ·offrir des avantages matériels. C'est ce que firent les fondateurs de syndicats, et leurs associations eurent pour premier objet la commande et la livraison collectives des engrais chimiques.

L'emploi des substances fertilisantes pouvait être considéré, en 1884, comme une innovation. Depuis vingt années, les expériences de Georges Ville à Vincennes avaient vulgarisé les moyens d'application des nouvelles découvertes. Mais des commerçants sans scrupules s'employaient à introduire l'usage des engrais dans les campagnes. Ils vendaient très cher des produits de valeur contestable. Comment les essais tentés dans ces conditions n'eussent-ils pas été désastreux?

C'est à redresser cet état de choses que les syndicats s'employèrent. Groupés pour d'importantes commandes, les cultivateurs surent obtenir aux meilleures conditions possibles des matières fertilisantes dont ils pouvaient contrôler la valeur. En outre, une mutuelle éducation naissait de l'expérience de chacun. Les essais de laboratoire, les conseils des agronomes achevèrent d'adapter les commandes syndicales à la nature des sols et des ensemencements.

Puis l'œuvre se développa, les syndicats étendirent leurs services. Ils offrirent à leurs adhérents des aliments pour le bétail, des instruments de culture ou de récolte, des machines pour les travaux de la ferme, des produits de toutes sortes, et jusqu'à des vêtements, des articles de ménage, des denrées d'épicerie. On reconnut qu'il n'y avait, pour ainsi dire, pas de bornes aux puissances de bonne volonté appuyées sur le syndicalisme. Au

Congrès international des syndicats agricoles tenu à
Paris en 1900, le Marquis de Voguë, dans son allocu-
tion présidentielle, déclarait : « Le syndicat tient à la
fois de la corporation et de la mutualité. Il relie ainsi le
passé à l'avenir. Comme la corporation d'autrefois, le
syndicat moderne groupe ses membres, les assiste, les
instruit; mais il ne leur impose pas, comme elle, des
obligations restrictives, et il respecte, mieux qu'elle,
leur individualité et leur initiative; enfin, il n'exclut
personne. Aux avantages qu'il emprunte aux institutions du passé, il ajoute ceux qu'on peut tirer des
formes nouvelles de la coopération et de la mutualité.
C'est un organisme d'une souplesse toute particulière
qui se plie aux conditions variables de la vie rurale et
renferme en germe la meilleure solution des nombreux
problèmes qu'elle soulève ».

Cette vague phraséologie convenait assez bien à l'état
des esprits qu'avaient frappés les succès du syndicat et
ses possibilités d'avenir. Mais l'expérience des années
qui suivirent obligea à plus de précision. Chacun des
services d'ordre économique ou social entrepris par le
syndicat dut être défini. Sans doute les caractères originels, l'émulation, l'entraînement au progrès, qui avaient
marqué les débuts du mouvement, conservèrent-ils toute
leur force. La base de l'édifice sociétaire demeura. Mais,
à la façon d'une cellule mère qui se dessèche, le noyau
syndical se vida peu à peu et fit place aux diverses institutions qu'il portait en germe.

Comme l'étude et la défense des intérêts professionnels de l'agriculture dépassaient les prévisions du législateur de 1884, d'autres lois durent intervenir. Il arriva
même que la première raison d'être des syndicats en
France, l'achat coopératif des matières fertilisantes et
des produits nécessaires à l'exploitation du sol, fut jugé
incompatible avec le but essentiellement moral qui
légitimait juridiquement leur existence. Un arrêt de la

Cour de Cassation du 29 mai 1908 les obligea à se transformer partiellement en sociétés coopératives de consommation. Sous cette forme existaient déjà les Unions régionales fondées entre 1888 et 1897 pour la centralisation des services. Les groupements parisiens confédérant ces unions ou rayonnant directement sur tout le pays avaient adopté, eux aussi, le régime coopératif. Ainsi fonctionna le groupement pour l'achat en commun, un des modes universellement répandu de l'association rurale. Plus de 5.000 coopératives le représentent en France [1], 2.300 en Allemagne, 10.350 aux États-Unis d'Amérique, 1.160 en Hollande, 1.070 en Belgique, 1.300 en Italie, 800 en Suède, 400 en Irlande, 740 au Japon. Au total, plus de 23.000 dans le monde.

*
* *

Mais le progrès de l'association dans les campagnes ne devait pas s'en tenir là. Par nature, l'exploitation agricole est exposée à une multitude de dangers : les intempéries menacent la récolte, les animaux périssent de maladie ou d'accident, le feu détruit, loin de tout secours efficace, le produit d'un long travail. On sait comment l'assurance amortit d'avance ces catastrophes plus ou moins prévues. Elle monnaie le risque, accumule les primes et indemnise l'assuré en cas de « sinistre ». De nombreuses compagnies se fondèrent dans ce but. Elles opèrent chez les agriculteurs comme chez des industriels ordinaires. Elles offrent leurs tarifs pour tous les cas assurables : l'incendie, la mortalité du bétail, la grêle. Mais ici la mutualité peut heureusement intervenir.

1. En 1910. A la même époque on comptait 33.700 caisses rurales de crédit : 15.500 en Allemagne, 7.150 en Autriche-Hongrie, 1.750 en Italie, 1.850 au Japon, 1.760 aux Indes anglaises, 20 seulement aux États-Unis. En Autriche comme en Allemagne, les institutions de crédit ont précédé les associations d'achat coopératif, tandis que l'ordre inverse fut suivi aux États-Unis, comme en France.

C'est la Bavière qui, la première, entreprit d'organiser législativement les assurances rurales sur un mode sociétaire. Dès 1875, elle opposait aux entreprises privées une institution d'État. Au Ministère de l'Intérieur de Munich était annnexé un Bureau d'assurances contre l'incendie. Toute association locale qui adhérait à ses statuts bénéficiait de garanties importantes et de non moins précieuses subventions. En 1884, l'assurance contre la grêle suivit, puis, en 1896 et 1900, l'assurance contre la mortalité du bétail et des chevaux. On avait admis le principe du partage égal des risques entre le groupe local et la caisse munichoise, c'est-à-dire l'ensemble des assurés. Cette demi-mutualité donna d'excellents résultats et l'institution fit des progrès rapides. On l'imita bientôt en Autriche. Dans le duché de Bade l'établissement d'associations locales d'assurances fut rendu à peu près obligatoire par une loi de 1890, et cette mesure a très heureusement contribué à l'amélioration de l'élevage. Ailleurs, le développement régulier des groupements d'agriculteurs pour l'assurance se faisait sans intervention de l'État. La Hollande, par exemple, compte plus de mille associations constituées librement sur un principe de pure mutualité. Certaines datent de 1830.

Entre ces deux extrêmes se place l'organisation adoptée en France. Par la loi du 4 juillet 1900, les sociétés mutuelles d'assurance sont affranchies de toute formalité onéreuse au moment de leur constitution. On exige seulement d'elles qu'elles soient composées d'agriculteurs et administrées gratuitement. A cette condition, elles reçoivent de larges subventions de l'État. Le fonctionnement de ces caisses rappelle l'organisation du crédit. A la base sont les groupes locaux. Livrés à leurs seules forces, ils auraient de trop minces ressources. Alors ils forment entre eux, par arrondissement ou par département, des unions régionales qui les administrent, les consolident, assurent le versement de leurs indemnités et, à cet effet, reçoivent une partie des primes. Ces primes varient avec l'intensité des risques. Pour les bestiaux, elles oscillent entre 1 et 2 p. 100 de la valeur. La perte d'un animal est remboursée aux trois quarts ou aux quatre cinquièmes.

Ces sociétés d'éleveurs de bétail avaient pris, en France, la tête du mouvement en faveur de l'assurance mutuelle. On comptait, en 1910, 8.428 groupements, dont 3.055 affiliés à 58 groupes régionaux. Puis les sociétés d'assurance contre l'incendie suivirent. De 1902 à 1910, le nombre des caisses passa de 145 à 2.096. Ici la réassurance, c'est-à-dire la reprise des risques en un groupement au second degré, s'impose presque nécessairement et 26 sociétés y pourvoient. On rencontre enfin des associations mutuelles contre la grêle, mais moins nombreuses. Dans l'ensemble, 11.000 groupements d'agriculteurs assurent en commun un capital estimé à plus d'un milliard de francs.

Ce chiffre ne donne qu'une idée imparfaite de l'importance économique de l'assurance chez les ruraux. Il faudrait mesurer avec lui non seulement la masse des richesses conservées, mais surtout le supplément de richesses créées grâce à la sécurité des résultats. C'est cela, l'œuvre réelle de l'assurance. Et puis il y a l'effort de préservation que tout groupement de défense mutuelle est amené à encourager. L'assurance éduque ceux qu'elle unit. Comme elle prévoit les fléaux, elle travaille à les écarter. On aperçoit très bien ce caractère dans certaines régions viticoles où les tirs contre la grêle sont en grand honneur. Ici il apparaît que la vigilance commune s'applique encore plus à prévenir le mal qu'à le guérir. Sous cette double forme, si l'on pouvait calculer le gain obtenu, on le trouverait immense. « Déjà, remarquait un personnage officiel en un discours à la Société nationale d'agriculture de France, déjà on entrevoit le jour où tous les cultivateurs pourront recueillir le produit de leur labeur, sans avoir à craindre qu'il leur soit brusquement arraché par les forces aveugles de la nature ». Il est très important d'ajouter que ce jour-là le « produit du labeur » aura beaucoup grandi.

.*.

Directement, d'ailleurs, l'association concourt d'autre manière au même progrès. C'est quand elle organise la production. Les groupements d'agriculteurs en Sociétés coopératives de production se comptent dans le monde par milliers. Il y a peu de pays, peu de régions où les méthodes de travail collectif n'aient point encore pénétré sous quelque forme. La plus répandue s'applique à l'industrie, à cette partie de la production agricole qui succède à l'élaboration purement organique. A celle-ci, en effet, à la fabrication proprement dite de la substance vivante, il semble que les soins individuels soient les mieux adaptés. Dès qu'il s'agit, au contraire, d'une transformation mécanique, et lorsque les avantages de la concentration industrielle entrent en jeu, le petit atelier autrefois installé dans chaque ferme tend à faire place à la grande usine. Chaque producteur traitait isolément sa récolte. Mises en commun, plusieurs récoltes donneront un résultat économique accru. L'économie du temps et du personnel, la réduction des frais généraux, les ressources de la division du travail, le choix des bâtiments, l'emploi des machines assureront les conditions les meilleures pour obtenir la qualité et la quantité les plus grandes de produit au minimum de prix de revient. Livré à sa propre initiative, privé de moyens techniques, le cultivateur qui fabrique selon les méthodes traditionnelles est très loin de cet idéal. La coopération lui offre de s'en rapprocher.

Elle y parvient par l'application de principes sociétaires analogues à ceux du crédit ou de l'achat collectifs. Ce qu'on met en commun ici, outre les capitaux et l'esprit d'association, c'est la matière première d'où sortira le produit fabriqué, le lait à transformer en beurre ou en fromage, les olives, en huile, les pommes de terre, en fécule, le raisin, en vin.

La coopération de laiterie est à la fois la plus ancienne, la plus prospère et la plus répandue de ces institutions. Elle n'a pas moins de 3.300 groupements pour la représenter en Allemagne, 3.000 aux États-Unis, 2.000 en Suisse, 1.680 en France, 1.600 en Suède, 1.160 en Italie, 600 en Belgique, 690 en Hollande, 700 en Norvège, 300 en Irlande. Au total : 17.050. Dans tous ces pays le développement des laiteries, beurreries et fromageries coopératives a réalisé d'immenses progrès. Dans cette partie occidentale de la France que constituent les anciennes provinces des Charentes et du Poitou, la prospérité, née du travail en commun du lait, apparaît comme une véritable révolution économique.

Vers 1887, la crise phylloxérique ayant anéanti le vignoble charentais, quelques paysans entreprirent de créer des prairies et d'élever des vaches laitières. L'idée de s'associer pour la fabrication du beurre fit naître la première laiterie coopérative à Chaillé, sur les confins des Deux-Sèvres et de la Charente-Inférieure. Les coopérateurs s'étaient mis à l'œuvre, munis d'appareils à bras. Bientôt ils purent acheter un moteur mécanique. Les résultats affirmaient l'excellence du système. Dans les villages voisins se fondèrent d'autres beurreries. On en comptait 42 en 1892. Puis la progression augmenta, atteignant la centaine en 1904, pour dépasser 125 en 1910. Ces associations groupent près de 200.000 vaches laitières et 80.000 familles de cultivateurs. La fortune que ces paysans charentais devaient autrefois au vin blanc et au cognac leur est apportée aujourd'hui par le beurre. Une « Association centrale des laiteries coopératives » fédère les groupes locaux, dirige l'ensemble des opérations de production et de vente, élève sans cesse le travail de fabrication au niveau des plus récents procédés techniques, occupe aux Halles de Paris une place importante, assure la répartition annuelle d'une quarantaine de millions de francs parmi la multitude associée des petits producteurs de lait.

Cet exemple est typique. On explique fort bien son application quasi-universelle par quelques rapprochements de chiffres. Un établissement traitant par jour 1.000 litres de lait fournis par 75 cultivateurs peut faire en vingt-trois heures le travail que chacun des associés exécuterait en deux heures à domicile. L'économie est donc de 150 moins 23, soit cent vingt-sept heures qui, comptées seulement à raison de 0 fr. 15, équivalent à près de 6.000 fr. par an. Sans doute faut-il amortir l'installation des appareils d'écrémage, de pasteurisation, de réfrigération, de barattage, mais la valeur des machines est largement récupérée par le rendement qu'elles permettent d'obtenir. Comme on fabrique chaque jour le lait avec de la crème fraîche, la qualité du beurre est meilleure, les sous-produits s'utilisent mieux. Et l'on n'indique que « pour mémoire » le temps épargné aux producteurs par la vente en masse d'un produit pour lequel le marché local a cessé d'exister... Aussi les terres de la région et les procédés de culture se sont-ils fort améliorés. Le nombre des vaches laitières augmenta dans des proportions considérables. L'association, ce progrès social, rend possibles les progrès techniques à la suite desquels les progrès économiques apparaissent. Puis c'est à animer la production même de la « substance vivante » que finalement l'association contribue. En Danemark, on affirme que la prospérité des laiteries coopératives est la seule cause qui fit passer la population des étables de 900.000 à 1.282.000 vaches entre 1881 et 1909.

Il paraît superflu d'insister sur les multiples formes de coopération qui, mettant l'outil industriel ou commercial le plus moderne à la portée des agriculteurs, leur permettent d'atteindre des résultats auxquels isolément ils ne pouvaient avoir accès. Certaines coopératives préparent des conserves de fruits ou de légumes, d'autres fabriquent du sucre, de l'alcool, de la fécule, de l'huile, du vin. Quel que soit le but poursuivi, le principe reste le même et les méthodes d'application concourent au même résultat.

Nous avons vu que ces associations ne s'emploient pas seulement à l'œuvre de fabrication, mais à la vente sur le marché. L'une, en effet, ne va pas sans l'autre. Pour certaines denrées telles que les grains, les fruits ou le bétail, la seconde opération est seule poursuivie. Car ces produits sortent achevés des mains de l'agriculteur. Alors la coopérative est essentiellement une association de vente.

Les Allemands ont donné l'exemple le plus remarquable de ce qu'on peut accomplir en ce sens. Ils ont, les premiers, tenté d'améliorer par la coopération la réalisation sur le marché des produits de l'agriculture. Les procédés ordinaires de vente mettent, en général, le producteur en état d'infériorité notoire vis-à-vis du commerçant avec lequel il négocie. Le groupement forge l'instrument qui rétablit l'équilibre. Par l'association, le cultivateur peut connaître les conditions du marché, les utiliser à son profit. Au lieu de s'en remettre au service intermédiaire du marchand, il possède un organe assez puissant pour négocier directement des transactions considérables. Et ces opérations acquièrent leur importance par l'accumulation des produits que les sociétaires mettent en commun.

C'est dire que le but purement commercial des associations de vente s'atteint rarement sans un ensemble de pratiques d'ordre matériel qui les font ressembler beaucoup aux sociétés de transformation. Même si les produits sont achevés, il faut les rassembler. C'est le cas des coopératives pour la vente du bétail en Allemagne,

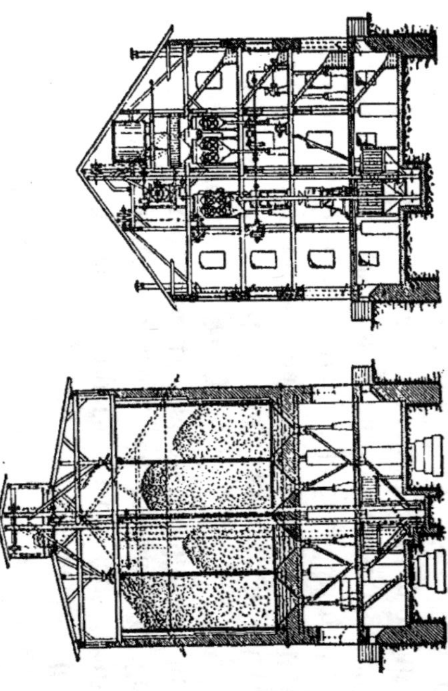

Fig. 33. — Magasin coopératif pour la vente des céréales (Gutzlow. Allemagne).

qui fonctionnent avec un capital presque nul, un simple service de contrôleurs, d'employés et de comptables. Mais il arrive aussi que les produits doivent être pesés, triés, classés en catégories d'après leur qualité et emballés pour l'expédition. Alors le magasin de réception devient indispensable. Les associations de vente de fruits que la France possède en assez grand nombre en donnent un exemple. Enfin il y a des produits qui, pour être négociés avantageusement, ne sauraient rester tels que les cultivateurs les récoltent. On doit achever leur mise en état, faire en sorte qu'ils atteignent leur maximum de valeur, et, s'ils peuvent se conserver, les garder en magasin pour attendre le moment le plus propice de la vente. C'est le cas des grains. L'État prussien a favorisé par une avance importante de capitaux la création d'établissements pour le traitement des grains et leur vente collective. Chez les paysans bavarois l'institution des maisons de grains (*Kornhäuser*) est particulièrement florissante. L'Autriche l'a imitée, et, après elle, la Hongrie. Les fermiers américains ont eu recours aux élévateurs coopératifs pour se libérer de la tutelle des commerçants. Ici l'organisation sociétaire comporte, on le conçoit, non seulement une installation très complète de machines de nettoyage et de transport, de greniers, de silos, mais aussi la direction avisée et prudente d'un délégué commercial capable de tirer le plus habile parti du marché et de ses variations.

Beaucoup plus malaisés à établir et à mettre en mouvement que les associations de transformation, ces groupements pour la vente des produits ont réussi dans de nombreux cas à améliorer considérablement la situation économique des agriculteurs. Non seulement ils leur ont permis de mieux vendre, mais il les ont renseignés sur les directions à donner à la production en leur indiquant, avec les tendances et le goût des acheteurs, les qualités qui sont payées au plus haut prix. Directement les sociétés coopératives de vente comme les sociétés coopératives de production ajoutent donc à la prospérité de l'agriculteur. Indirectement elles influent sur l'amélioration de la production, travaillent à la prospérité générale.

On le voit, ici comme précédemment et quel que soit le but poursuivi, l'association a pour résultat d'élever d'un degré la puissance individuelle du producteur rural. Par l'assurance, par le syndicat d'achat collectif, par la caisse de crédit, il trouve accès aux modes les plus perfectionnés de l'organisation capitaliste, commerciale et bancaire. Par la société de vente, il entre en contact direct avec les forces de consommation des centres urbains. Plus se complique l'organisme sociétaire dans la succession des méthodes que nous avons décrites, depuis le simple groupe syndical jusqu'à la collaboration étroite qu'exige la production ou la vente, plus on comprend que le coopérateur doive s'imposer d'obligations pour ne point compromettre l'intérêt collectif. S'il peut impunément rester à l'écart d'un service d'achat en commun, il ne saurait sans dommage cesser la livraison de ses récoltes au magasin ou à l'usine de transformation ou de vente. Là il restait libre. Ici il se dépossède de son bien dont disposeront d'autres que lui. Mais ce qu'il perd, d'un côté, en liberté, il le conquiert, de l'autre, en puissance et c'est le point capital. L'association accoutume le cultivateur à une conception plus haute de ses intérêts professionnels, à une compréhension plus large des forces économiques et sociales avec lesquelles il doit compter. Elle l'habitue aussi à une pratique moins étroite, moins égoïste du droit de propriété que l'effort coopératif laisse théoriquement intact, mais qu'il entraîne dans le mouvement d'une évolution singulièrement nette et rapide.

D'ailleurs les modes de propriété collective se développèrent d'autre manière.

**

L'emploi des machines agricoles suit le cours des saisons. Dans chaque exploitation, le temps est extrêmoment bref pendant lequel ces machines peuvent être utilisées. Une charrue, une herse, travaillent deux ou trois mois par an et ne coûtent pas très cher. Mais un semoir, une faucheuse, une machine à battre sont d'un usage si rare et d'un prix si élevé que le petit cultivateur ne peut songer à les employer économiquement. L'association lui en offre le moyen.

C'est encore par l'association que les exploitations rurales ont, depuis quelque temps, réussi à mettre en œuvre et à utiliser pratiquement les forces hydro-électriques. De plus en plus, les moteurs mécaniques trouvent leur application en agriculture et l'électricité produite à bas prix par les cours d'eau est appelée à prendre une part importante aux travaux de la ferme et des champs. Seul le groupement permet d'accéder à ce progrès et d'en tirer le maximum de profit. Le nombre des associations pour l'emploi en commun des machines agricoles et pour l'utilisation collective des forces électriques, estimé à 460 en 1910[1], tend à s'accroître avec rapidité.

Ici peuvent encore prendre place les associations d'élevage. Elles reposent sur un principe identique : la propriété commune d'un instrument de production inaccessible aux petits entrepreneurs. En Belgique, les éleveurs groupés pour l'achat et l'entretien d'un taureau ou d'un étalon forment plus de 1.300 associations. On en compte autant en Danemark. Il y en a plus de 500 en Bavière et dans le Duché de Bade.

Enfin les groupements de propriétaires de bêtes bovines pour le contrôle de la production du lait se rencontrent très fréquemment en Danemark et dans le Nord de l'Allemagne. Ces associations réussissent, en dirigeant les soins donnés au bétail et le choix des animaux, à améliorer le rendement laitier. Elles appointent un

---

1. Dans le monde.

technicien expert, uniquement employé à parcourir les exploitations, à visiter les étables, à peser et analyser le lait de toutes les vaches, à obtenir ainsi de chaque producteur les applications d'une science et d'une expérience collectives. C'est en grande partie grâce aux sociétés de contrôle que la production moyenne des vaches du Danemark passa, entre 1898 et 1908, de 2.041 à 2.661 kilogrammes de lait par an.

On constate dans la production végétale un progrès analogue, sinon parallèle, lorsque les cultivateurs s'associent pour l'amélioration des semences. Mais de tels groupements restent assez rares. Ils prennent parfois la suite des expériences de professeurs d'agriculture ou d'agronomes. C'est ainsi que le comice d'Herzele, en Belgique, constitua en 1892 une association, transformée, en 1897, en société coopérative, pour sélectionner des variétés de plantes hautement productives, les cultiver et les vendre.

On peut citer dans le même ordre d'idée les pépinières établies par les groupements bavarois de production et de vente des fruits.

Ces formules nous rapprochent des associations qui prennent pour but principal les améliorations foncières. Elles sont fréquentes en Italie. Le législateur, en 1804, les rendit même dans certains cas obligatoires. Ces institutions naissaient spontanément d'une collaboration entre propriétaires qui entreprenaient à frais communs le desséchement ou l'assainissement des terres marécageuses ou l'irrigation des prairies. Lorsqu'il fut question, en 1870, de distribuer dans la plaine du Piémont les eaux du Canal Cavour, c'est au Consortium des propriétaires que l'État s'adressa pour organiser le partage. Il n'y a pas moins de 118 groupements fonciers dans cette région, pour une superficie de 300.000 hectares. Dans la plaine située entre la Doire Baltée, la Sésia et le Pô existent, depuis 1853, des associations communales fondées, sur l'initiative du comte de Cavour, pour la location de l'usage des eaux canalisées, avec un bail de trente années renouvelé pour trente ans en 1883, et un fermage annuel total de 780.000 lires.

Les groupements fonciers se fonderont, sans doute, en nombre grandissant pour l'entreprise de travaux de ce genre. Non seulement l'hydraulique les intéresse, mais la construction des chemins, le remaniement des parcelles dispersées, la construction de logements pour les ouvriers agricoles. On en connaît déjà des exemples fort heureux.

Ces formes d'association, toutes partielles et spécialisées qu'elles soient, rappellent les tentatives de communisme agraire inspirées des doctrines de Fourier et de Cabet au cours du XIX° siècle. De ces essais nombreux et malheureux pour la plupart, il ne reste guère que de curieux souvenirs. On peut citer, par contre, quelques récentes expériences de coopération pour l'usage du sol, fondées non plus sur une conception doctrinaire de justice sociale, mais sur une adaptation de l'exploitation rurale aux circonstances économiques. A la suite des révoltes paysannes de 1902 se formèrent, dans le Nord de l'Italie, des groupements de métayers pour l'établissement de baux collectifs. On compte aujourd'hui 180 associations de ce genre sur une superficie cultivée de 100.000 hectares. On en rencontre aussi en Roumanie. En France, des sociétés d'ouvriers bûcherons ont entrepris la soumission de coupes de bois dans les forêts de l'État. Ce sont là des embryons épars et dispersés dont on ne saurait dire encore dans quelle mesure ils influeront sur les modes futurs de la propriété et de la mise en valeur du sol. Ils montrent seulement comment l'association agricole peut s'étendre jusqu'à la prise de possession de l'instrument productif.

Reprenant, sous la pression des faits, l' « utopie » des phalanstériens, certaines sociétés coopératives urbaines de consommation travaillent dans le même sens et deviennent propriétaires ou locataires de biens ruraux. Les *Wholesales* anglaises possèdent en Irlande des fermes qui leur fournissent du lait et du beurre, et, à Ceylan, des plantations qui les approvisionnent de thé. Aux deux pôles du système des échanges les coopérateurs organisent la production.

Faut-il maintenant indiquer le développement des groupes sociétaires du deuxième et du troisième degrés, des fédérations et confédérations d'associations rurales ? De plus en plus s'affirme l'utitité de ce travail de concentration, de direction, d'unification. A partir d'un certain niveau, la poussée sociétaire doit se rassembler en un faisceau puissant qui représente les résultats acquis, défend l'œuvre et ses progrès, en suscite d'autres. Les publications, les réunions, les congrès sont les instruments d'action de ces groupes supérieurs. Ils ont déjà une tradition, une érudition technique qu'il importe de transmettre aux jeunes. Les centres fédératifs des associations rurales d'Allemagne et d'Autriche ont organisé l'enseignement de la coopération agricole.

Nous sommes loin, on le voit, du temps où le Congrès international coopératif, qui devait se réunir à Paris, fut interdit par le gouvernement impérial. C'était en 1867. La coopération, dans laquelle on entrevoyait alors une réalisation matérielle de la doctrine socialiste, semblait un crime aux dirigeants. La nécessité de prendre parti contre le drapeau rouge suggéra aux propriétaires fonciers et aux populations paysannes qui, à leur suite, adoptèrent les méthodes syndicales et coopératives, une toute autre attitude. La distinction s'imposa. Tandis que Lassale faisait l'apologie des associations de production au nom du socialisme, Raiffeisen édifiait son œuvre au nom de la charité chrétienne.

Vanité des philosophies politiques... Mais il n'est point nécessaire de s'y attarder. Quelle que soit sa signification à cet égard, l'importance historique de l'association dans le développement de l'agriculture n'en demeure pas moins avec toutes ses conséquences. Nous les avons notées au passage. Elles seules importent ici. Elles sont considérables. Nul progrès n'a plus concouru à augmenter la puissance de l'homme des champs. Le même bond en avant que les méthodes industrielles doivent au machinisme ou à la division du travail est réalisé en agriculture par l'association. Par elle sont bouleversées les lois du rendement non proportionnel, reculées les limites de l'effort utile. Remplacer les petites tâches dispersées par une action cohérente et méthodique qui les coordonne et étende leur portée, voilà le but. L'exploitation du domaine rural, la réalisation de ses produits comportent tant de pratiques où l'emploi des forces de production et des désirs d'échange reste insuffisant, incomplètement efficace, que les applications d'un tel principe paraissent indéfinies. Nulle branche de la technique productive, nulle phase du régime des échanges n'existe qui ne puisse être par lui régénérée.

OUVRAGES A CONSULTER

ERTL UND LICHT. — *Das landwirtschaftliche Genossenschaftswesen in Deutschland*. Wien, 1897.

MÜLLER. — *Entwichelung des landwirtschaftlichen Genossenschaftswesen in Deutschland*. Leipzig, 1901.

H. CRÜGER. — *Erwerbs- und Wirtschaftsgenossenschaften* (Handwörterbuch der Staatswissenschaften, t. III, 1900).

Jahrbuch des Reichsverbandes der landwirtschaftlichen Genossenschaften, depuis 1894.

Congrès international des Syndicats agricoles, Paris 1900. Congrès nationaux depuis 1897. Rapports et comptes rendus.

De Rocquigny. — *Les syndicats agricoles et leur œuvre*, Paris, 1900.

E. A. Pratt. — *The organization of agriculture*, London, 1904.

H. Pudor. — *Das landwirtschaftliche Genossenschaftswesen in Ausland*, 1904-07.

Premier congrès international des Associations agricoles et de Démographie rurale, Bruxelles, 1910. Rapports et comptes rendus.

Bureau de statistique de l'Etat. — *Coopération dans l'agriculture en Danemark*, Copenhague, 1910.
Le mouvement coopératif en Danemark, 1910.

Grabein. — *Wirtschaftliche und soziale Bedeutung der ländlichen Genossenschaften in Deutschland*, Tübingen, 1908.

Jean Jaurès. — *Etudes socialistes* (Le mouvement rural), Paris, 1902.

Raiffeisen. — *Die Darlehnskassenvereine als Mittel zur Abhilfe der Noth der ländlichen Bevölkerung*.

Louis Durand. — *Le Crédit agricole*, 1891.

Institut international d'agriculture de Rome. Bulletin du bureau des Institutions économiques et sociales. — Crédit agricole dans les différents pays, 1910 et 1911.

Ministère de l'agriculture. — *Le Crédit agricole*, Paris, 1910.

Henry Sagnier. — *Le Crédit agricole en France*, 1911.

S. Bouillon. — *La vente coopérative des céréales à l'étranger et en France*, 1909.

O. Bühring. — *Einfluss der Kontrollvereine auf die Hebung der Viehzucht in Dänemark, Schweden und Deutschland*, Berlin, 1908.

Albert Dulac. — *Les fédérations d'associations rurales en Bavière*, Paris, 1907.

Nordhoff. — *The communistic societies of the United States*.

Oppenheimer. — *Die Siedlungsgenossenschaft*.

CHAPITRE VIII

L'AIDE AU PROGRÈS

Science et pratique. — Les sociétés d'agriculture. — La presse et la vulgarisation des bonnes méthodes. — L'enseignement agricole. — Les stations agronomiques. — L'agriculture et l'impôt. — La protection douanière. — Les progrès de l'information. — L'Institut international d'Agriculture de Rome.

Une grande méfiance régna longtemps parmi les agriculteurs contre les hommes d'observation et de recherche qui prétendaient régenter théoriquement leurs méthodes. La science des manuels, le *book farming*, étaient dédaignés et les professeurs, traités de cultivateurs en chambre, n'avaient guère de crédit parmi les praticiens. Ceux d'entre eux qui suivaient les prescriptions des livres ne s'en étaient point toujours félicités. Des échecs retentissants avaient fort compromis les essais de « fermage modèle ». Jethro Tull, Donaldson, Arthur Young lui-même, malgré leur grande intelligence des choses de la campagne, se ruinèrent dans leurs entreprises d'agriculture réformée. La pratique et la science, conceptions opposées et extrêmes, furent longues à se rencontrer. Mais les savants multipliaient leurs découvertes dans tous les ordres de la connaissance, les ruraux intelligents admettaient que les applications de la science agronomique devraient tôt ou tard s'adapter aux conditions de la production agricole ou les modifier. Il fallait bien que ces forces qui travaillaient dans le même but parvinssent à faire œuvre commune.

Les premiers efforts des agriculteurs pour s'assimiler les nouvelles techniques datent du milieu du xviiie siècle. Gournay avait fondé à Rennes, en 1757, une Société d'Agriculture. Celle de Paris naquit en 1761, d'autres virent le jour à Lyon, à Orléans, à Rouen. Vers 1780, les académies agricoles où l'on honorait le progrès étaient nombreuses et groupaient une brillante élite d'économistes et de savants. Elles avaient institué des concours où les premières améliorations de l'outillage champêtre apparurent et se propagèrent. Elles offraient des récompenses aux meilleures ouvrages d'agronomie. Elles eurent, dès leur début, une influence active sur le gouvernement de Louis XVI, qui aimait l'agriculture et souhaitait de la voir prospère[1].

D'ailleurs, à cette époque de savantes compagnies surgirent aux quatre coins du monde. La Société royale de Danemark date de 1761, une *Society for the promotion of Agriculture* fut créée à Charleston, dans la Caroline du Sud, en 1785, une autre, à New-York, en 1791. Les Américains cherchaient alors, par leurs Concours agricoles, à distinguer les bons animaux d'élevage des mauvais, au point de vue lucratif. Ils apportèrent à l'exposition d'Albany, en 1796, des variétés sélectionnées de grains. En Angleterre, la première société d'agriculture[2], la *Bath and West of England Society*, fut fondée en 1777. Elle se préoccupa, elle aussi, dès l'origine, d'améliorations pratiques. Le *Smithfield Club*, un peu plus tard, organisait des démonstrations du même ordre par des concours d'animaux gras.

Le mutuel enseignement, l'étude, la discussion, la vulgarisation des progrès techniques et, en même temps,

1. Sollicitude commandée par les circonstances de l'heure. Sur la proposition de Roland, un décret voté par l'Assemblée législative (11-19 septembre 1792) affectait 400.000 francs à la récompense de « travaux et découvertes utiles à l'agriculture ».

2. Une société au titre curieux : *The society of Improvers in the Knowledge of agriculture* avait été fondée en Écosse dès 1723.

une certaine action sur les pouvoirs publics en faveur des intérêts professionnels, telle a été, telle est encore l'œuvre de ces groupements d'agronomes dont le nombre et la puissance n'ont cessé de grandir. L'histoire des Sociétés d'agriculture se mêle étroitement à celle des faits et des idées dont nous avons marqué ici les principaux développements. Leurs tendances et leurs buts immédiats ont varié seulement avec les circonstances parmi lesquelles le milieu rural évoluait. Aujourd'hui on peut distinguer certaines compagnies, comme la Société Nationale d'Agriculture de France, plus spécialement curieuses de recherches scientifiques, d'autres plus portées vers l'action éducative, comme la Société royale d'Agriculture d'Angleterre. Enfin il y a des institutions surtout politiques, et la ligue des Agriculteurs d'Allemagne (*Bund der Landwirte*) en donne un remarquable exemple. Parallèlement au développement syndical, mais différente de lui, on pourrait distinguer aussi l'œuvre à la fois économique et politique des Chambres d'Agriculture qui sont des organes d'action officielle et de représentation professionnelle combinées et unies.

L'influence de la presse mérite aussi d'être citée. Elle a commencé dès la fondation des premières sociétés d'agriculture qui encouragaient à la propagande éducative les publications de toutes sortes. Elle a pris aujourd'hui une extension immense, depuis la feuille périodique spéciale, illustrée, remplie de documents utiles, faite autant pour enseigner que pour renseigner le cultivateur, jusqu'aux notes et articles émis par les groupements d'étude ou d'action et répandus par leurs soins dans les grands journaux quotidiens qui les reproduisent.

Mais l'œuvre de vulgarisation et d'avancement des sciences agricoles ne devait pas rester le fait des seules initiatives privées. L'intérêt général était là trop directement en jeu pour que les hommes de gouvernement y restassent étrangers. Leur intervention apparut dès le début du XIX⁰ siècle et se développa en conséquences multiples. Nous en avons noté déjà un certain nombre. L'enseignement fut d'abord, dans la plupart des pays, le souci dominant des pouvoirs publics en faveur de l'agriculture. Tout un effort d'éducation et de diffusion scientifiques en résulta. Puis on tenta de donner à la production, par des encouragements spéciaux et une protection plus ou moins adéquate, certaines directions inspirées d'intérêts politiques supérieurs [1]. Nous examinerons particulièrement ces deux points [2].

L'enseignement de l'agriculture, ou plutôt de l'arboriculture, en une école régulière semble avoir fait sa première apparition en France, en 1763, lorsque Moreau de la Rochette, dans un domaine qu'il possédait aux environs de Melun, s'appliqua à vulgariser les connaissances de l'époque. En 1771, Pannelier avait aussi créé une école d'agriculture à Anel, près de Compiègne. L'idée était en germe. L'Assemblée Constituante la reprit et vota la création de chaires destinées à répandre les bonnes méthodes d'exploitation du sol. Mais ce fut seulement en 1818, par l'initiative de Mathieu de Dombasle, que l'enseignement agricole commença d'exister réellement. L'école de Roville et les Annales qu'on y

---

1. Il est à noter que l'Administration de l'Agriculture, attachée autrefois au Ministère de l'Intérieur, ne prit son autonomie, par développement et croissance de ses attributions, qu'à une époque assez récente. On la rattachait au Commerce et elle avait coutume de voisiner avec les manufactures ou les travaux publics. En France elle ne se détacha complètement, pour former un ministère spécial, qu'en 1881, et quatre directions se répartirent l'ensemble des affaires : agriculture, haras, forêts et hydraulique. Par cet exemple on peut juger des autres États dont les bureaux ou directions agricoles ont presque partout, en se développant, conquis leur existence propre.

2. Il y aurait à passer en revue une multitude d'interventions administratives favorables à l'agriculture, par exemple : l'unification des poids et mesures, l'amélioration de la police dans les campagnes, l'abaissement des tarifs postaux. Nous laissons ces faits d'ordre général pour nous borner aux seules initiatives d'intérêt strictement agricole.

publiait poursuivirent à la fois l'expansion et l'avancement des sciences agronomiques, et cette formule resta
celle de toutes les écoles[1] qui, dans la suite, eurent à
propager les études savantes appliquées aux choses de
la terre. Un décret du 30 octobre 1848 ordonnait la créa-

Fig. 34. — École nationale d'agriculture de Grignon (France). Galerie
des Machines agricoles.

tion de fermes-écoles dans tous les départements français. Enfin des établissements spéciaux d'horticulture,
de sylviculture[2], de laiterie, des écoles ménagères pour
l'apprentissage des travaux de la ferme, des programmes
d'agronomie élémentaire pour les enfants des écoles

1. Grignon, Grand-Jouan, la Saulsaie, puis Montpellier, Rennes et
Paris (Institut agronomique fondé en 1876).

2. École forestière de Nancy, établie par ordonnance royale du
24 août 1824.

rurales complétèrent ce vaste appareil de vulgarisation scientifique.

L'aide puissante de l'État favorisait aussi les travaux des savants, œuvre patiente et laborieuse, d'où résultent les données qu'utilisent les praticiens. Les laboratoires et les stations de recherches agronomiques, selon la formule imaginée par Lavoisier à Freschines et réalisée par Boussingault à Bechelbronn, se multiplièrent, depuis 1870, avec une surprenante rapidité. On en comptait 15 en 1882, 46 en 1892. L'agronomie, la pathologie végétale, l'entomologie, la zoologie, l'œnologie, la sériciculture, la microbiologie, les essais de machines donnaient à chacun de ces établissements une affectation spécialement adaptée au milieu. Car les savants poursuivent leurs recherches sans perdre de vue les résultats pratiques que les circonstances ambiantes leur suggèrent.

Plus richement dotés, plus méthodiquement, sinon plus habilement conduits, les établissements d'enseignement et de recherches agricoles d'Amérique et d'Allemagne suivent les mêmes principes. Tous les gouvernements ont fait un effort analogue en ce sens. Il paraît superflu de le décrire plus complètement.

Passons au second point.

.

L'État, disions-nous, marque encore sa sollicitude envers les agriculteurs par des encouragements spéciaux. Il y a une manière d'être agréable aux gens des campagnes qui consiste simplement à diminuer le poids de leurs charges fiscales. Elle fut très généralement suivie. En vérité, l'allègement des impôts dont sont grevées la propriété et l'exploitation rurales apparaît comme une mesure de pure justice, quand on considère le développement des richesses depuis cent cinquante ans. Autrefois l'agriculture, que les physiocrates regardaient comme la seule des industries humaines qui fût réellement productrice, était la grande ressource des budgets publics. C'est la terre que frappaient la multitude des taxes et redevances de l'ancien régime. C'est la terre que continuèrent de pressurer les gouvernements démocratiques.

En Angleterre, la réforme de l'impôt foncier n'aboutit qu'en 1896, en même temps que furent réduites la taxe sur le revenu des fermiers et les redevances locales [1]. La crise agricole sévissait. Le gouvernement protégea l'agriculture en la dégrevant. Il considéra que la part du sol dans l'œuvre nationale de développement économique était relativement diminuée quand l'extension industrielle et commerciale créait des formes nouvelles de propriété et de revenu, et que ces richesses modernes étaient redevables au fisc d'une portion égale de leur valeur. Il ajusta l'impôt rural au niveau abaissé de l'agriculture dans l'ensemble de l'activité du pays.

La politique fiscale de l'Allemagne évolua de la même manière. Jusqu'à la fin du XVIIIᵉ siècle, l'impôt foncier constituait le produit essentiel du budget. Puis une série de réformes lui adjoignit des charges inégales, mal adaptées aux progrès de l'activité économique. La refonte complète de ce système en Prusse, selon les plans de Miquel, en 1891-93, fut si parfaitement conçue que successivement tous les États d'Allemagne l'adoptèrent [2]. On estime que les agriculteurs gagnèrent con-

---

1. La *Land-tax*, établie en 1692 et fixée, depuis 1798, d'après le *Land perpetuation Act*, était perçue directement sur le sol d'après sa valeur. En 1896, on limita le taux de la taxe, puis on la rendit dégressive. L'impôt sur le revenu était évalué autrefois pour les fermiers à la moitié de la rente : en 1895-97, il bénéficia d'une réduction aux 3/8ᵉ, puis au tiers. Quant aux taxes locales qui étaient autrefois entièrement perçues sur le revenu de la propriété immobilière, elles furent réduites de moitié pour les exploitations rurales par l'*Agricultural rates Act* de 1896.

2. En 1861, l'impôt foncier fut modifié et réparti plus exactement d'après les surfaces et les produits. Puis il fut augmenté d'une taxe sur les constructions à laquelle se joignaient la patente et, depuis 1851, l'impôt prussien proportionnel et progressif sur les revenus. Les agriculteurs se plaignaient que la taxe foncière et la taxe sur le revenu

sidérablement à cette répartition nouvelle des charges publiques. Leur contribution diminua relativement à celle des autres sources de revenu, et cette adaptation équilibrée de l'intérêt de chacun à l'intérêt général eut l'immense avantage de suivre automatiquement le mouvement des richesses, d'évoluer en restant juste.

Pour faire aboutir des réformes de ce genre, il faut un gouvernement fort ou une démocratie exigeante. La France en est resté au vieux régime des quatre contributions directes et des centimes additionnels. Sans doute l'impôt foncier a-t-il subi de notables réductions au principal [1], mais les centimes ont progressé dans l'autre sens. On a dégrevé de la taxe foncière les petits immeubles ruraux. Ce fut tout. Et il faut noter que les projets d'impôt sur le revenu n'ont encore aucune popularité parmi les ruraux.

C'est qu'on a préféré à la réduction des charges, à une adaptation redoutée des propriétaires terriens un régime beaucoup plus favorable à leurs intérêts, la protection douanière. S'il est vrai [2] que le cultivateur français paye annuellement 138 fr. 31 d'impôts, alors que la part des autres contribuables dans les dépenses du budget ne dépasse pas 91 fr. 31, on prétend compenser ce désavantage par l'élévation artificielle des prix sur le marché des produits agricoles. Le tarif des douanes est ici le mode d'intervention de l'État en faveur de l'agriculture. Un ensemble multiple de primes,

leur fissent double charge. Le système du ministre Miquel affecta à l'Empire le produit des impôts indirects, à l'État prussien les impôts personnels, aux communes l'impôt réel. Ainsi les agriculteurs profitè-lèrent immédiatement du produit des taxes qui pèsent plus spéciale-ment sur eux, — cela indépendamment du bénéfice de la répartition plus équitable : le sol qui payait en Bade, avant la réforme, 32 p. 100 des impôts directs, ne paye que 22 p. 100 après 1896.

1. 240 millions de francs en 1791 pour les propriétés bâties et non bâties, 172 millions en 1805, 164 millions en 1851, 114 millions en 1893.

2. Comme l'a prétendu un rapporteur du Budget de l'agriculture à la Chambre des Députés, en 1901.

de subventions, d'encouragements s'y ajoute. Non seulement on défend les producteurs ruraux contre les atteintes de la concurrence étrangère, mais on espère encore guider leur effort vers le résultat le plus précieux à la prospérité et à l'indépendance de la nation.

Cette méthode suggère des applications innombrables. Rappelerons-nous l'organisation des concours régionaux, l'aide aux institutions coopératives, la lutte contre les fraudes ou contre les maladies contagieuses ? Nous avons marqué au passage ces manifestations diverses d'une sollicitude toujours grandissante. On peut en toute vraisemblance prévoir qu'elles augmenteront encore, car le champ ouvert à l'action des pouvoirs publics est loin d'être entièrement parcouru.

Il apparaît de plus en plus clairement que l'effort individuel du producteur, réglé par le marché et guidé par un ensemble même étendu de connaissances, ne suffit pas à atteindre le résultat le meilleur possible. La collectivité, qui a conscience d'un intérêt supérieur à servir, se reconnaît le droit de poursuivre les fins qui lui sont propres en stimulant, corrigeant, complétant l'action libre de chacun, en collaborant toujours plus activement avec le jeu mobile des circonstances pour élaborer les formes nouvelles du travail.

Ainsi quel domaine immense et fertile en ressources sera celui de l'information !.. L'agriculture comporte une large part de hasard et d'incertitude qu'une organisation méthodique pourrait considérablement réduire. La prévision du temps n'est pas encore conquise par la science, mais la météorologie utilise déjà de très intéressantes probabilités. Si l'on multipliait les observatoires, si l'on rassemblait en un faisceau nombreux leurs notations éparses, si l'on communiquait rapidement sur tous les points du globe l'état de l'atmosphère dans le monde entier, on parviendrait sans doute, sinon à établir des pronostics à longue échéance, du moins à prévenir l'imminence de certains troubles. La Russie et les États-Unis sont fort avancés dans cette voie. L'Institut International d'Agriculture de Rome a jeté les premières bases d'une organisation qui grouperait en une action commune tous les pays du monde.

En effet, dès qu'un service public de ce genre prend quelque extension, son caractère universel s'impose. Le champ national est trop étroit pour qui considère les vastes influences dont les conditions de la production et de l'échange dépendent. Les nuages enregistrés par les météorologues ne sont pas seuls à dépasser dans leurs mouvements les limites des frontières; il y a les perturbations économiques, les variations du marché, les innovations techniques, les maladies contagieuses, les fléaux parasitaires. S'informer seulement de ces possibilités de trouble, c'est faire acte international.

Ainsi fut conçu l'Institut de Rome qui ne prend aucune part à l'administration des États, mais poursuit une œuvre stricte de documentation et d'étude[1]. On

1. Le but de la fondation du roi d'Italie a été ainsi précisé par une convention de 1909 :

« *a*) Concentrer, étudier et publier dans le plus bref délai possible les renseignements statistiques, techniques ou économiques concernant la culture, les productions animale et végétale, le commerce des produits agricoles et les prix pratiqués sur les divers marchés ;

« *b*) Communiquer tous ces renseignements aux intéressés dans les mêmes conditions de rapidité ;

« *c*) Indiquer les salaires de la main-d'œuvre rurale ;

« *d*) Faire connaître les nouvelles maladies des végétaux qui apparaîtraient sur un point quelconque du globe, avec l'indication des territoires atteints, la marche du fléau et, s'il est possible, les remèdes efficaces pour le combattre.

« *e*) Étudier les questions concernant la coopération, l'assurance, le crédit agricoles, sous toutes leurs formes, rassembler et publier les informations qui pourraient être utiles dans les différents pays à l'organisation d'œuvres de coopération, d'assurance et de crédit agricoles ;

« *f*) Présenter, s'il y a lieu, à l'approbation des gouvernements, des mesures pour la protection des intérêts communs aux agriculteurs et pour l'amélioration de leur condition, après s'être préalablement entouré de tous les moyens d'information nécessaire, tels que : vœux exprimés par les congrès internationaux ou autres congrès agricoles et de sciences appliquées à l'agriculture, sociétés agricoles, académies, corps savants, etc.. »

peut attendre cependant de cette collaboration pacifique des gouvernants qui se partagent les destinées du monde une suite de réformes heureuses. Ce lien qui unit les nations en un mutuel effort vers plus de lumière incitera chacune d'elles au perfectionnement de ses propres institutions. Une harmonie en résultera dont toutes devront profiter.

Quelle que soit l'étendue des moyens mis en œuvre, l'aide au progrès concourt toujours au mieux universel.

OUVRAGES A CONSULTER

MAUGUIN. — *Études historiques sur l'administration de l'Agriculture*, 3 vol. Paris, 1876-77.

ROYAUME DE BELGIQUE. — *Organisation du ministère de l'Agriculture*, Bruxelles, 1900.

SCHWARZ. — *Der Staatshaushalt und die Finauzen Preussens* (Livre II, 2° : Administration de l'agriculture) Berlin, 1902.

Ministère de l'Agriculture. — *Principales mesures législatives et administratives prises en faveur de l'agriculture sous le gouvernement de la Troisième République*, Paris, 1906.

Institut international d'agriculture. Bulletin du bureau des Institutions économiques et sociales. — Législation et intervention de l'Etat au sujet de l'organisation agricole, Rome, février 1911.

L'enseignement spécial agricole. — Exposition universelle de 1900. Paris, 2 vol.

Deuxième Congrès international de l'Enseignement agricole, Liège, 1905. Rapports et comptes rendus.

F. WOHLTMANN. — *Landwirtschaftliches Unterrichtwesen* (*Handwörterbuch der Staatswissenschaften*, tome VI, 1910).

A. GRÉGOIRE. — Les stations agronomiques aux Etats-Unis (*Revue économique internationale*, III, 1906).
Les stations agronomiques allemandes (*Revue économique internationale*, I, 1907).

J. CRONER. — *Die Geschichte der agrarischen Bewegung in Deutschland*, Berlin, 1909.

LOUIS DOP. — *L'institut international d'agriculture*, Rome, 1910.

CONCLUSION

L'AGRICULTURE AU XX° SIÈCLE

La technique agricole ne progresse pas selon les modes suivis par l'industrie. Ses méthodes et leur avenir. — L'accroissement de la surface cultivée. La terre peut nourrir les hommes. — Agriculture et industrie. Diverses tendances : Vers le libre-échange universel et le rachat des terres par l'État. — Importance du fermage. — Le salariat. — La petite culture. — L'association. — Conjectures.

Ayant achevé de parcourir du regard les divers aspects de l'évolution agricole, je voudrais conclure, non par une vue sommaire embrassant cet ensemble, mais par un résumé des caractères qui dominent actuellement la vie rurale et préparent son prochain avenir.

On peut comparer l'exploitation agricole moderne à la manufacture industrielle du xviii° siècle : même production spécialisée, même progrès mécanique, même méthode technique imbue de rationalisme savant. Il ne reste qu'une différence : la croissance organique, processus essentiel de la fabrication. Mais cette particularité est capitale. Elle explique le retard notable de l'agriculture sur l'industrie. Elle donne la raison des divergences constatées dans le choix des procédés et leurs résultats. Gardons-nous de croire que le travail des champs suivra le développement des usines et prendra quelque jour les formes que ces dernières, d'un essor plus rapide, ont dès maintenant conquises. D'autres contingences s'imposent.

Les espèces végétales et animales se dirigent vers la

perfection par des voies qui leur sont propres. L'homme guide ces transformations vivantes auxquelles la nature collabore. Maître de la sélection, il choisit le « plus apte » à son gré. Il adapte ensuite le milieu aux nécessités de la croissance. Il entretient, par une nutrition plus abondante, la haute productivité des races anoblies. Ainsi l'activité agricole s'améliore et les branches diverses dont elle se compose se développent solidairement.

Ce mouvement en avant paraît illimité. Il se déploie avec lenteur, mais un champ extrêmement vaste lui est ouvert. Il reste enserré dans le cadre très strict des lois économiques, mais son domaine est élargi sans cesse par de nouveaux perfectionnements. Il met assez mal à profit les méthodes qui ont décuplé dans l'industrie les puissances productrices ; il n'utilise ni la division du travail, ni la concentration des entreprises. Mais par d'autres moyens il poursuit des fins analogues. D'ailleurs la croissance végétale, de plus en plus soustraite à l'action spontanée du milieu naturel et soumise à la collaboration immédiate du producteur, n'exclut point l'emploi des forces domestiquées selon les modes industriels. L'influence de l'électricité, l'effet de quelques principes minéraux en quantités infinitésimales sur la vie des plantes font entrevoir en ce sens de précieuses possibilités. Et puis il faut considérer que la connaissance des phénomènes biologiques, précisée et interprétée par la science, assure une lutte toujours mieux armée contre l'invasion des espèces inutiles et dangereuses.

De ces considérations naît l'espoir justifié d'un accroissement presque indéfini des produits retirés de la culture du sol. En outre, la surface livrée aux entreprises rurales peut être considérablement accrue. La conquête des terres incultes — marais, montagnes, landes, tourbières — se poursuit dans les pays de vieille civilisation. Dans les régions nouvelles, abandonnées jusqu'ici à la flore et à la faune sauvages, la charrue pénètre, les champs ensemencés s'étendent. Ainsi le Canada, l'Ouest des États-Unis, l'Amérique du Sud, l'Australie, la Sibérie ont pris rang parmi les superficies cultivées. L'expansion agricole du monde est loin d'avoir atteint son terme; une partie du globe reste inexploitée.

Il s'en faut de beaucoup que l'humanité soit en péril de famine. Malthus fit un faux calcul et l'accroissement des récoltes suit une progression tout autre que celle qu'il avait prédite. Relativement au nombre toujours plus grand des consommateurs, la masse des produits ne diminue pas; elle augmente. Les grains de blé se multiplient plus vite que les hommes. Il en sera longtemps ainsi, semble-t-il, en dépit des craintes des économistes et des savants. Boussingault, ayant remarqué que l'azote constitue l'élément essentiel de la vie, imaginait que la multitude des êtres organisés cesserait bientôt de s'accroître. Sir W. Crookes, en 1898, précisa le problème. Prenant comme bases les ressources nitratières du Chili et l'expansion de la race blanche, il annonça pour 1940 la faillite de l'agriculture. Or voici qu'aujourd'hui l'on extrait l'azote de l'air qui en contient huit millions de tonnes par kilomètre carré. Comment dire jusqu'où le génie humain reculera les bornes de son pouvoir?..

Ce n'est pas la terre ni sa fécondité qui fait défaut. C'est l'homme, le laboureur. L'œuvre de production des richesses attire les bras et les cerveaux vers les villes industrielles aux dépens des campagnes. Les travailleurs de l'agriculture deviennent trop rares et l'on dit : la récolte serait aug...entée si le labour rural était plus intense. Il semble bien que cette insuffisance vienne en contrepartie d'un progrès dont l'agriculture, après tout, n'est pas sans bénéficier. Car remarquons-le : malgré la dépopulation des campagnes, la production agricole s'accroît. Elle s'accroît peut-être à cause même de la dépopulation qui incite au développement du machinisme et de tous les progrès techniques parallèles. Les laboureurs ne désertent les campagnes que dans la mesure où les salaires industriels leur sont avantageux et cette supériorité implique nécessairement l'évidence que l'agriculture produit en suffisance et les denrées qui nourrissent les populations des villes et les matières premières qui alimentent l'industrie. Il y a une solidarité latente entre les parts diverses de l'effort humain. Un équilibre s'impose que tous les artifices politiques parviendraient mal à coordonner s'il n'était assuré de tout temps par la force des choses. A toutes ces considérations le « retour à la terre » semble subordonné.

Mais l'intervention des pouvoirs publics n'est pas seulement guidée par des raisonnements de ce genre. La plupart des États ont eu l'ambition de maintenir à l'abri des concurrences étrangères l'autonomie de leur production agricole, malgré les progrès des transports. C'était mettre obstacle aux transformations normales d'entreprises qui, spécialisées selon les régions naturelles sans tenir compte des frontières, eussent donné un rendement économique supérieur. Combien de temps durera ce régime ? Quand finira-t-il par céder sous la pression des intérêts ? Des coalitions s'élaborent, presque aussi puissantes que les États eux-mêmes. Doit-on penser que leurs tendances à porter l'effort productif au point le plus fécond triompheront des individualités nationales ? De ces éléments en conflit sortiront sans nul doute les évolutions prochaines. Le mieux économique finit toujours par l'emporter, écarte à la longue tout ce qui s'oppose à lui.

Nous avons noté que les méthodes d'exploitation agricole et leurs transformations n'influaient guère sur la propriété. Observons toutefois que, la conquête du domaine foncier par les puissances d'argent n'ayant aucune raison de décroître, l'indépendance du propriétaire rural et son rôle actif tendront à décliner, compromettant ainsi quelque peu l'argument qui fonde sur l'utilité seule l'appropriation privée du sol. Déjà, dans une large mesure, le capitalisme commercial, prépondérant sur le marché, règle la valeur des produits de la terre. Quelle vertu restera au titre de propriété, lorsque les créanciers hypothécaires et les agents des trusts régenteront en maîtres le fruit de l'héritage et l'héritage lui-même ?

Doit-on conclure de ce qui précède au libre-échange universel et au rachat du sol par l'État ? Logiquement ce double idéal se trouverait au terme de l'évolution agricole moderne. Mais il ne faut point compter sur une logique aussi simple. Nombreuses sont les forces, déjà faciles à discerner, qui la traversent en divers sens — sans parler de celles dont on ne peut encore distinguer les traits.

Nous avons marqué au passage les progrès du fermage dans tous les pays de culture intensive. On peut penser qu'ils s'accentueront. Le fermage, c'est la recherche du profit par l'application au sol d'un capital approprié et d'un effort intelligent. Il concorde avec la conception du travail la plus féconde en possibilités techniques. Mais il implique, en général, l'emploi de main-d'œuvre salariée et les problèmes qui en dérivent. Les revendications des travailleurs d'industrie et des ruraux, à leur suite, ne portent pas seulement sur l'amélioration immédiate de leurs conditions d'existence ; elles ont des vues plus lointaines. Si le travail manuel est partiellement remplacé par les machines, il faut bien reconnaître qu'au delà d'un certain stade, l'intensité de la production dépend directement de l'abondance de la main-d'œuvre. Que penser alors des moyens d'action du patronat rural au regard des forces ouvrières organisées ? Les rares essais de mouvements grévistes déjà tentés dans les campagnes laissent place à toutes les hypothèses.

Cependant voici que la petite entreprise individuelle élimine la question du salariat. Le marxisme avait prédit la disparition de la culture paysanne. Elle résiste, elle subsiste, elle prospère. L'agriculteur danois domine par la force du syndicat la crise économique de la fin du xixe siècle et profite de cette période difficile pour étendre son crédit sur le marché du monde. Ainsi fut révélé le miracle de l'association. On sait comment les formes diverses et multiples de cette institution confèrent aux individualités éparses une conscience professionnelle, une notion d'intérêts communs, une éducation mutuelle infiniment fécondes. Il semble qu'on doive tout attendre de l'instrument sociétaire qui élève l'agriculture aux méthodes les plus parfaites de l'échange et, parfois. de la production.

Les agriculteurs associés parviendront-ils à équilibrer les puissances qui, de toutes parts, tendent à les dominer ? Conquerront-ils ainsi le droit d'organiser sur leurs propres plans, en ce qui les concerne, le mécanisme social ? Où s'arrêtera l'essor du groupement ?

On ne peut le prévoir.

Mais, je le répète, ces incursions dans l'avenir ne servent point à dégager par avance les faits de l'histoire future. Elles marquent des directions, des tendances. Celles-ci se combinent, s'opposent. Leur aboutissement ne s'aperçoit pas.

D'ailleurs la moindre découverte pourrait le bouleverser.

Qu'on parvienne à nourrir les hommes d'élixirs composés des sucs essentiels de leurs aliments... Alors la terre perdra sa fonction nourricière. Seules vaudront à nos yeux sa beauté, l'ombre de ses arbres, la verdure de leurs feuillages, et le parfum des parterres fleuris, loin du labeur ardent des cités.

ALBERT DULAC.

BIBLIOGRAPHIE GÉNÉRALE

Enclyclopædia of agriculture (comprising... a general history of agriculture in all countries) London, 2° édit. 1831.

GRANDEAU. — *L'agriculture et les institutions agricoles de la France et du monde au commencement du XX° siècle.* 4 vol. Paris, 1905-06.

ALFRED PICARD. — *Le bilan d'un siècle (1801-1900),* t. III. Agriculture, horticulture, forêts, chasse, pêche.

Institut International d'agriculture. — Bulletin mensuel de statistique agricole, Rome.

KARL STEINBRÜCK. — Agrargeschichte (Neuzeit) *Handwörterbuch der Staatswissenschaften,* t. Ier, 1909.

Congrès internationaux d'agriculture. — Rapports et comptes rendus.

J.-A. BARRAL et H. SAGNIER. — *Dictionnaire d'agriculture,* 4 vol., Paris, 1886-92.

DU PLESSIS DE GRENÉDAN. — *Géographie agricole de la France et du monde (1903).*

JEAN BRUNHES. — *La Géographie humaine,* Paris, 1910.

LAVOISIER. — *Essai sur les richesses territoriales de la France.*

Ministère de l'Agriculture. — *Statistique agricole de la France.* Enquêtes décennales de 1840, 1852, 1862, 1882, 1892.

Chambre des Députés. — Rapports faits annuellement au nom de la commission du budget (Ministère de l'Agriculture).

ARTHUR YOUNG. — *Le cultivateur anglais*. Trad. 18 vol. Paris, an IX.

DE LA TRÉHONNAIS. — *L'agriculture en Angleterre*, Paris, 1878.

L. DE LAVERGNE. — *Economie rurale de l'Angleterre*, Paris, 1882.

R.-E. PROTHERO. — *English agriculture in the neign of queen Victoria*.

BOARD OF TRADE. — *Agricultural returns* (Annuel).

VON DER GOLTZ. — *Géschichte der deutschen Landwirtschaft*, Stuttgart, 1902.

H. THIEL. — *Die deutsche Landwirschaft auf der Weltausstellung in Paris*, Bonn, 1900.

Vierteljahrsheft zur Statistik des Deutchen Reichs, Berlin.

E. LEVASSEUR. — *L'agriculture aux Etats-Unis*, Paris, 1894.

DEPARTEMENT OF AGRICULTURE. — *Annual report*. Washington, depuis 1866.

SCHOU. — *L'agriculture au Danemark* (1000).

SCHIFF. — *Geschichte der Œsterreichen Land- und Forstwirtschaft, und ihrer Industrien* (1848-1898). Jahrbücher für Nationalœkonomie, III, 1901.

A. BUCHENBERGER. — *Agrarwesen und Agrarpolitik*, 2 vol., Leipzig, 1892-93.

BRENTANO. — *Agrarpolitik*, Stuttgart, 1897.

K. KAUTSKY. — *La question agraire*. Traduction, Paris, 1904.

G. GATTI. — *Le socialisme et l'agriculture*, Paris, 1902.

VON PHILIPPOVITCH. — *La politique agraire*. Traduction, Paris, 1904.

TABLE DES MATIÈRES

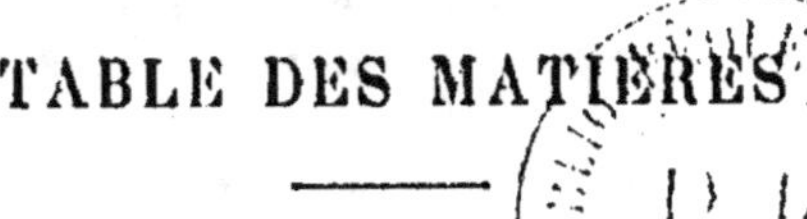

L'ÉVOLUTION AGRICOLE

HISTOIRE UNIVERSELLE DU TRAVAIL

PUBLIÉE SOUS LA DIRECTION DE M. GEORGES RENARD

Professeur au Collège de France.

12 volumes in-8, de 400 pages chacun, illustrés. Chaque vol. 5 francs.

Ouvrages publiés :

Le travail dans le monde romain, par PAUL LOUIS, avec 41 gravures.

L'évolution industrielle et agricole depuis cent cinquante ans, par MM. G. RENARD, professeur au Collège de France, et A. DULAC, publiciste, avec 31 gravures.

En préparation :

Le travail dans la préhistoire, par M. CAPITAN, professeur au Collège de France et à l'École d'Anthropologie.

Le travail dans l'Orient ancien, par M. MORET, conservateur-adjoint au Musée Guimet.

Le travail dans la Grèce antique, par M. GLOTZ, professeur-adjoint à la Sorbonne.

Le travail dans l'Europe du moyen Age, par MM. BOISSONNADE, professeur à la Faculté des Lettres de Poitiers, et HUVELIN, professeur à la Faculté de Droit de Lyon.

Le travail dans les pays musulmans, par M. A. LE CHATELIER, professeur au Collège de France, directeur de la *Revue musulmane.*

Le travail en Amérique, avant et après Colomb, par MM. CAPITAN, professeur au Collège de France, et LORIN, professeur à la Faculté des Lettres de Bordeaux.

Le travail en Extrême-Orient, par M. CORDIER, membre de l'Institut.

Le travail dans l'Europe moderne (XVe-XVIIe siècle), par MM. G. RENARD, professeur au Collège de France, et G. WEULERSSE, professeur au lycée Carnot.

L'évolution des transports, du commerce et du crédit depuis cent cinquante ans, par M. B. NOGARO, professeur à la Faculté de Droit de Montpellier, et M. OUALID, chargé de conférences à la Faculté de Droit de Paris.

Les conditions des travailleurs depuis cent cinquante ans, par MM. F. SIMIAND, bibliothécaire au Ministère du Commerce, professeur à l'École pratique des Hautes-Études, et AL. GOISEAU, sous-chef au Ministère du Travail.

623-12. — Coulommiers Imp. PAUL BRODARD. — 6-12.